中文打字機

機械書寫時代的漢字輸入進化史

THE CHINESE TYPEWRITER

A HISTORY

賴皇良、陳建守 譯

墨磊寧 Thomas S. Mullaney 著

獻給　基婭拉

文字無罪。

——周厚坤，一九一五年

各界推薦

「用『出道即巔峰』來形容史丹佛大學歷史學者墨磊寧（Thomas S. Mullaney）的生涯，再適合不過。《中文打字機》是他的第二本書（2017），甫出版即囊獲史學界各項大獎。

在這本書中，你不僅可以讀到一段少為人知的歷史，即「打中文」如何成為二十世紀語言學家、工程師與發明家的聖杯；你也可以讀到QWERTY鍵盤的起源及其在東亞的各類變形，乃至於這些技術鑲嵌的社會與文化脈絡。你也會察覺，如打字這樣日常的小事，竟然在無形中形塑我們對這世界的認知。這個叫做技術語言學（technolinguistics）的範疇，將技術置於分析的核心。如果說語言是人性的重要成分，而我們常說技術始於人性，在本書中，我們得知技術不只始於人性，還會形塑人性。

《中文打字機》的見解不僅能幫助我們以新的角度理解技術史，不至於落入技術決定論的窠臼，還可幫助我們思考：當人們開始用emoji、貼圖、短影片與限動來表達自己的感受，以及使用AI來分類與消化資訊時，這些形式及其涉及的技術，將如何形塑與推動這個世界。」

——洪廣冀，臺灣大學地理環境資源學系副教授

「漢字歷經變應歐式活版印刷術以及中文打字機化的文字演化歷程中，表面看似傳播科技的演化史，實則是漢字在文化浩劫與語言進化的雙面論爭裡最精彩的變動時刻。在咀嚼本書的過程中，已不自覺地帶我進入了一場關於漢字的社幻之旅。」

——葉忠宜，平面設計師、重本書店 Weightbooks 創辦人、《Typography 字誌》創刊統籌

「《中文打字機》是對中國語言特點的一個引人入勝的廣泛研究。」

——艾未未，藝術家

「墨磊寧揭示了一個我一直試圖透過藝術研究進行的課題。這本書不是關於工具本身，而是關於中國書寫文化的特點。它解釋了中國人的思維和獨特的工作方法背後的原因，以及中國為什麼會成為今天的樣子。」

——徐冰，藝術家，《天書》作者

「《中文打字機》講述了科技殖民主義、種族主義和一種不同於其他語言的複雜性迷人故事。」

——《新科學家》（*New Scientist*）

「本書呈現了一個在現代資訊時代對保存中國文字與文化至關重要的發明。」

——《泰晤士報高等教育》（*Times Higher Education*）

「墨磊寧描述了一個世紀以來為尋找可行的中文鍵盤而從事的瘋狂實驗。」

——《旁觀者》（*The Spectator*）

「《中文打字機》對現代史上最重要的科技語言學成果進行了一次迷人的探索。」
——《自然》雜誌（*Nature*）

「《中國打字機》是一本引人入勝的書：根據電腦科學的新發展，墨磊寧透過打字機的歷史鏡頭，為我們帶來了對非字母中文和中國文化的現代命運完全不同的解釋。這是一本內容豐富的書，包含了不同的資源、歷史見解和耐人尋味的故事，視角長遠而廣泛。」——汪暉，北京清華大學人文學院教授，**《世紀的誕生：中國革命與政治的邏輯》**（*China's Twentieth Century*）作者

「《中文打字機》文筆清晰，構思精巧。這本書將幫助讀者以更大和必要的細微差別，來欣賞與理解中國、中文和一般寫作。」——**麗莎・吉特曼（Lisa Gitelman），《「原始資料」是悖論》**（*"Raw Data" Is an Oxymoron*）**的編輯，《紙張知識》**（*Paper Knowledge*）作者

「墨磊寧不僅解構了中文不適用的神話，他專著的一個重點是揭示被QWERTY鍵盤的勝利所掩蓋的打字機，特別是中文打字機發展過程中不為人知的歷史、機型和試誤。這些迷人的、細微的設計和工程故事最終形成了一段歷史，將以西文輸入為主而開發的單鍵QWERTY鍵盤進一步去中心化。」
——《交叉潮流》（*Cross-Currents*）

「墨磊寧從多樣的角度揭示了漢字在整個二十世紀遭逢的嚴重打壓。」

——《泰晤士報文學副刊》(*Times Literary Supplement*)

「《中文打字機》精彩地描述了科技史如何跨越國家和文化的界限。作者成功將一個高度技術性的故事變得非常易讀。」——《科技史》(*Technikgeschichte*)

「《中國打字機》是一份豐富、多層次的研究報告,它不僅是對一件物品的研究,也是對整個概念世界的研究。」——《設計史期刊》(*The Journal of Design History*)

「墨磊寧歷時十餘年,在二十多個國家收集資料,成就了這部精心的實證研究。作者對歷史寫作的批判性反思與大膽立場,令人留下深刻印象。雖然是一部痴狂的研究著作,但書中不乏幽默情節,珍貴的插圖更彷彿帶著讀者搭上時光機。本書所編織的歷史圖像,對今日的我們看待中國和中國人深具啟發性。」

——《朝日新聞》書評(阿古智子,東京大學大學院綜合文化研究科教授)

「這是一本非常有趣的書。儘管以中文打字機為主題,但它對近代中國的資訊科技提供了全球史視角的豐富見解。本書以科技語言學的方式講述漢字與技術的近代史,從不同往常的打字員性別表述、到世界博覽會與日本入侵中國的影響,再到人機互動的展望,諸般論述令人矚目。」

——《讀賣新聞》書評(小川さやか,立命館大學大學院先端總合學術研究科教授)

目錄

※本書隨頁註均為譯者或編者註，原書註則置於書末，特此說明。

從「我手打我口」看技術的東亞現代性

——《中文打字機》導讀

國立陽明交通大學　科技與社會研究所教授
郭文華

我們處在一個歡迎新奇事物，也不斷遺忘它們，喜新厭舊的時代。從每年盛大舉辦的生物科技展、醫療科技展、創新技術博覽會到各式各樣的產品發表會，無時不刻的募資企劃與廣告，技術與發明似乎是現代社會求新求變，闊步未來的象徵。與此同時，或許是簡短一則公司聲明，或者是報紙一角的社會報導，我們見證一些一度引領風騷的技術黯然退場，成為模糊的歷史記憶與註腳。拿新冠肺炎來說，過去三年不斷有打著創新名號的防疫發明鼓舞大家，「國家隊」更轉成政治的動員號召，但如今這些構想有多少變成商品，有多少在市場落地，成為後疫情的日常？

與深奧抽象的科學不同，技術來自人性，與生活緊密相依。研發過程中，技術或許需要繁複的專門知識，但牽涉更多的是實務考量：誰出資啟動、專利權的歸屬、產品怎樣開發與量產、公司的行銷網路、維修汰換的規劃，就更不用說個別技術之間的競爭、轉移與嫁接。是這些造就創新發明，開出源源不絕，更多更新，貼近社會需求與文化脈動的產品。

這是技術的迷人之處。《中文打字機：機械書寫時代的漢字輸入進化史》（*The Chinese Typewriter: a History*，英文版二〇一七年由MIT出版社出版，以下稱《中文打字機》）處理的不是「成功」的技術（例如奈米晶片），也不是挖掘商品的前身或關鍵技術（例如生物科技的PCR技術）。事實上，本書英文標題僅用簡單的「中文」、「打字機」與「歷史」，點出它的特色來自東方社會與西方「奇技淫巧」的扞格與張力，還有作者力抗遺忘洪流，為老技術留下印記的企圖。它呼應技術史學者艾傑頓（David Edgerton）以全球視野跳脫以新代舊的狹隘史觀的呼籲，也立基於《中國之科學與文明》（*Science and Civilisation in China*，繁體字版一九七一年起由臺灣商務印書館出版）對非西方技術的開創研究，成就將亞洲納入主流書寫，用現代性（modernity）的反省間接回應「李約瑟難題」（the Needham puzzle）大哉問的原創研究。

我們不妨先從在地讀者的角度，想想對中文打字機的印象。老一輩的朋友可能還記得「四大發明」，認為中國人早有發明打字機的潛能，年輕點的可能會提到放在林語堂紀念館，名為「明快」的中文打字機的照片。但要說起活字印刷術與明快打字機之間長達千年的社會技術變遷，就不甚了然。在此意義上《中文打字機》呼應晚近東亞技術史提倡日常生活、基礎建設（infrastructure）與區域互動的研究趨勢，搜尋填補這段空白的線索。它聚焦十九世紀以降的西風東漸，勾勒文化承載（culture-laden）的「代筆」或「我手打我口」如何在技術上以書寫機器呈現；而這些產品的構想是如何在現代化折衝中迂迴轉進。

當然，反省現代性不是新課題，但《中文打字機》的精彩處在於以不起眼的漢字輸入下手，展示翻轉政治經濟的大論述的可能。本書作者，史丹福大學歷史教授墨磊寧（Thomas S. Mullaney）正是擅長「小題大作」，從瑣細技術演繹出廣褒的文化與社會意涵，跨界的敘事者。

他出身名校，在約翰霍普金斯大學主修東亞研究與國際關係，後轉往哥倫比亞大學攻讀歷史，師事中國近代史權威曾小萍（Madeleine Zelin）教授，以共產中國的「民族識別」（ethnic classification）為主題取得博士學位。迥異於學者一頭栽進民族分類的限制或認同政治，墨磊寧追索這個政策後面「統一多民族」的論述，分析看似對人群（population）的中性描述與國家治理性（governmentality）以及社會科學建構的關連。這個取徑不但在論文改寫成《容受國族：現代中國的民族識別》（*Coming to Terms with the Nation: Ethnic Classification in Modern China*，二〇一〇年加州大學出版社，以下稱《容受國族》）專書後獲得美國歷史學會亞太分會的首次出書獎（Best First Book on Any Historical Subject），書中貼近科技與社會研究（science, technology and society studies, STS研究）的論點也得到科學哲學家 Ian Hacking 與STS研究學者 Geoffrey C. Bowker 的肯定，種下他此後研究中文打字機，或者更精確地說，漢字表述的因由。

乍看之下，《中文打字機》中文版下的副標題「機械書寫時代」，相較簡體版的「一個世紀的漢字突圍史」與日文版的「漢字與技術的近代史」，給讀者一種班雅明（Walter Benjamin）式的況味。但實際上本書緊扣歷史，遊走東西的文化涵化（acculturation）與技術創新，敘事謹嚴，故事性十足。作者從二〇〇八年北京奧運的開幕進場順序開場，為讀者呈現看似不可解，也與字母順序不相容的中文語境，點出本書與其說是打字機的研發史，不如說是直探「打字」動作下，漢字的鋪排理路的知識與文化傳布。

熟悉東亞技術史的讀者讀到這裡，或許想起白馥蘭（Francesca Bray）主張技術知識的圖文傳統，或者艾爾曼（Benjamin A. Elman）對中國近代科學的詮釋。確實，《中文打字機》在史料解讀上與這些先行者有互通之處，但這裡還要注意它與上一本《容受國族》的論證關係：它們都看到國族主義與秩序，但國族論述不等於知識與技術。民族識別與奧運進場順序固然有其儀式性與特殊性，但《中文打字機》處理的漢字輸入不完全由國家主導，其形成與轉變遠比國族論述來得複雜。

於是，從歷史的物質轉向（material turn）出發，墨磊寧描繪打字機的發想與實作所牽動的科技社會進程，構成《中文打字機》的主體。本書除序論之外共有七章，依序是主宰英文打字機的雷明頓公司（E. Remington and Sons）的進軍亞洲（第一章）、印刷排字盤的配置嘗試與電報碼（第二章），到早期的中文打字機（第三章）與市場化的國產打字機與銷售（第四章）以至日製中文打字機與文化統合（第五章），到林語堂明快打字機（第六章）與共產中國的中文打字活動（第七章）。敘事上本書雖然不脫文明互動交疊，或者說類似李約瑟所謂發明的「滴定」（titration）框架，但箇中的行動者除了國家以外還有市場、專利與企業，和國族主義若即若離。從社會面看，打字機是工業產品，需要開發者、生產者，更需要消費者與使用者。從文化面看，打字機承載漢字的書寫傳統，牽涉語詞的認識與使用。這樣說，《中文打字機》是技術演化的「人因」故事，同時也是聚焦技術，別出心裁的中國近代史。

作為科技與社會研究者，關注書寫機器的東亞發展，以下我順著《中文打字機》的敘述，分享閱讀的所見所得。首先，本書大致依照時序，但各章間並無直接因果關係，涵蓋時間也多有重疊。事實上，與李約瑟不同，墨磊寧不執著於「誰先發明什麼」，而是將「打字」的問題意識歸納成三種拆解中文的理路——常用字（common usage）、拼合主義（combinatorialism）和代碼（surrogacy）。這個設定不但讓《中文打字機》不用處理真正的書寫機器，也就是啟蒙時期以降的書法或作畫機器人（automata）的故事，直接從十九世紀中期開始。它也不用討論「寫」（write）這個動作，而是聚焦在「打」（type）的過程與活字技術，用它們串連之後出現的各種中文打字機的構想。

這三個理路也各有所本。常用字在康熙的《欽定武英殿聚珍版程式》中已有說明，往後在報紙排版時也為排字工沿襲。代碼看似神祕，甚至讓中文在進入全球電報領域時無法成為「明文」（plaintext），接收者必須依據傳來的數字（例如7193是「電」字）翻找電碼本才能解讀。但「叫號取字」其來有自，來源可追溯到《農書》的造活字印書法。拼合主義乍看與部首很像，所謂「有邊看邊，沒邊找中間」，但部首的功用不僅於此。它是漢字世界的接引，綱舉目張的根本架構。因此，不管是第二章介紹的Jean-Pierre Guillaume Pauthier、勒格朗（Marcellin Legrand）、貝爾豪斯（Auguste Beyerhaus）與德勞圖爾（Pierre Henri Stanislas d'Escayrac de Lauture），或者第三章的祁暄，這些發明家的「分合活字」構想雖然有趣，但都翻不動部首。

進一步說，雖然就字義來說部首類似「字根」（radical），與拼合主義看似互通，但對中國人而言部首是漢字的主流教育方式，不只可用來學寫字也可記單字，查字典，沒必要新學一套。這點在祁暄與周厚坤（商務印書館最早接觸的打字機發明者）的爭論中看得很清楚。周厚坤堅持祁暄以部首創造分合活字會造出太多按鍵，並不實用，祁暄則回擊周厚坤，斷定他「不是缺乏足夠的機械知識，就是對『部首系統』的研究沒有好好理解」（頁一八六）。漢字確實不好學，民國時期也不乏廢漢字的啟蒙呼籲，但它依然不動如山；使用者寧可用字典與代碼克服知識落差與技術需求，也不想順著外國發明的邏輯解構漢字，混淆認字原則。

其次，或許由於中文打字機「打」的不易，推廣上它要仰賴「打手」，也就是處理文書的代筆者，而打字機也就在人工抄寫與印刷複製之間開出活路。在第四章介紹，由商務印書館製造銷售的舒震東打字機是這樣的例子。商務印書館顧名思義以印刷起家，負責人張元濟是愛國實業家，推動中文打字機順情合理。但在「重視國文」的民族論述外，舒震東打字機也凸顯打字機的產業網路。打字機的買家大多是機關或企業，而為了讓機器運作順暢，需要訓練有素的打字員。於是，跟英文打字機的狀況相同，中文打字學校應運而生，其中不乏來自打字機用戶的經營者，建構作者所言「由教學、創業和技術中心和經營活動組成的交叉網路，將中文打字機和中文打字員持續推廣至全國各地的公司、學校和政府部門」（頁二〇一）。

更有趣的是作者對這個網路的性別觀察。雖然中文打字機的使用情境與英文打字機不同，打字員如排字工一樣有不少男性參與，但媒體上還是以女性呈現這個工作，也不知有意還是無意，廣告裡的打字機看似特別輕便靈巧，背景清爽典雅，無辦公室的侷促印象。誠如作者所言，打字機的性別網路十分複雜，但我們知道這並非中文打字機的專利，也不全是性別偏見，而是讓產品使用無礙的宣傳設定。如果對比打字機發明者與產品的合影，或者萬國博覽會廣告裡操作打字機的那雙手，會發現技術的創新意象依然藉由男性呈現，更不用說第七章描述的「中國第一位模範打字員」張繼英，宣傳海報裡為國效力的檢字員等，也都是陽剛的男性勞工形象。

至於打字機是否能改變職場的「我手打我口」文化，讓祕書或者是文書作業更有效率，甚至扭轉性別分工，倒不用太糾結。打字機固然是啟蒙大眾的利器，但畢竟也是富裕階級的書寫方式。如同技術史家考文（Ruth Cowen）指出的，家用電器未能讓家務更加輕鬆，也未如預期分攤女性工作，這個解釋也可以應用在打字機上。打字機創造出打字員（typist）這個職位，但祕書依舊是祕書，它改變只是老闆與文件之間的人因介面。早在十九世紀貝爾（Alexander Graham Bell）就發明「口述機」（Dictaphone），聲稱可以留話給祕書聽打。隨著機構性書寫的需求增加，打字員只會愈來愈多。這裡面有國家的意志展現，如共產中國大量進用打字員的「第二次白話文運動」。但即便是專業場合，比方說法庭辯論與醫院檢查，也不少見到打字員的聽打身影。

再來是第三個觀察，現代化的殖民脈絡。這是東亞科技發展的重要課題，但這裡且不涉入學理，而是分享墨磊寧在這個面向的治史技法。比方說，雖然主題是中文打字機，但第一章卻是雷明頓公司打敗群雄，贏得暹羅文打字機市場的經緯。當然，「非英文字母」的技術障礙是重點，但值得注意的是，這些打字機的研發與暹羅王室主導的現代化相互關聯，而與此同時的是西方列強的虎視眈眈，從暹羅文的羅馬拼音（Romanization）標準化可見端倪。此外，雖然中國並無遭受殖民，但第五章墨磊寧藉由日本打字機公司（Nippon Typewriter Company）的攻城掠地，以及其推出號稱「萬能」，可以處理日、滿、華、蒙文的打字機，來映射出大東亞共榮的願景。這裡作者對日文打字機早期歷史著墨不多，且有所取捨。他淡化日文兼具字母與漢字的文字特性，強調假名打字機「脫亞入歐」的意涵，並將漢文打字機的開發連到「常用日語漢字」的語言改革。在這樣的處理下，雖然漢字與假名打字機在輸入原理上截然不同，但現代化理路卻一以貫之，也與之後日本的亞洲侵略亦步亦趨。

與日本相同，墨磊寧對中方的處理也很細心。他爬梳企圖與日製中文打字機抗衡的山寨品，或者是與日本合作，可以處理中日文的雙語打字機，甚至是承襲戰前技術，在新政權下自稱獨立自主的國產貨，如「雙鴿牌打字機」（本書英文版與中文版的封面圖像）等。對應滿足帝國野望，象徵多於實用，「同床異夢」的多語文打字機，《中文打字機》精彩地點出殖民與現代性千絲萬縷的複雜關係。它雖未及處理殖民技術的戰後延續與斷裂，但如果讀者可以透過相關案例，比方說金兌豪（Tae-Ho Kim）韓文打字機的歷史研究，當可一窺中日文之外東亞現代化的多元路徑。

最後是《中文打字機》一書的高潮——第六章的林語堂與明快打字機。林語堂對臺灣讀者來說不陌生，其發明也以軼聞掌故的方式流傳，這裡不多贅述。墨磊寧在這個故事中的巧思與其說是挖出更多資料，不如說是將此發明當作中文打字機的書寫完結。與一般文史著作不同，《中文打字機》的史料有大部分來自專利文件，從謝衛樓（Devello Sheffield）到周厚坤、祁暄都是如此，明快打字機也不例外。作為創意的書面說明，專利展現新意，但卻是紙上談兵，離落實有漫長距離。於是墨磊寧拉出時間向度，將明快打字機放回檢字法與字盤配置的專利脈絡，成為眾多創意夢想的總結。這裡固然有解放部首的概念突破，但更重要的是在找字與打字之間的「人機互動」（human-machine interactions）。作者指出林語堂改造字盤，設計找字流程，讓機械滲入原先要由人來處理的打字動作，才是明快打字機的創新關鍵。

這裡出現一個技術研究的課題：人機互動讓機器操作更容易，還是更困難？先擱下書中提及的克拉克（Adele Clarke）、藤村（Joan Fujimura）和蘇奇曼（Lucy Suchman）等人的ＳＴＳ經典研究，讓我們這樣想：明快打字機雖然宣稱要做「人人可用的華文打字機」，但它的找字方式並不直觀，也不容易。使用者需要作好幾個步驟才能在選字框看到想打的字，出一點錯就必須重來。因此，雖然明快打字機的外形貼近主流，也不像注音符號打字機的輸出那樣「幼稚」，但最後還是以慘賠告終。對此，《中文打字機》給了戰爭惡化與財務問題的解答，但對照第七章描述國家介入，以人力突破打字技術障礙的經過，明快打字機的市場盲點昭然若揭：它是宣稱親民，實以菁英為對象的發明。他訴求的使用者不見得需要親手打字，而他們的文化資本也不全是對新事物的肯認，而是對傳統的熟悉。

相較明快打字機，共產中國固守老技術的立場印證適當技術（appropriate technology）有時就是最佳技術。但要能體會現況，接受「不夠好」的技術，還是得靠國族主義。對此，作者描述打字需求的大量湧現，所謂的「打字機的新黃金時代」，反映的不但是政府拉低門檻，提昇技術可近性的魄力，同時它也承先啟後，一面為先前《容受國族》的國族論述增添「預測性文本」（predictive text）的微妙註腳，一面幫本書續集《中文電腦：一個資訊年代的全球史》（*The Chinese Computer: A Global History of the Information Age*，二〇二四年由ＭＩＴ出版社出版，以下稱《中文電腦》）預留伏筆。根據簡介，《中文電腦》將跨入戰後「近當代史」（history of the recent past）的範疇，主軸則與《中文打字機》一脈相承，聚焦在書寫技術（具體而言是各種「以偏概全」的輸入樣態，作者稱為 hypographic writing），以中文電腦為經，冷戰局勢與改革開放為緯，串起全球化下的產業、政治與文化認同的變遷。

當然，這個「漢字輸入進化史」留有不少想像空間。其中一個或許是「我口說我手」，也就是音聲輸入（speech input）的課題。墨磊寧在《中文打字機》序論中以安德森（Leroy Anderson）的名曲《打字機》（The Typewriter）為引，提醒讀者「問題不在於中文打字機能說什麼？而是它說話時，我們能否聽見它？」（頁六三）但全書看下來，中文打字機的「發聲」僅止於譬喻，象徵突破打字機的主流論述。事實上，中文的音聲與書寫同樣獨特，聽中文與打中文一樣不容易。在《中文打字機》的最後作者重提以電子音樂類比漢字輸入，而《中文電腦》也訴求「文化與電腦的相互型塑」，但這個進化史是否最終謹守輸入，還是會涵蓋AI語音辨識以至於Siri或目前很夯的ChatGPT，考驗作者的敘事手法與翻轉力道。

再回來看《中文打字機》。學界怎樣看這個既有政治經濟，文化衝突，但又細描技術與市場邏輯，另類的民國史？說個個人經驗。猶記十幾年前某資深學者關懷我的研究興趣，我回覆日常生活科技，例如中文鍵盤，也提到林語堂與明快打字機。他聽完後不置可否，似乎認為提問瑣碎，不成格局。確實，如果沒有跨領域的觀點，綿密的史料與檔案功夫，這類技術故事的確不成篇章。但畢竟墨磊寧十年磨一劍，讓《中文打字機》成為近五百頁的皇皇巨著，這本書也盼到非西方社會與技術史研究的崛起，陸續網羅費正清獎（John K. Fairbank Prize）及列文森獎（Joseph Levenson Book Prize）兩大獎項，實至名歸。

但撇開學界的一致叫好，我認為《中文打字機》最有意義的是它觸及的多元讀者，包括設計者、藝術家，還有熱衷發明、鑽研珍奇小物的收藏家等。這些人的評論大多不脫非西方文化、打字機、或者現代性論述的感嘆，但這本大部頭的學術專書能引出「內行看門道，外行看熱鬧」的熱烈迴響，確實不簡單。筆者過去以非西方鍵盤為主題的文章獲得國科會的第四屆科普獎，在得獎感言中提倡有科技內涵與社會溫度，有別於科學普及的「STS普」，《中文打字機》便是這類書寫的典範之作。事實上墨磊寧所做的遠超於此。他以骨董打字機為文物史料，參與 A Revolutionary Exhibition—How I.T. Changed the Chinese Language (and Chinese changed I.T. right back 的策展（展覽資訊見 https://www.radicalmachines.org/），更「動手動腳做歷史」（hands on history），從組裝打字機中探索技術細節。他是歷史學家，更是STS研究的行動者，不論是《中文打字機》或者是公眾參與，在在落實「創造與實踐」（making and doing）的核心價值。

另外值得注意的是墨磊寧提攜後進，擴大人文研究影響力的努力。他是「博士論文評論」（Dissertation Reviews）網站的創始主編，至今刊登數百篇論文介紹。他在史丹福大學成立「亞洲數位人文」（Digital Humanities Asia，https://dhasia.org/）平台，積極鼓勵跨界對話。撰寫《中文電腦》時他還出版兩本研究方法與人文書寫的專書《研究開步走》（*Where Research Begins: Choosing a Research Project That Matters to You (and the World)*，與雷秦風〔Christopher Rea〕合著）與《電腦有事》（*Your Computer Is on Fire*，擔任領銜編輯），更不用說疫情期間在 YouTube 開設的學術分享頻道，精力旺盛，無所不談。

或許由小見大，熱情分享，正是墨磊寧同理《中文打字機》裡介紹的這些打字機發明家的方式，也是本書擄獲廣大讀者的祕密。STS研究者拉圖（Bruno Latour）有「給我一個實驗室，我將舉起全世界」的經典研究，墨磊寧的中文打字機與電腦史似乎也開出類似的宏大願景——從鍵盤出發，他想透過這些技術，翻轉對東亞現代性的理解。這不僅是題目的翻新，也是知識版圖的刷新，他身體力行。

導讀到此，就讓我們盡快進入墨磊寧打造的機械書寫世界，領略這個跨界說書人的功力吧。

作者對談實錄

1. 為什麼想研究打字機？打字機的歷史，這項物質性設施在您眼中是個人電腦的前身嗎？

我對於中文打字機的著迷，起因於它本質上是個看似無解又難以處理的東西。理論上，中文打字機這東西不可能、也不應該存在（畢竟中文打字機屬於有成千上萬字元的非字母書寫系統），但它卻出現了。

在研究中文打字機之前，我早期的研究專注在分類法和標準化，而這些研究又為我初次遇見中文打字機「鋪設了一條康莊大道」。這些中文打字機一方面為現代資訊技術的發展軌跡帶來了嚴峻挑戰，但另一方面又大大地受到歐美打字機款式的影響。一九〇〇年代之後，標準化系統迅速在全球取得主導地位，在打字領域特別如此，這種起源於美國與英語的系統，在之後成了跨語種打字的普世標準。推動這種形塑全球打字樣貌變革的是幾股錯縱複雜的力量，包括殖民主義遺緒與資本主義。至於全球數十億人使用的中文書寫系統，卻在這種敘事下以另一種顯著的姿態出現。它扛住了標準化西方打字機施加的壓力。西方打字機製造商發現他們無力迫使中文調整，以便適用於這些外國設備，這點對傳統全球標準的概念形成挑戰。基於這樣的背景，全球的工程師、語言學家與決策者共同努力讓中文機械化，由這群人組成的群體所帶來的重要性，才是我想強調的。這種國際合作催生了許多人機互動和語言方面等等的新穎概念，同時也超越了國界限制。

最後，我也要展望一下電腦時代。過去中文打字員客製化打字機，好讓機器符合他們的工作型態時，他們展現出自身的適應力與創新力，我認為這點與當代的人工智慧革命有著密切關係。將這兩者並列對比，可以凸顯出人工智慧時代帶來的新需求與漢字之間並無違和，漢字在此並非處於不利地位。而且此時的焦點已轉向文字預測與資訊處理，漢字在這逐漸發展出的大方向中適應良好。

《中文電腦：一個資訊年代的全球史（暫譯）》（*The Chinese Computer: A Global History of the Information Age*）英文版將於二〇二四年五月出版。

中文這種語言由成千上萬的漢字組成，當中沒有任何字母，那麼要如何才能在標準的ＱＷＥＲＴＹ鍵盤上輸入漢字呢？這個問題我已經琢磨許久。我在《中文電腦》一書中的目標除了要解開這種矛盾，還要呈現我眼中那個從打字演進而來的新時代，也就是被我稱為「超文字」（hypography）的現象。該書立基於我十五年來的研究，探討了電子中文技術的起源，可從第二次世界大戰後一路追溯至今。

我試著引導讀者穿過錯綜複雜的中文電腦技術史，並追溯電腦中文輸入法的演進：軟體程式使得以字母、數字符號來產生漢字成為可能。書中將介紹一群卓越人士，包括來自ＩＢＭ的遠見之士、麻省理工學院的創新家、中央情報局和五角大廈的神祕人物、臺灣軍方的先驅，以及中國大陸體制內的有力人士。這些來自各方的人物，對於形塑中文電腦技術面貌扮演了前所未見的角色。

在最後一章，我將說明中國與非西方國家在出於必要之下，究竟如何在進入個人電腦革命之際創造了超文字技術，並無意間「拯救」了西方電腦技術免於深陷固有的字母偏見之中。這種變革使得某些電腦得以在歐美以外的市場占有重要地位。

2. 您覺得，中國在現代資訊技術的歷史發展進程，扮演了什麼角色？

中國在現代資訊技術發展史上所扮演的角色既多重又重要。其中一個關鍵是中國對於語言與書寫有其獨特的思路。中國的挑戰在於調整西方打字機的標準，好讓它適用於複雜的中文，這過程同時也引領了創新的輸入法及設備發展，例如中文打字機，在全球電腦技術史上就扮演了舉足輕重的角色。

中文及其書寫系統無法適應標準的西方打字機，這導致互不相容的系統共存於世。不過，這卻也為探索人機互動、語言等嶄新概念創造了獨特的空間，來自全球的工程師、語言學家與決策者皆與之相關。現代以降，中國不斷在挑戰既定的不成文標準，並將現代資訊技術推向全球化。

3. 可以聊聊您對AI的看法嗎？

有人問過我，是否知道聊天生成預訓練轉換器（ChatGPT）的問世。我的回答是，我當然不知道，但卻一點也不意外。雖然從英文電腦史的觀點來看，ChatGPT 的問世也許很驚人，但我認為，若從中文電腦技術所代表的全球計算機史發展軌跡這部分來看，很顯然地，中文輸入法歷史的下一步就是會這樣發展：從預測用戶想要什麼，到嘗試以比人類意念更快的速度生產文本。

致謝

你的問題是什麼？在你一生所有可以提問的問題中，哪一個界定了你心中的等待航線（holding pattern）*方向？儘管別人（也可能是你自己）看你好像不停轉換主題，但你一直提問的問題又是什麼？為何這會成為問題？回答這些問題耗竭心力卻又美好。它將傾盡你的一切。

至於外部世界，要使這個探索過程井然有序而穩定，讓一切盡在掌控之中，最重要的就是社會和資金兩點。新計畫的開頭，我們會在附信、籌建案、研討會和雞尾酒會上說些該說的話。但事實比我們更了然於胸。千里之行始於信念，不是始於你將找到的答案，而是始於辛勤本身的喜悅之中，以及脆弱的雋永感；那是唯有持之以恆、方才降臨的價值。

如果沒有及時且平衡的批評與信任，沒有親密的友人同事，那麼一不小心就會失去這種內在感覺。艾力克斯・庫克（Alex Cook）一直是我最珍惜的朋友之一。沒有他的洞察力、體貼和冷笑話，我將無所適從。我還想對麥特・格雷森（Matt Gleeson）表達我的感激，他不只是我的好友、傑出作家和音樂夥伴，更是我共事過最有才氣和發展潛力的編輯。一如往常，我也要感謝麥蒂・吉蘭（Mattie Zelin），謝謝他一直以來的

* 航空術語，指飛機待降時在等待空域的飛行航線。

支持與指導，一日為徒，終身為徒。感謝我的家人，你們親切又與我心意相通：湯姆（Tom）、梅莉（Merri）、索妮雅（Sonia）、已故摯愛的詹卡羅（Giancarlo〔IK3IES〕）、史普安札（Speranza）、史考特（Scott）、馬吉甘（Mojgan）、卡麥隆（Cameron）、蘿拉（Laura）、莎曼莎（Samantha）、瑪莉歐（Mario）、法比安那（Fabiana）、亞來西歐（Alessio）、安迪（Andy）、莎莉（Salley）、奧莉維亞（Olivia）、卡莉（Kari）、安諾莉絲（Annelise）、凱蒂（Katie）、魯本（Ruben）、莎拉（Sarah）、丹尼斯（Dennis）和凱莉（Kelley）。

我在史丹佛大學的同事可能不知道，經過中期續聘之後我決定啟動這本書，有很大部分是受到平日午餐聊天的激勵。我深深景仰的幾位資深同事把我拉到一邊，對我的整套研究進行剖析與澈底審查。這令人不安，但我喜歡這份不安。儘管這個時候中文打字機課題的構思已經很穩固了，但很大程度還是要謝謝與他們交談，這讓我決定忠於自己，以問心無愧、澈底毫不妥協的態度，面對我上文所說的內在感覺。

我想特別謝謝凱倫·維根（Kären Wigen）、塔瑪·赫佐（Tamar Herzog）、寶拉·芬德倫（Paula Findlen）和蘇成捷（Matt Sommer）的慷慨批評，你們是我的港務局局長，幫我確認水中暗礁的位置。同樣感謝章家敦（Gordon Chang）、郎達·席賓格（Londa Schiebinger）、羅伯特·普羅克特（Robert Proctor）、西佛·法蘭克（Zephyr Frank）、潔西卡·里斯金（Jessica Riskin）、史提夫·季波斯坦（Steve Zipperstein）、艾斯戴爾·佛里曼（Estelle Freedman）、理查·羅伯特（Richard Roberts）和費德·透納（Fred Turner），你們與我在走廊的無數談話也許你們已經不記得了（但我永生難忘）。也謝謝吉姆·康貝爾（Jim Campbell）鼓勵我首次策展，同時也謝謝貝姬·費雪巴赫（Becky Fischbach）在這方面的指導。我也想銘謝聰穎的同路人井上美弥子（Miyako Inoue）、弓野有未（Yumi Moon）、內田潤（Jun Uchida）以及蘇成捷，謝謝你們對本書初稿的過目，同樣感謝李海燕（Haiyan Lee）、和莫妮卡·惠勒（Monica Wheeler）。在這個研究案子上，我也要對我的學生深表謝意，特別是譚吉娜（Gina Tam）、安德魯・艾摩（Andrew Elmore）、班・艾倫（Ben Allen）和謝若鈴（Jennifer Hsieh）。

檔案管理員和圖書館館員無論是人性還是在學術上，都是最優秀的。應該要設幾個紀念日以資紀念。雖然我不奢望能予以回報，但總而言之，我還是要謝謝史丹佛大學的薛兆輝（Zhaohui Xue）、雷根・墨菲・高（Regan Murphy Kao）、葛蕾絲・楊（Grace Yang）、查爾斯・佛斯曼（Charles Fosselman）、楊繼東（Jidong Yang）、阮麗莎（Lisa Nguyen）、林孝庭（Hsiao-ting Lin）以及卡羅・萊得納姆（Carol Leadanham）；亨廷頓圖書館的楊立維（Liwei Yang）和已故的比爾・法蘭克（Bill Frank）；法國打字機博物館的雅克・佩里爾（Jacques Perrier）；費城檔案局的大衛・鮑（David Baugh）；尼加拉郡歷史學會的安・瑪麗・林納伯里（Ann Marie Linnabery）；法國工藝美術博物館的西里・福阿索（Cyrille Foasso）；國家檔案和記錄管理局的翠娜・葉克里（Trina Yeckley）和凱文・貝雷（Kevin Bailey）；丹麥國家檔案館的烏爾夫・基尼布（Ulf Kyneb）和安那特・詹森（Anette Jensen）；法國國家圖書館的陶斯—海蓮娜・哈尼（Taos-Hélène Hani）；班考夫特圖書館的大衛・凱斯勒（David Kessler）；國家密碼博物館的勒內・斯坦（Rene Stein）；義大利奧利維蒂歷史檔案館的恩里科・班迪埃拉（Enrico Bandiera）、阿圖羅・羅爾福（Arturo Rolfo）和馬塞洛・圖爾切蒂（Marcello Turchetti）；米特霍夫打字機博物館的瑪麗亞・邁爾（Maria Mayr）；賓夕法尼亞大學檔案館的南西・米勒（Nancy Miller）；臺灣中央研究院的王憲群（Wang Hsien-chun）；史密森尼學會的克雷格・奧爾（Craig Orr）、凱茜・金（Cathy Keen）和大衛・哈伯史迪奇（David Haberstich）；李約瑟研究所的約翰・墨菲特（John Moffett）；ＩＢＭ企業檔案館的史黛西・佛娜（Stacy Fortner）；耶魯大學圖書館手稿檔案部的黛安・卡普蘭（Diane Kaplan）；普林斯頓大學圖書館珍本和特殊館藏的班・普萊莫（Ben Primer）；北美學術電影資料館的傑夫・亞歷山大（Geoff Alexander）；卡內基研究所的約翰・史東（John Strom）；衛斯理大學的派翠克・陶蒂亞（Patrick Dowdey）；商業歷史與技術博物館的湯瑪斯・羅素（Thomas Russo）；科學與工業博物館的珍・希爾史密斯（Jan Shearsmith）；波特庫爾諾電報博物館的艾倫・倫頓（Alan Renton）和夏洛特・丹多（Charlotte Dando）；機器翻譯檔案館的約翰・哈欽斯（John Hutchins）；雪菲爾大學的G.M.卡達（G.M. Goddard）；劍橋大學圖書館的查爾斯・艾爾默（Charles Aylmer）；費城歷史線上檔案計畫（PhillyHistory）的黛・博耶（Deb Boyer）；哈格利博物館兼圖書館的盧卡斯・克勞森（Lucas Clawson）和卡羅・洛克曼（Carol Lockman）；印刷博物館的法蘭克・羅馬諾（Frank Romano）；美國國會圖書館的潘銘燊（Ming-sun Poon）；賽珍珠國際基金會的唐娜・羅德斯（Donna Rhodes）；哥本哈根的漢寧・漢森（Henning Hansen）；（德國）德羅爾斯哈根的羅夫・海寧（Rolf Heinen）；維多利亞與艾伯特博物館的維多利亞・威斯特（Victoria West）；科學博物館（倫敦）的羅里・庫克（Rory Cook）；聯合國檔案館（紐約）的雷米・杜比松（Remi Dubuisson）；夏威夷大學馬諾阿分校的謝爾曼・賽基（Sherman Seki）；德拉瓦大學的雷貝卡・強森・梅爾文（Rebecca Johnson Melvin）；遠東廣播公司的吉姆・鮑曼（Jim Bowman）；麻省理工學院的邁爾斯・克勞利（Myles Crowley）；哈佛商學院的凱薩琳・福斯（Katherine Fox）；哈佛大學的林希文（Raymond Lum）；虛擬打字機博物館的保羅・羅伯特（Paul Robert）；電腦歷史博物館的黛・史派澀（Dag Spicer）、徐漢聲（Hansen Hsu）、大衛・布洛克（David Brock）、江瑞蓮（Marguerite Gong Hancock）、波比・哈拉森（Poppy Haralson）；以及北京市檔案館、上海市檔案館、上海圖書館、天津市檔案館、清華大學和復旦大學的同仁。有鑑於當前中文檔案的狀況及其相關的查閱與人員敏感問題，在此就不一一列出姓名。

十九、二十世紀的歷史學家享有少數我許多同事所無法享受的樂趣：與我們作品中歷史人物的家人和後代子孫交流，至於本人就更不用說了。研究撰寫本書時，這方面我得到的恩寵超過大家的想像，對此我甚為感激。我要謝謝露絲・強森（Ruth Johnson）和凱洛格・斯特爾（Kellogg S. Stelle），他們是第一台中文打字機發明者謝衛樓（Devello Sheffield）的甥孫女和曾孫；舒冲慧，他是中國第一台量產中文打字機共同發明人舒震東的孫子；俞碩霖，俞式中文打字機發明者和生產商俞斌祺之子；約翰・馬歇爾（John Marshall）、斯坦・梅田（Stan Umeda）和克莉絲汀・梅田（Christine Umeda），謝謝你們與我分享許多渡邊久一（Hisakazu Watanabe）和他的日文打字機的資料。羅伯特・斯洛斯（Robert Sloss）之子安德魯・斯洛斯（Andrew Sloss）；詹姆士・葉（James Yee）與喬伊・葉（Joy Yee），你們聯繫我並給了我所擁有的第一台中文打字機當作收藏（本書會簡述這段故事）；栗山托尼（Tony Kuriyama）牧師和栗山英子（Hideko Kuriyama），謝謝你們捐贈了你們美麗的日文打字機。我還有幾次難忘的經歷，在研究和撰寫本書的過程中以及回覆信箱裡的信時，有幾位朋友與世長辭了。我想特別感謝並跟葉晨暉（Chan Yeh）道別，他是IPX系統的發明人，曾多次與我親切談話。

許多學者對本書的初稿和整個研究過程付出了許多重要的貢獻。當然，我得為本書所有錯誤和遺留的缺點負起全責，但我仍要感謝安妮莉絲・海因茨（Annelise Heinz）、井上美弥子、高哲一（Rob Culp）、韓嵩文（Michael Gibbs Hill）、橫田佳彥（Kariann Yokota）和瑪拉・米爾斯（Mara Mills），你們過目了整本書的原稿也提供了寶貴意見；還有芮哲非（Christopher Reed）、麗莎・吉特曼（Lisa Gitelman）、魏根深（Endymion Wilkinson）、舒喜樂（Sigrid Schmalzer）、林郁沁（Eugenia Lean）、陳江北（Roy Chan）、雷貝卡・斯雷頓（Rebecca Slayton）、安德魯・葛登（Andrew Gordon）和拉賈・阿達爾（Raja Adal），謝謝你們閱讀了大部分的內容。還要深深感激傑夫・柏克（Geof Bowker）、馬克・艾利特（Mark Elliott）、華志堅（Jeff Wasserstrom）、寶克（Erik Baark）、葉文心（Wen-hsin Yeh）、譚凱（Nick Tackett）、梅維恆（Victor Mair）、克里斯・雷頓（Chris Leighton）、范發迪（Fa-ti Fan）、譚安（Glenn Tiffert）、約翰・凱利（John Kelly）、翟淑敏（Shumin Zhai）、英格麗・理查森（Ingrid Richardson）、西羅・加蘭（Cyril Galland）、保羅・費格爾菲爾德（Paul Feigelfeld）、卡特・雅各森（Kurt Jacobsen）、金・布蘭特（Kim Brandt）、吉姆・赫維亞（Jim Hevia）、馮珠娣（Judith Farquhar）、何若書（Denise Ho）、季家珍（Joan Judge）、傅佛果（Josh Fogel）、陳利（Li Chen）、沈邁克（Michael Schoenhals）、考什克・桑德・拉詹（Kaushik Sunder Rajan）、白杰明（Geremie Barmé）、鄧津華（Emma Teng）、鮑梅立（Melissa Brown）、麥可・費希爾（Michael Fischer）、林濤（Toby Lincoln）、江松月（Nicole Barnes）、克萊爾—明子・布里賽（Claire-Akiko Brisset）、艾約博（Jacob Eyferth）、布萊恩・羅特曼（Brian Rotman）、史蒂芬・田中（Stefan Tanaka）、包筠雅（Cynthia Brokaw）、劉禾（Lydia Liu）、柯偉林（Bill Kirby）、大永理沙（Lisa Onaga）、拉梅肯・歐維斯特（Ramekon O'Arwisters）、約翰・威廉斯（John Williams）、金兌豪（Tae-Ho Kim）、韓哲夫（Zev Handel）、郝瑞（Steve Harrell）、伊佩霞（Pat Ebrey）、朱瑪瓏（Marlon Zhu）、小林劍（Ken Lunde）、喬・卡茲（Joe Katz）、高艮（Kees Kuiken）、雅萊茲・王（Elize Wong）、畢永峨（Yung-O Biq）、曹南屏（Cao Nan- ping）、安・布萊爾（Ann Blair）、賈娜・雷米（Jana Remy）、史汀金・凡諾比克（Stijn Vanorbeek）、畢鶚（Wolfgang Behr）、琴—露易絲・魯特斯（Jean-Louis Ruijters）以及三位外部匿名評審。在打字機字盤數據視覺化方面，我要感謝你們的幫忙，阿爾貝托・佩佩（Alberto Pepe）、呂睿（Rui Lu）、李萌（Li Meng）和烏蘭娜（Lanna Wu）。還要感謝史丹佛大學傑出的研究助理，他們是莎曼沙・杜（Samantha Toh）、黎又嘉（Youjia Li）、莫娜・黃（Mona Huang）、徐川

（Chuan Xu）、安娜．波立希查克（Anna Polishchuk）、杜魯門．陳（Truman Chen）和羅宇晴（Yuqing Luo）。特別感謝蘇珊娜．穆恩（Suzanne Moon）和她《科技與文化》（*Technology and Culture*）雜誌的同事，感謝他們對很早就支持本計畫以及同意讓我收入第七章的部分內容，即二〇一二年十月於雜誌中刊出的〈可移動打字機：毛主義鼎盛時期的中國打字員如何發展預測性文本〉（The Moveable Typewriter: How Chinese Typists Developed Predictive Text during the Height of Maosim）。另外還要感謝班．艾爾曼（Ben Elman）和石靜遠（Jing Tsu）同意我收入《科學與民國》（*Science and Republican China*, Leiden: Brill, 2014）第二章的修訂版，題目為〈符號主權：全球史視野下的一八七一年版《中文電碼本》〉（*Semiotic Sovereignty: The 1871 Chinese Telegraph Code in Global Historical Perspective*）。最後我還要感謝華志堅和珍妮佛．芒格同意讓我收入第五章的內容，原刊於二〇一六年八月發行的《亞洲研究雜誌》（*Journal of Asian Studies*），題目為〈掌控漢字圈〉（Controlling the Kanjisphere）。

本書的研究之所以成為可能，多虧了各個機構的鼎力相助。身為本書的作者想對各單位表達謝意：赫爾曼教師基金、史丹佛大學佛里曼波格利研究所中國基金、國家科學基金會、史丹佛大學東亞研究中心及史丹佛大學歷史學系，該系在休假安排上給予我幫助。特別向美國國家科學基金會的費德．康茲（Fred Kronz）表達感激之情，謝謝你的耐心與鼓勵，否則我無法度過令人沮喪的修訂和重新提交的過程（更不用說一場罕見的政治獵巫了）。我還想感謝麻省理工學院出版社，尤其是凱蒂．海克（Katie Helke）。也謝謝艾咪．布蘭德（Amy Brand）、凱蒂．霍普（Katie Hope）、邁克．西姆斯（Michael Sims）、馬修．阿貝特（Matthew Abbate）、科琳．拉尼克（Colleen Lanick）、賈斯汀．基霍（Justin Kehoe）、井口安修（Yasuyo Iguchi）和大衛．萊曼（David Ryman）。特別感謝韋瑟黑德研究所的凱洛．格魯克（Carol Gluck）和蘿絲．耶爾西（Ross Yelsey）。

現在讓我開始：為什麼傳統上作者總要等到致謝的最後才感謝最重要的人，對於這點我一直不了解，不過我也這麼做了。當我試著回憶這本書的撰寫過程——那些我真正記得的——以及在心中湧現的千千萬萬個零碎時刻，它們全都散布在我生命中的真實篇章間。我把這本書的撰寫當成與妳——基婭拉（Chiara）——的對話交流，從海蓬子（samphire）聊到聖艾夫斯（St. Ives）、從義大利紙牌遊戲（Scala Quaranta）聊到同是義大利的南提洛（Sudtirol）、從星際大爭霸（Battlestar）聊到黑熊汽車旅館（Black Bear Inn）、從使命派餐廳（Mission Pie）聊到加州門多西諾郡（Mendocino）、從餡餅店聊到電玩雪地計畫（Project Snow）、從公路旅行聊到玫瑰奶茶、從生日蛋糕聊到北京、從德國的德羅爾斯哈根聊到蒲公英、從林肯聊到樂高模型、從市政府聊到電視節目《廚師和火焰》、從義大利托爾切洛島（Torcello）聊到戲劇《愛情風暴》（*Tempesta d'amore*）、從紫竹聊到作曲家普契尼，這些是屬於我們夫妻兩人的單獨時光。這本書要獻給妳。是妳教導我勇敢與權衡。妳替人趨吉避凶。我對妳的愛，就連我自己都難以言喻。儘管他人覺得我有確切目標，但老實說在人生中我卻毫無頭緒，因而時時焦慮難耐。但唯有在妳身旁，我就無所畏懼。妳撫平了我的傷痛。

序言

中文裡
沒有字母

我們中國人想說的是：打字機帶來的這點好處，還不足以誘使我們拋棄四千年來的優秀經典名著、文學與歷史。打字機原本就是因應英語的需求而生，並不是英語來因應打字機。

——〈以西方視角評斷東方事物〉，《中國留美學生月報》，1913 年。

在中華人民共和國壯麗崛起的此刻，二〇〇八年北京奧運開幕式已成為這段歷程的一個嶄新節點。中國觀察家們很熟悉這個國家二十多年來的經濟成就，對其在科學、醫學和科技上的進展也可能有所認識。然而，世界從未在單一場合全面見證二十一世紀中國的實力與自信。而八月八日正是最佳的舞台。開幕式在史上最長的一次奧運聖火傳遞下結束（歷經一百二十九天，共一萬三千七百公里），光是開幕式當天就有一萬五千名表演者參與，花費高達三億美元。[1]如果再把全部賽事、北京和周遭城市的大規模基礎建設算進去，那麼總預算則會來到四百四十億美元。[2]

當我們把目光放在所費不貲的盛大場面——卡司陣容、電費、外燴服務、服裝設計、施工人員，還有導演張藝謀的薪資等等時，當中有一點引人好奇：一個、可能是唯一一個真正具顛覆意義的時刻，花費最少、卻最容易被忽略的一個。那就是各國代表團在鳥巢主場館*的列隊入場遊行儀式。

根據奧運傳統，第一順位進入鳥巢的是希臘代表團。希臘是奧運賽事的發源地，這項活動是要致敬古希臘社會，及其做為西方民主、科學、理性和人文主義的崇高地位。另外，入場遊行還以巧妙的方式向希臘致敬：各國代表團以字母順序做為入場的依據。埃里克・哈夫洛克（Eric Havelock）在著作《西方文化的起源》（*Origins of Western Literacy*）中認為希臘字母系統是一種劃時代的發明，它超越了所有過往的書寫系統，包括做為希臘文和其他所有字母起源的腓尼基文。[3]歷史學家、哲學家和美國現代語言學會前主席沃爾特・翁（Walter J. Ong）提到，希臘人採用和改造腓尼基字母是一種堪稱民主化的力量，因為這讓「年齡尚淺、詞彙量有限的孩童也能學會希臘字母」。[4]另外也有人勇於提出尚無定論的神經科學主張，認為希臘字母的發明激發了長久以來處於休眠的人類左腦，開創了人類自我實踐的新時代。[5]希臘為人們帶來了「我們輝煌的字母」，所以每隔兩年，人們便會在夏季奧運和冬季奧運的開幕式上向其致敬。

一九二一年，國際奧林匹克委員會首次以書面形式記下各國代表團的入場規則。[6] 規則寫著「參與賽事的每個代表團，隊伍前面的標示必須載有國名，也須附上國旗」。並附註：「（各國依照字母順序進場）。」[7] 一九四九年，這樣的章程作了些調整，以便更加彰顯奧運的世界性理念，並一直維持至今。修訂後的章程規定，主辦國有權根據**主辦國使用的字母順序**安排開幕入場式。[8] 藉著這次調整，國際奧委會付諸實際行動，讓國際盛事的相關規則變得更加相對而普世。

一九六四年的東京奧運，要不是日本決定用英文字母而非日語漢字或假名順序的話，那麼該次奧運大概就會是全球電視觀眾首次看見非西方的非字母系統（日語漢字是一種以中文字為基礎而來的文字，而假名則包含了平假名和片假名，是日文書寫的音節部分）。要等到一九八八年的漢城奧運，世界才首次見證了非西方字母在莊重的奧運傳統上出現。韓文中的第一個音節是 가（ga），所以排在希臘之後的是迦納（가나 Gana）和加彭（가봉 Gabong）。[9]

二〇〇八年，希臘國家代表團按慣例率先進入鳥巢（這座建築界的奇妙設計部分出自中國藝術家艾未未之手）。電視評論員鮑勃・柯斯塔斯（Bob Costas）、麥特・勞爾（Matt Lauer）、湯姆・博卡（Tom Brokaw）和其他嘉賓各司其職，全程滔滔不絕地講解。他們談論各式各樣的主題，從儒教、唐朝的世界主義、太極、明朝的宦官、航海探險家鄭和、書法以迄中國西北敦煌石窟複雜的佛教壁畫，以及中國各地多采多姿的少數民族。[10] 這場大雜燴般的談論有時還會冒出古怪的措辭（譬如把長征跟大躍進講成「**長長的行軍**」和「**大改進**」）。儘管有這些可愛的失誤，但全程實況報導的評論員還是不多見的。

---

* 位於北京的中國國家體育場，也是當屆奧運的田徑賽場。

然而這樣的熱絡實況，在第二組國家代表團——幾內亞（Guinea）入場時，形成了長達四十五秒澈底當機的鮮明對比。柯斯塔斯和他的搭檔突然亂了方寸。

柯斯塔斯：緊接著希臘入場的是幾內亞。中文裡沒有字母，所以，如果您是以一般開幕式的順序來預期下個入場代表團的話，那要再想想了。

勞爾：對，真不走運。這次是以漢字（淺笑一聲）的筆畫順序來表示國名，所以您很容易能見到國名「R」開頭的國家走在國名「A」開頭的國家前面，反之亦然。所以，我們會在電視螢幕下方列張圖表，好讓各位觀眾有個頭緒……究竟下個入場的是哪個國家。

希臘（Greece）、幾內亞（Guinea）、幾內亞比索（Guinea-Bissau）、土耳其（Turkey）、土庫曼（Turkmenistan）、葉門（Yemen）、馬爾地夫（Maldives）、馬爾他（Malta）。*

G，T，Y，M？

中文裡沒有字母。

倘若柯斯塔斯吐不出半點字，那也無可厚非。二〇〇八年是奧運史上首次不按照任何字母順序分類安排代表團入場的奧運會，因為主辦國的語言裡根本沒有字母。

超過整整一世紀，國際奧委會的章程只是以**看起來**寬大、擁抱多元文化（用一個字統稱，**普世**）的樣貌呈現在世人眼前。而二〇〇八年，國際奧委會章程的普世主義假面具終於被揭穿了。基於自主權和文化相對主義的理念，章程的基礎建立在「主辦國使用的語言字母順序」上，這點讓奧運和東道主中國陷入了尷尬的絕境。奧委會章程「准許」中國做一些邏輯上不可能的事：按照實際上不存在的「中文字母」安排入場序。

然而二〇〇八年的奧運並不是以隨機順序入場，而是以中國的「道」來迎合希臘的「邏各斯」（logos，話語之意），一種在中國廣為人知的雙層排序系統。第一層，是按照筆畫將漢字排序，這種基本排序體系在中國已有數世紀的歷史。跟在希臘後面的第一支隊伍為巴布亞紐幾內亞（几内亚），為三個漢字組成的國名，首字在中文書寫裡非常簡單，正字念法為：几（ji），是一個只由二筆畫構成的字。相比之下，國名由三個字組成的土耳其首字為土（tu），為一個三筆畫構成的字。結果就是幾內亞在土耳其之前入場。

不過，筆畫數本身並不足以達成順序明確的要求，原因非常簡單，就是許多漢字的筆畫數都相同。舉例來說，中文的葉門（也门）首字為另一個三筆畫的漢字（**見圖 I.1**）。那麼哪支國家代表團會先進入鳥巢，到底是土耳其還是葉門？

因此，第二層排序法則以歷史悠久的中文書法原則為基礎，這種書法至少能追溯至晉朝的書法家王羲之（西元三〇三年至三六一年）。按照這個原則，所有的漢字都由八種基本筆法所構成，依序為：點、橫、豎、撇、捺、挑、折、鈎（**見圖 I.2**）。再回到土耳其和葉門誰先入場的問題，我們會發現，土耳其的「土」

* 中國使用簡體漢字，「幾」寫成筆畫二畫的「几」，「葉門」譯為「也门」，「馬」寫成筆畫三畫的「马」。

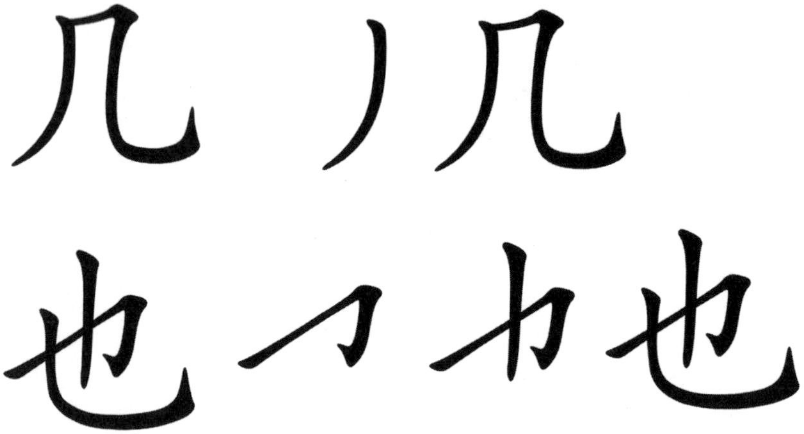

I.1　「几」和「也」的筆畫順序

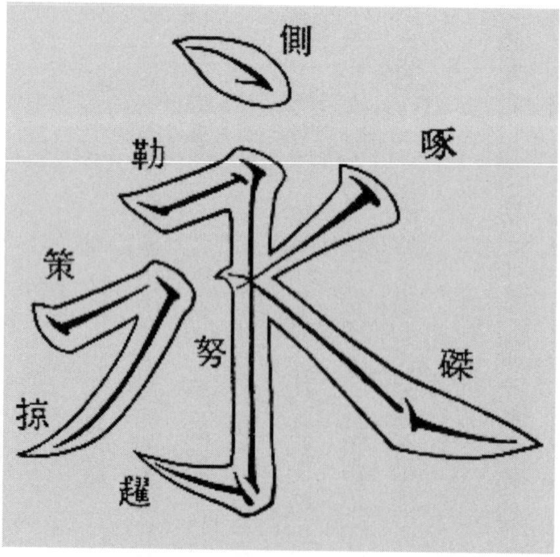

I.2　「永」字的八個基礎筆畫（永字八法）

由橫／豎／橫或按筆畫二—三—二所構成；而葉門（也门）的也則由下折／豎／上折或按筆畫七—三—七所構成。二—三—二的順序在七—三—七之前，所以土耳其會在葉門之前進入鳥巢。

由於不了解中文正字法傳統，許多西方觀眾便開始訴諸陰謀論。「（美國）全國廣播公司（NBC）竄改了奧運開幕式？」Slashdot*的網友 techmuse 於二〇〇八年八月九日晚間發布這則貼文，在四十八小時內引發了五百條的熱烈回響。[11]之後初步的論調便很快形成：國家代表團入場序明顯跟一些有次序的列隊大不相同，這一定是電視台主管受利益驅使，任意竄改重新排序。陰謀論的論調是，電視台主管預期美國觀眾會在美國代表團出場後轉台，所以全國廣播公司剪輯了原本順序然後重新排列，這樣就能把美國代表團放到最後，以確保觀眾繼續收看。「美國媒體竄改現場實況以刺激收視率！典型的十一點新聞。」**在 techmuse 率先開砲後不久，另一位網友 kcbanner 如此諷刺道。

儘管有一小群人試圖強調中文裡沒有字母這一明顯事實，所以可能有其他理由，但網上的評論卻更進一步往猜疑的深淵遊走而去，並過度放大柯斯塔斯那句「那要再想想了」的告誡。有些人則擺出一副堅定而厭世的譏笑姿態，覺得這套說法可信且情有可原。網友 wooferhound 插話：「在延遲轉播的情況下，重新剪輯奧運會賽事很常見」，「我早就料到了，這很正常吧？美國主辦時也沒按正確順序播放。」網友 Minwee 的評論更加極端而荒唐，他把全國廣播公司的這番舉動比喻成「一九三六年柏林奧運，當時德國的新聞媒

* 這是一個資訊網站，網友可在站內投稿新聞，再經由編輯篩選後發布於網站內。

** Movie at 11/ Film at 11 / Pictures at 11 / News at 11為電視廣播新聞使用的習語，指的是預告下一節報導所會出現的當日突發新聞片段。

體只展示了賽道及田徑賽事的底片，於是白皮膚的傑西．歐文斯（Jesse Owens）擊敗了所有的黑皮膚運動員。」*

直到第二天，原本的詐欺陰謀論才開始緩和。全國廣播公司並未竄改二〇〇八年奧運的入場影片；代表團的入場順序只不過是遵循著另一套獨特的排序邏輯罷了。這場始於憤怒與激情的猜疑，最後在網友smitth1276浮誇的感嘆下收場：「難道你們就沒懷疑過，這種聲稱完全是杜撰嗎？入場順序根本就沒被竄改過，斷言陰謀論的人是嗑了藥吧。」這場風波持續了整整兩天，直到八月十一日晚間才澈底平息。

二〇〇八年八月八日晚間八點零八分，奧運會盛大開幕：奢靡張狂的金屬絲網和煙火、觀眾齊聲吶喊、緩緩升起的LCD螢幕、身著少數民族服飾的漢族兒童、由人力驅動宛如血管密集脈動的中國活字印刷表

表I.1　2008年奧運各國代表團入場序（前十個國家）

入場順序	國家	中文國名（括弧為繁體中文）	拼音	中文名第一字和第二字的筆畫數
1	Greece	希腊（希臘）	Xīlà	7，12
2	Guinea	几内亚（巴布亞紐幾內亞）	Jīnèiyǎ	2，4
3	Guinea-Bissau	几内亚比绍（幾內亞比索）	JīnèiyǎBǐshào	2，4
4	Turkey	土耳其（土耳其）	Tǔ'ěrqí	3，6
5	Turkmenistan	土库曼斯坦（土庫曼）	Tǔkùmànsītǎn	3，8
6	Yemen	也门（葉門）	Yěmén	3，3
7	Maldives	马尔代夫（馬爾地夫）	Mǎěrdàifū	3，5
8	Malta	马耳他（馬爾他）	Mǎěrtā	3，6
9	Madagascar	马达加斯加（馬達加斯加）	Mǎdájiāsījia	3，6
10	Malaysia	马来西亚（馬來西亞）	Mǎláixīyà	3，7

演，以及中國童星林妙可對嘴演出的《歌唱祖國》；這首美麗的歌是由更有才華、但外貌較不出眾的楊沛宜所預錄。跟這一切相比，不按字母順序的入場式看起來更像是個狡猾的班克西式**玩笑，是場精心策畫的迷惑與顛覆：

希臘、巴布亞紐幾內亞、土耳其、土庫曼、葉門、馬爾地夫、馬爾他。

G，T，Y，M。

中文裡沒有字母。

其實中國大可按照拉丁字母來安排入場序，配合奧委會的普世主義假面具。一旦考量這點，那麼北京當局的這個玩笑就更耐人尋味了。四十多年來，中國幾乎沒有一本漢語字典、參考書或索引系統採用這套入場式的筆畫數排序法。相反地，一九五〇年代的中國開發並頒布了一套以拉丁字母為基礎的「漢語拼音」音標系統，簡稱「拼音」。這套音標系統於一九四九年中華人民共和國成立後隨即被設計出來，如今在中國已很普遍，做為一套並行的文本技術來輔助漢字書寫，而不加以取代。因此，拼音並不是「中文字母」，而是中國為因應各種需求才**借用**拉丁字母。舉例來說，中國兒童在學習讀寫漢字時，一開始就是靠拼音來幫

* 傑西．歐文斯為美籍非裔田徑運動員，照理說膚色應為黑色，但因底片的顯色特性與正常顏色相反，於是該運動員的膚色在底片上就變成白色。此舉也跟當時德國納粹宣傳部門極力宣揚「雅利安白色人種的優越性」有關。

** Banksy-esque，意指出乎意料、黑色幽默式的風格，源自英國街頭藝術家班克西（Banksy）。

助他們記憶標準的、非方言的讀音。此外，中國的電腦使用者坐在筆電前時，他們使用的鍵盤雖是標準的QWERTY鍵盤，但在螢幕上打出來的卻全是漢字（後面會詳述）。[12]

北京原本用不著讓柯斯塔斯和勞爾這般尷尬，還能避免全球觀眾搞糊塗，卻沒選擇這麼做。顯然，中國的入場排序員**沒打算**讓我們閒著，而這就是北京巧妙的反抗。這是二〇〇八年奧運開幕式中一個真正具顛覆意義的時刻，或許也是唯一一個不會增加鉅額預算的項目。

字母時代的中文

筆者預計撰寫兩本現代中文資訊科技的全球史書籍，本書是第一本。全書分成七個章節，從一八四〇年代電報的發明到一九五〇年代電腦的誕生，書寫時間跨度大約一世紀。即將問世的第二本則會聚焦當代中文所處的電腦與新媒體時代。我們將在這段歷史進程中見證，中文書寫與國際奧委會在二〇〇八年的那場衝突，正是它與各種形式的字母偽普世主義之間的衝突之一。包括摩斯密碼、盲人點字書、速記法、打字術、萊諾鑄排機（Linotype）、蒙納鑄排機（Monotype）、穿孔卡記憶體、文本編碼、點陣印表機、文書處理、美國資訊交換標準碼（ASCII）、個人電腦、光學字元辨識、數位排版，以及過去兩個世紀以來的各種技術，**最早**都是以拉丁字母為優先考量而開發的，之後才「拓展」到非拉丁字母、乃至非字母系統的中文。

隨著這些資訊科技在全世界傳播，亦即一種由歐洲殖民主義和隨後美國支配所促進的全球化進程，這些科技也被許多人視為跨語言的、中立的和「普世的」系統，能服務到每一個人和每一種語言。然而實際上，得將中文排除掉，這種「普世」的神話才得以成立。正如下文所見，儘管以下沒有一家公司成功打入中文市場，但雷明頓公司（Remington）和好利獲得公司（Olivetti）仍驕傲地宣稱他們的打字機具有普世性，麥根塔勒萊諾鑄排機公司（Mergenthaler Linotype，簡稱麥根塔勒，或萊諾鑄排機公司）和蒙納鑄排機公司也如此宣稱——在他們的勝利敘事中，這無疑是一大遺漏。每當中文一出現，就會像二〇〇八年奧運開幕式一樣，造成尷尬的場面。此外，每當中國和其他各地的工程師將中文與某項科技成功調和時，新的字母文書處理科技的發明和傳播又會觸發新一輪掙扎，讓中文再次陷入無法參與「下一起大事件」的風險中，因為新科技會進一步帶動世界經濟、政治、戰爭、國策和科學等眾多領域的變遷。串連以上種種，我們面臨了長達一百五十年的「中文資訊危機不斷輪迴」的歷史。

在本書的研究過程中，我們將注意力放在工程師、語言學家、企業家、語言改革者以及日常實踐者身上，他們奮力帶領以漢字為基礎的中文書寫進入現代化全球資訊時代；他們有個共同的信念，正如某位歷史人物所說的：「文字無罪。」[13]對這些人來說，現代中國在科技語言領域所面臨的挑戰依然如故，但責任不在漢字本身，而在於**人**：一方面在於工程師，他們遲遲找不到訣竅，即便評估這個難題是可以解決的；另一方面在於這個語言的使用者，要讓中文書寫能在現代社會存活下來，他們就得願意以前所未見的全新方式重新使用它。這道難題必須盡快破解，才能判斷它對一個文明所構成的考驗：中文究竟能不能與現代性相容。

那麼，我們能給這段漫長的偽普世主義史冠上什麼名稱？我首先會想到**語言帝國主義**（Linguistic imperialism），這詞似乎很貼切。畢竟，這些衝突本就交織在中國與歐美帝國主義往來的歷史之中。正如我們下文所見，十九世紀起，中文書寫被捲入新興全球資訊秩序之中，而秩序基礎日漸仰賴的是中國沒有、也無法輕易「採用」的事物，也就是字母。不過語言帝國主義終究是個權宜之詞，關鍵原因在於：這個議題指的並不是某特定強勢語言的霸權地位，如英語、法語等等，也非我們當今所見的特定殖民地語言政策，如將強勢語言加諸在特定人群身上。

西方帝國主義（Western imperialism）或歐洲中心主義（Eurocentrism）這類的措辭也不那麼準確。畢竟，如果國際奧委會選擇開羅、葉門、曼谷或仰光來主辦二〇〇八年奧運的話，那麼至少在語言方面，國際奧委會的偽普世主義規則還是能與之相容。因為阿拉伯語和亞美尼亞語同屬字母文字，泰語和緬甸語則是音素音節文字（alphasyllabary）或元音附標文字（abugida），所以各國代表團仍能依照目前規則入場，而普世主義神話也能繼續打迷糊仗下去。

因此，這裡所謂的霸權不在於西洋和東洋、西方和東方、羅馬和異國，甚或歐洲和亞洲。它不能粗略地用上面這些二分法簡化。這裡的二元分界，其實是**所有字母文字與音節文字，和同一種不屬於這兩者的非世界主流文字之間的對立：即以漢字為基礎的中文書寫**。這種新的書寫階級劃分告訴我們：字母文字與音節文字比起其他文字更能與現代性兼容，而所有的字母文字和音節文字都能凌駕於中文之上。但截至目前都還沒討論到一個術語：透過它，能讓我們更專注在歐美帝國主義霸權體系的起源史上，同時也能了解霸權如何將各種西方與非西方文字廣納到它的權力結構中。在這個斷層上真正發揮作用的並不是西方與非西方，而是**實義**（pleremic）與**虛義**（cenemic）。只要是**虛義**文字（該書寫系統的字素〔grapheme〕是無意義的語音元素〔element〕，以希臘語來說就是 *kenos*，**空**的意思），那麼國際奧委會所宣稱的普世性就站得住腳，同時雷明頓公司、安德伍德公司（Underwood）、好利獲得公司、麥根塔勒公司、國際商業機器公司（IBM）、奧多比公司（Adobe）等公司的產品也能符合普世性。若在**實義**文字的狀況下（譬如中文的書寫系統，其字素是有意義的語言音段〔segment〕，以希臘語來說就是*plērēs*，**滿**的意思），那麼這種普世性就會像二〇〇八年八月八日那樣崩潰。所以，雖然這種霸權的起源毫無疑問與現代帝國主義的歷史相關，但這種論述卻逐漸淪為另一種二元對立：它將各式各樣的虛義文字與位於另一邊，那單一、卻幅員廣袤且歷史深遠的實義文字切割開來——中文。

不是要存在或不要存在的問題

過去五百年間，中國歷經了莫大的改變。上一個一千年的中葉，明朝時的中國是世界經濟引擎以及最大的人口中心之一，在文化、文學及藝術生產方面更是無可比擬。接下來的幾世紀，來自北方草原的少數民族入主中原，讓中國見識了一場讓其改頭換面的征服行動；橫跨歐亞的軍隊征戰遠至今日的蒙古、新疆等地，締造了比明朝還大上一倍的帝國。十八世紀時，經濟和人口取得前所未有的成長；生態與人口危機引發了人類史上最大、最具破壞性的內戰；在西方各國的殖民侵略下，中國被嵌入了全球權力的迴路中，延續兩千多年的帝國體系崩解；之後又經歷了一段廣大的政治社會實驗與動盪時期。

在格外充滿焦慮的十九和二十世紀，中國各個政治派別的改革者澈底批判與重新檢視中華文明，企圖診斷出中國的病因、找出中華文化裡頭需要變革的部分，以確保中國完好地過渡到新的全球秩序之中。改革者批判的對象為儒家思想、政府體制和父權家庭文化等等。

有一小群直言不諱的中國現代主義者，他們猛烈地批判起中文。以呼籲「文學革命」著稱的中國共產黨創始人之一陳獨秀（一八七九—一九四二）意欲推翻「雕琢的、阿諛的貴族文學」，推動「平易的、抒情的國民文學」。[14]語言學家錢玄同（一八八七—一九三九）寫道：「廢孔學，不可不先廢漢字。欲驅除一般人之幼稚的、野蠻的思想，尤不可不先廢漢字。」[15]異口同聲反漢字的還有知名作家魯迅（一八八一—一九三六），他表明：「漢字也是中國苦勞大眾身上的一個結核，病菌都潛伏在裡面，倘不首先除去它，結果只有自己死。漢字不滅，中國必亡。」[16]這些改革者將廢除漢字視為中國現代化的根本之道，可以使中國從過往巨大的桎梏中掙脫出來。

然而廢除漢字將招來危害。那些以漢字寫就的浩瀚中國哲學、文學、詩詞以及歷史文獻該何去何從？除了未來的金石學家，我們是否將因此失去這些無價的遺產？此外，如果中國拋棄漢字，這個國家的語言多樣性會變成怎樣？粵語、閩南語，以及其他所謂的中國「方言」之間的區別，就如同葡萄牙語和法語之間的區別那樣大。事實上有許多人都表示，中國政體、文明和文化之所以能保持連貫性，跟書寫統一文字有很大關係。如果中國走上了拼音文字的道路，一旦正式書面化，口語上的差異會不會變得更難以克服，甚至得付出政治動盪的代價？消滅漢字是否會導致這個國家的語言出現斷層，進而崩潰？中國是否將不再是個統一的國家，成為像歐洲那樣的列國大陸？

如此看來，中文的現代性難題似乎無解。漢字維繫了中國的統一，卻也讓中國因循過去。漢字保持了中國與過去的連結，卻也使中國遠離了黑格爾式的歷史進程。那麼中國要如何實現這看似不可能的改革呢？

回到二十一世紀的今天，魯迅和陳獨秀的那幾段話，仍持續點綴著無數中國近代史的大學課程（以及相關學術寫作），二十世紀初那時，幾乎沒人能料到有這樣的結果。漢字**沒有**絕跡，中國也同樣健在。顯然，漢字不只仍在我們身旁，它更成為生氣勃勃的中文資訊科技圈的語言基底，甚至超越熱情中文擁護者的想像：漢字在電子媒體中廣泛存在且持續成長、識字人口普及。與此同時，隨著將中文當成第二外語的外籍人士推動下，孔子學院和初級沉浸式教學課程不斷開設，甚至還有人喜歡中文喜歡到把漢字刺在身上。中文前所未有地成為一種世界文字。在上個世紀大部分的時間裡，大多數人都假設這種結果**唯有**中國拋棄漢字、並經歷一場澈底的字母化之後，才有可能發生，不過這件事並沒發生。這件事原本不可能，最後卻達成了。發生了什麼？我們錯過了什麼？

這個問題的答案很複雜。不過，首先可以先簡單概述一個關鍵：在現代中文改革上，與**歷史是由勝利者所寫**這句話構成鮮明對比，歷史的**失敗者**這次反而博得研究者青睞，被寫入了歷史，這些失敗者包括陳獨秀、魯迅和錢玄同。這群直言不諱的少數派，他們的舉止帶有**輕易破除舊習反傳統**的習性：他們用炙熱、渲染力強卻又極度天真的態度呼籲廢除漢字，用英文、法文、世界語或羅馬字母化來取代漢字。與此同時，對於那群真正讓中國當代資訊環境成為可能的人，我們卻一無所知：這些人同樣反傳統，但他們也有著同樣的熱情，雖然在工作上面臨無止盡的技術和棘手挑戰，但他們最終達成了無與倫比的成就。不過，這群現代中國資訊基礎建設的創立者和使用者，卻從未如那群知名的漢字廢除論者般被列進課程大綱中，他們的著作在當代中國史匯編中也始終未被列為經典。實際上，就算在他們自己的時代裡，這群人也大都默默無名，留下的只是他們工作上的斷簡殘篇，只有極少數人成名。

對這群語言改革者來說，「中文語言現代化」這個問題，並不是魯迅和陳獨秀所提倡的那種粗糙二分法：**在現代，漢字要存在或不要存在？**他們所見的問題更寬廣、更開放，所以也更加複雜：在現代，特別是現代這個資訊時代，**漢字會變成什麼樣？**以及**「資訊時代」本身在這個進程上會如何轉變？**儘管**要存在**

或不要存在這一問句引人注目，但它從來都不是中文語言現代化的主要問題，真正的問題是：**要繼續存在，但怎麼做到？**

一旦我們將目光遠離漢字廢除論者那種過分簡化的反傳統，就能專注於認識一段全新的中文語言史。部分人士批評漢字是守舊思想倉庫的論點，就如同廢除論者陳獨秀的那一句「腐毒思想之巢窟」，[17]而這所謂的巢窟，指的就是儒家思想和道家形而上學。然而屏除這些後會發現，我們實則身處於一個不那麼形而上、卻更不可或缺的中文空間：圖書館卡片目錄、電話簿、字典、電碼本、速記機、鉛字盤、打字機等等——是這些漢字鍵入、檢索、複製、分類、解碼及傳播系統的基礎，才能讓更上層的「中文經典」得以運作。我們會發現我們身處於中文的各種網路之中。

當二十世紀初部分語言改革家批評儒家經典時，許多出版商和教育家也同時譴責，要在當時一流的字典中查到要找的漢字得花上不少時間；圖書館學家感嘆，中文卡片目錄的引導檢索法太過耗時；政府機關也抱怨在中國龐大不斷增長的人口中檢索姓名或人口統計資訊的效率之低。「所有人都知道漢字的難識、難記、難寫，」一九二五年有位批評者如此寫道，「但除了這三難之外，還有一個第四難，這第四難就是難找。」[18]而且，這些問題都沒辦法透過普及文字、漢字簡化、白話文運動或一系列被視為「語言改革」之類的運動來解決。另外，如果這些問題被證實無法解決、如果最終無法製造出中文電報機、中文打字機或中文電腦，那麼按理來說，就算再怎麼致力普及文字或推行白話文運動，也都不足以實現最終目標：引領中國進入現代。

奇特的延續性

對於**要繼續存在，但怎麼做到**，人們對漢字進行了有限的探索。當中最知名的案例不是來自於學術界，而是來自於概念藝術。一九八八年，藝術家徐冰推出了他的作品《天書》，這部作品由四千個**假**漢字所構成。儘管這些字跟真實的漢字異常相仿，但因為裡面沒有讀者所認識的音、義、形三要素，所以這些字沒人能讀懂。[19]

音、**義**、**形**三要素在中國歷史悠久，許多人都認為可以透過這三個基本維度的組成來定義並理解漢字的結構、文體、音位和奧義。對於古文字學家和書法家來說，這三者最重要的部分是形：圍繞著字形這個軸心，才能夠理解不同歷史時期的漢字型態（例如西元前一千年的篆書或秦漢時期的隸書）或不同的書法風格（例如行書或草書）。相較之下，對於詩人和語文學家來說最重要的大概就是音了：以字音為軸心，就能思考理解漢字的古音或創作出雅致的詩詞。而對記者和作家而言，義才是他們最關注的：循著字義這條軸心，才能找到正確的詞意或「為新觀念創造新詞」。[20]當然了，這三個要素相輔相成：詩人也在意字義跟字形；作家關心字音也關心字義。對我們而言，重要的不是去區別這三者，而是以普遍概念來關注留意，因為探究這三者能讓我們理解漢字是什麼，以及它可以變成什麼，展現無限可能。

徐冰的《天書》探索了以上這個概念。它脫離了音義形相輔相成的體系，詩人、作家、書法家、語文學家或普通讀者們原想藉著音義形來理解他的作品，但徐冰卻在他們和這些假漢字之間挖出了一道深不見底的鴻溝。基本上，這些字完全不該算是「中文」，然而中間存在著什麼差錯呢？倘若《天書》是音義形三要素的完全崩壞，倘若這三要素是中文的全部特質，那麼我們如何仍能認定《天書》某種程度上就是中文呢？

答案是，事實上音義形三要素並不能代表漢字的全部意涵。雖然這三要素解釋了漢字的許多面向，也在歷史上大部分的時光裡抓住我們的目光，但三者實際上套疊在更深的書寫維度當中，它們更加不可見、不可聽也無關意義。在本書中，我會以**技術語言學**（technolinguistic）的視角來談論這些維度。

在進入技術語言學的討論前，我想從排版專家兼字體歷史學家哈利．卡特（Harry Carter）那兒汲取靈感，是他讓這睡意朦朧的世界憶起了一個基本事實：

> 字體（type）是一種你可以拾起、握在手中的東西。在書目學家眼中，字體是個抽象物：是個印在紙上的無形物。長期以來他們為了方便，所以習慣在談論字體時，意義上指的不是單一活字上那個表面，也不是編排起來的一塊塊活字版，而是在其表面上墨後印在紙上的記號。[21]

在創作《天書》的過程當中，有個過程同樣令人注目，徐冰幫我們釐清這些必要的維度。他解釋道：「我要求這些字最大限度地像漢字而又不是漢字。」為了達成這個目的，徐冰開始細緻分析真正的漢字，為的是從中萃取出漢字的特質以融入他的假字當中。起初，他創造的假字數量（相較之下不是一百個或一百萬個，而是四千個）並非隨機選擇，而是模仿現實中常用字的使用頻率來統計數據。徐冰解釋道：「我決定創造四千多個假字，因為出現在日常讀物上的字是四千左右，也就是說，誰掌握四千以上的字，就可以閱讀，就是知識分子。」他還從結構上解釋了如何創造這些假字：「必須在構字內在規律上符合漢字的規律。」為此，徐冰仔細查閱了《康熙字典》，以算出真實漢字的平均筆畫數，以及筆畫數從少到多的曲線分布，這些工作幫助了他的創作過程。同時，徐冰在風格美學上並沒有為他的《天書》開發「假」字體，反而採用了最傳統的漢字字體之一：宋體，這種字體至今仍廣泛運用在中文印刷當中。他解釋道：「至於字體，我考慮用宋體。宋體也被稱為『官體』，通常用於重要文件和嚴肅的事情，是最沒有個人情緒指向的、最正派的字體。」[22]徐冰甚至將這種逼真度推展到**分類學**領域。他自己創造了系統來編排他的活字，藉此他就能像真的排字工一樣在印刷時檢索。

當我們透過音義形框架檢視《天書》時，我們將感受到這部作品帶來的斷裂與脫節的衝擊感。然而從分類學、工具性、統計學和物質性等技術語言學領域來看，我們又能見到《天書》迥然不同的一面：它體現了**延續性**，或者更精確地說，它探索了人們可以將技術語言學的延續性推到多遠，同時還創造了一種漢字，這種漢字違反了一切經典音義形三要素中該有的定義。

我們不透過傳統音義形三要素的假想來探討漢字史，按這假想，文字「從金屬（鉛字）中跳脫出來」（再次引用卡特的話）。我們主要將探討使音義形三要素成為可能的技術語言學領域。[23]過程中，我們將潛入中文的地下道人孔蓋、水電線路縫隙和通風井，在這些縫隙裡探索所有複雜迷人的、使漢字具有意義與無意義的成分。

具體來說，當我們將目光放到技術語言學上時，會發現什麼？根據卡特的觀點，若我們不讓鉛字字形從金屬中跳脫出來，會發生什麼事？首先，我們將發現自己缺乏準備。傳統中國學者相當擅長挖掘音義形的內涵，而且慣於察覺其中的轉變。實際上，一談論到「中國文字改革」，歷史學家的思考便會本能地轉向熟識的主題：自其他語言衍生而來的大量新創中文詞彙；一九一〇年代的白話文運動以及「我手寫我口」的呼聲；中文在各領域廣泛發展出形形色色的專門及專業用語，如古生物學、美學、法律、憲政改革、民族學、女性主義和法西斯主義等；在彼此不互通的雜亂方言之間致力於打造出「國語」等主題。其他常見的研究還包括為了普及識字率而要求漢字羅馬化和漢字簡化。

如果中國學者已習慣去批判思考上述這些改革，那麼對技術語言學領域改革的研究，我們的準備還遠遠不足。中文電話簿編排的轉變、西式標點符號於中文文本的運用、中文書寫從直排調整為橫排、利用數字編碼法來傳送漢字電信、利用字符使用頻率統計分析來改進電腦從記憶體中檢索漢字的參數（簡而言之，就是不起眼卻龐大、讓漢字得以「運作」的資訊基礎架構），以上種種在這個語言的歷史中，都算是一種「非破壞性的」編修。這些都是改變，無庸置疑，但無論是結構、音值（phonetic value）*還是語義，當中沒有任何一種改變改造了漢字的本質。中文文本的閱讀順序從由上到下調整成由左到右，那又如何？加入西式標點符號、索引、頁碼或條碼，那又如何？曾用紙面裝訂的中文文本如今以PDF那樣的數位格式呈現，那又如何？只要漢字的結構、音位值（phonemic value）**和意義保持不變，那麼漢字不就依然維持原貌──而背後五千年來綿延不斷、「最古老的連續文明」也是如此？[24]

然而答案**並非**如此。技術語言學領域並不獨立於著名的音義形三要素之外。事實上，發生在其中的歷史改革（尤其是讓該領域陷入危機的那些改革），遠比音義形來得更關鍵。舉例來說，如果我們以技術語言學的視角來看待被中國歷史學家視同於「中國文字改革」的三個主題：漢字簡化、推廣白話文及提高識字率，會發生什麼事？從認知學派和社會文化的取向來看，這三個倡議構成了語言改革的核心，是解決語言危機的重要課題。然而，當我們將目光轉向那些對語言改革充滿熱情，將目標放在創造中文電碼、中文打字機、中文盲文點字、中文速記法、中文文書處理、中文光學字元辨識、中文電腦技術、中文點陣式印表機等等的歷史人物身上時，又會發生什麼事？對這些改革者而言，我們常提及的許多語言改革項目，著實讓中文語言現代性的問題變得**更加**難以解決，或充其量說，這些改革對他們所追求的事物幫不上什麼忙。

簡體字便是個典型的例子。雖然在識字和語言教學的問題上，這方法很恰當無誤，但在電報傳輸、活字印刷或中文打字機方面，把「龍」這個字簡化成「龙」，筆畫由十六畫簡到僅剩五畫，作業上並不會比用「傳統」字形簡單。在這裡，「簡化」**並沒有**簡化到什麼。

至於白話文，則讓情況變得**更糟**。同樣訊息量的白話文文本比起文學用語或「古文」來說更加冗長，因此二十世紀初的白話文運動反而使得傳輸、打字輸入和檢索所面臨的挑戰倍增。要發送白話文訊息意味著得發送**更長**的訊息，也更加重了下面這個基本問題：也就是，得先了解如何傳輸、鍵入、儲存或檢索（**每一個**）漢字。

然而最違反直覺的，是語言改革最重要的課題——提高識字率，這點更是大大加劇了中文資訊科技上的問題。由於不能再仰賴古代文人和科舉考生這等特定的預設識字對象，換句話說，現代中文資訊架構系統開發者所面對的，便會是含糊、不完整及認知不斷改變的無數中文新使用者，他們得在這樣的狀況下一手建立起嶄新、具挑戰性的技術語言系統。這些人的文化程度如何，受過什麼樣的教育？他們說哪種方言？他們的職業和教育背景又是什麼？他們是男人、女人、女孩還是男孩？他們該使用怎樣的技術環境？這些問題都有可能妨礙系統建構，而且在當時沒人有可靠的答案。

此外，究竟**誰**才有權做此決定？自清朝臣民轉換成有見識（且多聞的）新中華民國國民這一惱人的過程中，中國知識分子和政治菁英經歷了一場曲折的轉變。自十九世紀晚期起，特別是一九〇五年廢除科舉

* 音值指的是語音單位的實際發音。

** 音位值同樣在描述語言中的聲音單位，且具有區分意義的作用，而音值只關注實際發音本身。

制度，使得國家及當權知識分子對中文所享有的控制逐步瓦解，同時也觸發了人們極度焦慮：新的語言機制何時成形？如何成形？會是什麼樣貌？誰又會站在這個新體制的頂點？而文化企業階層的興起又更加劇了這時期的動盪，他們倉促進入國家權力崩解所留下的真空地帶，期望能創造可獲利的私人文化事業。正當人們對現代資訊管理的關注變得狂熱之際，國家控制的缺乏加上「文化產業」的興起，使這個時期變得更加躁動不安。[25]

總之，藉著將注意力轉向技術語言學，我們便能開始意識到延續性是何等奇特，也能讓我們回到徐冰和他的《天書》。它的奇特在於，儘管我們以常識來理解這份延續性，但延續性絕不等同於保守主義。**延續**某事物（這裡的案例是延續以漢字為基礎的中文書寫）可以很前衛、反傳統、激進而頗具破壞性。換句話說，雖然我們總會陳腔濫調地用「破壞」一詞去談論創造行為，但我們卻很少暫停下來思考破壞對延續行為的重要性。更進一步說，正如我們在徐冰和他創造的假字中所見，延續和非延續並不是對立的概念。問題不是**延續或不延續**，而是要延續什麼，以及釐清為了達成目標而不必要延續的有哪些。如果說歷史舞台上不同的參與者都有著共同的世界觀，那麼二十世紀的義大利小說《豹》（*Il Gattopardo*）當中有個著名章節，很適合拿來總結。那是作者朱塞佩．托馬西．迪．蘭佩杜薩（Giuseppe Tomasi di Lampedusa）藉著主角的侄子、西西里一位富裕的貴族年輕王子坦克雷迪．法爾科內理（Tancredi Falconeri）之口所說。劇情在義大利統一運動（Risorgimento）向北橫掃過他西西里家鄉所帶來的動盪不安衝擊時，他在這段簡潔的段落中思考他們家族的社會地位該如何倖存下來：

> 想要一切維持原樣，就必須改變一切。

Se vogliamo che tutto rimanga com'è, bisogna che tutto cambi.

蘭佩杜薩並不是處於世紀之交的中國文字改革者，然而這句話卻扼要描述了本書各個歷史要角的信念與動力。如同法爾科內理所說，他們也深信**想要一切維持原樣，就必須改變一切**。當然，這裡所重複使用的「一切」（tutto）一詞指的是兩種不同的事物。第一個想要保持原樣的一切，便是先前所討論的音義形三要素：也就是文字表面的部分，藉此我們可以用機械書寫、閱讀和鑑賞大量的中文文獻等等。而天真的廢除論者卻想要廢除這個部分，他們不切實際地想以世界語、法語或各種字母方案來取而代之。相反地，第二個**一切**指的是完全不同的事物，透過大規模的轉換，音義形三要素便能得救。第二個**一切**指的就是**技術語言學**：它是語言的基礎，其恰如其分的重要性首先便是讓語言得以運作。如果這個**一切**可以被撕裂、拆解和重組，換句話說就是漢字能被分類、檢索、傳輸、實體化、本體化和概念化，那麼就算我們處於字母霸權的年代，漢字也許還是能就這麼生存、甚至興旺下去。

來自深淵的實記

在本書中，我們將專注於十九、二十世紀最重要，也最能做為範例的中文技術語言創新領域之一：中文打字機。此外，它也是現代資訊科技史上最重要、也最被誤解的發明，所以這部機器（無論是實體還是隱喻）也是一副無比清晰的歷史透鏡，透過它我們可以檢視社會的技術建構、技術的社會建構，以及中文與全球現代性之間的緊張關係。

要是能在中文打字機和範圍更廣的現代中文資訊科技上加入大量的成功與勝利情節，那麼打字機的故事將會更輕鬆愉快。如果西文打字機真如一位歷史學家所說，是個「革命性的創造」、「大幅度增加了速度與降低書面文件的生產成本」[26]，那麼我們也希望能為中文打字機提出類似的主張，與更廣為人知的西方打字機一樣，為不被認可的中文打字機確立一個與西文打字機同等的地位。另一種策略是遵循廣受歡迎的「物件的歷史」（object histories）所開拓的路線，視其為一項名副其實的家庭手工業，如布魯斯・羅賓斯（Bruce Robbins）所說的，該行業的「創作者認為他們的精選商品誇張、神祕、近乎神力。」[27]如果鬱金香、鱈魚、方糖和咖啡改變了世界，那麼中文打字機也改變了世界，這種說法或許也有其立足之處。

然而接下來等著讀者的不是這些勝利故事。雖然將這群歷史人物類比成「中國的查爾斯・巴貝奇」（Charles Babbage）、「中國的葛麗絲・霍普」（Grace Hopper）或「中國的史蒂夫・賈伯斯」（Steve Jobs）來幫助理解很吸引人，但這也只是種分散人們注意的花招。雖然中文打字機**確實**找到了進入中國大企業、大城市和全國各地省政府的門路，然而正如我們所見，中文打字機並**沒有**改變現代中國公司或中國政府的運作方式。不管怎麼樣，中文打字機的歷史根本就沒有帶來所謂的「衝擊」。

那麼，考慮到以上種種，合理的批評是：中國真的需要打字機嗎？如果不需要，那為什麼我們需要打字機的歷史？如果說中國「略過」打字機直接進到了電腦時代，豈不是更準確？就像世界上有些地方從固網電信直接「跳級」進入手機世界一樣。[28]

就某方面來說，答案是**肯定**的。在我們將某種技術歸納為「打字機」之前，我們希望只先討論一種發展到一定程度的技術：那是一種改變現代商業通訊、記錄保存歷史的技術；那是一種令文書工作女性化的重要技術；那是一種遠超出它做為商業設備角色、成為衝擊大眾文化的文化符號技術。因此，我們將要檢視的中文打字機，似乎完全不會像是「打字機」。如果逕自承認中文不適應於打字機這項技術，承認字母與非字母文字之間座落著一道「技術邏輯深淵」，豈不是更簡單明瞭？[29]

但從另一個更重要的面向來說，答案又是完全**否定**的。中文打字機也許沒有像其他打字機那樣，在世界上兼具規模與重要性，然而在許多方面，中國也比其他字母世界更密集經歷參與了打字機的年代（當然還有電報和電腦）。早在一八七〇年代，中國就已知曉並讚賞了這項新穎的打字輸入技術。中國海關官員李圭在他的記述中如此描述一八七六年費城美國獨立百年博覽會上的這台「新穎獨特」的設備：

> 置方几上，高僅尺許，寬約八吋，以鐵為之。中有機括嵌墨汁，設鐵板，下列洋文字母二十六，若棋子然。以一女工司之「即打字機」。將紙置鐵板上，再如西國古琴法，印某字以手按某字母，內則推上一字印之，聯接而成句，頗極靈捷。辦公處各置一具，用處頗多，價僅百數十元。惜不能印華文。[30]

從李圭結尾的字裡行間所透露出的感嘆可得知，打造一台中文打字機會是個大工程。若要將一種非字母文字帶入一種以字母為前提所建立起來的技術領域之中，那麼工程師、語言學家、企業家和日常用戶別無選擇，只得將兩種文字和技術帶入共同的批判空間，並提出如禪宗公案般無解、但以當時的時空背景來說非常實際的問題：沒有**字母**的摩斯電碼會是什麼樣子？沒有**按鍵**的打字機會是什麼樣子？**輸入進去的跟呈現出來的不同**的電腦又會是什麼樣子？中文打字機不是新式的鑽井架、不是新式的火炮、也不是像大部分從外國引進的現代技術；雖然毫無疑問，這些技術自身的無形文化、政治和經濟慣例以及世界觀都是必需的，但至少這些技術引進中國後就能直接「打開開關」使用。中文電報、打字機和電腦做為一種語言鑲嵌其中；並以語言為媒介的技術類型，它們推翻了傳統的「技術轉移」和「技術傳播」敘事，這類敘事長久以來都影響著我們理解工業、軍事、各種儀器裝置和實務等方面是如何從西方的發明地傳入採用這些發明的非西方地區。[31]相對而言，打字機、電報、速記法和電腦技術等這類技術語言學系統的要求更加嚴苛。因為這些系統的構思與發明都跟字母文字脫不了關係，甚至連中文打字機或中文電碼的最基本功能，發明家、製造商和操作員也都不得不對漢字和其技術本身進行前所未有的分析再構思，也就是詳細審視中文**和**打字機、電報及電腦技術。想要漢字一切維持原樣，就必須改變有關漢字**和**現代資訊科技的一切。

顯然，確實有些東西發生了改變。在當今的世界，就算不使用字母語言，中國仍是全球最大的資訊科技市場；在我們這個數位書寫時代，中國更是發展最快速、最成功的文字的所在地。如果我們接受十九世紀之後橫跨於字母與非字母世界之間的那道「技術深淵」的話，那也就是我們真的完全忽略了留在深淵中、那發生過的某些事。事實上，本書有個主要的論點，那就是我們必須冒險潛入這道技術深淵之中，藉以重現一些世界不關注、但卻在此成形的重要技術，以及一些無法透過傳統的、歡樂的和衝擊的技術史來刻劃的東西。然而，這場探險需要我們同時屏除漢字廢除論者隨意的傳統批判、以及視所有技術史都是勝利史的內在欲望。我們的這個故事由一系列的短命實驗、原型機和失敗所構成，當中就連最成功的裝置也都會隨即成為過眼雲煙。事實上，許多中文電碼、文字檢索系統和打字機，都不過是對漢字在字母霸權時代中如何**可能**倖存跟運作的猜想和狂想產物罷了。然而與直覺相反，正是這些猜想、短暫的成功及澈底的失敗，我們才清楚見證了中國與技術語言現代性問題的激烈交戰，以及慢慢的、不知不覺奠定了現代中文語言資訊基礎架構的素材和符號基本原理。現代中文資訊科技史的重要性和意義並不在於其立即**影響力**的大小，而是在於這種**遭遇**的強度與持續性。

我們能「聽見」中文打字機嗎？

當我們站在深淵邊，為我們這次的潛入探險做最後的安排和準備時，眼前仍有道難題：當我們終能與深淵中大量的元素相遇時（比如怪誕的電碼和不實用的機器），我們是否能夠嚴正看待它們，而不是把它們看成對這世上與之相應的「實物」的胡亂仿造？在我們得知一九三〇年代一位普通中文打字員能處理多少字時，我們在心中會不會立刻拿他來跟雷明頓打字機和安德伍德打字機所達到的速度做比較？在我們看見中文打字機的底座時，我們的美感會不會直覺拿它來跟好利獲得公司所設計出十足精美的 Lettera22 打字機來比較？還有，在首次聽見中文打字機的聲音時，心中能否不要用我們現代敲打 QWERTY 鍵盤所發出的噠噠聲、而是用其他方式去傾聽它？問題不在於**中文打字機能說什麼？**而是**它說話時，我們能否聽見它？**

一九五〇年，現代主義作曲家勒萊．安德森（Leroy Anderson）發表了一首名為《打字機》（*The Typewriter*）的狂曲，曲中他將這種西方商業設備變成了樂器。獨奏者很可能是位打擊樂手，他站在舞台前端的一台機械打字機前，身後是樂隊。這位打擊樂手奏出情感十足、連續而短促的三十二分音符，這些音符與旋律相伴交疊，期間不時巧妙地加入休止符；為了強烈的喜劇效果，還會以敲打打字機的鈴鐺來表示這行字快打到底了。這是首每分鐘一百六十拍的「活潑的快板」，讓人想到林姆斯基．高沙可夫（Rimsky-

Korsakoff）的《大黃蜂的飛行》（*The Flight of the Bumblebee*）。這首曲子雖不如他的《切分鐘》（*Syncopated Clock*）來得知名，但安德森這首一九五〇年的作品還是進入了大眾的視野，而且雖不常見卻也被加到文化演出曲目中（最近維也納施特勞斯節日管弦樂團〔Strauss Festival Orchestra Vienna〕才在德國的盧威斯哈芬市〔Ludwigshafen〕和墨爾本藝穗節〔Melbourne Fringe Festival〕上表演過）。不過最厲害的打字機推銷員來自於交響圈之外：喜劇演員傑瑞．路易斯（Jerry Lewis）在他一九六三年的電影《乘龍快婿》（*Who's Minding the Store?*）中模仿了使用打字機的動作。

安德森的這首曲子發人深省，因為它讓我們更全面地意識到字母文字打字機如何做為二十世紀現代性的象徵。打字機一直以來就是個書寫機器和商業設備，但它同時也兼任大眾現代性的聽覺性角色：這個由十六分音符和三十二分音符構成的音樂景緻，已經陪伴我們超過一世紀了，更融入如今這個電腦時代，繼續在我們的世界理所當然地存在著。這個音樂景緻的形成由來已久。一九二八年，在安德森之前的二十年，就有人試著用文字描繪王牌武器湯普森機關槍（Thompson machine gun）那恐怖嚇人的聲音。有些人借湯普森的名字將它改稱為「湯米槍」（Tommy Gun），另一群人則把打字機的噠噠聲比作機關槍開火的噠噠聲，戲稱它為「芝加哥打字機」（Chicago Typewriter）。值得注意的是，這個綽號不經意地將歷史的循環縫合了起來：美國內戰時期身兼武器製造商的雷明頓公司將第一批量產打字機從裝配線上卸下時，弗里德里西．基德勒（Friedrich Kittler）對打字機下了個著名的譬喻「說話的機關槍」。然而到了一九三〇年代，人們不再用機關槍幫打字機取綽號，而是開始用打字機幫機關槍取綽號。[32]

這種聽覺性只是打字機的其中一種象徵。在電影史上，打字機老早就從單純的布景晉升為免費的卡司了。無論是在《小報妙冤家》（*His Girl Friday*）、《四百擊》（*The 400 Blows*）、《鬼店》（*The Shining*）、《刀鋒邊緣》（*Jagged Edge*）、《巴頓芬克》（*Barton Fink*）、《裸體午餐》（*Naked Lunch*）、《戰慄遊戲》（*Misery*）、《辛德勒的名單》（*Schindler's List*）、《竊聽風暴》（*The Lives of Others*）或其他電影中，打字機都已成為敘事的媒介，有時候甚至成為圍繞整個場景或整部戲的支點。

打字機在電影中最大膽的一次亮相，出現在一九七〇年版的《孟買之音》（*Bombay Talkie*），當中演員們在一台偌大的打字機上隨著音樂舞動，以此為劇情結尾。對於打字機這部「命運機器」（fate machine），電影中為這個戲劇性綽號做了詳細解釋：「打字機按鍵代表了生活的按鍵，而我們在這上面舞蹈。我們舞蹈時踩下了按鍵，也寫下了屬於我們命運的故事。」電影中著名的寶萊塢曲目《打字機噠噠噠》（*Typewriter Tip Tip Tip*）以喚醒回憶的擬聲法描繪著人們共同的情感：

> 打字機噠噠噠
> 寫著人生的每則故事[33]

我們在本書所要見到的中文打字機，聽起來既不像安德森技巧超群的演繹，也不是噠噠聲，更沒有在任何知名中文作家那兒留下身影。你不會找到一本咖啡桌邊讀物將魯迅、張愛玲或茅盾他們描繪得像詹姆斯・狄恩（James Dean）那樣叼著菸，頹廢地談論著喜愛的中文打字機。同樣地，（也還沒有）一座專注蒐集中文打字機的博物館，即使有，也沒有一個可以跟字母文字打字機收藏家和懷舊人士共組的規模相提並論。在許多方面，中文打字機給我們的印象一點也不像**打字機**。

當我們開始檢視理解這部機器和廣闊的現代中文資訊科技史時，勢必會不斷激起一個問題：我們有辦法做到嗎？再次回到聲音的那個隱喻：如果說一提到所謂中文打字機的聲音，我們腦中只響起安德森的曲子、湯米槍和寶萊塢的噠噠聲，那麼我們還有辦法**聽見**這部機器的聲音嗎？這是本書在方法論上的主要挑戰。

根據讀者的不同立場，本書所提出的答案可能太天真樂觀或過度悲觀。我**確實**認為寫一部中文打字機史和廣闊的中文技術語言學現代史是可行的，但前提是得拋棄能聽見這部機器「本身」的任何幻想。從來就沒有這樣一個聽覺空間存在過：沒有一個自主未受干擾的攝影棚等著讓歷史學家重建，而當我們重新發現它時，中文打字機就能藉此被正名。中文打字機所帶來的聽覺性，從過去到現在都處於一個折衷的位置，一直以來它與「真正的」西方打字機帶來的全球聲音景緻有著或多或少的關聯、或者完全裹夾於其中，卻又與之不同。在傾聽中文打字機時，我們不能期望將自己隔離於安靜無回音的消音室當中、想著能透過高音質喇叭聽見中文打字機的音律神韻。我們所處的分析場域反而更像是一間擁擠、音樂四處繚繞的咖啡廳，我們在這裡專注聽著它那微弱的聲音。那裡不存在所謂「以中國為中心」的中文打字機或中文現代性的歷史。[34]

我在本書方法論上所採取的立場，可稱為「拉鋸的」（agonistic）：這個立場所要達成的最終目標並不是一部單一、協調、毫無爭議且蓋棺論定的歷史論述，而是要為這些不和諧、矛盾甚至是不可能性去包容創造出足夠的空間，而它們對人類歷史的實際形塑來說也該被視為是有益的、積極的，以及可靠的。我認為要聽見中文打字機的聲音，就必須**同時**質問和解構我們在技術語言學現代性上存在已久的假設（目前為止歷史學家對此早已習以為常了），**以及**避開認為批判性思考可以讓我們從這些假設中解放出來的期望。過去十年來，無論我有多努力傾聽中文打字機、無論我有多努力想拋開雷明頓打字機和ＱＷＥＲＴＹ鍵盤在我內心深處無限的餘音繚繞，在那段時間裡，我始終無法聽見純粹只屬於中文打字機的聲音。

當然，中文打字機也會發出聲音，而且甚至還有相對於《孟買之音》噠噠聲的擬聲詞，然而它卻不是那麼好找，而且在大眾文化中也並不知名。中文打字機的聲音被埋藏在檔案文件中（來自於使用過經歷過它們的人），其中我發現，中文打字機有著截然不同的音律調性，有時這聲音被描繪為馬蹄的**嘎噠嘎噠聲**。**嘎**指的是連串動作的開始，該動作必須下壓打字桿，接著金屬活字便被送到卡字桿，撞擊壓紙滾筒；而**噠**指的是第二個連串動作，即打字桿落回原位，然後金屬活字也落回字盤矩陣的原位。

然而，這個聲音卻跟前面提到的聽覺景緻不盡相同。當我親自聽到中文打字機嘎噠嘎噠的節奏時，想到的卻是安德森的打字機聲所演奏的背景音。雖然這個嘎噠嘎噠聲有它自己的節奏，但就速度方面，我心中忍不住聽到的還是一個半音或全音的聲響，伴著**真正的**打字機那由三十二分音符構成的噠噠聲。

在這一研究過程中，我逐漸了解到，安德森的曲子表達了人與物之間某種重要的距離，這不是歷史人物或我可以「有所看法」或「有所感受」的。更精確地說，我們對現代技術語言學的觀念看法仍來自於雷明頓打字機，因此我們對中文打字機的討論範圍始終也都處於雷明頓打字機**的範疇內**。若要批判且有效地展開這場探索，就需要先盡力理解前述的拉鋸問題，再從基本觀察開始：就其本身而言，解構各種假設和範疇，並不能使我們擺脫這種種的假設和範疇。將事物歷史化和解構僅僅只是造成暫時性的不穩定，並推開轉瞬即逝的時間之窗；若是讓既定觀念迷迷糊糊地跑了進來，那麼任何事情都可能發生。而解構也不能持續下去，它最多只能為集體而令人疲憊的奮鬥貢獻出一點微小的脈動，以便讓既定概念和結構「維持」得稍微久一點。我們不斷努力讓自己在概念上懸崖勒馬：懸崖的一邊是批判性思考的領域，另一邊是**既定觀念**的蠻荒之地。雖然聽起來有些悲觀，但我認為這種生氣勃勃的奮鬥使得批判性思考有了重要的意義，也是我所能給的最明確的答案之一，特別是現今這個人文思想遭受審訊考驗、技術崇拜和反智盛行的年代，我們有必要為它的存在做辯護。再來，我認為去迴避這個拉鋸過程或從中撤退，將會使得歷史主義和解構主義唯一的、真正的力量枯竭。論證並展示事物建構性的學者以各種方式去假裝超越這些事物，或假裝將這些事物虛幻掉，並以此解構事物；宣稱他們研究方法去中心化的學者則以各種方式假裝將中心從地圖上塗抹掉；透過多重化和複數化（例如現代性〔modernity〕變為複數的現代性〔modernities〕，啟蒙思想〔enlightenment〕變為複數的啟蒙思想〔enlightenments〕）來動搖「主流敘事」的學者，更是不曾想過他們的做法正在鞏固主流敘事；上述這些行為無異於從知識的戰場中集體離席、拋棄自身崗位，並陷奮鬥中的同志於不義，以至於「孤掌難鳴」，讓這個領域增添更多困難。當我們朝著理解中文打字機和中文資訊科技史的路途上前進時，我們對於我們自己的「雷明頓自我」必須採取批判的態度，而且要時時確保提醒自己，單單只靠批判性的自我意識並不足以讓我們擺脫啟發和經驗的框架。我們既是雷明頓，又不是雷明頓。

史料來源

本書以各種資料來源為基礎，編寫了十多年才成書。當中包含了口述歷史、實體素材、家族史和檔案文獻，它們來自於近二十個國家的五十多個檔案館、博物館、私人收藏和特別館藏。這些資料的全球性和檔案多樣性至少在以下兩方面值得注意。首先，在撰寫現代中文資訊科技史時會遭遇到挑戰和不平等；要建構這段歷史，就得先建立檔案。雖然西方資訊時代的歷史有無數的博物館和檔案收藏，但是中國與大部分非西方世界資訊時代的歷史，卻沒有對應的研究資源。因此，我別無選擇只好從頭開始建立起檔案，努力在中國、臺灣、日本、美國、義大利、德國、法國、丹麥、瑞典、瑞士、英國及其他各地蒐集資料。現代中文資訊基礎架構的歷史，必須拼湊各式各樣的、跨國的，以及幾被忽略的人物才得以成形；就是這些人塑造了龐大、繁雜、待調和的技術語言學系統，而現今這些系統正以索引、清單、目錄、字典、盲文、電報、速記法、排版、打字和電腦科技等方面，控制著漢字資訊環境。

第二，這些檔案的規模和多樣性反映了這段歷史的跨國性本質。儘管我們在討論「中文打字機」（Chinese typewriter），但 Chinese 這個詞不該被視為用來描述主要人物國籍、母語或種族的形容詞。書中故事的人物來自世界各地，但我們無法將他們簡單分類：他們既多樣又獨特，而且致力於解決現代中文書寫的難題。要講述這個中文打字機的故事，我們就必須前往中國的上海、北京、通州等地，更會去到曼谷、開羅、紐約、東京、巴黎、波斯科諾、費城和矽谷。由此可見，要寫中文打字機的歷史，我們就必須從資訊時代的全球史啟程。

事實上，在探索中文技術語言學現代性之前，我們得先去趟舊金山，我們將在那裡考察一台中文打字機的發明；儘管這台特殊的中文打字機從未真正存在過，但這項發明確實享譽國際，而且改變了人們對現代中文資訊科技的主流認知。

Chapter

1

與現代性格格不入

光想中文打字機該是什麼樣，就令人頭暈。
——《遠東共和國雜誌》(*The Far Eastern Republic*)，1920 年

操作一台中文打字機可不是開玩笑的，它本身就是個玩笑。
——安東尼．伯吉斯 (Anthony Burgess)，《發條橘子》(*A Clockwork Orange*) 作者，1991 年

如果將一台標準的西文打字機擴大到足以容納所有漢字，那它的尺寸大概會有十五呎長（約四點五七公尺）、五呎寬（約一點五二公尺），相當於兩張並排的乒乓球桌那麼大。
——比爾．布萊森 (Bill Bryson)，美國作家，1999 年

第一台量產的中文打字機只是張憑空臆造的插圖，存在於眾人的想像之中。一九〇〇年一月的《舊金山觀察家報》（*San Francisco Examiner*）某篇文章報導，中國城附近的杜邦街（Dupont Street）有間報社在辦公室後方房間安置了一台奇異的機器。這台機器的鍵盤有十二呎（約三．六五公尺）那麼長，上頭足足有五千個按鍵。「要打通兩間房間才放得下這台引人注目的機器」，文章作者解釋這台機器太大了，所以「打字員」看起來就像居高臨下、發號施令的將軍（**圖1.1**）。內文還附了張滑稽的插圖，一位高坐凳上的發明者對著「四位手指健壯的鍵盤手」喊著令人費解的廣東話：[1]「Lock shat hoo-la ma sho gong um hom tak ti-wak yet gee sam see baa gow!!」[2]

一年後，舊金山以東一千七百英里（約兩千七百三十五．九公里之處，《聖路易斯環球民主報》（*St. Louis Globe-Democrat*）也刊登了類似插圖。外型上看來，那台中文打字機跟當時日漸流行的雷明頓打字機頗為相似，但尺寸卻大得多，而且還配了兩個梯子，看起來就像紫禁城太和殿裡的龍椅和御前台階（**圖1.2**）。[3]圖中的「打字員」在按鍵台上爬上爬下，苦苦尋找著他要的字元。

一九〇三年，終於有人幫這台虛構的機器取了名字。攝影師兼專欄作家路易斯．約翰．史特曼（Louis John Stellman）巧妙利用了偽廣東話和擬聲語雙關法，將其命名為**噠記**（Tap-Key）。[4]*史特曼如此寫道：「我從報紙上看到，一名中國人發明了一台可以打出天書的打字機。」文旁一台奇大無比的機器插圖，讓他的描述更顯生動（**圖1.3**）。圖中超過五名打字員在這台偌大的鍵盤上噠噠地打著，一旁是五名工人操作著工業級的打字機壓紙滾筒，將龐大紙張放入打字機。顯然，比起三年前的首次登場，操作這台中文打字機所需要的人力又增長了兩倍。

噠記和他那巨大的機器僅存在於外國人的想像中，從未真實存在過。然而換個角度看，這台虛構的機

* tap為輕敲之意、key為按鍵之意。

1.1　《舊金山觀察家報》的插圖（1900 年）

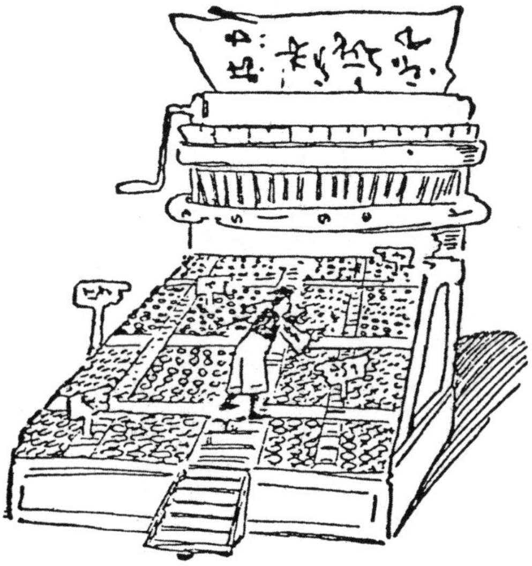

A CHINESE TYPEWRITER AT WORK.

1.2　《聖路易斯環球民主報》的插圖（1901 年）

1.3　中文打字機插圖

器可以算是史上首次「量產」的中文打字機；在時空上，它的流傳程度遠遠超過日後真正出現的幾種打字機。打從一九〇〇年首次出現開始，這台奇大無比的中文打字機便常常在流行文化、音樂、電影、電視等出版品中現身，但每次的出現都是為了展演以漢字為基礎的中文書寫技術有多麼荒謬。此外，過往這些針對中文和華人的困窘幻想描述，至今仍持續存在，挫敗感絲毫不曾消失。這種對中文打字機的想像，在一九七九年的一部電影《中文打字機》（*The Chinese Typewriter*）中顯得更加奇特，片中的主角是沉溺女色、由武器專家轉職私人偵探[5]的湯姆·波士頓（Tom Boston），由湯姆·謝立克（Tom Selleck）飾演。劇情敘述波士頓企圖奪回被唐納·德夫林（Donald Devlin）（由威廉·丹尼爾〔William Daniels〕飾演）偷走的噴射客機，劇中他是位高權重的主管，被公司發現盜領數百萬的贓款後逃到了南美洲。在得知德夫林貪婪的本性後，波士頓和他的搭檔吉姆．基博德（Jim Kilbride，由小詹姆斯．惠特莫爾〔James Whitmore, Jr.〕飾演）便擬定了一個看似很有前景跟新商機的圈套，來引誘這位有背景又小心多疑的罪犯現身：一台好上手的中文打字機。

基博德：唐納．德夫林要的不過就是錢，對吧？所以如果你能想個法子讓他發財，那他大概上刀山下油鍋都肯，對吧？我想這會需要一個有點……有點大、有點奇特、有點天馬行空的東西。這東西還沒被發明出來，而且真的會有產值，像是……能出口到國外的產品。

這時鏡頭帶到他桌上的QWERTY鍵盤打字機，然後又帶回基博德，此時他已呵呵笑了起來。

基博德：中文打字機。

波士頓：中文打字機？

基博德：對對對，一台中文打字機。

場景換到基博德的辦公室，這裡的智囊團跟在矽谷後來成立的IDEO公司*的有點像，裡面隨興自由的天才正在修補著各式各樣複雜的模型、藍圖和方程式等等。基博德繼續解釋：

---

* 成立於一九九一年的知名設計創新顧問公司。

基博德：你知道的，中國沒有打字機這種東西。他們有一百種不同的方言，而且中文有三千多個字。所以如果有人想打一封信，那麼他就得去找另一個人站在這龐大的字盤前面一個個挑字出來。光是打一個段落就要花上半天。

波士頓：所以呢？

基博德：嗯，這數年來他們一直想方設法，嘗試造出一部低成本、電腦化的中文打字機，每台的成本在五十至一百美元之間。可是這該死的機器太大了，他們想得出的最便宜款式也得花上數千美元。這樣要量產的話就太貴了。（基博德找了些中文打字機的藍圖。）因為行不通，所以這些設計根本沒用。

然而，對中文打字機最令人難忘且印象深刻的引用，當屬美國奧克蘭的知名饒舌歌手ＭＣ哈默（ＭＣ Hammer），本名史丹利．伯勒爾（Stanley Burrell）。一九九〇年他發行了一首白金主打歌〈你最好別碰〉（U Can't Touch This），ＭＶ中的一支舞成為那個年代最知名的舞之一。舞步的名稱叫《中文打字機》，這名稱雖不是由歌手所創，卻意外流行起來，特色是快速狂亂地向旁邊邁開步。顯然有人認為這是在模仿技藝奇特高超的中文打字員，模仿他們在擠滿成千上萬個漢字的怪異大鍵盤上來回移動的樣子。舞步模仿的是在噩記的梯子上快速上上下下，哈默想像中的中文打字員飛速大步橫越，但同時也是低效率的化身：他的精力被一台龐大笨拙的巨獸吞噬，卻只得到微乎其微的回報。

如同MC哈默和謝立克在流行文化領域中引用虛構的中文打字機，其他人也將它引入大眾文學與學術領域。一九九九年，知名作家比爾．布萊森在他著名的英語研究中向讀者信誓旦旦地說：「中文打字機體積龐大，就算是最訓練有素的打字員，每分鐘也無法打超過十個字。」[6]布萊森只懂以字母為主的資訊處理方式，也缺乏對相關技術的了解，所以才引用了這個龐然大物的形象：這台他勾勒出的醒目虛構打字機，尺寸有七十五平方呎（約六．九七平方公尺），「相當於兩張並排的乒乓球桌那麼大」，就連訓練有素的打字員也只得緩慢地蹣跚而行。沃爾特．翁也在他的里程碑著作《口語文化與書面文化》（*Orality and Literacy*）中強調：「毫無疑問，只要所有中國人民精通同一種中文（方言），也就是現在大力推廣的普通話，那麼漢字就會被羅馬字取代。這對文學帶來的損失很大，但仍大不過一台容納四萬多個漢字的中文打字機。」[7]

回到噠記和這部大得駭人的機器，我們會馬上想到那些不人性且奇異的插圖。然而，我們這裡不是要指責種族主義的意象，而是另一個容易被忽略的面向。在描述這些虛構中文打字機時，每台都配有成千上萬個**按鍵**的巨大**鍵盤**。本章要問的問題很簡單：為什麼是**按鍵**？為什麼史特曼稱這個虛構的要角為**噠記**？為什麼布萊森會把中文打字機想像成一個十五呎（約一．四五公尺）乘五呎（約一．五二公尺）的**鍵盤**？為什麼今日的我們就如同一九〇〇年代的人們一樣，一聽到「中文打字機」這幾個字，在心中就會浮現一台殺雞用牛刀式的*龐然詭異機器，巨大的鍵盤上頭滿是數萬字的按鍵？如果「光想中文打字機該是什麼樣就令人頭暈」，那麼這個讓我們頭暈的緣由，究竟是哪來的？

---

* 原文 Rube Goldberg contraption，美國漫畫家魯布．戈登堡在漫畫中發明的裝置，用極繁瑣的運轉方式處理一些非常簡單的工作。本處採意譯。

面對這個問題時，我們不禁會想訴諸「常識」：顧名思義，打字機配置有按鍵和鍵盤，所以在想像中文「版本」的打字機時，我們心中自然而然就會這樣想。事實上，我們還可以繼續以這個邏輯推進，去思考我們下意識所聯想到的打字機特徵。請先想像一下英文打字機的樣貌，我們按下「A」這個字母鍵，就會看見機器將對應的小寫字母打在紙張上。然後滑動托架會自動往左平移一格。如果我們接著按下標有「L」的鍵，儘管字母「l」和「a」的寬度不同，但托架一樣會以同樣的距離再平移一格。同樣值得注意的還有我們懸在鍵盤上的雙手和手指。打字機的外型強迫我們不自覺地區別出手指間的「力道」：小指較**弱**而食指較**強**。當我們按下回車鍵*，壓紙滾筒會跟著旋轉一定距離，然後托架再次平移，不過這次是向右。這就是打字機的「本質」。

無論這些打字機的特徵聽起來有多像基本常識，我們都不該以理應如此的態度來理解打字機。如果我們回到一八八〇年左右，在那個打字機仍屬嶄新且尚在成形的時刻，做一個同樣的思想實驗，那麼我們心中也許會浮現許許多多打字機的樣貌，只是其中大部分都已從我們的集體記憶中消失了。如下文所見，歐美早期有過許多不同**款式**的打字機，但這些打字機的特徵未必都如同今日的打字機。有些打字機設計成單手操作，例如丹麥發明家拉斯姆斯·馬林—漢森（Rasmus Malling-Hansen，一八三五—一八九〇）所設計的漢森寫作球（Malling-Hansen Writing Ball），知名的尼采（Friedrich Nietzsche）就擁有一台，他在一八八〇年代健康狀況下滑時用它來寫信。另外還有將字母排在圓形轉盤上的款式，例如一九〇四年的朗伯打字機（Lambert typewriter）。當然還有其他**連按鍵或鍵盤都沒有**的款式，例如一八九一年的美國可視化打字機（American Visible Typewriter）。事實上，只有一種形式的打字機具有今日被我們視為打字機元素的全部特徵：[8] 配有鍵盤和單檔位鍵**的打字機，比如雷明頓打字機、安德伍德打字機和好利獲得打字機。

若重新回到噠記和那台虛構的中文打字機，那麼本章將得出一個違反直覺的論點：當我們看著那些詆毀又大又詭異的中文打字機插圖，或那些以看似中立的語氣陳述中文技術語言的「低效率」言論時，事實上是在凝視我們那曾生氣勃勃的技術語言想像力的死亡面具——看著打字機和**構思打字機的思路**這兩者的豐富生態的瓦解，消失在一元化的雷明頓世界中。在這樣的崩潰和在雷明頓一元化脈絡下醒來，讓我們越來越難以去想像不含按鍵和鍵盤的**其他**打字機種類，因此能想像到的也**只有**大得詭異、配有上千個按鍵的中文打字機了。我們心中的這台中文打字機怪獸並非靜止不動，也就是說，它並不是相簿中的一張照片，一張我們不時翻閱忖度的照片。它是我們大腦運行的結果，一種偶爾從休眠狀態甦醒、然後運轉的結果。它會像這樣運轉：

> 打字機是一種有按鍵的東西。
> 當中每個按鍵都會對應到一個字母。
> 中文裡沒有字母，只有一種叫做「漢字」的實體。
> 中文裡有成千上萬個漢字。
> 所以中文打字機一定是台有好幾千個按鍵的巨大機器。

每次一運轉，這種概念演算法就會將思考者導引到一成不變的結論，並營造出思考者的結論是自主得

---

* 相當於今日電腦上的輸入鍵。

** single-shift，可以單次切換字母大小寫的按鍵。

來。中文打字機的龐大並不是一個需要反思的想法；相反，正是因為我們總是輕易去**導出**這個結論，所以才覺得這就是事實。因此，把我們搞得頭昏腦脹的是這種概念演算法，而不是中文。

從這個角度來看，「中文打字機」做為巨大而荒謬的他者，是二十世紀美國與西歐技術語言想像力崩潰的產物。這種想像雖也源自於中文具有異域性（exoticness）和變異性（alterity）的流行觀念，但確切來說，更是源自於字母世界對語言與機器間的「正常」組成關係，而抱持的即時無意識看法。因此我認為，若要瞭解虛構的中文打字機，我們就得減少對「中文」的關注，並多關注西方人對「打字機」本身的早期概念，因為歐美世界的許多人對他們自身的語言、以及非西方、非拉丁，尤其是非字母的文字語言所形成的根深蒂固的觀念，都是透過打字機之類的機器而建立的。我們必須去深度挖掘這段歷史，理解我們認知中的「打字機」、「鍵盤」及「按鍵」三者究竟為何密不可分。

一旦弄清「巨大荒謬的中文打字機」這種想法的源頭，那麼我們就能站在恰當的位置來理解，這股強大的意識形態在漫長的歷程中是如何運作。儘管在了解中國或者全球的現代資訊科技史方面，史特曼、布萊森、謝立克和MC哈默等人並不是我們主要關注的對象，不過我認為以下這個認知過程還是有龐大的分析價值：在提到「中文打字機」這幾個字時，各種不同群體或多或少得出的結論，同樣都是它大得荒謬。這種概念演算法相當重要，所以我們得從中深入了解這段故事的核心：十九世紀以來，長達一個世紀對中文書寫的批判，在進化論和社會達爾文主義沒落後依然殘存，這些思想就是上述批判的立論基礎。因此，荒謬的中文鍵盤想像絕不是瑣碎或無害的。毫無疑問，它繼承了根植於上個世紀的種族階級和進化論觀念。實際上，不只是繼承，這隻技術怪獸甚至還復興了一些東方論述並為其注入活力。如同二十世紀初廢除漢字的呼籲，如今已不再需要以笨拙殘酷的西方文化優越性或中文書寫在進化上的水土不服這兩點來切入——改用兩種語言**技術適應性的比較**（comparative technological fitness）這種純粹中立客觀的論述；它更加有力，一樣可以達成批判的目的。畢竟，如果一台中文打字機真有兩個並排的乒乓球桌那麼大，那麼中文的缺陷還需要多說嗎？

在下一章開始檢視真正的中文資訊技術之前，得先檢視一下這段虛構的中文打字機的歷史。因為，這段歷史形塑出了一個普遍且強而有力的解釋框架，而真正的中文資訊技術，特別是真正的中文打字機，卻在發展過程中始終未曾擺脫掉這個框架。這段技術語言想像力的崩潰過程可分為四個時期：第一個是多元性與流動性兼具的時期，發生於西方的一八〇〇年代晚期，當時存在著各式各樣的機器，工程師、發明家還有普通人都可以透過這些機器來想像打字機技術，以及想像該技術擴展到非英語、非拉丁字母寫作系統的潛力；第二個是可能性的崩潰時期，發生在十九、二十世紀之交，當時一種特定打字機成形了：單檔位鍵盤打字機，這種打字機所向披靡，它首先從市場上澈底搶占了其他打字機的市占率，之後更抹去了人們對打字機的想像力；下一個是快速全球化的時期，自一九〇〇年代起單檔位鍵盤打字機的一元化技術語言向全球拓展，形成了衡量越來越多世界文字的「效率」和其技術語言現代性的標準；到了第四時期，最終這部機器還是遭遇到了中文，這個令其挫敗、與之格格不入的語言。綜觀這段歷史，我們會了解到雷明頓打字機的崛起，如何在物質、概念和財政上成為後續構思世界各語言之於打字技術的思路的分界點。當雷明頓打字機征服了世界，並不是「這部打字機」在任何抽象意義上進到了世界各個角落；真正進入世界的，具體來說是單檔位鍵盤。這**種**特別的打字機，成為世上衡量每種書寫系統的標準，它對它所吸納進來的每種書寫系統都造成了深刻的影響，對沒辦法吸納進來的更是如此。

雷明頓時代之前的亞洲

噠記和虛構的中文打字機的歷史，並不始於中國，也不始於美國，而是始於暹羅。一八九二年艾德文・亨特・麥法蘭（Edwin Hunter McFarland）發明了第一台暹羅文打字機，他是撒姆爾・簡帛（Samuel Gamble）和珍・海斯・麥法蘭（Jane Hays McFarland）四個孩子中的老二。[9]麥法蘭夫婦在生兒育女前便已在暹羅定居，以傳教士、醫師、教育家和慈善家的身分，與社會頂級菁英來往。[10]艾德文一八八四年畢業於華盛頓傑佛遜學院（Washington and Jefferson College），隨後便回到暹羅擔任丹龍・拉差努帕親王（Prince Damrong Rajanubhab）的私人祕書，這位親王是國王蒙固・拉瑪四世（Mongkut King Rama IV）的兒子，繼任國王、同父異母的朱拉隆功・拉瑪五世（Chulalongkorn King Rama V）的弟弟。[11]一八九一年，丹龍親王派艾德文去美國執行特別任務：開發一台暹羅文打字機，這是該王朝眾多的改革和現代化倡議之一。[12]

艾德文擁有許多資源來完成這項任務。他曾與父親受過印刷術訓練，並且還能借鑑他父親製作的第一部暹羅文印刷字典。[13]更重要的是，在構思打字機的思路方面，比起數十年後的情況，艾德文還有更加寬廣的方案可供參照。在西文打字機定型為我們如今覺得理所當然的面貌之前，有許多不同形式的打字機擺在艾德文眼前供他選擇，每一種形式在媒合異國文字和非拉丁文字上都提供了不同的思路。

艾德文所要考量的暹羅文書寫體，是個擁有四十四個子音、二十二個母音、五種音調、十種數字和八種標點符號的語言，此時他會遇到三種樣式的打字機，每一種都各有長處與限制。其中一種是索引打字機（index typewriter），這是一種沒有鍵盤和按鍵的打字機，採用的是蝕刻上字母的扁盤或圓盤。打字員用指針操作這台機器，運作的方式是先將指針移到欲選的字元上再按壓下去。[14]已知最早的幾款索引打字機是一八五〇年盲人用的休斯打字機（Hughes Typewriter）、約一八六〇年發明而發明者不詳的輪盤索引打字機（Circular Index），以及一八八一年由湯瑪斯・霍爾（Thomas Hall）這位美國發明家兼企業家所開發的霍爾打字機（Hall Typewriter）。索引打字機的其中一個優勢是字體、字型和語言上的切換性，這也是發明家和企業家所讚揚和意欲向潛在客戶推銷的特色。和同期的發明家和企業家一樣環抱雄心壯志，霍爾在麻薩諸塞州的塞冷（Salem）發行他的首款打字機後，便開始著手將這項發明推廣到全世界。早在一八八六年，霍爾便開始將這台可替換字盤的打字機適用至亞美尼亞語、荷蘭語、法國語、德國語、希臘語、義大利語、挪威語、葡萄牙語、俄羅斯語、西班牙語和瑞典語。

然而，對艾德文欲達成的目的來說，霍爾的打字機還是有其侷限。就像其他美國打字機的發明家一樣，霍爾只從西歐的文字系統（拉丁文、希臘文或西里爾文）來設計他的可替換式金屬字盤打字機。該字盤為八乘九的矩陣格式，所以最多可容納七十二個字元，也因此這部打字機對義大利語和俄羅斯語來說綽綽有餘，但對暹羅語所需的字數就力有未逮了。[15]

第二種是單檔位鍵盤打字機，這款打字機以雷明頓打字機公司的產品為代表。這間由伊萊佛利・雷明頓（Eliphalet Remington）於一八一六年創立的公司，起初在美國南北戰爭時期是位於紐約伊利安（Ilion）的軍火商。隨著內戰結束，戰後雷明頓開始重新定位公司產品，並與約斯特（Yost）和丹斯摩爾（Densmore）打字機公司，以及發明家克里斯多福・肖爾斯（Christopher Sholes）、卡洛斯・格利登（Carlos Glidden）和撒姆爾・路易斯（Samuel Lewis）等人展開合作。一八七三年，雷明頓發表了肖爾斯格利登打字機（Sholes and Glidden Type-Writer）。這個單鍵盤系統的每個按鍵，都有其相對應字母的大寫與小寫介面。打字員可以用我們現今所熟知的「切換」鍵來切換大小寫。

不過對艾德文來說，雷明頓打字機也有明顯的侷限性。在英文裡大小寫的使用頻率明顯不同，因此把大寫字母下放到難以觸及的「切換」檔裡相當合理。英文大寫字母在所有的出版品裡只占百分之二到百分之五，其餘的部分小寫字母則占了多數。舉例來說，珍・奧斯汀（Jane Austen）的《傲慢與偏見》（*Pride and Prejudice*）全書兩百六十四萬一千五百二十七個字母中，大寫字母只有一萬四千一百七十七個，占百分之二・五六。梅爾維爾（Melville）的《白鯨記》（*Moby-Dick*）中也只稍微高一點，占百分之二・九一。詹姆斯・喬伊斯（James Joyce）的《尤利西斯》（*Ulysses*）和莎士比亞的《哈姆雷特》（*Hamlet*）中的大寫則稍多，分別落在百分之四・五八和百分之五・六一。[16] 藉由把這些少用的大寫字母轉移到次級的「切換」鍵，打字機就能在不影響便利性和輸出的狀態下縮小尺寸。

但暹羅文不同，它沒有所謂的大小寫之分。單檔位鍵盤打字機的「切換」功能，讓艾德文必須將半數的暹羅文字母下放至繁瑣的兩步式操作中；這雖然可行，但並不合適。

第三種，也就是艾德文最終選擇的打字機，是一台由史密斯總理打字機公司（Smith Premier Typewriter Company）所設計的雙鍵盤打字機。來自紐約科特蘭（Cortland）的亞特蘭大・T・布朗（Alexander T. Brown）於一八八〇年成立了這間公司，就像雷明頓公司一樣，他也與軍火商萊曼・C・史密斯（Lyman C. Smith）攜手合作。他們在雪城（Syracuse）水東街（East Water Street）七百號的大型機械工廠裡努力開發打字機，最終將它發展成公司的主要業務，更讓這座城市以「打字機之城」聞名於世。當時該公司的旗艦款打字機叫四號（Number4），這台雙鍵盤打字機幫公司穩固了該類打字機的領導地位，製造商也稱他們設計的這款打字機叫「全鍵盤」（complete keyboard）打字機。[17] 這台打字機的鍵盤有八十四個按鍵，該公司在廣告上自詡「為每個字母都提供一個按鍵」，正是這個特色讓它在正確度的表現上比單檔位鍵盤更佳。而且，除了為打字員省下更多時間之外，還可以延長機器的壽命（沒有「切換」鍵更能承受密集使用，減少使用過程中的磨耗或損壞）。史密斯總理打字機公司解釋：「在使用單檔位鍵盤打字機時，打字員要將手從自然擺放的區域移開去按切換鍵，這會增加出錯的危險。」[18]

艾德文認為，最符合暹羅現代化需求（圖 1.4）的是這種打字機，所以他與雪城的史密斯總理打字機公司簽訂了生產協議，而非霍爾或雷明頓公司。因此暹羅成為了使用史密斯總理打字機的國家。

1.4　史密斯總理雙鍵盤打字機

在選好技術語言的起點後，艾德文還需要跟工程師共同努力討論打字機的一些整體設計原理，以便符合暹羅文的書寫需求。其中有一個必須大量裝配到打字機上的東西，那就是大量的「死鍵」（dead keys），壓下死鍵之後，壓紙滾筒便不會往前推動。配備了這種「死鍵」，艾德文的打字機就能處理暹羅文的聲調了，也就是先印上聲調，再疊加上字母。[19]印好字母後，活動托架才會往前滑動，準備打下一個字。

暹羅文也有需要改變的地方。這點讓我們意識到，在技術語言的轉換上，也是有需要取捨的時候，絕不可能毫無損失。根據艾德文弟弟喬治的回憶，儘管足足有八十四個鍵，但史密斯總理打字機「要寫出完整的暹羅文字母仍缺少兩個所需的按鍵，不管（艾德文）怎麼做，他都無法將完整的字母和聲調符號納入這台機器中（圖1.5）。於是他做了一件極大膽的事；拋棄掉兩個暹羅文字母。」接著他繼續說：「時至今日，這兩個字母真的完全被淘汰了。」[20]

一八九五年，暹羅王室與麥法蘭家族相繼遭逢不測。暹羅王儲瑪哈．哇集魯那希（Maha Vajirunhis）死於傷寒，國王拉瑪五世的長子瑪哈．瓦棲拉兀（Maha Vajiravudh）即位。[21]同年，艾德文的英年早逝也令麥法蘭家族悲慟不已，麥法蘭打字機也就留給了他的弟弟喬治。喬治回憶道：「自一八九五年起，這台打字機就成了我生命的一部分，隨著艾德文的死，推廣暹羅文打字機的工作就由我接替。艾德文打造了這台打字機，但當時它還未被重視與需要。」

喬治．麥法蘭本來不是一位發明家，而是牙醫師。他跟他的家人一樣在暹羅社會深耕，經營一間名為西里拉的醫院（Siriraj Hospital），一八九一年又在曼谷開了第一家私人牙科診所。[22]喬治在診間陳列亡兄的打字機，將它做為一種富有個人

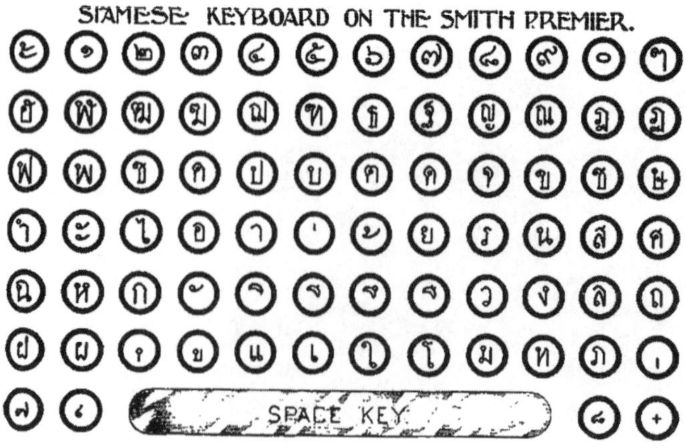

1.5 暹羅文打字機鍵盤

特色的展品供病人觀賞。也許是受了好奇心驅使，又或者是思念艾德文，喬治在兩年後大膽向前跨了一大步：他開了一間史密斯總理打字機商店，以此延續雪城與暹羅首都之間似乎不太可能存在的姊妹情誼。[23]喬治回憶道：「在接下來幾年，他就進口了好幾千台的打字機，最後，政府部門都需要這台打字機才能辦公。」[24]

技術語言想像力的崩潰

一九一五年，是暹羅文打字技術史上第二個轉捩點，最終麥法蘭家族澈底退出了打字機這行。這個轉變並非來自於暹羅內部，而是來自於離暹羅半個地球遠的美國公司的策略。由於安德伍德公司開發了嶄新的「可視化打字技術」，這對史密斯兄弟的獲利衝擊頗大，他們便於一八九三年加入了聯合打字機公司（Union Typewriter Company），一個由卡利格夫（Caligraph）、丹斯摩爾、雷明頓和約斯特等打字機公司組成的托拉斯企業。當時主要的打字機結構設計是，印刷面朝向機器內側的打字桿，所以打字員看不到字。要檢查打出來的字，打字員就得抬高底盤。安德伍德公司提供的全可視化新機型，獲得了顧客的普遍認可與青睞。

然而，托拉斯企業規定禁止他們對打字機進行根本性的結構更改，於是史密斯兄弟便賣掉了所有史密斯總理打字機公司的股份，退出托拉斯，並重組一間L．C．史密斯兄弟打字機公司（L. C. Smith & Brothers Typewriters Inc.）。他們推出的第一台打字機「標準」打字機，是一台融入了可視化打字技術設計、

1.6　原麥法蘭打字機店，與收購後變成雷明頓公司的樣貌

拋棄原先雙鍵盤規格的打字機，逐步轉向主流的單檔位鍵盤打字機款式。結果，全球雙鍵盤打字機的供應量日漸枯竭，雖然這個轉變對英語市場來說也許不成問題，卻使市場上的雙鍵盤打字機流通因而停滯，而在當時這款打字機卻又是暹羅文打字機的基礎。

一九一五年，雷明頓公司收購史密斯總理打字機公司後，鞏固了這項轉變。據喬治回憶：「公司下令不得再生產非切換鍵盤打字機。」[25]當時有兩張照片記錄下了這個轉變，第一張是收購前喬治的店面，第二張則是收購後成為雷明頓全球連鎖店的新店面照片（圖1.6）。喬治感嘆地說：「這對暹羅來說無疑是個特別黑暗的一天，畢竟史密斯總理打字機很適合這種擁有眾多字元的語言。」[26]至於新款打字機，「沒人想要、也沒人知道要怎麼使用切換鍵盤打字機：每個人都哭求要舊款的『四號』、『五號』打字機。我也全然不知所措，不知如何是好。」[27]

喬治別無選擇，只得將事業轉向切換鍵盤打字機，不然就是完全放棄。休假時，他幫助雷明頓公司開發他們的第一台可攜式暹羅文打字機。之後他也坦承：「這台小機器方便又好看，人們因此對這款打字機躍躍欲試。」[28]最後所有的暹羅文打字機廠商都採用了雷明頓打字機的鍵盤，同時暹羅文這種打字機跟其他語言打字機的發展軌跡一樣，型號和款式也都多了起來。雷明頓公司很快開始推銷起可攜式暹羅文打字機、標準款暹羅文打字機和暹羅文會計用打字機，另外還建立了專注在盲打*教學的暹羅文打字學校網，麥法蘭也開辦了至少一間這樣的學校（圖1.7）。[29]雷明頓公司熱銷的這種打字機，掌握了暹羅文打字機的未來。

---

* Touch Method，指在使用電腦及打字機鍵盤時，不需要看手的位置也能正確輸入文字的盲打方法或技術體系。

1.7　美國雷明頓公司製造的暹羅文打字機，約 1925 年
彼得・米特霍夫打字機博物館（Peter Mitterhofer Schreibmaschinenmuseum）／打字機博物館（Museo delle Macchine da Scrivere）（義大利帕爾奇內斯〔Partschins/ Parcines〕）

隨著打字機的設計向單鍵盤靠攏，曾經能與打字機技術相容的暹羅文字，突然之間就被貼上了「問題」標籤。法國發明家兼牧師亞伯・約瑟夫・康絲坦・卡森（Abel Joseph Constant Cousin，一八九〇—一九七四）曾與雷明頓公司的競爭對手安德伍德公司合作開發一款新的暹羅文打字機，[30]他曾提到：「暹羅文的字元太多了」。他認為不只暹羅文如此，大部分的「亞洲語言」都是如此。卡森在他的專利申請書中提到：「要調整暹羅文、讓它適用於只有四十二個鍵的標準打字機鍵盤，這問題無解。」若要解決，就「得面對以四十二個按鍵的打字機打出九十四個字母這樣的落差問題，因為該打字機每個按鍵只能操作兩個字元，也就是最多只能處理八十四個字元。」然而，有些侷限仍待觀察。他解釋道：「製造少量足夠供應市場的擴充版打字機，也就是額外增加字元和按鍵，這不可能；因為實務上這需要重新設計整台打字機，而且新設計的生產模具、樣板

和設備也必然會帶來龐大開支。」唯有進一步削減暹羅文字母，那麼「暹羅文在打字這個面向上，才得以與現代歐洲語言相提並論。」

卡森的這段話揭露了三個意涵。首先，我們馬上就看見暹羅文如何成為「問題」，還有在打字機領域裡，暹羅文正字法（orthography）和根基浮動的技術語言想像力之間的問題是如何形成的。再來，我們注意到卡森歸咎新「問題」的奇特視角，也就是卡森認為不是安德伍德打字機無法與暹羅文相容，而是暹羅文無法與安德伍德打字機相容。最後在卡森的談論中，他還開拓了更大的範疇：事實上，暹羅文的問題不僅限於暹羅文，反之這是多數「亞洲語言」問題的一個實例；「亞洲語言」這個用法實際上是指書寫法，要談論的是那些超過安德伍德打字機乘載限度的大量拼字要素。

一九三八年喬治發行他的回憶錄時，事情又發生了許多變化。[31] 一批郵票大小的鮮明黑白照片見證了這個轉變，這些照片是麥法蘭文獻的一部分，收藏於加州大學柏克萊分校（Berkeley）的班克羅夫特圖書館（Bancroft Library）。照片中的兩位年輕女孩跪在地上，手持一張寫著**雷明頓**的牌子，站在她們旁邊的是兩位繫著領帶、抱著雷明頓打字機的年輕女孩，這台打字機上裝了一圈花環和一對翅膀，宛如飛向天空的樣子（**圖1.8**）。

1.8　雷明頓暹羅文打字機活動照

這幾位女孩身後至少站了二十五名學童，大家都簇擁著這台打字機，他們的身後則是一尊國王拉瑪五世的騎馬雕像和阿南達沙瑪空皇家御會館（Ananta Samakhom Throne Hall）。[32]暹羅至此成為了雷明頓帝國的一部分。

世界的雷明頓

雷明頓公司取得了麥法蘭位於曼谷布拉法路（Burapha road）和石龍軍路（Charoen Krung road）路口的店鋪，然而這只不過是該公司數十年來進軍全球的一小部分。一八七六年，雷明頓公司在費城世界博覽會上首次推出新產品，不過由於亞歷山大・格拉漢姆・貝爾（Alexander Graham Bell）當時發表了舉世矚目的電話發明，所以沒得到多少關注。直到一八八〇年代和一八九〇年代初期，雷明頓公司在海內外的市場才有顯著提升。一八八一年，該公司的打字機總銷量還不到一千兩百台。然而一八八二年改由經銷商威科夫（Wyckoff）、席曼斯（Seamans）和班乃迪克（Benedict）三間公司接手，並將打字機帶到全世界，[33]很快地他們就在各地派駐了直營銷售代表：德國（一八八三）、法國（一八八四）、俄國（一八八五）、英國（一八八六）、比利時（一八八八）、義大利（一八八九）、荷蘭（一八九〇）、丹麥（一八九三）和希臘（一八九六）。早在一八九七年，雷明頓公司就在歐洲的各大城市設立分店，分別是巴黎、波爾多、馬賽、里爾、里昂、南特、安特衛普、布魯塞爾、里斯本、奧波多、馬德里、巴塞隆納、阿姆斯特丹、鹿特丹和海牙；另有銷售代表遍及美洲、亞洲、非洲和中東（地點包含阿爾及爾、突尼斯、奧蘭、亞歷山大港、開羅、開普敦、德班、東倫敦*、約翰尼斯堡、貝魯特、孟買、加爾各答、馬德拉斯、西姆拉、可倫坡、新加坡、仰光、馬尼拉、大阪、香港、廣東、福州、澳門、漢口、天津、北京、膠州、西貢和海防）。[34]

一八九七年，雷明頓公司發表了打字機「七號」做為全語種（omnilingual）旗艦機型，裡頭包含了「使用羅馬字母的每一種語言」以及俄文、希臘文、亞美尼亞文、阿拉伯文，此外還擁有「多語言鍵盤的全生產線。」[35]十年後的一九〇七年，該公司又發表了首款打字桿前置的可視化打字機「十號」，一九一五年在舊金山舉辦的巴拿馬太平洋萬國博覽會（Panama-Pacific International Exposition）將該款打字機選為官方打字機（展覽會上主打光鮮亮麗的雷明頓展示館，而且所有打字形式的官方交流都使用雷明頓公司的打字機）。[36]

雷明頓公司打字機的成功，相對而言便是其他種類打字機的銷售下滑與流失，比如之前艾德溫構思已久所打造的打字機。早期豐富多元的打字機生態逐漸式微，取而代之的是各種單檔位鍵切換鍵盤設計的一元化技術語言生態。過去艾德文和喬治發明推廣的雙鍵盤打字機完全退場，無鍵盤的索引打字機更是澈底消失殆盡。[37]尤有甚者，隨著麥法蘭一代人消失於世代更迭中，在構思外語打字機的設計時，新一批發明家無一例外，幾乎都選擇了使用單檔位鍵盤打字機做為機器發想原點。單檔位鍵盤打字機彷若成了一塊磁鐵，源源不絕吸引著大量的專利申請，而雷明頓公司和其他公司也成為全球銷售、促銷和分銷網路的核心。

打字機的全球化為這些公司帶來龐大榮耀與聲望。雷明頓公司的一幅廣告海報上簡明扼要地寫著：

* 此東倫敦為南非共和國的城市，非指英國倫敦東部。

「旅行時，就帶上一台可攜式打字機放行李箱*吧。」，上頭畫著一個阿拉伯貿易商隊騎著大象橫跨不知名的沙漠，大象身上運馱著一件繩捆的素色小木箱（圖1.9）。[38]一九三〇年《華爾街日報》的一篇文章寫道：「不是每個人都知道蒙古有政府組織，但雷明頓蘭德公司卻已交付五百台公司的打字機給該國政府了。」[39]總部位於義大利伊夫瑞亞（Ivrea）的好利獲得公司（創立於一九〇八年）也廣泛參與了這場全球打字技術的交流。《好利獲得雜誌》（*Rivista Olivetti*）的讀者從書中得知，該公司的業務已經滲入越南、柬埔寨和寮國。如同該公司報告中說明的，這些國家的社會雖維持著迷人的古風，卻也「適應了現代生活。」文章還提到：

1.9　世界的雷明頓：雷明頓打字機廣告

1.10　好利獲得公司的阿拉伯文打字機廣告

「好利獲得公司供應的打字機為這些國家的進步發展做出貢獻，我們為之自豪。」[40]好利獲得公司還稱讚了自己的阿拉伯文打字機，認為這替阿拉伯世界帶來一次實質上的文明轉型。公司好像生怕讀者不信，雜誌中的一篇文章如此寫著：「是的，阿拉伯世界也有自己的打字機了，如果說他們現在能擺脫過往與歐洲人的實質差異，這都要歸功於他們現在每天使用的打字機。」（圖1.10）。[41]

打字技術的全球化加上技術一元化的興起，對於文字、技術和現代性的文化想像發揮了巨大的影響。開羅的打字機現在看起來、摸起來和聽起來跟曼谷、紐約和加爾各答的**完全**一樣，唯一的差別就只是鍵盤上的符號不同而已。這種單檔位鍵盤打字機（很快地被簡稱為**打字機**）一致性的**噠噠噠**節律，成為了嶄新全球現代性的配樂之一。

藉著細究世界最大的打字機博物館館藏和私人收藏，人們可以發自內心欣賞單檔位鍵盤打字機的輝煌。無論是在帕爾奇內斯的彼得．米特霍夫打字機博物館、洛桑（Lausanne）的打字機博物館（Musée de la Machine à Écrire）還是米蘭的打字機博物館（Museo della Macchina da Scrivere），人們都得將臉貼在玻璃上才能分辨出是哪種語言的打字機。實際上我們很難辨識上頭究竟是希伯來文、俄文、印地文、日文假名、暹羅文還是爪哇文等等，這帶給我們一種錯覺，就是語言本身似乎只是打字機的**特色**或**配備**。[42]其結果是人們以為真有一台具體的全語種、全能的原型打字機，可以「具備」（come in）緬甸文、韓文、阿拉伯文、喬治亞文或契羅基文等各種型號，就跟「具備」外表光鮮亮麗的黑、灰、紅或綠的型號一樣。

值得注意的是，這樣的結果並非一蹴可幾。事實上，單檔位鍵盤的全球化很仰賴卓越的工程技藝。就

* 行李箱與象鼻的英文皆是trunk。

連《雷明頓新聞》（*Remington News*）和《好利獲得新聞》（*Notizie Olivetti*）也模糊了阿拉伯文、希伯來文、俄文、法文和義大利文打字機之間的界線，說他們除了鍵盤之外別無二致，但工程師都很清楚，光靠改鍵盤並不足以製造出阿拉伯文、希伯來文或俄文打字機。將英文打字機在物質上轉換成可以處理其他的語言類型，這需要高度的技術處理，結果雖呈現在最顯而易見的按鍵和鍵盤上，也就是打字機的**表面**，但真正的處理過程其實是在打字機的內部、在各個元件之間的搭配協調，比如滑動托架的進位機制、空格機制和死鍵的運用，據此才能說打字機「乘載」或「就是」語言本身。事實上對工程師和製造商來說，語言甚至不存在於打字機之中，而是存在於鑄件、模具、鑄模、印刷、車床和工廠的裝配過程當中。組裝出英文的是雷明頓打字機**工廠**，而不是雷明頓打字機。將英文雷明頓打字機轉換成阿拉伯文、高棉文、俄文或希伯來文，實際上是在轉換雷明頓工廠本身。

就像艾德文一樣，將視野放眼全球的發明家們，在這條路上遭遇了各種不同的挑戰與難題。實際上每個「問題」都是一些細微的調整和看似不成問題的問題，但也是目標文字和技術語言起始點之間的辯證；這個辯證不是來自於書寫系統或打字機的基礎性質，而是來自於兩者間的拉鋸和偶發性相容問題。

在雷明頓時代，拿來與各種文字相互衡量的並不是「英文」或「拉丁字母」，而是過去打造英文單檔位鍵盤打字機時，打字機上頭那些具體的技術語言架構：有限的按鍵、有限的字元疊加容量、等距向左滑動的托架。在英文打字機的脈絡下，所有這些看似「無形」且「自然」的特性不是有其用處，就是成為障礙，需要一個一個重新發想和設計。

英語書寫系統與外語書寫系統的接觸並非簡單的二元對立，不是自我與他者、或字母與非字母的對抗。這牽涉到一個複雜的光譜，世界上每一種字母文字和音節文字都可以根據與現代性相容程度的多寡，在上頭排序。光譜一端理所當然的就是英文，與英文相近的文字只需要稍微在鍵盤和按鍵表面稍微做一點調整即可。舉例來說，法文、西班牙文和義大利文由於字母相近，所以頂多只需要按照不同語言相關字母的使用頻率，來加以調整字母布局。俄文打字機稍微複雜一點，但也只需要裝上僅有三十三個字母的西里爾字母鍵盤即可。

然而光譜另一端的大量語言，它們對技術語言性能方面的要求更具挑戰性，需要投注心力。例如，希伯來文和阿拉伯文就大大考驗了打字機形式的可塑性和普遍性。面對這些文字時，不是只需要多做一些簡單的更動，例如新的字母使用頻率分析、創造新字體、重新調整鍵盤，更重要的是打造出更複雜的機體。以希伯來文來說，工程師關注的操作差異不是字母的不同，而是由右至左的行文方向。從機器的角度來看，希伯來文與英文的行文方向相反，因此工程師關注的重點是英文打字機需要修改的部分：滑動托架的進位機制。一九〇九年，撒姆爾・哈里森（Samuel A. Harrison）遞交了「東方打字機」（Oriental Typewriter）的專利申請，這部打字機是以美國約斯特公司的打字機為基礎而開發出來的。在哈里森的專利中，他只專注在調整約斯特打字機的這部分：「藉著調整同一個操作裝置讓它朝相對方向前進⋯這樣就能反轉，憑此紙張就會往反方向移動。」[43]哈里森解釋道：「因此打字桿或鉛字搭載裝置就能攜帶兩個以上的不同字母，比如在紙上由左至右印刷的英文，和另一種由右至左反方向閱讀的語言；比如希伯來文。」[44]一九一三年，倫敦發明家理查・斯普金（Richard A. Spurgin）完成了同樣的發明，同時將該發明相關權利轉讓給哈蒙德打字機公司（Hammond Typewriter company）。從哈蒙德打字機出發，理查將心力投注在打造「可反向托架」上，因為「希伯來文等語言，在操作機器方法上的要求與我們相反。」[45]

在打造這些略為更動過的打字機時，西方設計師和製造商重新打開了英文打字機內部結構和性能的

「黑盒子」，在這個案例中指的是被認為理所當然、向左進位的滑動托架機制。打字機必須進步，就像鏡像版本一樣，在按下按鍵後可以觸發托架向右，而非向左移動，還有按下「返回鍵」會往反方向啟動。在法律上這需要遞交新的專利申請，並草擬一份措辭恰當的文字解釋說明此機制。在製造方面則需要調整鑄具和模具，這些負空間*以用來製造新的希伯來文「版」打字機。然而，在調整過程中工程師必須多加小心。誠然，剛起步階段的「打字機本身」可以被延展跟扭曲，但工程師也必須小心不要延展扭曲到「切除」或「撕裂」掉打字機，也就是說，在根本上違背了初始狀態。英文打字機的基礎本質必須維持一致：希伯來文不能要求打字機做全方位的重新構思，只能換一種表現形式。

阿拉伯文的行文方向也是由右到左，所以工程師在解決希伯來文的問題時，也偶然使阿拉伯文的問題解決了一半。不過，阿拉伯文還需要對英文打字機做另一種調整，也就是解決阿拉伯文書寫時的連筆問題。儘管令打字機工程師欣慰的是，阿拉伯文字母總數相對「簡潔」，但許多阿拉伯文字母卻有四種不同寫法，端看字母在字詞當中的相對位置。字母可以出現在字首（首部字母）、字中（中部字母）、字尾（尾部字母）或獨自成字（獨立字母），對工程師來說，要將這些不同變體字「裝進」承載力有限的設備中，是一項挑戰。

最早申請阿拉伯文打字機專利設計的，是一八九九年開羅一位自稱藝術家的塞利姆・哈達德（Selim Haddad）。[46]他在專利中解釋到，雖然阿拉伯文只有二十九個字母，但字型變化和連接法「使得字元和鉛字的數量膨脹到六百三十八個。」[47]哈達德提出了一個巧妙的解決辦法：在使用每一個阿拉伯文字母時，他只使用兩種字型變體而不是四種，一種變體處理所有的首部字母和中部字母，另一種變體則處理尾部字母和獨立字母。他從構造上解釋：「我設計的新字母字型右側都沒有連筆，中部字母和首部字母只在左側連筆，這讓我取得了莫大的進展。」[48]「如此，首部字母和中部字母可以使用同一個字型，而尾部字母和獨立字母使用同一個字型。」[49]哈達德解釋，有了這個創新，他就能將字元的數量從六百多個減少到僅剩五十八個，完全在單鍵盤打字機的範圍之內。[50]

不過變更單鍵盤型態以達成上述的技術語言性能，發明家不是每次都認為這是最好的方式。後來俄國聖彼得堡的保羅．切爾卡索夫男爵（Baron Paul Tcherkassov）和芝加哥的羅伯特．歐文．希爾（Robert Erwin Hill）便重新審視了阿拉伯文字母字型變體的問題。[51]他們的打字機稱為「通用東方字母打字機」（Universal Eastern alphabet typewriter），適用於他們口中的共同語言，「例如阿拉伯文、土耳其文、波斯文和印度斯坦文」，切爾卡索夫和希爾都認為「阿拉伯文的問題」可以用一組特製的、無語意義的字素來解決，它可以結合真的阿拉伯文字母來當成必要的連筆。簡單來說，他們的阿拉伯文打字機可以用傳統的單鍵輸入動作打出某些字母，而其他的字母則需要用多重按鍵（一些是真的阿拉伯文字母，一些是無意義的「連字符號」）才能「組合」出來。[52]

然而無論有多少分歧，二十世紀的打字機發明者都同意一個有力的正統信條：在遭遇外國文字時，都不該將單鍵盤打字機形式本身視為根本問題。一位發明者簡明扼要地闡述了這個觀點：「在打造特殊的打字機時，最理想的是盡可能符合原來的標準形式，以及盡可能不對原來的製造程序進行更動，也就是工廠的組織和工具。」[53]若我們回過頭去思考「語言是由工廠組裝出來的」這個說法時，就能欣然理解這種動機了。雷明頓、安德伍德、好利獲得、奧林匹亞（Olympia）和其他的打字機公司早已微調好金屬零件的鑄

* negative space，指的是藝術領域中，影像物體周遭或其之間空出來的空間。

壓和裝配器具，以組裝出精良的打字機，運銷到全世界獲取高額利潤。雖然受到強大的經濟誘因影響，公司希望盡力製造各種不同語言的打字機，然而此時期的五字真言「**最小化調整**」，這樣的信條還是相當合理的。[54]

到了二十世紀中葉，單檔位鍵盤打字機實際上已征服了全世界，不過特別的是，它自身的歷史足跡已被徹底抹去。在與暹羅文、希伯來文與阿拉伯文相遇之時，打字機在形式上迎來了挑戰，需要它將自身延展超過英文甚至是拉丁字母體系之外，並促使工程師重新打開所謂的「黑盒子」，如向左進位的托架和死鍵等等，但這些調整卻從未威脅到單鍵盤打字機的核心機制原理。每種語言打字機的基本發想藍圖就如同這些打字機的鑄造組裝基本過程一樣，都維持著一致性。這種單鍵盤打字機不僅征服了全球的打字機市場，它似乎也征服了文字本身。

單檔位鍵盤打字機在它持續擴增的語言打字系統之中又吸納了眾多語言進來，而該款打字機的全球化也對該打字系統帶來了莫大的影響。然而，最深刻的影響保留給了一種它未能吸收的世界語言：中文。

噬記與中文巨獸

漢字避開了雷明頓，明顯且令人沮喪地於該公司不斷增長的名單中缺席。儘管確實有好幾千台的西式鍵盤打字機賣到了中國市場，但這只供應給中國通商口岸、傳教地的僑民和西方殖民事務部門。儘管打字機公司大肆宣稱他們打字機的普世性，可以處理所有的語言，但這種宣稱卻默默排除了一群廣大的人口。

這種打字機絕非具有「普世性」。

當我們認真思考工程師和發明者的思路，就不難推測出缺席的理由。如果希伯來文對工程師的挑戰是讓他們造出雙向的打字機，那麼垂直書寫的中文對他們發出的挑戰，便是想像出一台沿著完全不同軸線移動的機器。如果鍵盤設計者竭力於暹羅文、俄文、阿拉伯文和希伯來文的統計分析，那麼中文這種完全非字母的文字就更是他們要解決的問題。儘管並非有意，中文書寫卻見證了這種打字機的偽普世性，見證了這個偽裝失敗的超然存在。中文絕非命中注定要扮演這個警世的提醒角色。要不是「阿拉伯文打字機的問題」或「暹羅文打字機的問題」在原有的打字機形式上被解決了，那麼大概會有一種以上的文字將身處這種打字機的虛假懷抱之外。這一種以上的文字將會變成「他者」，而非只是「另一個」：它們的相異性是如此澈底，所以西方打字機只得透過一場激烈的蛻變，甚至在過程中消滅打字機本身才能與之相容。不過人們還是找到了這些問題的解方，只是時而優雅時而笨拙：希伯來文成了「反向」的英文、阿拉伯文成了「連體」的英文、俄文成了「另一種字母」的英文、暹羅文變成「有很多字母」的英文，法文變成「有腔調」的英文等等。儘管與英文有著多方面的差異，但阿拉伯文、希伯來文和暹羅文基本上仍與英文打字機相通，換句話說也與它所代表的技術語言現代性相通。

出於意料之中的財務原因，打字機的開發商和製造商在面對桀驁不馴的漢字時，從未有過放棄這種偽普世性打字機形式的念頭。恰好相反，他們放棄了對於文明之可能性的浪漫念頭，那曾是不同語言相互接觸時所呈現的特點；他們也拋棄掉了自身看似無垠的念想，來審視與重新想像當前打字機形式許多被認為理應有的特徵。他們收集了所有的物質與符號資源，對漢字發起無情且全方位的字元圍剿，從技術語言上排擠中文。從那時起，擔負起所有中文打字技術之「不可能性」重責的是漢字，而不是單鍵盤打字機本身形式上的任何侷限。如果說中文在技術語言上「有其不足之處」，那麼漢字就得獨自承擔起這個責任。換句話說，將世界上最古老、使用最廣泛的書寫系統逐出該領域，單鍵盤打字機就能實現它的普世性。從哲學家克莉絲蒂娃（Julia Kristeva）的觀點來看，漢字被標記為「賤斥類型」（abject form）：對特定系統或事物狀態來說，若一種東西或狀況的存在不可容忍，這東西就該被從本體論本身之中驅逐出去。

那麼，讓我們回到噠記和那台虛構的滑稽中文打字機巨獸，探討本章開頭提到的第二個問題：這類形象和思維表現出怎麼樣的意識形態運作？MC哈默、沃爾特・翁、比爾・布萊森、《辛普森家庭》（*The Simpsons*）、錢玄同、安東尼・伯吉斯、湯姆・謝立克、《遠東共和國雜誌》、《聖路易斯環球民主報》、《芝加哥論壇報》（*Chicago Daily Tribune*）、路易斯・約翰・史特曼以及其他無數奇特的人們，他們對中文打字機的嘲笑詆毀，究竟意味著什麼？

要回答這個問題，我們就必須回到打字機之前的時代，當時對中文書寫的批評不在於技術層面，而在於種族、認知和進化層面。黑格爾（Georg Wilhelm Friedrich Hegel）的《歷史哲學》（*Philosophy of History*）一書中，對中文書寫本質的假設是「從一開始就是對科學發展的一大阻礙。」[55]黑格爾認為中文的文法結構使得某些現代思維的習慣和傾向難以企及、難以名狀、甚至還可能難以想像，他也認為以中文思考跟交談的人們反被中文侷限，讓他們難登真正進步的「大寫的歷史」舞台。換句話說，所有的人類社會都受語言控制，但不幸的是，中國人被一種與現代思維格格不入的語言所控制。

在反中文的龐大歷史論述中，黑格爾的角色只是個傳播者和推廣者，而不是開創者。正如許多學者一直認為的，強大的社會達爾文思想於十九世紀形成，跟它的理論源頭一樣，這個思潮將所有的人類語言劃分成一個有進步落後之分的階級系統。[56]這個劃分原則再次反映出了它的認知傳統，推崇印歐語族，視缺乏語尾變化、動詞變化跟字母的文字為發展遲緩。語言學家、傳教士兼漢學家衛三畏（Samuel Wells Williams，一八一二—一八八四）觀察到：「中文、墨西哥文和埃及文比較像形態文字（morphographic），有時又稱表意文字（ideographic）。」其中，「墨西哥文」被西方侵略者殘酷地摧毀了，埃及文最終也被拼音化了。只有頑強的中文牢牢抓住它垂死的書寫系統不放，「憑藉著中文文學的維護；因孤立而得到強化；受到中國人民及周遭無書面文字鄰國的推崇。」[57]可以確定的是「中文造成了思想上的孤立」：「將中國人束縛於中國文學之中，讓他們養出自負心態、自我依賴，讓他們輕蔑他國和阻礙自身的進步。」[58]這種語言被認為陷於發展停滯，反過來也將使用這些語言交流思考的人凍結在時間之中。

長久以來，中文都是社會達爾文主義最愛批判的目標。比較主義者老想著中文的「表意」文字、語調，和缺乏動詞變化、語尾變化、詞性變格和複數形式等問題。對許多比較主義者來說，中文是個反面典型，這種信念強烈到就連對中文的辯解都能拿來批判中文。一八三八年，杜龐修（Peter S. Du Ponceau，一七六○—一八四四）艱辛地提出一項論證，他反駁了中文長久以來屬於表意語言這點，事實上大部分的漢字都是由表意字素（categorical component）和表音字素（phonetic components）所組成。[59]這種頗具顛覆性的觀點，也許能彌合中文與非中文之間的相異性。對此，評論杜龐修著作的人汲取了這種半拼音化（semi-phoneticization）的觀點，將中文重塑成一個進化過程中的混血兒，一種朝著全字母化的路程而去、卻永不會抵達目標的書面語言。一則評論寫到，杜龐修「戰勝了漢字是表意文字的舊有普遍認知；證明了漢字代表的不是意義（ideas）而是語詞（words），藉由語詞來喚起意義。」[60]此外，杜龐修的研究也表示中文在語言學上甚至比「那些新世界未開化的部落」還不如，後者「雖然缺乏文學甚至文字，但仍被認為擁有高度複雜和人為的語言形式……然而身處舊世界的機敏中國人，雖然早在希臘羅馬達到輝煌成就之前就擁有了文明與民族文學，但四千年來這個語言卻仍極度簡單，雖稱不上很原始天然，但根據常見的理論來看，似乎也算是人類語言的嬰兒時期。」[61]似乎可以說，新世界最低位階的語言都還超過舊世界最高階的語言。

典型的字母迷戀大大影響了許多學科的運作，西方學者在比較語言文字進而思考語言之間的相對優劣時，就有出現這個迷戀的傾向。一八五三年亨利・諾埃爾・漢弗萊（Henry Noel Humphrey）在他的著作《書寫藝術的起源與進展》（*The Origin and Progress of the Art of Writing*）中寫道，「在創造完美的表音字母方面，中文從未將書寫藝術帶往合理的發展之中。」[62]一九一二年一篇短文提到：「對任何理智的人來說，被迫學中文最可怕了。」[63]「中文必須被淘汰。」[64]梅爾森（W.A. Mason）在他的短文〈書寫藝術的歷史〉（*The History of the Art of Writing*）中也附和：「成形中的表音文字，例如中文，長期以來都困在書面文字發展的早期階段。」[65]高本漢（Bernhard Karlgren）在他一九二六年發表的經典研究《語文學與古代中國》（*Philology and Ancient China*）中漫不經心地宣稱：「丟掉表意文字，改用表音文字吧。」[66]一九三二年的一篇報告寫得更入骨：「以中文的方式書寫漢字，做為一項命題，這實在『太糟糕了』」[67]

然而二十世紀以來，社會科學的裡裡外外開始有聲音質疑社會達爾文主義的理念，亦即中文「不適合」進化的觀念。一九三六年美國漢學家顧立雅（Herrlee Glessner Creel，一九〇五—一九九四）發表了一篇文章〈表意文字的本質〉（On the Nature of Chinese Ideography），煞費苦心地批判當時的普遍論點，即漢字是一種拼字的混血兒，它介於所有書面語言的假定起源——象形文字（pictography）和終將完全拼音化的假定宿命之間。顧立雅不只批判反中文的論述，還批判更廣義的西方關注虛義文字這點，他認為：「我們西方人長期以來都習慣性認為，書寫方式若僅由代表意義的符號、而非由代表聲音為主的符號系統組成，那麼某種程度上就注定不符合所謂的書寫，就不屬於真正文字意義上的書寫。」[68]顧立雅也直接批判那些字母至上的學者及相關觀點，譬如稱中文的文法讓某些思想形式（特別是那些被認為跟現代性至關重要的形式）很難用言語表達。

顧立雅的觀點建立在一個核心的批判上，這種批判針對的是當時廣泛流通的比較文明研究和種族科學觀念，法蘭茲．鮑亞士（Franz Boas，一八五八—一九四二）的著作即是他批判的對象。雖然鮑亞士的著作對其他學科帶來影響，但顧立雅解釋道，令人惋惜的是，在鮑亞士的著作中對於中文這種非字母語言卻沒有觀念上的轉換。顧立雅解釋：「在哲學、社會研究以及生物學中，我們最後都拋棄了直線進化論」，接著他繼續說道：

> 我們不再去假定可以將所有生物（從單細胞生物到人類）以單一線性的方式排列。我們認知到的所有現象都是多元且難以駕馭的，它們也不會輕易符合我們所預想的框架。我們了解到所有的理論都應根據事實進行調整，而不是調整事實讓它們符合理論。但在書寫這件事上，舊觀念依然苟延殘喘，譬如認為中文無法融入預設的高級層次，所以中文屬於原始的語言。[69]

顧立雅最後提出一個言簡意賅的觀點：「中國人書寫表意文字，就像我們書寫表音文字一樣自然。」[70]

漸漸地，敵視中文的進化論觀點開始遭受質疑。一九八五年，傑弗里．桑普森（Geoffrey Sampson）在他的著作《書寫系統》（*Writing Systems*）中花了相當大篇幅駁斥中文缺陷論。[71]同時，那些曾為此觀點背書的人立場也開始軟化。傑克．古迪（Jack Goody）在他頗具影響力的著作《傳統社會中的書寫》（*Literacy in*

Traditional Societies）提到自身和其他人的著作時說：「在溝通上，我們著實賦予『西方的獨特性』遠超過它所該有的價值，但事實上我們並不那麼獨特。」[72]在中文的問題上，古迪開始採取如履薄冰的態度，並放棄早先西方優越論的主張。先前他曾說：「語素（意音）文字（logographic script）抑制了民主式的識字文化發展」，但「這並不妨礙使用這些文字的人們在科學、學習與文學上取得輝煌成果。」[73]古迪開始與曾經的同路人和那些不自量力、歐洲中心論的學者漸行漸遠，這些學者自信滿滿地將字母視為「希臘奇蹟」（Greek Miracle）的催化劑。[74]儘管哈夫洛克有理由假定「漢字在歷史上無關緊要」，也儘管羅伯特・羅根（Robert Logan）批評漢字在中文的科學革命上缺席了，但古迪仍然提出了中文的**優點**和西文的**缺點**的可能性。[75]古迪在二〇〇〇年時寫道：「中文由於偏旁（字素）的數量很少，學習過程就像倒吃甘蔗，一開始很難，但之後學起來就較為容易。像漢字這種語素（意音）文字可以一個一個學。每個人，就算不用上學或學習語言，都能夠具有部分識讀能力。在日本，我不需要認字，只需認得字樣，比如『入口』或『男』，就能順利使用停車場或廁所；我不必像瞭解字母系統一樣去了解整個漢字語言系統。」[76]他繼續說道：「雖然目前通行的漢字有約八千個，但只需一千至一五百個基礎漢字就足以滿足一般中文識讀需求；從這方面來說，中文是當代最保守的書寫系統。」[77]

字母至上和中文適應性差的概念很難輕易消除，然而那些繼續聲援此觀點的人也漸漸發現自己日益邊緣化。一九七〇年代晚期到一九八〇年代早期，語言學家兼心理學家奧佛德・布倫（Alfred Bloom）接下了「中文等同非現代性」陣營的大旗。他在一九七九年的一篇文章中提出，因為中文缺乏假設語氣，讓以中文思考的人無法想像與事實相悖的事物，從而限制了他們想出或創造假設命題的能力，而這個能力在科學和創新發展上至關重要。[78]同樣的觀點也影響了漢學家卜德（Derk Bodde）的著作，他將中文描述為「語言上存有缺陷」，因為「從各方面而言，在中國科學思考方式的發展道路上，書面中文的阻礙多過於貢獻。」[79] 威廉・漢納（William Hannas）繼承和發展了中文反現代性的長久遺產，近期更試著復興同樣的觀點，他認為中文、日文和韓文的拼寫「抑制了創造性」，這有助於解釋亞洲為何在科技與創新上無法與世界競爭。[80]

不過，針對布倫的相關著作和與之延伸而來的認知限制論主張，鮑則岳（William Boltz）冷靜解釋道：「每位透徹了解中文的語言學家都能輕易對此加以反駁。」與顧立雅的「可言語表達原則」（principle of effability）相同，鮑則岳的主張很快就被接受，即「語言在表達人類思想的能力上是平等的，至少，每種語言都有能力或潛力表達人們想表達的事物。」[81]

隨著種族科學觀念的衰落和文化相對主義的興起，二十世紀的故事講的似乎是穩步成長的跨文化參與和理解。此時中文語言「不適應性」的觀念已經大致消失，或至少變得相當沉寂，抑或不再堅定不移了。那些從前輩手上接過大纛的人，似乎也因歐洲中心論而顯得古板拙劣，就像機場書店裡了無生趣的平裝書那般，不值得耗費心力對待。

然而實際上，中文語言不適應性的概念不只從進化論和種族科學的衰落中倖存下來，甚至在新世紀裡成長茁壯。這種復甦和強化帶來的第二春得益於科技。除了科技領域，中文語言適應性的問題也自政治種族領域節節敗退，進入了純粹的技術設備領域，像是打字機。中文的主要詆毀者就是技術人員自己。「從古代到好利獲得」（From Ancient to Olivetti）這句是一九五〇年代早期 Lettera22 型打字機的活動標語，該標語在兩張對比鮮明的圖片之上：一張是好利獲得打字機，象徵著時髦和實用的現代性，而另一張是商代（西元前一六〇〇年至前一〇四六年）的甲骨文大雜燴，做為古代的象徵（圖1.11）。

到了二十世紀下半葉，中文技術語言的荒謬和無關緊要的說法，在全球範圍內不斷迴盪、重複、不受約束也未加以批判。一九五八年好利獲得公司宣稱他們的打字機是「全語種」打字機（圖1.12）。[82] 就像雷明頓公司與安德伍德公司一樣，好利獲得公司的這種說詞要成立，唯有將令人沮喪的語言拒之門外才有可能：中文。

同時，世界上其他地方對鍵盤打字機的愛也越來越炙熱。首先，打字機是一種機械書寫機器，但在那之外它也成為了一個擁有豐富符號的生態系，當中包含了意象、美學、圖像和懷舊情懷。出自對作者身分的狂熱崇拜，打字機成了一種藝術家身上理所當然的標誌。任何有點名氣的作者（不管是真有名聲還是幻

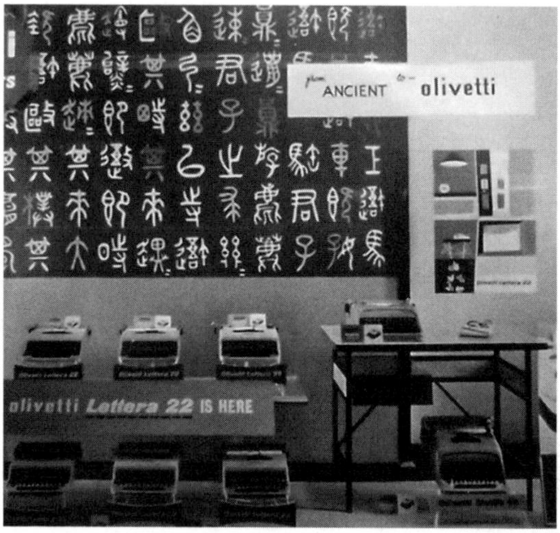

1.11　好利獲得公司 Lettera 22 型打字機的廣告

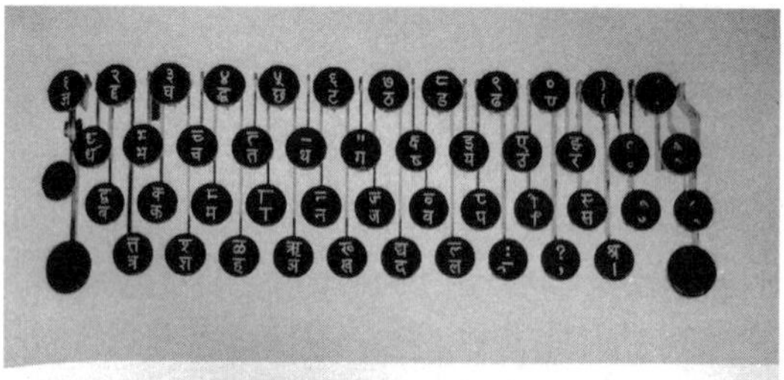

Le macchine Olivetti scrivono in tutte le lingue

Le nostre fabbriche producono per tutti i mercati macchine per scrivere con 170 diverse tastiere

« Illnstre A;ico. Le ;andia;o un elenco di L wone... ». La perfetta dattilografa, la campionessa delle 500 battute al minuto alle gare di dattilografia, la segretaria modello che scrive — secondo i rigidi canoni dei libri didattici — senza degnare di uno sguardo la tastiera ed il foglio di scrittura, facendo due errori di battuta su trenta lettere quotidiane, rimane esterrefatta davanti a tale ignominia, da lei commessa. « Che mai succede? Capogiro? Reazione del subconscio? ».
Si tranquillizzi, signorina, lei sta benissimo. Non stia a disturbare Freud. Suo unico difetto è stato quello di non controllare, prima di iniziare la lettera, che la macchina su cui scrive fosse veramente la sua, quella che adopera abitualmente. Qualcuno, infatti, forse per scherzo, ha sostituito la sua macchina, con tastiera italiana, con una inglese, che ha alcuni tasti disposti differentemente. Le battute erano precise, e se fossero state eseguite sulla solita macchina la frase sarebbe risultata esatta: « Illustre Amico, le mandiamo un elenco di 5 zone... ».
Questo episodio, probabilmente non accaduto, ma che potrebbe benissimo succedere, serve ad introdurci nelle non semplici vicende delle tastiere delle macchine per scrivere, assillante preoccupazione di inventori e costruttori.
Già l'avvocato Giuseppe Ravizza di Novara, sfortunato predecessore dei fabbricanti di macchine per scrivere (i suoi « cembali scrivani », realizzati artigianalmente dal 1855 al 1881, erano strumenti rudimentali che anticipavano i principi base delle moderne macchine per scrivere), intuì che il problema della tastiera rappresentava un elemento di primaria importanza nella sua invenzione.
« Decisamente — egli annotava — il maneggio del "cembalo scrivano" è ben diverso da quello del pianoforte. In questo la mano scorre e salta continuamente ed ha bisogno di un certo agio, nel mio la mano deve stare ferma o quasi raccolta, e le sole dita lavorare, quindi in questo gesto la mano deve stare ed in lunghezza ed in larghezza quanto più si può concentrata e ristretta ed i tasti avere quella sola larghezza che comporta la dimensione delle dita e non più ».

1

1.12　1958年好利獲得公司刊登的文章

想出來的）都必須在他們最喜歡的打字機型號前拍張照，在煙霧繚繞的創作行為中成就他們的不朽。到了二十世紀中葉，人們對打字機的狂熱越發強烈，連作家艾倫・金斯堡（Allen Ginsberg）都在他的名著《嚎叫》（*Howl*）的末段中，用這種書寫文字的機器來宣告它本身的神聖性。事實上在許多方面，打字機都遠比金斯堡了解到的更神聖（Holy）。[83]

同時，與其它的象徵相比，「中文打字機」做為想像出來的事物，它在反漢字的復興考驗中成為最被廣泛流傳、最受謾罵的例證，漢字又再次被認為與現代性格格不入，應當廢除。一開始它被拿來與進化論做參照，用以凸顯更占主導地位的進化論，很快地這個論述繼承了道統，成為眾人唯一接受的中文不適應論論述。藉著召喚出荒謬的中文打字機巨獸形象，批評中文的論述得以藉此洗白無理的進化論論述，並將這無理的論述重組進相對純粹、相對客觀的**語言技術適應論**中。若人們再去贊同卜德、哈夫洛克、布倫和其他進化論觀點，或更之前的黑格爾等前人的觀點，那不免顯得有些落魄，然而二十世紀對中文現代性的持續考驗又捲土重來，而且程度更勝以往，只不過這次發生在看似中立的**技術語言**領域。在認知方面，也許中文使用者能像西文使用者一樣完整表達自己，如此看來黑格爾就是錯的；然而在**技術語言**上，中文使用者的確受限於繁雜的文字，這種文字又對文字普及和現代資訊技術應用造成阻礙，比如電報、打字機、速記法、穿孔卡運算等等，在這方面黑格爾又是**對**的。針對中文的這種現代技術性批判，誕生於乾淨的、塑膠金屬的滑動托架壓紙滾筒之中，而不再基於認知、文化、種族、社會達爾文主義和進化論這類浴血的術語之中；這種批判將遵照那群遠祖前輩們所留下的古老遺囑，輕巧而低調地繼承其話語遺產的全部內容。

如今，我們已經準備好要去見真正的中文打字機了；用我們自己的眼睛看，用我們自己的耳朵聽。我們需要始終意識著一個事實，即過往那個我們想像中的中文打字機，會一直影響和扭曲那個經由我們所見所聞、而理解領會到的解釋框架。可以說，我們的眼睛、耳朵都不屬於我們自己，而是屬於本章所檢視過的歷史產物。我們並不是要鄙視噠記或假裝從噠記的衍生物中解放出來（這種努力不只不誠實，還無益），我們的態度反而應該是去擁抱這種不適。雷明頓、安德伍德、好利獲得、奧林匹亞等公司打字機的全球化跟我們的「關係」並不緊密，甚至有段距離，中間還隔著笛卡爾式的空無。二十世紀出現的打字機形式，以及隨之溢散到更寬廣的圖像象徵層面這件事，不是我們所要思考之**標的**，而是我們思考之**媒介**和**管道**。因著歷史的機緣，我們在這個特定的時刻，注意到的正是雷明頓打字機。

現在我們要啟程前往中國東南部的寧波，不過是打字機出現以前的寧波。我們將會見到中文打字機的「難題」（也就是坐擁數千個非字母文字的字元與新穎的資訊技術之間如何調和的問題），第一個難題出現在十九世紀初，一群外國人思量著活字（movable type）和電報這兩個早期的技術語言系統，跟中文之間的關係。十九世紀初打字機雖尚未出現，卻是中文打字機難題初見雛型之時。

Chapter

2

謎一樣的中文

在世界已知的語言當中，最難用活字呈現的就是中文，這點沒什麼好爭論；迄今它仍困擾著歐洲技術最純熟的排字工。

——勒格朗（Marcellin Legrand），法國字體設計師，1838 年

在愛爾蘭出生的美籍印刷員姜別利（William Gamble，一八三〇—一八八六），一八五八年來到中國，他被派到上海以南一百英里（約一百六十公里）的寧波經營這裡的美華書館（Presbyterian Mission Press）。姜別利那薄如蚊翼的幾頁漢字業務作業手冊筆記，能在索然無味的四年時光裡被保存下來，堪稱奇蹟。

筆記中的每一頁都被切分成十五乘十五的網格，這讓姜別利每一頁都可以印超過兩百個漢字。當中的每一格又切分成四乘四的小格做為指引，幫助印刷工組合出結構平衡、大小優雅的漢字。這本筆記本現存於美國華盛頓特區的國會圖書館，屬姜別利相關藏品中較為私人的部分。[1]

不過姜別利並沒有用這本特殊的筆記來練習書寫技巧。他反而跟兩位中國助理拿它來當帳本，記錄大量中文文獻當中漢字出現頻率的相關數據。經過四年的努力，姜別利和他的兩位同仁「蔣先生（Mr. Tsiang）」（音譯）和「曲先生（Mr. Cü）」（音譯）總共檢視了四千頁、大約一百三十萬個漢字。[2] 他們逐行作業，記錄每個漢字、計算每個漢字的出現次數，最後再將這些數據整理到手寫表格中。

如果我們能以縮時攝影觀看這三位的勞動，那麼他們勇於冒險的迷人特質將清晰地顯現出來：跟《大學》和《道德經》這類文本周旋，並進行機械般的反傳統式閱讀（anti-reading），將這些文本拆解為基本單位，再將這些基本單位按頻率分門別類。[3] 做為文本的《莊子》也許既讓人困惑又愉悅（不知周之夢為胡蝶與？胡蝶之夢為周與？），但文本內涵並不是姜別利主要關注的對象。對他而言，重要的是這四年間要算出《莊子》的基礎成分，據他的計算《莊子》這部著作差不多由大約百分之八的**之**、百分之五的**而**、百分之五的**不**、百分之四的**也**和少數的「**胡和蝶**」等字所組成。[4]

看到姜別利對計算的癡迷，我們內心會直覺想問：**他發現了什麼？出現頻率最高和最低的漢字究竟是哪個？這對我們追求的「中文技術語言現代性」問題又有何意義？答案又是什麼？**雖然本章會設法解答這些重要的問題，但我們主要會聚焦在挖掘姜別利的工作並提出疑問：**他是怎麼選定這個特別謎題的，而這個特別謎題的謎底又帶來什麼影響？**在關於漢字可能的相關問題當中，他是怎麼決定該在哪個問題上費盡四年心思？也就是說，在我們動身檢視中文書寫的「難解之謎」時，我們該問的第一個問題不是如何才能解決這個謎題，而是檢視謎題本身。首先，漢字為何、又是如何被當成需要解決的謎題，更不用說還這麼讓人上癮，以至於有人費盡四年心思專注其上？再者，為什麼姜別利將中文轉化為**一種**以計數和統計為解答前提的謎題？

我們會忍不住假設中文異常龐大，因此確實需要這種研究熱情。畢竟中文有成千上萬的字彙量，而且還不斷隨著歷史的發展穩定增加中（**表2.1**）。東漢許慎（約五八年至一四七年）編寫的早期字典《說文解字》中收錄九千三百五十三個漢字和一千一百六十三個異體字，此字典成為後世字典編纂的基礎。[5] 一〇一一年陳彭年完成的《大宋重修廣韻》收錄的漢字總數增加

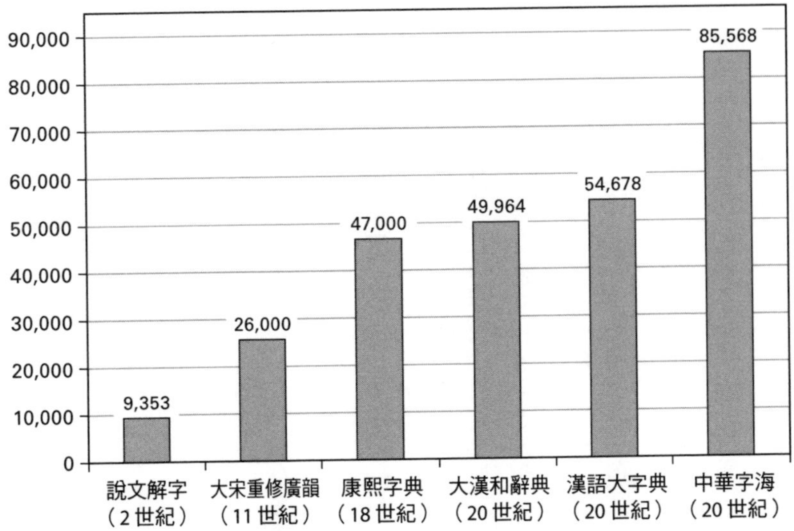

2.1　中文字彙量隨時間而增加

超過兩倍，達兩萬六千多字。一七一六年成書的《康熙字典》約收錄了四萬七千個漢字。到了二十世紀的三項重大字典編纂──《大漢和辭典》、《漢語大字典》和《中華字海》收錄的漢字數量進一步擴大，分別有四萬九千九百六十四字、五萬四千六百七十八字和八萬五千五百六十八字。那麼印刷廠商、學者或學生等任何人都會本能地面對同樣的難題：在人類記憶、鉛字架、電碼和打字機能力有限的情況下，人類要怎樣才能「裝載」這麼豐富海量的中文？謎底就藏身在這個語言之中，需要我們好好的去解開這個不解之謎。

然而，常識在此一如以往的不管用。正如本章將論證的，無論特定的「中文之謎」在我們事後回顧時看似有多麼自然、不可避免，但事實上所有的「中文之謎」在歷史上都是被建構出來的，而且具有多變特質。換句話說，在中文令人「感到費解」之前，它必定在某個時期的某種技術語言框架下，就已先令某個團體「迷惑不解」了。而且「中文之謎」本就不是與生俱來，謎之所以存在，是由於中文書寫固有的複雜性和奇異性所導致的，**特定的**謎在特定的歷史和技術語言脈絡下形成，當中只有一些延續下來，有些則沒有。對於那些延續下來的謎，它們不斷被人們反覆申述和記憶，因而成為穩定、自然而固有的事物；而那些未留下來的，是因為它們無法吸引解謎者為此費盡心思解謎。這些令人費解的謎題未能成為謎題，最終也被悄悄遺忘。

本章的標題是**謎一樣的中文**（puzzling Chinese）而不是**中文之謎**（Chinese puzzles），乍看之下有些奇怪，但這種用詞主要是基於兩個考慮。首先，我們也許會自發性認為中文的固有之謎是因為缺乏字母書寫系統，但歷史告訴我們，中國跟其他使用字母的鄰邦，在歷史文明光譜上所達成的成就與災難同樣驚人。在上一個千年的中葉，明朝時的中國曾是世界經濟的引擎之一，也是最大的人口中心，在文化、文學和藝術產出層面無可比擬，但這些都是在**沒有字母**參與下所取得的成就。若在十六、十七世紀時拜訪中國，就會發現中國社會正適逢城市化加速、人口爆炸和印刷文化蓬勃發展，更不用說還有新興富商巨賈藉著跨地域貿易賺個滿盆滿缽，以及藉由全國性的銀行財政體系賺取來自新世界波托西（Potosí）產的大量白銀，這些也都是在**沒有字母**的參與下達成的。到了一九一一年，也就是俄國革命的前六年，中國的革命推翻了兩千餘年的帝國體制，當時同樣也**沒有字母**。自一九四〇年代以降，人類史上最大的共產國家誕生，大躍進和文化大革命最終演變成災難、後毛澤東時代的改革開放確立了新的經濟強權地位，這些也同樣**沒有字母**參與。認為中文的令人費解是固有的、始終如此的，這樣的想像純粹就是謬誤。再來，當我們進入十九世紀以及字母中心的資訊科技鼎盛時代時，這個時代卻將漢字置於客觀的劣勢之中，就算在這種時局下，漢字也從未成為獨特或持久的一道「謎題」。相反地，中文「謎樣」的本質一直存在於旁觀者眼中以及特定的技術語言脈絡下——它從來都不是任何漢字本身固有的特質那麼簡單。

本章我們將檢視三個中文的「解謎」方法，它們各有不同，但都出現在十九世紀，分別為**常用字**（common usage）、**拼合主義**（combinatorialism）和**代碼**（surrogacy）。正如我們在姜別利的工作中看見的那樣，第一種方法稱作常用字，它是基於一種假設而存在，這種假設非常普遍且理所當然到給了我們一種無須言說的印象：中文書寫的基礎單位是「漢字」，而中文裡有成千上萬個漢字。從這點出發，常用字之於中文技術語言現代性的思路在於將中文字彙量減少到最基本程度，所以與之相應，姜別利和他的助手便需要努力不懈的統計作業。常用字方法之於技術語言的目標在於，建造出一套僅包含整個語言中最常使用的漢字的鍵入技術。本章前段會將焦點放在常用字方法之於中文技術語言現代性上。

然而，就在姜別利狂熱地計算著成千上萬漢字的同時，其他人正以天差地別的漢字假設視角來解謎中文。第二種方法稱為拼合主義，這種論述重新將中文書寫設想成準字母文字，以此為前提，便可將漢字分解成一組組的模塊，如此一來操作者便可用它建構或「拼寫」出漢字。漢字無法如同拼音字母般被「拼寫」出來，但也許可以用反覆出現的模塊「拼寫」出漢字。這個方法要求的不是減少中文字彙量，而是批判性地重新設想中文書寫本身的要素，將「字母」和「拼寫」的觀念轉移到中文書寫上，並重新設想漢字的結構元件（通常指的就是「部首」），而這個元件就等同於拉丁字母中的字母。拼合主義邏輯所形成的解謎方式，它從本質上改變了人們對中文最直觀、最顯而易見的特質，即中文是由海量被稱為「字」的基礎單位所構成的觀念。如果漢字**不**像常用字方法所說的那樣是漢字書寫中的最小不可縮減單位，如果當中還可以將漢字進一步拆分成更基礎、可重複的東西，那麼中文技術語言現代性的謎底，便有望在這個層面之中被揭曉。源於這個謎題的解決辦法，後來被稱為「分合活字」（divisible type），本章的第二部分將於此著墨。[6]

另外還有第三種中文解謎方法，稱為代碼。相較於前兩者，第三個方式不統計和排序漢字、也不以漢字拆解為前提，而是以符號系統代替或指涉漢字，在新興的電報技術領域更是如此。在這個模式中，漢字仍維持著中文的基本單位，人們並不會直接使用。相反地，它被一個個隔離在分開的空間，比如漢字代碼簿、資料庫，或者更抽象的地方，如人類的「記憶」中，之後再根據特別的協定（protocols）進行「檢索」。在這個方法中，解謎者的首要任務並非像常用字方法那樣從統計上征服大量的中文詞彙、也非像拼合主義那樣將漢字拆解成基礎元件，而是發展一套更有效的參考、查詢、數據存取、搜尋和檢索技術。本章最後將專門討論代碼方法。

本章不將「中文之謎」視為我們歷史理所當然的起點，而是去挖掘這三種截然不同的解謎方式的背後假設，挖掘出這些假設之所以讓這些方式能想像、有意義、可解決，以及在一開始就值得令人費解之處。

再來，猶如下一章所見，在姜別利和他那時代的人被久經遺忘後，這些邏輯假設仍持續不斷地形塑人們追求中文技術語言現代性的型態。也就是說，這三種邏輯在之後的打字機時代，每一種都會再度出現。

讓來來回回的排字工就定位：活字、常用字，以及包圍語言的欲望

讓我們回到本章開頭提到的問題：是什麼驅使姜別利開始計算統計的工作？我們可以從他本人的著作中找到線索：姜別利在他一八六一年出版的作品《漢字使用頻率調查報告書》（*Two Lists of Selected Characters Containing All in the Bible and Twenty Seven Other Books*）的序言這樣解釋中文鉛字：「活字本身不只占用很大的空間，而且排字工為了挑出每個活字，還得在一個個盒子間穿梭，耗時變得無法避免，也使得排字工作變得昂貴又單調。」[7]在語言學家、工程師和語言改革者試著解決中文和打字機「格格不入」問題的前幾十年，姜別利就在解決一個更早的「格格不入」問題：漢字和活字印刷。

十九世紀中期，對於外國印刷商來說，批評中文為活字印刷帶來的挑戰已是家常便飯，不過當我們想到活字印刷術發明於中國，而且比美茵茲（Mainz）的古騰堡（Johannes Gutenberg）的活字印刷術還早了四百年時，這批評不免顯得有些奇怪。十一世紀的畢昇（九九〇—一〇五一）發明了泥活字，印刷時泥活字會被黏牢在鐵框中。十四世紀的王禎（一二九〇—一三三三）則提出木活字，到了十五世紀晚期銅與其他金屬也被用於活字印刷。[8]雖然此時雕版印刷仍是主流，但活字印刷術的技法也仍在精進中。這方面可用清朝早期的一個案例說明。一七七三年，乾隆皇帝（一七三六—一七九五年在位）授權展開一項大規模的

編纂工程，目的是從《四庫全書》中收集、出版和發行一百二十六部中文珍稀作品。[9] 皇家印書局（武英殿）的主事金簡在他給乾隆的第一封奏摺中，請求雕刻十五萬顆木製活字，並進一步請求從約六千顆使用率高的活字中再雕刻複製十至二百枚出來。[10] 相較於雕版印刷和手刻原版，活字印刷術需要操作者精確意識到特定的文本中**不同**字元之總數，以及文本中有多少字元需要重複使用，也就是它們出現的相對頻率。

在武英殿內部，金簡將中文詞彙分為兩大類，一類根據排字工的體力，另一類根據詞彙中字元使用頻率的高低，再將這兩者轉換成排字工**距離**活字的**遠近**。金簡寫道：「間有隱僻之字，所用不多而備數亦少，仍按集另立小櫃置於各櫃之上，自能一目了然。」初步劃分後，金簡再根據部首—筆畫系統進行二級劃分，這個分類系統可追溯回明朝末年（一三六八—一六四四），並在之後十八世紀初清朝（一六四四—一九一二）的《康熙字典》中被官方採用。[11] 該字典由康熙皇帝（一六六一—一七二二年在位）下令編纂，故以其名為該字典命名以資紀念，該字典共收錄高達四萬個漢字，並以每個漢字的基本元件（或稱部首）為基礎，將漢字劃分為兩百一十四個類別。像是**他**和**作**等漢字就是由「亻」字部所構成，所以劃分在同一類別，而**洪**和**湖**則同為「氵」字部而劃分到同一類別。這種二級分類原則是以部首的筆畫數為基礎來劃分這兩百一十四個類別的排序。舉例來說，「亻」字部由兩筆畫所構成，而「氵」字部由三筆畫所構成，所以在字典中漢字的**他**和**作**就排在**洪**和**湖**前面。[12] 此外，根據扣除部首後完成漢字所需的筆畫數，再將這兩百一十四個類別中的漢字進一步劃分，因此五劃的**他**會排在七劃的**作**之前，此為第三級分類原則。[13] 進入二十世紀後，這仍然是中文字典的主流編排方法。

當金簡和它的排字工來回穿梭於字櫃之間，以及字櫃和印刷機之間時，他們就真的是**穿梭在中文本身的實體模型之中**。[14] 在西方世界，是排字工圍著擺在他們面前的鉛字櫃，而在中國則正好相反，是漢字櫃圍著排字工。這種中文活字在空間上的差異困擾著姜別利和他同時代的人，於是他們日漸開始批評起中文活字，而這份批評是以「活字」本身在操作定義上被稱為幾乎難以察覺的「飄移」為基礎。雖然姜別利明白，中國發明的印刷術是為漢字而發明的，但他和他同時代的人仍相信，中文假以時日會像他們那時代的人說的一樣，被帶往「歐洲印刷術的範疇內」。[15]這個「歐洲印刷術」的構想帶有一層特殊意義，也就是中文印刷術是印刷術中較低階的形式；準確來說，中文的低階體現在金簡和排字工在排字時需要來往四處、**穿梭**於漢字之間的過程。對姜別利來說，真正的活字顯然跟**就定位操作**（sedentary mastery）的理想密切相關：西方的排字工可以在鉛字架前站定位並**圍繞**著文字。而在這些假設下，「活字」（movable type）的定義持續改變：它不再侷限於嚴格的技術意涵，也就是「文字」被雕刻鑄造成模塊這種「活動」（movable）碎塊的印刷工藝和技術（金簡的方法毫無疑問地滿足這個標準）；它是一種新的典範，排字工就定位在**固定的**範圍內排字，「活字」才算是真正可**活動的**（然而漢字排字法顯然不具備這點）。[16]

第一種中文的解謎方法形成於以下背景——計算閱讀、頻率分析和不斷增加的中文翻譯文獻（語料庫）很快構成新知識框架的支柱。這個新的「中文之謎」源於一八一〇年，那年小斯當東（George Staunton）翻譯的《大清律例》首度被引進英語世界。實際上此書一發行，學者與政治家便圍在這扇通往神祕上國的法理之窗前——如同史學家陳利所說的：「總的來說，這是西方認識中國律法和中國文化的里程碑。」[17]一些人將小斯當東稱為英國的首位漢學家，得利於家庭出身和職業背景，所以才成為這部律法的理想翻譯和編輯。他是外交官兼東方學者喬治・倫納德・斯當東（George Leonard Staunton）的兒子，也是一七九三年晉見乾隆的大使馬戛爾尼（George Macartney）的侍從。他很早就開始學習中文，之後又擔任英國國會議員和東印度公司的高級官員。

小斯當東翻譯的《大清律例》以另一種不起眼的方式奠定了現代漢學的基礎。此律法一經發行，東方學者、印刷商、教育家和出版商便著迷於小斯當東翻譯過程中的偶然發現，也就是翻譯完成前他計算所遇到的不同漢字的**數量**。小斯當東指出，構成《大清律例》漢字的總數約兩千個，以規模和複雜度來說，與現今中國最權威、坐擁約四萬五千字的《康熙字典》相比，僅占一小部分而已。然而兩千字這個不可思議的數字，帶來了令人振奮的可能性：如果僅需百分之五的漢字就能印刷和閱讀這麼重要的法律文件，那麼其他中文經典也是如此嗎？對於長久以來深信克服「千千萬萬」漢字為不可能的印刷商和中文學習者來說，這帶來什麼意義？對於「中文之謎」，小斯當東的譯作提供了一種更強而有力的潛在解決方案：一種將中文轉化為謎題的方法，換句話說，就是謎題本身。

小斯當東在中文常用字上的「發現」震撼了各國漢學界，餘波持續了數十年之久。對外國的中文印刷商來說，小斯當東的觀察戲劇性地縮減了漢字鉛字數量的可能性，也許能減到五千字而不再需要五萬字，對印刷需求來說就夠用了。如同小斯當東的初步發現所表明，要將中文包圍起來讓穿梭不斷的中文排字工能夠就定位，也許可以藉著架起圍欄、將綿延起伏的中文地盤切割變小來達成。所以這種漢字的解謎方式，主要就是形成邊界：藉著嚴密不懈的分析，來計算出中文詞彙中哪些真正「必要」，哪些只是瑣碎或次要的。在正式的中文學習教學系統尚未就緒的時代，對於外國的中文學習者來說，這讓他們可以將精力專注於精通中文的核心部分就好，而不需再將精力分散在「無用的」漢字上，這個想法很有吸引力。很快地，印刷商和學生便開始劃出必要和非必要漢字之間的邊界，並將漢字文本溶解於理性的酸槽中，期盼能以科學來決定該將心力和財力專注於何處。自此便開啟了「遠讀」（distant reading）的時代。

很快地，學者開始將小斯當東所開啟的觀察大大擴展到《大清律例》之外。派駐孟加拉的傳教士約書亞·馬什曼（Joshua Marshman）向他的讀者宣稱：「所有的孔子相關著作幾乎只用到了三千個不同漢字。」[18]《傳教士先驅報》（*Missionary Herald*）報導，《三國演義》這本歷史小說也僅由三千三百四十二個不同漢字組成。本章開頭的傳教士印刷者姜別利計算得更精確，儒學的「四書」僅需兩千三百二十八個獨立漢字便可印刷；而「五經」只需兩千四百二十六字。至於十三經，《詩經》、《書經》、《周禮》、《儀禮》、《易經》、《左傳》、《公羊傳》、《穀梁傳》、《論語》、《爾雅》、《孝經》和《孟子》，全部也僅需六千五百四十四個不同的漢字。[19]隨著時光荏苒，當時的外國人似乎正穩步解決中文常用字之謎。

然而，在「常用字」的中文解謎框架下，卻引起了嚴重且無法解決的局面，這也許會永遠造成中文技術語言現代性的困擾。跟前面提到的來回穿梭、就定位、地盤和圍欄等比喻不同，中文本身一直在（語素）變體（morph）和變化中，而且會一直持續下去。如歷史學家所知的，中文詞彙量在十九世紀末與二十世紀初的幾十年間大幅改變與增加，好幾千個新中文詞語從隔壁的日本湧入，在翻譯外語文本時又帶進來更多詞語。在中文常用字活字的脈絡下，這些新詞和其他詞彙上改變所產生的影響，是西方字母活字未曾經歷過的。如果我們設想，在歷史上的某個特定時期，西方的排字工得遭遇像是「霸權」（hegemony）和「殖民主義」（colonialism）等新詞，那麼這類詞語並不會給字母排字工帶來太大挑戰，難度不會大過於下列幾個類似的常用字組合，例如“my”、“he”和“gone”或“is”“on”“oil”和“calm”。除非在印刷外來詞彙時需要一些本國沒有的特別字母，否則不論德文、英文、法文或義大利文的詞彙有多麼新穎晦澀，這些詞彙在字母活字上的組合，所需的字母都跟常用字一樣。相對地，中文的「常用字」卻是零和賽局。從意義上來說，**納入**任何新字都必須**排除**另一個字，或者換句話說，需要持續不斷在「常用字」和「非常用字」之間重新劃定邊界。

再來，那些對「常用字」解謎法感興趣的外國傳教士和印刷商，事實上他們想要改變的，是中文的基礎詞彙：引進新的詞語跟概念，比如跟現代性和跟基督救贖有關的事物等等。為此，如果外國印刷商已能準確算出**再現**他們十九世紀時發現的中文文獻需要用到多少不同的漢字——比如印刷儒家經典，我們把它當成常用字解謎法中的再現性或**描寫性**必需（descriptive imperative）——那麼他們也能算出**介入**這些文獻所需的漢字數量，以便首次用中文印刷這些作品，我們可稱為常用字解謎法的**規範性**必需（prescriptive imperative）。姜別利發現，中文的《舊約聖經》包含了五十萬零三千六百六十三個漢字，由兩千七百一十三個不同漢字組成。若要印刷新舊約聖經，一共只需四千一百四十一個不同漢字便足夠。一八六一年，姜別利在《漢字使用頻率調查報告書》中綜合他的發現，供傳教印刷商和從事宗教事業教師參考。姜別利語帶驕傲地宣稱：「從這些事例可知，我們能將大量的金屬活字緊緊排在一起，如此排字工便可從不到一步的距離內拿到想要的活字；藉由將五百個最常用的漢字擺在一起，排字工手邊的可用漢字就有四分之三以上，跟英國印刷廠裡的羅馬活字編排一樣方便。」[20]

常用字算是十九世紀外國人第一個、也是最廣泛使用的「中文解謎」方式。只要有充足的時間和一兩部中文文獻，那麼外國的中文讀者就能為中文溶解工程做出貢獻。將中文溶解在統計數據的酸槽中，可以幫助西方同仁在什麼該知道和什麼該忽略之間清楚劃出界線，這也成了新的邏輯和視角；藉此，外國人就可以理解中文這種非字母文字了。「常用字」讓漢字的數量問題不再難以克服。至此中文已不是無解之謎了。

正如我們將在下一章所見，在二十世紀上半的中國知識分子間，這個特別的中文解謎方法很快便成為主流。隨著中國學者和他們的助手計算閱讀越來越多的中文文獻，「中文常用字」的數量規模分析呈現爆炸式成長。如果說，小斯當東和姜別利等人分解的是儒教經典、《大清律例》還有聖經，那麼很快地，中國學者分解的便是報紙、教科書和文學等等。「常用字」這個方法之於中國技術語言現代性，也從活字印刷和語言教學領域大大擴展到前途無可限量的、新的資訊科技領域：打字機。

不過，這種中文解謎方法也伴隨著代價。正如我們也將探討的，以「中文常用字」理論和實踐為前提的中文語言現代性，很難求得綜合性和穩定性。活字、教學法、打字技術或電子計算等以常用字為前提的技術，一直以來都無法全面處理中文。無論任何特定時期，也都只有一小部分中文可以參與中文技術語言現代性的構思。還有，用於分割「納入」組和「排除」組漢字的邊界，也不可能長久維持穩定，它們會受時間影響而持續變化。再者，決定這些邊界的力量與權力，更會在社會和政治派別間不斷爭鬥。以常用字中文解謎方式為前提的任何技術語言現代性，都將為此付出代價。

要怎麼拼寫漢字？分合活字和漢字的重新構想

十八世紀早期是翻譯史上的黃金時期，這個時期不只出現了初版的《大清律例》英譯本，更產生了許許多多亞洲偉大哲學和宗教傳統的西文譯本。一八三八年，東方學者鲍（音同暴）鐵（Jean-Pierre Guillaume Pauthier）也貢獻了譯作，他關注的不是大清帝國的律法架構，而是中國文明的哲學砥柱之一：道家。同年，他發行了《道德經》的首部法文譯本。

身為巴黎亞洲學會的一員，㲋鐵是當時主要的東方學家之一，他負責《佛國記》和《大學》的法文譯本[21]。隨著《道德經》的發行，他也成為重要的知名漢學學者。[22]如同小斯當東《大清律例》的譯本，我們在此關注的不是㲋鐵的翻譯，而是他的翻譯過程，或者更準確地說，㲋鐵在翻譯過程中做的「額外」工作。

㲋鐵開始翻譯《道德經》時，他大可輕鬆照著其他東方學前輩和同僚所開拓的道路走。比如，他可以採用當時已有的大量慣用漢字字型，或著手他自己的統計分析。那時他大概已經知道小斯當東和發展中的「中文常用字」運動，他可以將其他中文經典上的計算分析如法炮製到《道德經》上，如此就能達成他客製一套字體的印刷需求，就像姜別利為新舊約聖經做的一樣。

顯然，對謎一樣的中文所發展出的常用字研究並沒有困惑住㲋鐵，但至少也沒有到讓他像之前的小斯當東或之後的姜別利那樣，投入巨大的時間和精力。不過，這並不是在說㲋鐵滿足於現狀。在想將中文帶往「歐洲印刷術的範疇之內」的同一份欲望驅使下，㲋鐵開啟了他自己的中文解謎之路。具體來說，他開始設計一種新的中文字體，它的特色不在於漢字本身，而是在他用漢字的**元件**或**碎片**來組合建構漢字。藉著利用「部首偏旁」（radicals and primitives）而非漢字本身做為漢字的本體基礎，這種字體讓全部的中文活字規模得以縮小四十倍，也就是從幾萬個縮減到約兩千個。將漢字視為準「單字」，部首視為準「字母」，㲋鐵拋出了一個禪宗公案般的詰問來開啟他的中文解謎之路：**如何拼寫漢字？**

分合活字看似簡單，其實不然。㲋鐵解釋，要印出**明**這個漢字，可以用兩個較小的金屬活字組合出來：一邊是**日**的活字，另一邊是代表月亮的**月**的活字。同時，若要印出**時**這個漢字，可以再度使用「日」，但這時搭配在它旁邊的就是另一個活字**寺**了，這個字指的是「廟宇」，但在**時**這個字裡僅僅只是要借用它的音值而已。叟鐵認為，藉著將漢字碎解成元件，這些個別元件就可以被重新分配到各種不同的情境中，就像拉丁字母重組形成各個不同的法文單字一樣。

乍看之下，分合活字似乎是一次技術上的勝利：盛開綻放的西方分析精神，堅持不懈地將現實解構成基礎元素，來戰勝巨大的中文。理性的法國思維並未囿於傳統與習慣，反而開闢了將中文引入當代紀元的一條道路。

然而，分合活字並不如它看起來的那麼簡單。叟鐵意識到，要讓分合系統運作，就不能只靠《康熙字典》裡的兩百一十四個常見部首，也不能單靠它們的獨立型態，因為部首有各種不同的大小和擺放位置。例如，在前述**明**和**時**這兩個漢字中，「日」字位於漢字的左側，它的寬略少於整個漢字橫幅的一半，高也略少於高幅的一半。相較之下，在**旦**、**旱**和**昔**這三個漢字和其他案例裡，日字部的運作就不是這樣了。在**旦**字裡「日」字位於該漢字上部，占了幾乎整個漢字那麼大；在**旱**字裡，「日」字雖然也在該漢字的上部，但占的大小就不到整體的一半；在**昔**這個字裡「日」字位在下半部。當然還有其他形式，比如**日**字部自己獨立成字時，它就占了整個漢字的空間。

另一種全新的中文解謎方法就此展開，其中也必有其饒富趣味和單調乏味之處。為了利用中文部首的高效性和組合的可能性，叟鐵首先需要對部首的許多組合法和位置差異展開全面分析。儘管這項工程跟姜別利的計算一樣令人著迷，儘管關注的都是同樣的目標，但無論如何，兩者被概念化的方式還是完全不一樣。

為了探究這種中文活字設計的實驗方法，叟鐵向受人敬重的勒格朗尋求幫助，他是十九世紀的雕印師和字體設計師。勒格朗幾十年前在法國王家印刷所時，便受託開發新的活字以振興印刷所，他於一八二五年承辦刻了十五種羅馬和義大利字體，統稱為「查理十世字體」。憑藉其工作成效，勒格朗後來被任命為王家印刷所的官方雕刻師。[23]他同時也是最著名的「東方字體」和「異國字體」的設計師。勒格朗曾在法籍德裔學者朱利葉斯・莫爾（Jules Mohl）的指導下負責雕刻中古波斯字體；一八三一年在愛爾蘭巴斯克的地理學者暨探險家安托萬・湯姆森・達巴迪（Antoine Thomson d'Abbadie）的指導下設計了「衣索比亞語」字體；一八三八年在法國東方學家歐仁・比爾努夫（Eugène Burnouf）的指導下刻印了印度方言，古吉拉特語字體；此外還完成了其他語種的字體。[24]

勒格朗很快就被叟鐵的解謎方式所吸引。叟鐵曾說，勒格朗一得知他的想法，便表示「願意為科學出一份力。」[25]勒格朗相當熱情地表示「在世界所有已知語言當中，最難用活字呈現的語言，毫無疑問就是中文；即便是當今技藝最純熟的歐洲排字工，都覺得棘手。」[26]這項研究結果於一八四五年印成小冊子發表，題名為《二一四部首及其變體表》（*Tableau des 214 clefs et leurs variants*）。[27]這本小冊子有一些臨時符號，例如橢圓、空心圓、星號和插入符號，它們被當成圖形占位符號，用以表示每個部首所有可能的排列方式，藉此得知字體中需要用到哪些金屬活字。（圖2.2）

儘管需要耗費數月到數年才能完成，但勒格朗和叟鐵對中文部首的分析在分合活字印刷上是第一個、也是最簡單的挑戰。而勒格朗和叟鐵面臨的第二個問題不是漢字結構，而是他們對美學意識形態的追求。時值法國東方主義鼎盛期，透過《道德經》那類的經典文本翻譯，叟鐵和同期學者全心投入探索東方的「精髓」。當時的美學家在讚揚西方字體設計師所設計的各種非拉丁「異國字體」時，所使用的措辭都圍繞在**真實性**和**準確性**上，而不是破除或創新。在中文字體上也是一樣。如同當時這句對中文字體的讚美：「這完全就是他們心目中的中文神態，與中國當地藝術家的上乘風格別無二致，而且堅固耐用，值得推薦廣泛採

2.2　勒格朗的 214 個部首表

用。」[28]身為法國這個理性現代國度的一員，叟鐵也許曾有志於改革中文印刷術；但身為自詡異國傳統的鑑賞家，他肯定不希望打亂中文正字法的美學。

勒格朗和他的委託人叟鐵抱持著同樣的美學態度，也確切掌握了分合活字在中文印刷上的挑戰。然而，核心問題就如同勒格朗所說的，是「在無須改變符號組成的狀況下，用盡可能少的元素來呈現多樣造型的中國文字。」[29]這個目標知易行難，也就是創立一種能排印出優美漢字的印刷法。叟鐵和勒格朗的分合活字技術所依據的準則是將漢字切成各個元件，再用這些元件在印刷頁面上拼出漢字，但這準則也完全與長期主流的中文文本處理實踐方法迥異。分合活字的核心觀念，是將拉丁字母和漢字的結構元件或「部首」畫上等號。如果成功了，字母與「部首」相互對應，那就意味著人們可以像拼出法文**單字**那樣**拼出**漢字。

不過，這個計畫有個問題。一直以來被視為漢字主要構成元素的是**筆畫**，而不是「部首」。當我們比較分合活字的組成原則和歷史悠久的中文書法美學史時，學習書法要精通的是筆畫而不是部首，精通筆畫也被認為是廣泛的實踐教育與美學教育的一環。自漢代以來，特別是十五和十六世紀，仔細劃分漢字字型的論述迅速增加。[30]被稱為書聖的晉代書法家王羲之（三〇三—三六一）提出了「永字八法」的理論（我們曾在序言章節討論過這個書法形式，這也是二〇〇八年北京奧運會各國代表團的入場序方式）。後來元代的李溥光又將王羲之的八分法做了更詳盡的劃分，擴展到三十二種筆畫。[31]世稱衛夫人的東晉知名書法家衛鑠（二七二—三四九）則更進一步創造了精細的漢字結構檢驗法，將基礎筆畫數增加到七十二種。[32]

在練習和掌握漢字的基本筆畫時，讓字形**緊攏**是主要目標。正如歷代書法名家的論點，若漢字的各個部位分垂、散落紙上，就會被認為不精緻而「鬆散」，散漫而缺乏整體感。如衛夫人所解釋的：

善筆力者多骨，不善筆力者多肉。多骨微肉者，謂之筋書；多肉微骨者謂之墨猪。多力豐筋者聖，無力無筋者病。[33]

人們認為書法家的筆觸會透露自身的人品氣質，如同一句諺語所說：**字如其人**。明代的書法名家祝允明（一四六一——一五二七）解釋道：「喜則氣和而字舒，怒則氣粗而字險，哀則氣鬱而字斂，樂則氣平而字麗。」[34]

如果悠久的中文書法練習以「筆畫」為重，那麼叟鐵和勒格朗的分合活字尋求的就是以「部首」取代筆畫的地位。然而，「部首」是法國人想像出的虛構概念，這些中國觀察家發明這個概念，是為了將他們所熟悉的印歐語系語言概念和中文之間劃出一個等號。外國人常將**部首**翻譯為詞根（radical），但在中文的語境下，它是一個基礎的**分類**概念，更如實的翻譯應為「分類詞」（classifier）或「每章標目」（chapter heading），指的是中文詞彙和字典的部類別。雖然部首本身在結構上確實與漢字的分類相對應，但它卻從未被視為「詞根」或「字根」。它們扮演的是分類或詞源的角色，目的是用來組織和標定漢字在字典中的位置，而不是用來構成漢字或做為印刷之用。就算翻遍中文書法字帖和典籍，都很難找到「書寫漢字就是組合部首」這種描述，但在法文和英文的書寫手冊中，卻可以把書寫單字解釋為連續鍵出字母。然而，對分合活字印刷來說，這點**恰好**就是部首的功用：將部首視為漢字的詞根或字根，它能跟屈折語（inflectional language）或黏著語（agglutinative language）一樣**發展**製造出語義變化和變體。那麼就可以將部首做為一種生產工具加以利用：就像一片細緻嚴謹的語言人造林，人們可以合理有效地利用、而不是任意開採。

再者，分合活字也在另一個重要之處與書法實踐分道揚鑣。藉由將部首固定在金屬字塊上再以此拼出漢字，叚鐵和勒格朗翻轉了漢字書寫當中**部分**與**整體**之間的傳統關係。在各種漢字書寫方式上，無論是手書、活字、雕版或其他，都是以漢字整體組成的一致性、完整性和美感來決定特定漢字元件該如何書寫揮灑。但對勒格朗和叚鐵來說，分合活字的物質條件所仰賴的，完全是另一種部分與整體之間的關係。固定在金屬塊上的分合活字元件很呆板僵化，無論元件周遭的結構如何變化，它們都頑固地維持固定姿態。勒格朗和叚鐵的分合活字牴觸了漢字書寫的動態感，它完全無法展示出手寫筆畫的變化性，還讓漢字的整體邏輯屈居於漢字基礎元件邏輯之下。

從一開始，勒格朗和叚鐵就為他們自己設定了一個富有挑戰卻不可能的任務：使用與中文書法美學標準相悖、或者說大幅脫離標準的方式，來製造出維持中文書法標準的漢字。勒格朗和叚鐵最終創造的漢字字體，就盡顯出模塊理性與美學結構之間的對立關係。總的來說，勒格朗和叚鐵並未切割或拆開他們可以、和他們原則上應該拆分的漢字，他們反而將這些漢字分成兩大類：即當時所稱的「排字印刷上可拆分」與「排字印刷上不可拆分」兩種。[35]經過研究，勒格朗和叚鐵總共選定了約三千個基礎構字字體，當中一部分是可拆分字體的元件，另外很大一部分都是傳統的完整的漢字。

為什麼這麼仁慈克制呢？面對躺在手術台上一動也不動的漢字，讓外科醫師停手的是什麼力量或東西呢？一個漢字被稱為「可拆分」或「不可拆分」是由誰、或由什麼來宣布的呢？如我們在流、海、蕩這幾個漢字看到的，可拆分的漢字「流」與「海」（**圖2.3和圖2.4**）或是不可拆分的漢字「蕩」（**圖2.5**），一個特定漢字能否被分解成各個元件，是根據三個標準來決定。首先，可拆分漢字在外形上必須可以乾淨俐落地沿著水平或垂直中軸拆分成兩半。然而，雖然理論上可行，但勒格朗和叚鐵卻會避免用三個或三個以上的元

2.3　分合活字中的流字

2.4　分合活字中的海字

2.5　分合活字中的蕩字

件組構漢字，因為這會增加步驟上的複雜度。在頭兩個漢字「流」和「海」的案例中它們都可以拆分，都可以個別從㐬和每中分離出氵字部來。相對地，「蕩」這個漢字就無法這樣俐落地拆分，至少在氵字部這邊不行。要將氵從蕩字中拆分開來，需要創造複雜的三個元件，得將蕩拆成氵字部、艹字部和昜字部，或氵加上更難看的艹加上昜構成的L型。所以讓蕩字維持完整還是比較簡單方便。

第二個標準是每個模塊的相對頻率。以前面的蕩字為例，很明顯地，把氵字部垂直分開會很麻煩，但把上面的艹字部水平拆開來就可行。這麼做就是把蕩字拆成兩部分：艹字部和剩下的湯。不過可以推測，沒這樣拆的原因是這麼做吃力不討好。不像㐬和每這兩個模塊在許多漢字中的大小和位置都很固定，湯這個模塊相對而言就沒什麼用處，湯字的模塊大小和比例也沒辦法實際用在其他漢字上。所以，讓蕩字保留完整才更簡單方便。

勒格朗和戛鐵都有個清楚的認知：漢字的「骨」絕對不能斷，也就是第三個標準。不允許將一筆畫切斷，再將切斷的部分各自放到不同的金屬模塊上。雖然一個小小的概念突破就可能將這兩位法國人從組合「部首」這個想法帶往組合無意義語素（asemantic graphemes）的想法上，例如藉由組合兩個一半長的連接號（--）來組成漢字的一，但他們顯然不願意這麼做。就像《莊子》的庖丁解牛中庖丁向文惠君說的，勒格朗和戛鐵追求的是漢字的「自然形構」，做到「批大郤，導大窾，因其固然。」就像庖丁的刀一樣，當漢字的解剖刀劃過筆畫間的縫隙時，「技經肯綮之未嘗，而況大軱乎！」[36]

勒格朗和戛鐵將他們的字體分成可拆分和不可拆分兩類，然後再以像流、海和蕩的例子裡所示範的那樣，用截然不同的方式來建構可拆分字體和整字字體。在流這個漢字裡（圖2.3），我們會發現左側的氵字部從右側剩下的字體中分開，兩者中間有個寬廣的空間。雖然在絕對尺寸上算小，但這個微小的間隙卻足夠將氵字部密封在一個完全自主的空間中。在海字裡也是如此。這些很明顯都是用分合活字造出來的漢字，它們每一個都因為人為注入的空間而分散開來。然而，在整字字體的蕩字中，我們可以看見氵字部的第三筆畫大大地劃入比鄰區域，創造出書法中十分注重的緊湊性。相對地，在分合活字所造的流字和海字中，其組成部分都沒有大膽的進到彼此的區域之中。它們完全分布在假想Y軸的兩側；若以書法的術語來說，這種漢字大概會被看做「懶」或「散」。

2.6　分合活字中的然字

2.7　分合活字中的無字

在比較然字（圖2.6）和無字（圖2.7）時，也能發現同樣的差異。兩者在構字上都用到了灬字部，但然字是由分合活字組成的，而無字則是整字。

然字的上半部和下半部隔了一段距離，雖然在絕對尺寸上算小，卻讓「然」字顯得空洞。因為分合活字仰賴的就是模塊上的絕對邊界，所以然字裡的灬字部明顯比無字裡的更大。當然對書法家來說，空白不見得會構成問題：書法家常常刻意放大空白，甚至還會刻意扭曲字體。不過對勒格朗來說空白不是選項，而是必須：合理化的模塊才讓它們的印刷法有別於其他種印刷法。進一步審視這種字體，就會發現這一普遍規律。只要勒格朗和叓鐵要創造整字字體時，他們就會盡量以中文原有的方式進行鍛造。不過要創造可拆分字體時，他們的系統就必須讓模塊保持絕對分離。打從一開始，這種部首間細微空間的特色就是拼合主義的基礎，但同時也是其矛盾之處，**反之也得仰賴這細微空間，該方法才得以成立。**

這就是十九世紀外國人的第二種中文「解謎」方式，與小斯當東和姜別利等人的常用字方法有著明顯差異。藉由將「偏旁部首」當成準字母來使用、當成中文書寫的本體元素，從而使整體中文字體的規模有望縮小四十倍，從上萬個縮小到兩千個。再來，拼合主義方法也為統一中文打字技術之路提供了一盞明燈。分合活字印刷不像常用字系統那樣，會將使用頻率不高的漢字排除在機器運作範圍之外，也規定了某些字必須經過分解才行，但這個文本排印系統卻大方接納了所有漢字。

分合活字在十九世紀獲得了一定程度的普及與推動，同時也鼓舞了歐洲、美國和殖民地傳教前哨站的出版商和印刷商，展開它們對漢字的科學解剖與分解。據一八三四年的報導，台約爾（Samuel Dyer）在馬六甲的英華書院（Anglo-Chinese College）做了一個類似的分合活字計畫。[37]一八四四年，美國長老教會海外傳教委員會發表了以分合活字基礎原則製成的三千零四十一字活字表。[38]後來德國人貝爾豪斯（Auguste Beyerhaus）又更進一步發展分合活字印刷。貝爾豪斯的「柏林字體」在工業及應用科技展上被譽為「最引人注目的印刷術展示之一」，該字體共含有四千一百三十個中文字體元件：兩千七百一十一個整字字體，一千兩百九十個三分之二大小的可拆分字體和一百零九個三分之一大小的可拆分字體。同時，如同常用字解謎方式創造新的中文字體，也如同常用字字體找到了進入新中文出版品的途徑，分合活字也同樣進入了印刷界。一八三四年，柯恒儒（Julius Heinrich Klaproth）編纂翻譯的《日本王代一覽》（*Nipon o daï itsi ran or Annales des empereurs du Japon*）和一八三六年由柯恒儒翻譯再版的《佛國記》，使用的都是勒格朗的分合活字印刷術。[39]

正如下一章將討論的，中文技術語言中的拼合主義解謎法一直延續到二十世紀，與占主導地位的常用字方法旗鼓相當。當一些發明家與工程師發展常用字方法的實驗性中文打字機之時，另一批工程師也試著以分合活字的「拼寫」漢字概念來開發中文打字機。

然而，如同常用字方法，拼合主義解謎法也遭遇了它自身內在矛盾的掣肘。在倫敦，勒格朗的中文鉛字被盛讚「總體來說很優秀」，讓以字元為基礎的漢字能與歐洲印刷術兼容並蓄。[40]然而，還是招來一些批評，一名評論家評論道：「一些漢字的型態稍嫌僵硬、比例失調，這部分歸因於經驗不足，另外也是為了避免每個獨立符號都得刻一個新的字模，所以法國人才將不同的漢字元素做拆併。不過整體來看，它們還是相當賞心悅目。」[41]如果說常用字方法受困於無法解決使用頻率的困境，得一而再、再而三地決定哪些漢字該納入哪些該排除，那麼困住拼合主義方法的就是美學了。在分合活字的實踐者試圖改革中文活字印刷、又不願打亂漢字脆弱的組合平衡時，這就讓他們自身陷入了一僕侍奉二主的困境中。

明文的爭權：代碼、符號主權與中文電碼

一八六〇年代，分合活字的魅力擴展到印刷界和排版界之外，進入了新興的電報領域。有位古怪的巴

黎人被勒格朗和𤕤鐵的方法所吸引，他看見了連這兩位發明者都沒看見的未開發潛力。雖然這位人士被分合活字中微小卻顯而易見的間隙所困擾，但他意識到這個方法可以應用在電報通訊中，而且還**不需**承受惱人的美學問題。

一八六二年，在德勞圖爾（Pierre Henri Stanislas d'Escayrac de Lauture）所發表的一篇名為〈漢字電報傳輸〉（*De la transmission télégraphique des caractères chinois*）的文章中，他提出了以分合活字原則為基礎的中文電報傳輸系統。[42]這系統將勒格朗和𤕤鐵的方法搬到了線路、電流和代碼的領域，德勞圖爾如此解釋：

> 這問題對於電報傳輸來說要比印刷術來得簡單。同一部首和聲旁根據其位置的不同，會產生不同形式的結果，所以勒格朗就必須刻四千兩百二十個不同的字體。而電報只需考慮要素，不須考慮書寫上部首間的位置與彼此的關聯，所以只需要一千四百個字元就已足夠。單靠這一千四百個字元，就能傳輸整個中文語言。[43]

舉例來說，在傳送說字時，德勞圖爾的方法是傳送一系列的代碼，這些代碼並非漢字本身，而是建構該漢字的元件：以這個例子來說，就是言字和兌字這兩個元件（圖 2.8）。只要一經解碼，接收者會用既定標準來檢索漢字：元件言和兌所組成的漢字就是說字。同樣的操作也可以帶到其他漢字中，像是透過傳送氵字部和每字部就能傳送海字。如此就不需要像分合活字印刷那樣在實質物理上組裝或組合這些部首，這些漢字的重組過程都只發生於接收者的腦海。

在此我們遇見了第三個中文解謎模式：代碼。儘管受到分合活字的啟發，利用的也同樣是勒格朗和𤕤

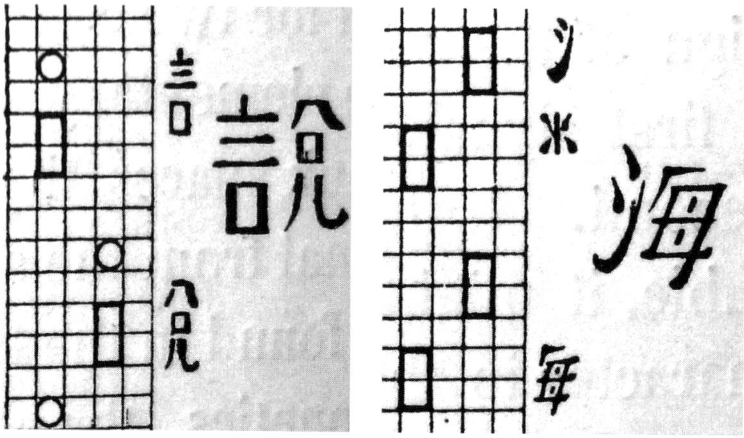

2.8　德勞圖爾電報系統中使用的傳輸策略

鐵所打造的漢字模塊，但德勞圖爾關注的不再是這些金屬模塊和物理上的重組。這是屬於拼合主義的謎題，不是代碼的。如同常用字和分合活字那樣，對德勞圖爾來說，中文的基礎要素仍然是漢字和部首，只是不直接拿來使用。它們雖被隔離在如同電碼本那樣的「異地」（off-site）之中，但卻能藉著既定的傳輸協定來進行「檢索」。對德勞圖爾和代碼解謎法而言，主要的關注重點不在於漢字本身，而在於這些代碼和協定。代碼解謎法換句話說，就是元資料*之謎。

德勞圖爾一八二六年生於巴黎。身兼探險家、學者和作家的他在就讀朱易（Juilly）的奧特萊斯學院（college of the Oratoriens）時，已然嶄露過人的語言能力。一八四四年，他進入外交部擔任大使隨員，並參加法國聯合英國在馬達加斯加的戰爭。在那之後的十年職涯和旅途中，他到過西班牙、葡萄牙、英國、德國、瑞士、義大利、突尼西亞、利比亞、埃及，最後是中國。一八五九年第二次鴉片戰爭爆發，德勞圖爾受命參加英法聯軍。三年後，顯然是受到在中國那段時光的啟發，他寫了一篇關於中文和中文在新興電報界地位的文章。[44]

完成文章後，德勞圖爾的野心遠超過中文本身。在這位法國人一八六二年所發表的第二篇文章〈通用電報解析〉（Analtric Universal Telegraphy）中，他概述了電報傳輸的龐大整體重設——雖然一個世紀後才會有這個說法，但其設計基礎被視為是自動化或「機器翻譯」的早期嘗試。這個新穎的電報技術擴展到全球時，他總結評估道：「電報要的是對所有人都更淺顯易懂的語言，我會證明這種語言不只是烏托邦式的空想，它不僅可能，更是簡單、適用與必要的。」[45]這意味著德勞圖爾的解謎法在根本上有別於小斯當東、姜別利、勒格朗和戛鐵，甚至超出了代碼、拼合主義和常用字之間的技術差異問題。無論是常用字還是分合活字研究，這些人都想解謎中文，將之帶入歐洲活字印刷的「範疇」中，接著再調和中文，使其融入歐洲與西方世界。不過德勞圖爾的解謎方式有所不同。藉由聚焦於電報語言中最具挑戰的中文電報傳輸問題，他的目標不是讓中文臣服於一兩種西方或字母的資訊技術之下，而是做一個實驗，想像在共同、通用的電報語言下，所有語言文字如何才能有平等的立足點。對德勞圖爾而言，解謎中文，也意味著解謎整個電報的符號結構。

當德勞圖爾夢想著「對所有人都更淺顯易懂」的電報語言時，國際電報界卻沿著截然不同的道路前進，這可讓這位法國人一點都開心不起來。電報初創時，創業者塞繆爾・摩斯（Samuel Morse）將這項新發明描述為「美國電報」，甚至更親暱地稱為「我的電報」。[46]正當摩斯熱切地將這項技術推廣到俄羅斯、西歐和南歐、鄂圖曼、埃及、日本和非洲大陸的部分地區時，該電碼的基礎仍與拉丁字母和英文有著緊密連結；也就是說，這仍然是摩斯身處的語言世界的產物。[47]摩斯電碼起初就被設計成能容納三十個不相連的編碼單位，內含點（dot）、劃（dash）和長度範圍在一到四個單位不等的電碼序列：剛好足夠囊括二十六個英文

* metadata，又稱後設資料，作用在於解讀或幫助理解訊息。

字母，並留有四個編碼的空位。像阿拉伯數字和少數標點符號等這類重要符號，都被下放到編碼效率較低的五位電碼序列中（之後在「大陸摩斯電碼」中更是擴張為效率更低的六位序列）。[48]

雖然摩斯電碼很適合用來處理英文，但對其他語言就不是這麼一回事了，就連同為字母文字的語言也是如此。對於有三十個字母的德文來說正好是摩斯電碼的容量上限，而法文和其多元的變音符號則超過了上限。儘管如此，在國際電信聯盟（International Telegraphic Union）最初允許用於電報傳輸的符號列表中，又更進一步強化了這種盎格魯中心主義。一八六八年，在維也納舉行的國際電信聯盟會議中，公認的電報傳輸符號表被限定為二十六個無變音的英文字母、十個阿拉伯數字和十六個其他符號（句號、逗號、分號、冒號、問號、驚嘆號、省略符號、叉號、連字符、帶尖音符的e（é）、分數分劃線、等號、左括號、右括號、&號和引號）。[49]

再者，國際電信聯盟在官方電報傳輸符號授權表的擴充上也顯得相當保守而緩慢。舉例來說，直到一八七五年，國際電信聯盟才終於在聖彼得堡的大會上擴充原本的二十六個字母列表，納入第二十七個字母：變音的e（é），而不再將其劃入「標點符號及其他標記」的特殊列表中。[50]該次會議上還進一步規定，採用摩斯電碼的人可以傳輸另外六種特殊的變音符號：Ä、Á、Å、Ñ、Ö和Ü。[51]近二十年後，也就是一九〇三年的倫敦會議上，才同意將這些補充的變音字母列入「標準的」符號項目中。[52]

此外，正當德勞圖爾忙於寫作新書時，一八六〇年代經歷現代殖民主義的快速擴張，電報網的發展範圍也延伸到拉丁字母語言世界之外。一八六四年，鋪設於波斯灣的電纜連結上既有的路上線路系統，讓印度和歐洲得以直接電報通訊。[53]一八七〇年，電纜又進一步擴張，從蘇伊士、亞丁再到孟買，從馬德拉斯到檳城、新加坡再到巴達維亞。[54]*這種拓展將電報通訊技術與該技術設計之初未能處理的語言聯繫了起來，同時也帶來了一個重大課題：新納入的語言文字、字母和音節文字會促使電報通訊技術發生根本性的再造，還是這些語言文字會被吸納並歸入現有電碼方法的邏輯與句法之下？

一八六二年，時值大清帝國被併入國際電報網的十年前，當時德勞圖爾對這種根本性再造的可能性抱持著樂觀態度，也正是這份樂觀激起了他對中文的嘗試。[55] 雖然電報這項物理機器技術讓人類達成近乎神力一般的成就，但這位法國人解釋道，電報的符號體系仍然原始也有其侷限，它跟現存的人類語言還是太緊密了（也就是英文，但也包括更廣義的其他字母語言）。德勞圖爾呼籲開發出一套完美的通用符號語言，讓它的精密度能與電報機的亮眼程度相稱，而非拖累。這種通用電報語言的測試範例就是中文。在融入全球電報通訊技術的過程中，中文就像站在十字路口上：它會輕易被納入現存與人類和英語緊密結合的摩斯電碼中，還是人類最終會發展出一套新的、與電報技術相稱的通用語言？

在德勞圖爾的第二篇文章〈通用電報解析〉中，他從探討中文電報傳輸出發，轉向探討通用電報傳輸。在這篇十五頁的論文中，德勞圖爾概述他希望能創造一套「語言代數」（algebra of language）；正如其名，這套系統讓世界各地的電報員能夠不顧語言隔閡，直接進行意義交流。[56] 具體而言，他制定了一系列表格，當中羅列了一些縮寫的術語和片語，數量約在四百五十到六百字之間。德勞圖爾在文中解釋：「話語就像用字來計算，我們必須找出計算的代數。」接著繼續說道：「我們必須找出思考和人類話語的公約數」，他稱之為「基於事實和數字的語言，一種剔除詩意、翱翔於世俗生活之上的語言。」[57]

德勞圖爾著手創造「主要意義目錄」（catalog of principal ideas）用以確立每個人類話語所隱含的核心意

* 為雅加達之舊稱。

義，再依靠「輔助意義」（accessory ideas）對其進行限定。[58]例如，若要傳送「冷淡」（indifference）這個字，依照德勞圖爾的系統，就會先傳送主要意義的「喜愛」（affection），再由輔助意義的「否定」（negated）對其做限定。相對地，要傳送「憎恨」（hatred），就會先傳送「喜愛」，再用「相反的」（opposite）對其做限定。透過使用適當的修飾詞，還可以傳達出規模和程度的強烈，如此這套系統就能用「喜愛」來表達熱愛、愛、嫌惡、恐懼，甚至憎惡等意義。[59]

就像德勞圖爾的中文電報編碼一樣，透過開發出世上各種語言的對照表，他認為電報傳輸最終使人類能夠直接傳輸意義，從而實現它的全球性潛力：傳輸電報時，人們只需要從自身詞彙當中辨識出主要意義和輔助意義用詞，對話者就能夠標定出對應的意義，就像使用收到的言字和兌字重組出說字一樣。德勞圖爾堅信，收發外語將變得簡單易懂。他也向讀者保證：「就算完全不知道這些字，人們也能憑藉著簡易字彙表的幫助，確實建構出句子的意義。」[60]德勞圖爾確信，他所提出的電報語言「比起任何已知語言都更適合用在國際通訊上。」[61]

雙重媒介：一八七一年的中文電碼

一八七一年，拓展中的電報通訊網抵達了大清帝國的國門。同年四月，上海到香港之間開通了一條電報線路。該線路由兩家外國公司鋪設，分別是丹麥大北電報公司（Great Northern Telegraph Company of Denmark）和英國大東電報局（Eastern Extension A&C Telegraph Company of the United Kingdom），該線路的鋪設標誌著帝國建設跨出了第一步，也標誌著交織全國的通訊網將依次建成：一八七一年六月西貢至香港線路落成、八月上海至長崎路線落成，同年十一月長崎至夫拉迪沃斯托克（海參崴）路線落成。接下來的幾年間，這一網路範圍擴張到了廈門、天津、福州，以及其他大清帝國的城市。[62]民國時期（一九一一年至一九四九年）*，中國政府和公司逐步取得電報網的所有權，並將總長度拓展到近六萬兩千英里（約九萬九千七百七十九公里）[63]

然而，隨著中國和中文進入國際電報通訊領域，後續卻不如德勞圖爾所預想，人們並沒有重新創造電報傳輸的模式與規則。相反地，一八七一年由兩位外國人發明的中文電碼依舊與摩斯電碼的全球資訊基礎建置相同，這在結構上將中文鑲嵌於不平等的處境中。該電碼由丹麥的天文學教授謝爾勒魯普（H.C.F.C. Schjellerup）開發、法國的上海港務部長威基謁（Septime Auguste Viguier）確立，靈感來自常用字方法。[64]該電碼根據《康熙字典》的部首—筆畫系統羅列了約六千八百個常用漢字，然後再從0001到9999之間指派一系列不同的四位數字碼給各個漢字。電碼本最後留有約三千個空位，每個部首別中也留有少數空位，以供個別操作員可以將不常用的漢字納入其中。[65]用該系統傳輸中文電報時，電報員會先查看電碼本上的漢字，找出它的四位數字碼，然後將這四碼用標準的摩斯電碼傳送出去（**圖2.9及圖2.10**）。

由謝爾勒魯普和威基謁所設計的電碼，使得電報傳輸協定與中文的關係，完全不同於該協定與字母文字和音節文字的關係。如果德勞圖爾構想的通用電報語言，是讓每種文字都能由共同的編碼和傳輸協定所

---

* 原文Republican period/era，這段時期中華民國採共和立憲制，因而有此英文名稱。

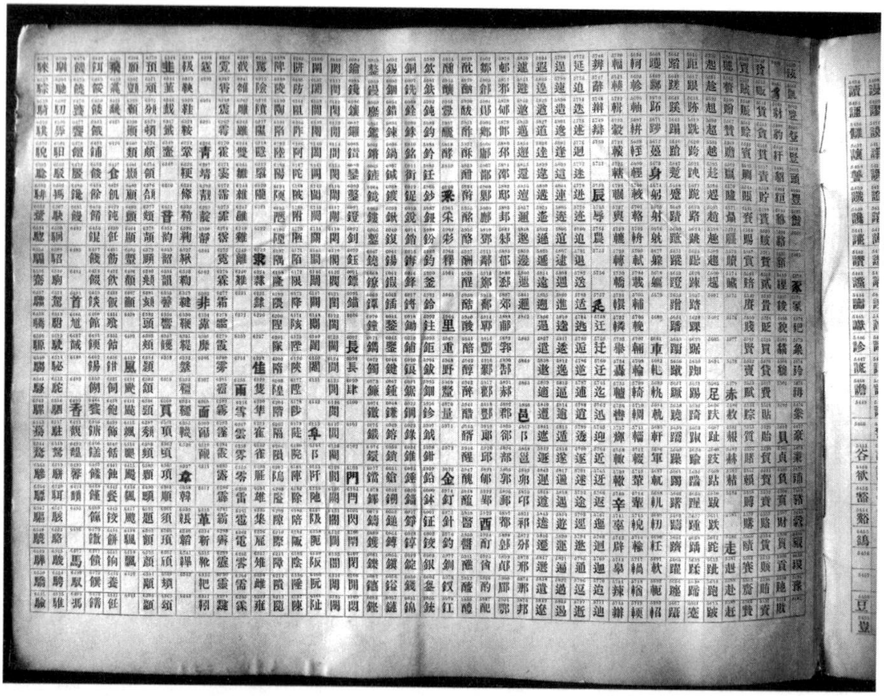

2.9　1871 年的中文電報碼（樣本）

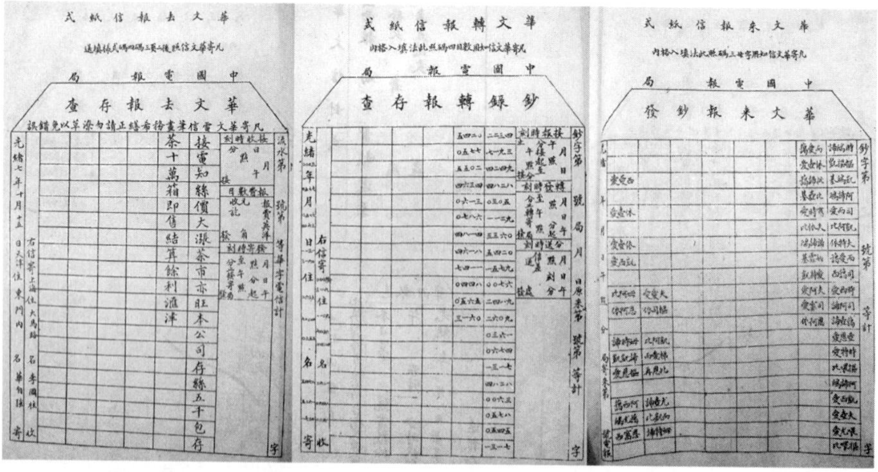

2.10　中文電報樣本和加密過程

控制，那麼一八七一年的這個電碼，就是基於對中文的**額外或雙重媒介**為前提所創的：第一層媒介是介於漢字與阿拉伯數字之間，而第二層媒介是介於阿拉伯數字和長短相間的電報傳輸脈衝之間。相較之下，傳輸英文、法文、德文、俄文和其他語言時只牽涉到一層媒介，即從字母或音節直接對應到點和劃的機器代碼。為了讓中文轉換為電報的機器代碼，首先需要經過一層額外的**外語**符號轉換，以這個例子來說就是阿拉伯數字，但也可以理解為拉丁字母編碼。也就是說，中文將會受到雙重控制：首先是如同電報領域中的其他語言一樣，要接受同樣的點劃傳輸協定；但在這之前，還得遵循英文與摩斯電碼之間的拉丁字母傳輸協定。

隨著德勞圖爾的夢想快速破滅，這種代碼政治為中文帶來了負面影響。首先也最基本的是，在中文電報傳輸中唯一使用的符號單位是阿拉伯數字，但它在摩斯電碼（圖2.11）中卻是最冗長、最沒效率的代碼單位。最短的數字代碼（數字「5」由五個短脈衝構成）就已經是最短字母（「e」由一個短脈衝構成）的五倍長。而在整個代碼中最長的傳輸序列是數字「0」，它需要五個長脈衝。所以總的來說，打從一

A	.-	M	--	Y	-.--	6	-....
B	-...	N	-.	Z	--..	7	--...
C	-.-.	O	---	Ä	..--.	8	---..
D	-..	P	.--.	Ö	---.	9	----.
E	.	Q	--.-	Ü	..---..	.	.-.-.-
F	..-.	R	.-.	Ch	----	,	--..--
G	--.	S	...	0	-----	?	..--..
H	....	T	-	1	.----	!	..--.
I	..	U	..-	2	..---	:	---...
J	.---	V	...-	3	...--	“	.-..-.
K	-.-	W	.--	4	....-	‘	.----.
L	.-..	X	-..-	5	.....	=	-...-

2.11　**摩斯電碼**

開始，這種純數字的編碼系統就束縛了中文電碼。[66]

除了耗時之外，中文的雙重媒介還對中文施加了第二個代價更高的懲罰。由於依賴數字加密，一八七一年的中文電報碼，無意中使得中國容易受到不斷改變、不斷增加的法律數量和初始設計的傳輸罰金影響，這些處罰並不是針對中國人，而是針對電報傳輸的「加密」或「編碼」型態。當中文進入電報領域時，在字母世界中使用加密和編碼傳輸非常普遍；這是全球電報通訊的規則，而不是特例。[67]早在幾十年前，電報員關心的除了保密，更關心節約費用，於是便開始開發許許多多可以與摩斯電碼配合的電碼。[68]它的主要目的是藉著創造代碼來代表更長的句子序列，以節省傳輸經費。舉例來說，依照一八八五年的電碼本，若接收到「牙刷」這個字，便是指「電報傳輸延遲」。同時，「喘氣」傳達的是「發送現有貨物，加速分配剩下的貨」的意思。[69]

十九世紀中葉，為了解決代碼語言普及帶來的問題，政府和電信公司在許可和定價方面針對國際電報系統推出了修正方案，設計一系列規定來監管並限制使用加密傳輸。在電報通訊和許多其他的通訊方式上，代碼和「加密語言」（langues chiffrées）屢遭禁止。至於定價方面，普遍來說都以價格高昂的按字計價制來對「加密」傳輸估價，如此電信公司才能挽回在其他方面的損失。這些法規帶來的實際結果就是，英文、法文、德文或其他電報語言的電報員需要不斷做抉擇：亦即要以代碼、還是以別稱為「明文」（plaintext）的「未加密」（in the clear）方式傳送訊息。

這些規定跟中文一點關係也沒有，然而一旦中文進入全球電報領域，它們卻會對漢字造成立即而深刻的影響。由於中文電碼做為一種「編碼語言」，因此中文電碼與中文在國際電報領域只會被視為**密語**。換句話說，儘管所有其他電報語言都被認為存在著「明文」或「密文」兩種狀態，但中文的電報語言卻被認為

與生俱來就是密文，是一種**沒有明文版本**的語言。在此要強調，這種狀況不是由中文的固有特質所造成的，而是國際電信聯盟選擇「如實地」將中文「吸納」到現存的摩斯代碼系統中（儘管這麼選擇可以理解，卻是有害的），而非將電報通訊全球化視為一個將電報符號協定澈底、以及實際重新建構和普世化的契機——如同德勞圖爾想像的那樣。為了參與電報革命，中文得隻身穿越阿拉伯數字和拉丁字母的符號領域，在這之中它沒有任何權力，還得暴露在特權、懲罰性收費和使用限制之中，然而這些都非中文本身所致，而是與中文別無選擇、必須仰賴的外語符號有關。[70]

棲身於密文世界：超媒介實驗

二十世紀起，清廷、民國政府和中國公司漸漸取得中國的電報基礎建設所有權。[71]即便一八八三年已獲邀參加國際電報會議，但直到一九〇九年，清廷才派代表參與當年的里斯本會議。[72]一九〇八年，清廷的郵傳部接管了成立於一八八二年的中國電報局。一九一二年，中國有五百六十五間電報分局，到了一九三二年這個數字擴大為一千零九十四間。同時期電報線路的長度也翻了近一倍，從一九一二年的六萬兩三五百二十三公里到一九三二年的十萬多公里。[73]然而，儘管政治和經濟意義上的「電報主權」已回收許久，但一八七一年的中文電碼和其衍生版本仍持續將中國和中文鑲嵌進相對不利的處境中。在中國政府實質掌握了電報、電報塔及財政法律管轄權後，**符號**主權的問題卻仍未塵埃落定。

隨著清廷和中華民國的代表在國際電報界開始直接發揮作用，人們也試著開始改善中文的不利地位。

具體而言，中國的朝臣和工程師開始帶頭確保四位數中文電碼的特殊法律豁免權，將其自「代碼」、「密文」和「加密」等文字類別中移除，以及保障它法律上的「明文」地位。中國代表**人為的**（artificial）讓中文電碼**等同**（equivalent）於「明文」，並穩固了中文四位數電碼的明文地位，哪怕以當時電報通訊的標準來說它一點都不「明」。一八九三年起，傳送任何四位數中文電碼都會被視為一個「真正的」漢字，也就是說，一組四位數電碼在意義上就直接對應到一八七一年電碼本中所列的一個漢字，所以在中國的電報站之間傳輸時，這會被計算為一個「字」。[74]從此以後，除非發報者基於私人理由，以某些方式對四位數電碼做進一步的操作或排列，中文傳輸才會被視為「密文」。

此後，中文電報經歷了重大且微妙的轉變。簡而言之，中文電報員採用了雙焦點關係（bifocal relationship）來看待中文本身，所以他們的「代碼意識」（code conscious）與世界各地其他用字母的同行有所不同。從一個視角來看，中文就是中文：它是以漢字為基礎的文字，電報員的主要目的是透過電報線傳輸漢字。然而從另一個視角來看，中文又是**代碼**：它是一連串的數字，除了少數專家外，沒人可以記住六千多個代碼，一切都需要電碼本來破譯。舉例來說，當中國的電報員聽到這個脈衝序列「----- -.... .---- .....」時，他並不會跳過數字解碼的媒介步驟，直接寫出「明文」的「北」字。反之，他會先在紙上寫出一個代碼，就是摩斯電碼所對應的「0-6-1-5」這組符號。只有經過這個步驟，才能靠著該代碼在一八七一年電碼本中找出對應的漢字，電報員也才能將這個二級代碼譯成「明文」。相對地，訓練有素的字母文字電報員，就不需要從事這個額外步驟，他可以直接將收到的點和劃轉譯成明文的字母數字訊息。在字母世界裡，電報傳輸的加密特質被電報員本身所消化並內化，這就是「即時性迷思」（myth of immediacy）的由來，此種觀念時至今日在許多字母電報領域的討論中都很普遍。對中文電報來說，基本的傳輸加密特質，或者說中文本身，是無法被忽視與否認的。由於一八七一年電碼本的關係，即使訓練有素的中文電報員，也得被迫**困於代碼**之中。

儘管這種「止於代碼」與「棲身於密文世界」的狀態，使得中文傳輸跟字母文字傳輸比較起來更沒效率、也明顯處於不利地位，但這也對中文電報員在日常工作中從事的一些實驗與革新發揮了微妙的確實影響力。清末民初的中國電報界有個活躍的地方創新團體，他們專注於適度而深入地調整四位數電碼的使用方法。電報員、電碼本出版商和企業家們組成了鬆散網路，致力於開發改進許多新的實驗方法，來讓中文電碼更快更有效率。相較於身處大城市的精英同行，這一群體更大程度上缺乏政治力來轉變厚重且格格不入的媒介，而這些媒介卻又內建於電報的技術與法律框架中。也就是說，他們很清楚自己日復一日的操作，沒什麼機會能為全球資訊基礎帶來根本的革命性改造，也沒什麼機會能減少中文必經的媒介層次，好讓中文能與其他電報語言平起平坐。

於是他們反其道而行，在原本就鑲嵌了兩層媒介的中文電報上，又創造**額外的**媒介層。他們將實驗和解決方法投注在**調和媒介**（mediating mediation）上，也就是在自己與中文代碼之間加入額外的操作和自行設計的設備，好讓他們與代碼之間的關係更順利、更可行、更易記、更融洽。這些方法簡稱**超媒介**（hypermediation），明顯帶有個人性、物質性、本土性和即時性，它包含了各種新穎的記憶方式、訓練及身體實踐方式，以及對中文電碼本的重新編排、重組頁次等等。這類的超媒介雖然乍看會增加使用代碼的時間和精力，在符號結構的基礎層面上也沒有根本性的改變，但它們卻往往更快更省力。由於無法重新開發一種能適應中文可能性和侷限性的中文電碼，所以他們不去碰觸中文電碼的根本符號結構，而是重新想像他們自身與該結構的**關係**，和通往該結構的路徑。

三碼字母洋華文釋音

A	B	C	D	E	F	G	H	I	J	K	L	M
愛	比	西	諦	依	夫	基	鴟	譪	再	凱	而	姆
N	O	P	Q	R	S	T	U	V	W	X	Y	Z
恩	窩	批	摳	阿	司	梯	尤	霏	壺	時	喂	特

愛司愛 〇四六九 起

單字門部首 力勹匕匚匸十卜卩厂厶又口

比諦愛 〇七五五 哀	比西愛 〇七二九 呼	比比愛 〇七〇三 吵	比愛愛 〇六七七 各	愛特愛 〇六五一 叛	愛喂愛 〇六二五 厝
比諦比 〇七五六 品	比西比 〇七三〇 命	比比比 〇七〇四 吶	比愛比 〇六七八 合	愛特比 〇六五二 叟	愛喂比 〇六二六 原
比諦西 〇七五七 哂	比西西 〇七三一 咀	比比西 〇七〇五 吸	比愛西 〇六七九 吉	愛特西 〇六五三 叡	愛喂西 〇六二七 厠
比諦諦 〇七五八 哄	比西諦 〇七三二 咄	比比諦 〇七〇六 吹	比愛諦 〇六八〇 吊	愛特諦 〇六五四 叢	愛喂諦 〇六二八 厥
比諦依 〇七五九 哆	比西依 〇七三三 咆	比比依 〇七〇七 告	比愛依 〇六八一 同	愛特依 〇六五五	愛喂依 〇六二九 厫
比諦夫 〇七六〇 哇	比西夫 〇七三四 咈	比比夫 〇七〇八 吻	比愛夫 〇六八二 名	愛特夫 〇六五六 口	愛喂夫 〇六三〇 厭
比諦基 〇七六一 哈	比西基 〇七三五 和	比比基 〇七〇九 吼	比愛基 〇六八三 后	愛特基 〇六五七 古	愛喂基 〇六三一 厮
比諦鴟 〇七六二 哉	比西鴟 〇七三六 咎	比比鴟 〇七一〇 吾	比愛鴟 〇六八四 吏	愛特鴟 〇六五八 句	愛喂鴟 〇六三二 厲
比諦譪 〇七六三 咻	比西譪 〇七三七 咏	比比譪 〇七一一 呀	比愛譪 〇六八五 吐	愛特譪 〇六五九 另	愛喂譪 〇六三三 厦
比諦再 〇七六四 咿	比西再 〇七三八 咋	比比再 〇七一二 呂	比愛再 〇六八六 向	愛特再 〇六六〇 叨	愛喂再 〇六三四
比諦凱 〇七六五 員	比西凱 〇七三九 哈	比比凱 〇七一三 呃	比愛凱 〇六八七 吓	愛特凱 〇六六一 叩	愛喂凱 〇六三五 厶
比諦而 〇七六六 哥	比西而 〇七四〇 咠	比比而 〇七一四 呆	比愛而 〇六八八 吒	愛特而 〇六六二 只	愛喂而 〇六三六 厹
比諦姆 〇七六七 唎	比西姆 〇七四一 咤	比比姆 〇七一五 呬	比愛姆 〇六八九 君	愛特姆 〇六六三 叫	愛喂姆 〇六三七 去
比諦恩 〇七六八 哦	比西恩 〇七四二 咢	比比恩 〇七一六 呢	比愛恩 〇六九〇 吝	愛特恩 〇六六四 召	愛喂恩 〇六三八 叄
比諦窩 〇七六九 哩	比西窩 〇七四三 唓	比比窩 〇七一七 呦	比愛窩 〇六九一 吞	愛特窩 〇六六五 叭	愛喂窩 〇六三九 參
比諦批 〇七七〇 哭	比西批 〇七四四 咧	比比批 〇七一八 呧	比愛批 〇六九二 吟	愛特批 〇六六六 叮	愛喂批 〇六四〇 叅
比諦摳 〇七七一 哮	比西摳 〇七四五 咨	比比摳 〇七一九 周	比愛摳 〇六九三 吠	愛特摳 〇六六七 叱	愛喂摳 〇六四一
比諦阿 〇七七二 哲	比西阿 〇七四六 咫	比比阿 〇七二〇 咒	比愛阿 〇六九四 否	愛特阿 〇六六八 可	愛喂阿 〇六四二 又
比諦司 〇七七三 哺	比西司 〇七四七 咬	比比司 〇七二一 呭	比愛司 〇六九五 吩	愛特司 〇六六九 台	愛喂司 〇六四三 叉
比諦梯 〇七七四 哼	比西梯 〇七四八 咯	比比梯 〇七二二 呱	比愛梯 〇六九六 咐	愛特梯 〇六七〇 史	愛喂梯 〇六四四 及
比諦尤 〇七七五 哽	比西尤 〇七四九 咱	比比尤 〇七二三 呫	比愛尤 〇六九七 吡	愛特尤 〇六七一 右	愛喂尤 〇六四五 友
比諦霏 〇七七六 哿	比西霏 〇七五〇 咳	比比霏 〇七二四 味	比愛霏 〇六九八 含	愛特霏 〇六七二 叵	愛喂霏 〇六四六 反
比諦壺 〇七七七 唁	比西壺 〇七五一 咷	比比壺 〇七二五 呵	比愛壺 〇六九九 吭	愛特壺 〇六七三 叶	愛喂壺 〇六四七 叔
比諦時 〇七七八 唆	比西時 〇七五二 咸	比比時 〇七二六 呶	比愛時 〇七〇〇 吮	愛特時 〇六七四 司	愛喂時 〇六四八 取
比諦喂 〇七七九 唈	比西喂 〇七五三 咺	比比喂 〇七二七 呷	比愛喂 〇七〇一 呈	愛特喂 〇六七五 吁	愛喂喂 〇六四九 受
比諦特 〇七八〇 唉	比西特 〇七五四 咽	比比特 〇七二八 呻	比愛特 〇七〇二 吳	愛特特 〇六七六 吃	愛喂特 〇六五〇 叙

三

比諦特 〇七八〇 止

2.12 以中文為基礎的羅馬字母媒介（字母／漢字／拼音）

表 2.1 以中文為基礎的羅馬字母媒介（字母／漢字／拼音）

a	愛	*ai*	e	依	*yi*	i	藹	*ai*	m	姆	*mu*	q	摳	*qu*	u	尤	*you*	y	喂	*wei*
b	比	*bi*	f	夫	*fu*	j	再	*zai*	n	恩	*en*	r	阿	*a*	v	霏	*fei*	z	特	*te*
c	西	*xi*	g	基	*ji*	k	凱	*kai*	o	窩	*wo*	s	司	*si*	w	壺	*hu*			
d	諦	*ti*	h	鴟	*chi*	l	而	*er*	p	批	*pi*	t	梯	*ti*	x	時	*shi*			

最早期的超媒介實驗，是改造一種相對較新的三字母，或稱三字一音的代碼傳輸技術。這種代碼由英國等地所開發，它利用羅馬字母的二十六個字母系統，從中取三個字母組成序列，來傳輸總數二十六的三次方也就是一萬七千五百七十六個單位。因為三字母代碼系統不需要那麼多代碼單位（算是一開始就能減少百分之二十五），也因為它用的是字母而不是數字（如前所述，在摩斯電碼中傳輸字母遠比傳輸數字快），所以這種系統用在中文上被證實遠比四位數系統有效。在一八八一年新發行的電碼本中，傳統的四位數序列旁，會配上這種獨特的三字母代碼：代碼「0001」會配上「AAA」；「0002」會配上「AAB」等等。再來，在這種二層媒介的基礎上還設有第三層媒介，一組編者用來代表羅馬字母的二十六個漢字，藉此簡化並讓一八八〇年代對外語還很陌生的中國人更容易感到親近（**表2.1及圖2.12、2.13**）。[75]

即使中文電報員還是得透過羅馬字母來操作，但理論上，使用這個與第二層合作的額外媒介層，就能讓他們**完全以中文**來工作。換句話說，若我們能竊聽中國這個時期流過電纜的電流脈衝的話，那麼我們聽到的三字母代碼序列「D-G-A」，對發報者和收報者來說，就會被理解為漢字的序列「諦基愛」。甚至連「字母序列」本身也可以仿造這種媒介技術，藉此電報員可以不用記A、B、C、D、E而改記「愛、比、西、諦、依」這個序列。儘管電報碼的基礎結構維持不變，但在這種複雜又多層次的媒介的交互影響下，意義的動態（dynamic）和效價（valence）都能藉此重新構思。[76]

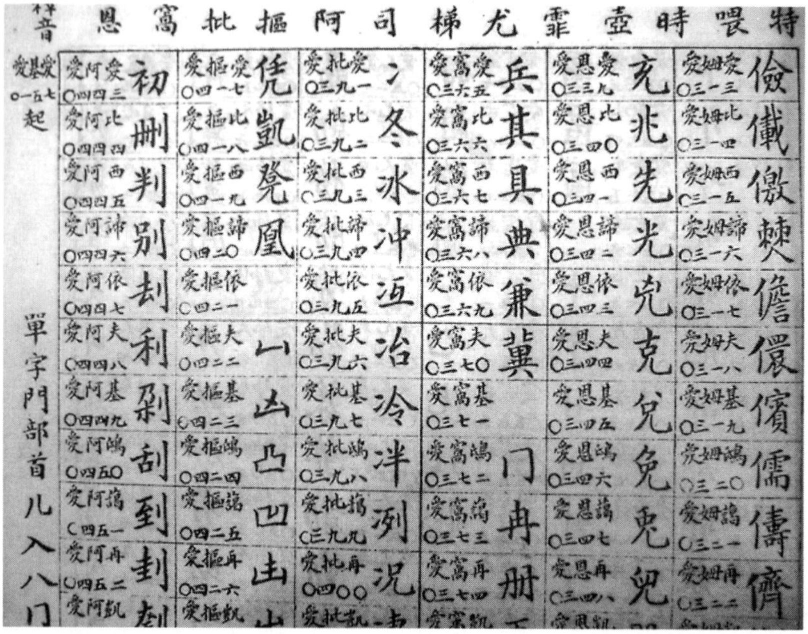

2.13　漢字媒介版電碼本樣張

隨著逐漸熟悉阿拉伯數字和羅馬字母，這類漢字媒介系統開始從電碼本上消失。電報員對於「1、2、3」和「a、b、c」等數字英文代碼不再生疏，所以大部分都不再需要、也不認為「一、二、三」和「愛、比、西」這種媒介會有用。不過卻有其他的媒介快速取代了上述媒介，它精明地重新編排了中文電碼本的頁碼，很微妙卻很成功。早期電碼本的每頁頁碼都由序列代碼1開始，0結尾（比如每頁內含一百個漢字的電碼本中會標記為 0101 到 0200，而每頁含兩百個漢字的則會標記為 0101 到0300）。到了民國時期，出版商開始重新編排電碼本，每頁的代碼序列改為0到99結尾（比如從 0100 到 0199，1200 到 1299 等等）。[77] 儘管看似微不足道，但這種改變對中文電報員的日常作業間接產生了非常有效的作用：電碼本的頁碼本身成為一種**記憶方式**，能對應到特定頁碼的頭兩位數字代碼。對電碼本的重新構思讓新的「記憶實踐」成為可能。舉例來說，若電報員使用的是一九四六年的電碼本，那他會知道可以在第十二頁找到代碼「1289」、第三十九頁可以找到代碼「3928」，還可以在第九十一頁找到「9172」，而相應的頁碼會在頁首頁尾以紅色粗體字母標示。[78] 為了瞭解電報員如何與中文電碼打交道，以及用新穎的實驗方式調和這段關係，我們必須更仔細去關注電碼本本身的社會史。

從微觀歷史層面來看，這裡的每一份努力，都是在實現往後的便利：使中文電報員能夠在不熟悉的字母和數字環境下工作、加速電報員搜尋特定漢字或代碼的過程，還能實現其他種種目的。然而，從宏觀歷史層面來看，這些局部的努力卻帶來了層面更廣的東西：一段與本章論及的「符號主權」有關的歷史過程。透過建立各種不同「媒介的媒介」，電報員從事的不只是省時省錢的改進流程，他們也在自身與資訊基礎架構之間創造了一種新的關係，正如我們所見，這種關係在結構上將中文置於不平等的地位。電報員對四位數代碼做「符號支配」（symbolic possession），把玩它、調和它、讓它適應電報員自身的語言、生理偏好、能力與侷限。藉著這些日漸增加且高度本土化的活動，電報員開始反過來包圍那些曾經包圍住他們的系統。

下一章我們終於要離開電報和活字印刷的世界，來到中文打字機的時代。在那裡，我們將與本章所檢視過的三種解謎方式——常用字、拼合主義和代碼再次相遇，只不過是在一個新的技術語言脈絡中。隨著打字機這個令人為之一振的新書寫技術的降臨，新世代的人們也開始思考起中文打字之謎。他們會開始思考、討論，並在某些狀況下再次發現這三個於本章檢視過的方式；這會將它們，以及嵌入其中的政治性一併轉移至一個新的技術語言領域中。

Chapter

3

不同凡響的機器

每按一次鍵，機器就應該打出完整的字，而不是字母或殘缺的字。

——謝衛樓（Devello Sheffield），1897 年

始也，吾覺中國打字機之規模，與現今美國任何種之打字機終有根本不同之點。……使如美打字機之每字用一桿，固屬可笑。

——周厚坤，1915 年

克里斯多福．肖爾斯的發明問世後，這十年間，雷明頓和安德伍德等打字機公司將這台機器調整為非英語版本，推廣並運銷到全世界。正如第一章所見，打字機工程師和企業遭遇到阿拉伯文、希伯來文、西里爾文、蒙古文、緬甸文和許許多多非拉丁字母的文字，他們致力於對原始的英語打字機做最少的必要修正，據以將各種書寫形式納入西方打字技術的範疇。儘管該設備拓展、吸收這些書寫系統及其特質，比如由右至左的希伯來文或阿拉伯文的變體寫法，但還是存在一個令他們沮喪且難以企及的市場：中國。漢字不是字母文字，所以雷明頓等其他公司的工程師發現，從概念上來說，他們無法像過往對上百種語言所做的那般，對機器做選擇性調整，這解決不了中文打字的「問題」。他們試了又試，始終無法將中文納入西方跨國打字機公司的廣闊歷史中。

伴隨西方打字機的全球化，在中國這種機器帶來的誘惑日益高漲，如同在世界各地那般強大。許多人認為，中國也需要自己的打字機，這不只是為了商業上的實用性，更是為了現代化的象徵。隨著時間推進，中國似乎就快變成這世上唯一**沒有**打字機的國家。[1]一九一二年有篇文章直白地寫道「不存在中文打字機」，點出了這個日益成真的事實。更重要的是，「不存在中文打字機」以及「不可能有這種機器存在」的想法日益強烈，這點被批判中文者加以利用，認為應該完全廢除漢字。所以，打造一台中文打字機的意義，不只是讓中國人的商業習慣跟上時代；面對各種對中文的持續試煉，這台機器算是一種中文可與現代性相容的鐵證。

然而，取得這項關鍵證明並不容易。正如先前檢視過的，傳統的切換鍵盤打字機無法處理中文；且對此，遭受批判的是中文，而不是這種打字機。當西方打字機享有前所未見的聲望時、當世界上有越來越多人相信西方打字機的普世性時，要打造一台「中文打字機」，工程師、設計師、語言學家和企業家就得與西方打字機一拍兩散。他們需要將打字的想法重新概念化，而這是雷明頓等公司不願做、或許也辦不到的事。從意義上來說，他們需要復興早期那些被遺忘的打字機款式或發明全新款式的打字機，以便將打字機從一元化的單檔位鍵盤打字機中解放出來。在這群「中文改革者」努力將中國納入技術語言現代性的新時代的同時，他們勢必也是「打字機改革者」。

然而，這種澈底的重新構思伴隨著風險。一方面，如果追求中文打字機，中文會被改成四不像的話，那麼改出來的打字機還能叫**中文**打字機嗎？一九一三年，《中國留美學生月報》（*Chinese Students' Monthly*）上的一名撰稿人不只激憤駁斥漢字廢除論者，還告誡了那些以漢字為代價、優先追求現代資訊技術的人一番。[2]作者解釋道：「許多外國人和少數受傳教教育的極端中國人，他們支持對中文澈底改革。」這群人呼籲廢除漢字，甚或用英文來取代漢字，「理由之一是當今無法發明一台適用於漢字的打字機。」作者繼續說道：

> 我們中國人想說的是：打字機帶來的這點好處，還不足以誘使我們拋棄四千年來的優秀經典名著、文學與歷史。打字機原本就是因應英語的需求而生，並不是英語來因應打字機。

該文猛烈批評：「西方的實利主義教育，教導許多中國青年用獲利能力來判斷萬事，我希望他們不會用同理來判斷自身的文明。……他們不該忘卻，保存國語就是保存民族的生命與靈魂，是他們該犧牲奉獻的首要事務。」[3]

不只如此，中文還腹背受敵。如果追求中文打字機要將機器本身改成四不像，那麼它還能叫中文**打字**

機嗎？發明家清楚知道模仿雷明頓或安德伍德的打字機無望，他們也明瞭西方世界和西方打字機仍會以不列席的姿態，對他們的努力做出評判。換句話說，如果西方（以及當時世界上大部分地區）所理解的「打字機」不被中國照單「全收」，反而需要批判性重構，那麼最終出現在西方人眼中的機器，是否會變得面目全非或不被認可？如果無法被世界認可為打字機，那麼它還能叫做「打字機」嗎？這些全是試圖將中文帶入技術語言現代性的新時代的人所會遭遇到的問題。

代書機器：謝衛樓與第一台中文打字機

當佛洛克斯（O.D. Flox）登上小舟前往大運河北端終點的通州時，他無法預料此行會有什麼收穫。他是西方教化聯合會（Western Civilization Union）的一員，該組織位於美國，目標是「藉著介紹各種省力的機器，來改善異教徒世界的社會條件。」他得知有個美國發明家也許握有製造這樣一台機器的關鍵：適用於中文的打字機。[4]他推測：「中文打字機這個想法，目的是使人不用瘋狂試著記住一堆令人糊里糊塗、彎彎鉤鉤的漢字，對我而言是個大膽而獨創的想法。」[5]

正是刊登於《中國時報》（天津）（*Chinese Times*）上的兩篇趣聞，促使佛洛克斯開啟了這趟旅程。第一篇〈中文打字機〉刊登於一八八八年一月，當中簡短而熱烈地報導了一位美國發明家和他的機器。文章寫道：「這台令人驚艷的機器幫助外國人快速書寫出美觀整潔的漢字。」「在學習漢字、讀音及解惑方面速度快得驚人……你會像個小孩般用它學方塊字，同時還能跟中國朋友交流（原文如此）或是寫書。」[6]

第二篇的口吻就不同了。有益知識傳播聯合會（Islands' Syndicate for the Promotion of Useful Knowledge）的會員亨利．紐康（Henry C. Newcomb）三月十七日寄了封信給編輯，戲謔地將文章命名為〈那台中文打字機〉，信中強烈懷疑那位美國人所謂的機器成果，他轉述了一位匿名「朋友」的話，說他這位朋友曾親自拜訪過發明者的工作室。「將他的鉛字放一大堆在手中，有一立方英尺*那麼大」，信中繼續說道：「而且必須先分類才能用。這過程看起來很容易，的確如此，如果能活過七十歲的話。」[7] 紐康總結道：「事實上，除非有老師可以親自教導要點，不然這部機器對普通人沒什麼用處。」他接著繼續：「而且如果有老師，那為什麼開始時不讓這位老師來打字就好？為什麼要『養了狗還要自己吠』？」[8]

「登上小小的河船，任由繩索拖行數日。」佛洛克斯開啟了一段類似《黑暗之心》（*Heart of Darkness*）的探索。他抵達通州，找到了要找的人，卻跟自己設想的不太一樣。謝衛樓於一八四一年八月十三日生在紐約的蓋恩斯維爾（Gainesville），美國內戰頭一年被徵召進紐約第十七志願步兵團服役之前曾暫執教鞭。[9] 他在波多馬克軍團服役的兩年間被晉升為小賣部中士，因病退役返鄉後，正如他的訃聞描述的：「餘生都與這些軍旅經驗和病痛傷痕相伴。」[10] 之後他致力於傳教業，特別是在中國。一八六八年三月他在寫給兄弟的信中提到：「中國這塊地格外吸引我」，隔年他就與新婚妻子艾莉諾（Eleanor）定居通州。[11] 對佛洛克斯而言，謝衛樓似乎「跟一般大眾對傳教士的印象落差極大，他們應該過得闊綽自在，而且只需要細心地定期向教會報告他工作的『進度』就好。」相反地，身高五呎七（約一七四公分）的謝衛樓幾年前被他雇

* 一英尺約三十公分。

用的中國木匠攻擊並拋下，身上仍帶著讓他差點致命的傷疤。[12]佛洛克斯描述道：「雖然他才中年，但看起來卻瘦得像法老夢中的第二群母牛一般，而且絲毫看不出桌上的這台機器裝載著這世上最豐盛的果實。」[13]

新婚的謝衛樓啟程前往的中國，是個快速轉變中的國家。僅僅九年前的一八六〇年十月，清朝在第二次鴉片戰爭中屈辱性地迅速慘敗給大英帝國，距離第一次鴉片戰爭爆發才不過隔了二十年，那是一八三九年至一八四二年間的事。中國被迫簽定了一八四二年的《南京條約》和一八五八年的《天津條約》，多個中國城市成為通商口岸，被迫開放給外國貿易商，基督教傳教士也得以合法在整個大清帝國展開傳教活動。[14]

在佛洛克斯拜訪期間，謝衛樓這台新發明的設備與其說是一台機器式打字機，它更像是一套快速上墨、蓋印漢字的技術。一八八六年，他利用自父親那習得的木工經驗，精心製作了一組實驗性的木製印章，而且毫無疑問地，他肯定有注意到我們第二章檢視過的姜別利的常用字理論。謝衛樓根據一八五九年威妥瑪爵士（Sir Thomas Francis Wade）所開發的《北京音節表》（Peking Syllabary）——羅馬化拼音系統，將漢字以字母順序排列，如此這位傳教士就能快速連續地逐一定位、上墨和蓋印漢字。他如此寫道：「我從經驗中發現，用這套列表蓋印系統寫作的話，就能書寫得像中國學者寫漢字那樣快，五年來我一直用它寫作。」[15]

佛洛克斯將謝衛樓的這段過程描述得更加熱血：

隨後發明者轉向他的活字盒，憑藉天才的驕傲氣質與才智，洞見自然的奧祕。他用他的魔法之手碰了碰那些漢字，接著漂亮完整的中文句子涓流而出，這些漢字就像按位階排列的士兵般整齊排列。我熱淚滿盈地看著這部機器嶄露長處，接著緊抓著發明者的手對他說：「親愛的先生，您真是人類的恩人。我們或許能靠著西方教化聯合會的資源將這部美妙的機器引進全中國，而且會細心呵護您偉大發明家和真正慈善家的名聲，確保您永不被愚昧玷汙與惡意批評。」[16]

謝衛樓發明這種新蓋印技術的同年，他還在天津買了一台故障的西式英文打字機，並雇用中國「鐘錶匠」修理，好讓身為傳教士的他能以此書寫一些英文題材。他在寫給雙親的信中解釋：「雖然這台機器沒辦法比筆快，不過很快就可以辦到。用這台機器的一大好處是，傍晚寫作時就不再需要擔心眼睛的問題了。這是我在中國沒有過的。」[17]

熟悉這台機器後，這位傳教士開啟了一場新的探索：打造一台「類似的」機器，用來書寫中文。從美國萌生的打字機技術中得到靈感，謝衛樓開始思考，要如何才能將他這套印章般的中文字體改造成一體成形的機器裝置。不過中文並不是字母文字，這點讓他遇到困難，謝衛樓推想：「在打西文時，一個完整鍵盤不需要超過八十個鍵就可以滿足大小寫字母和數字等等可能的打字需求，有些附有切換鍵的優秀打字機更只要三十個鍵就能快速操作。」然而，他認為以這種方式打造中文打字機是不行的。謝衛樓深思：「這顯示了，改造西方打字機以適應中文有根本上的難處，畢竟每個漢字都是獨特的表意文字。」

謝衛樓發明中文打字機的動機複雜。雖然一般人會認為，他希望向潛在的中國信眾更快地印刷傳播基督教和西方文本，但以當時的印刷技術來看，已經很能滿足傳教士的願望了。實際上，此時謝衛樓早已是許多中文作品的編譯，從一八八一年的六冊傑作《萬國通鑑》（*Universal History*）開始，他還陸續出版了許多中文譯作，包括一八九三年的《系統神學》（*Systematic Theology*）、一八九四年的《神道要論》（*Important Doctrines on Theology*）、一八九六年的《理財學》（*Political Economy*）、一九〇七年的《是非要義》（*Principles of Ethics*）、《心靈學》（*Psychology*）和一九〇九年的《政治源流》（*Political Science*）。[18] 此外他也常常在一些像是《小孩月報》（*The Child's Paper*）等刊物投稿中文短篇。[19] 這些都在在顯示，當時的方法和技術已然充分滿足謝衛樓的發行野心。[20]

然而，在私人的中文寫信方面，謝衛樓就感到失落。「保羅透過信件跟教會建立並強化關係，在工作方面得到許多成效」，謝衛樓談起這件事時，表示其他傳教士可以用他的新機器與中國同事通信。「對傳教工作來說，這是明顯廣泛而重要的一環，但因為大家不願書面溝通而學習並掌握漢字，而被大大地忽視了。」[21] 他沒有從中國經濟、中文現代性或其他偉大而抽象概念的潛在衝擊方面，來設想他的發明。對謝衛樓來說，他的機器旨在擺脫長期依賴幫助他寫信的中文代書和祕書。簡而言之，謝衛樓的目標是要發展出一種中文機器人，或者說一種代書機器，可以輸出道地中國人所寫的漢字，讓自己不再需要真人中文代書。雖然謝衛樓和許多外國同事都認為自己精通中文，即便不算精通也算流利，但他相信唯有這樣的新裝置，他們才有可能靠自己的雙手打出維繫自身博學與地位的優美中文文件。

然而，美學並非唯一的重點。謝衛樓寫道：「我確信，當今從事中文文化工作的外國人都受到中文助理不必要的束縛。」[22] 他認為有必要好好防備這些代書：他們做為文化上異國的第三方，會持續居中調整、巧妙修改，以及最終干涉這些外國人的作品。謝衛樓在提到外國人與他們的助手時評論道：「他們通常會與作者討論，提筆記下作者所說的話，之後再以中文的文體呈現出來。」他接著說道：「在這個過程中會發現，成品很大比例失去了作者想表達的意念，而中文助理也很大比例地將自己的想法加入其中。」[23] 所以，跟許多殖民地與半殖民地的同事一樣，謝衛樓持續焦慮因為無法避免仰賴翻譯與代書所導致的作者原意失真（或被私下惡意刪除），也擔憂當地代書將自身的世界觀與想法植入作品。這點激勵了他製作機器。[24]

為了證實他的擔憂，謝衛樓提到了一本不具名的植物類書籍，「作者是一位在中國的傑出西方學者，他在書中告訴學生，中國南方有一種從蟲裡長出來的植物！」謝衛樓繼續說道：「當然，這種有趣的自然史現象是由他的中文代書所杜撰的，並以某種方式通過了嚴格的校閱。」[25]他承認：「在沒有優秀當地學者的修改下，任何外國人都沒把握以中文出版作品，不過如果能在一開始就藉由打字機養成獨立寫作的習慣，那麼我相信，外國人更快就能以中文思考表達，也可在中文代書缺席的狀況下自由寫作。」[26]謝衛樓的機器讓身在中國的外國人得以奪回自己對**意義本身**的控制權。

基督的身體：謝衛樓中文打字機的常用字邏輯衝突

謝衛樓追求中文打字機的實驗過程並非來自憑空想像。如同姜別利、戛鐵、勒格朗、勞圖爾等前輩一樣，他的進展也是形塑於他自己對漢字根深蒂固的認識。他宣稱「每個漢字都該被視為不可分割的個體。」謝衛樓這麼解釋他的看法：「這台機器打出來的字不能是字母或殘缺的字，而該是每筆畫都完整的漢字。他一定要能夠快速準確地從四千到六千個漢字中將所需漢字送到印刷位置上。」[27]

謝衛樓對漢字的觀察只是他個人的主觀信念，而非中立客觀的事實陳述。正如我們在前一章所見，分合活字印刷並非將漢字視為「不可分割的個體」，而是將之視為元件（meta-）或附帶現象的實體，而該實體可由更基礎的基本元素來建構或「拼」出來。同時，在中文電報裡，漢字被視為一種參照檢驗標準，是拿來引用的，而非直接傳輸。如果謝衛樓抱著與戛鐵、勒格朗和貝爾豪斯或勞圖爾和威基謁等人相同的決心與理解，那麼他可能就會走出完全不同的一條路，來概念化新的書寫技術。在此必須強調，謝衛樓也明瞭中文資訊技術問題的其他解決之道。事實上，他曾拜訪過紐約的打字機巨擘湯瑪斯·霍爾，也就是第一章曾簡短介紹過的索引打字機的開發者。謝衛樓敘述：「身為曾經失敗過來人的他，一聽到身為素人初試身手的我要打造一台中文打字機，（霍爾）便對著這個躍躍欲試且終將重蹈覆轍的我，露出質疑的興趣。」[28]謝衛樓繼續說道：「霍爾告訴我，他曾設法解決打造中文打字機會遇到的問題，並從抽屜拿出一張皺巴巴印有漢字的紙。」「他的想法是，將每個漢字拆解成一個個的筆畫，再將所有可能的筆畫排在打字機的打印面上，這樣就能將筆畫組合成想要的漢字。」[29]不過謝衛樓說道，一旦「發現可能的筆畫數雖然不會多得嚇人，但筆畫元件組合出的字體大小、比例和協調性卻有無限多種變化。」霍爾因此感到氣餒。[30]這套打字系統所打出的漢字常常鬆散不連貫，這個美學問題因此牽連了這套系統，使問題變得複雜。「這套中文打字系統靠著標準的筆畫來組成漢字，它一點也不像活生生的漢字，反而更像枯骨活人！」[31]

雖然我們無法確切知道為何謝衛樓會想投注如此心力，但我們可以知道，他對漢字的認識形塑了他在開發打字機道路上的每一步。首先，當他表示漢字是「不可分割的個體」時，浮現在他面前的第一個問題自然是：要如何將千千萬萬個漢字裝入機器內？謝衛樓說道，在乘坐人力車穿越通州街道時，他突然意識到：為了解決大量漢字的問題，他可以走訪當地的鑄字廠和排版廠，與中文印刷工聊聊，因為他們在雕刻、鑄造和字體使用上累積不少經驗，對漢字的使用頻率擁有詳盡的第一手知識。基於這些觀察——這些讓人憶起第二章小斯當東和姜別利的觀察——謝衛樓的打字機只會包含被他稱為「精心挑選的常用字」。[32]至於許多其他中文詞彙則一律排除。

一八八八年，謝衛樓帶來了新消息。「我寫信告訴過你們我的新發明嗎？」他在信中歡欣鼓舞地對家人說道：「公開發表的話，一定能吸引到廣泛關注。這是一台用來書寫中文的機器，一台中文打字機。」他的目標是用木頭製作機器輪盤，再「送去美國請機械師做一個金屬輪盤出來。」他接著說道：「我認為它打字的速度會比中文老師用寫的還快，若真那樣的話就會有很大的需求，尤其是那些在中國的外國人，因為他們很少有人會寫中文。他們可能是優秀的中文學者，可以輕鬆閱讀中文，卻沒有花太多時間學習組成漢字的複雜筆畫。」[33]

謝衛樓打造的打字機，跟他在天津買的西方打字機一點都不像（**圖3.1**）。[34]據他描述，這台

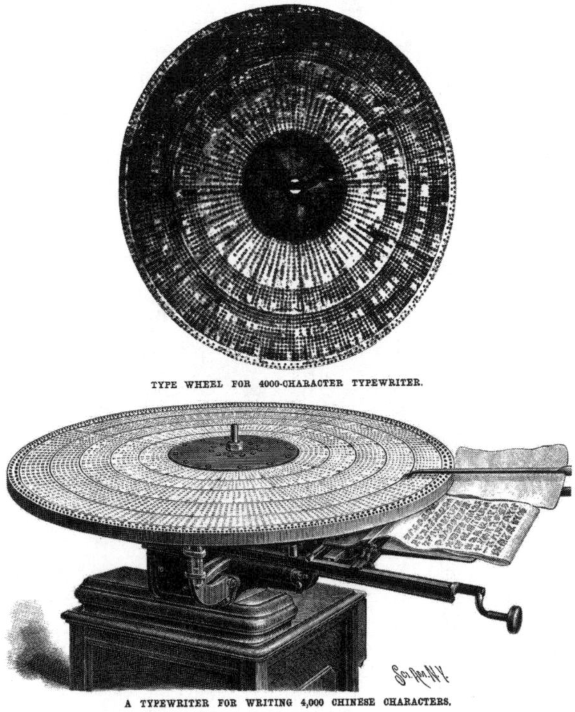

3.1　謝衛樓所發明的中文打字機
出自《科學人》(Scientific American)第359頁(1899年3月6日)。

打字機看起來反而像張「小圓桌」，漢字以同心圓方式排列其中。謝衛樓準確算出「中國學者的常用字多半在六千字以內」，「再者，這個字表還能再減到四千字，在少數場合才需要用到表外的漢字加以表達。」謝衛樓最終定出的總字數為四千六百六十二字。[35]至於其他數萬個漢字，他則全數摒棄。[36]

謝衛樓的打字機還有一個重要之處，有別於傳統的中文排版。因為他的機器一次只打出一個漢字，所以每個漢字只需要一個活字，據此他就能夠將所有漢字放在一臂之遙，這台設備也達到了姜別利夢寐以求的「就定位」效率。事實上，免除來回走動的需要後，謝衛樓就能更專注於身體上肢，從而帶來全新的理念：盡可能減少操作者的手部動作。為達此目的，謝衛樓進一步將四千六百六十二個漢字分成四個區塊，第一區為「極常用字」由七百二十六字組成，第二區為「常用字」由一千三百八十六字組成，第三區為「次常用字」由兩千五百五十字組成，而第四區則是一百六十二字的特殊「表外漢字」，因為對謝衛樓和他的傳教工作而言，這些特殊漢字相當重要，所以有時它會被收入複製到「極常用字」的列表中。[37]理想上，如果這四個區塊劃分得宜，那他大部分的時間都只會花在「極常用字」這個小區塊中，進而前所未見地縮小他手部的工作距離。謝衛樓使得單一定位操作的打字機成為可能，他發明了一種中文技術語言機械的新形式，可以就定位靈活操作。謝衛樓成了史上第一位「中文打字員」。

隨著謝衛樓對「中文常用字」的推展超出了金簡的武英殿印刷系統，甚或姜別利的系統，正如第二章所提到的那樣，存在於常用字內的矛盾對立，也就是何者該納入何者該排除的問題，變得更加明顯。引導常用字發展方向的是「描寫性必需」，它規範了這部機器再現中文話語所需的所有漢字範圍。像是他、四和上這類這類日常用字，就需要納入謝衛樓的打字機內，以免連最基本的中文句子都打不出來，而且這些字也要放在最好拿取的區塊，這樣才能最快取用。然而，謝衛樓關注的始終不是那些陳腐的品詞、數字和常見形容詞。如同在他之前的姜別利和其他傳教士一樣，另一種必需把他帶往了反方向。謝衛樓是靈魂的收割者，他本身希望能夠介入中文，為中文帶來新的詞語，好以**非比尋常**的概念來與閱讀中文者對話交流。我們發現，謝衛樓的打字機就如同傳說中的諾亞方舟，乘載著鳥類、獅子、人猿、駱駝、狗和其他各種各樣的鳥獸蟲魚。他常使用《聖經》的詞彙，從字面意義上來看，他的打字機就是奴與霸、鬼與巫、聾與盲、喪與盥、血與糞和爸與子之地。[38]

對謝衛樓而言，最重要的莫過於耶和穌這兩個字，合而為一就成了耶穌。然而，謝衛樓面臨了獨特挑戰，也就是這兩個漢字在再現頻率與傳教熱情這兩種截然不同邏輯方向上的拉扯。耶在中文文本是個常用的品詞，所以可以斷然把它放入七百二十六字的「極常用字」中。相對而言，穌這個字就沒那麼常用了，它通常是標準寫法蘇的異體字，比如地名蘇州的蘇。[39] 所以在「描寫性必需」和「規範性必需」的矛盾對立中，耶穌這兩個字就不再是一體，而必須拆開。如果謝衛樓遵從描寫性必需，那麼穌就必須與耶分區置放，或徹底排除在他的打字機之外，因為畢竟他的漢字組要呈現的僅僅只是中文全部詞彙的一小部分而已。若要遵從規範性必需的話就得將穌「晉級」，但這就遠超過建議的詞彙根據了。第一種必需會徹底將耶穌兩個字拆置於不同區塊，根據該打字機的結構特點，操作者就得無止盡地耗時耗力去重組這兩個字。至於第二種必需，則會將「耶穌」這個特定詞語置於世俗世界的關注之上。

最終，謝衛樓決定含糊以對。他在他的打字機上放了兩個穌字：一個以**經驗**為依據，放在兩千五百五十字的「次常用字」區塊；另一個以**神學**為依據，放在專有的「極常用字」區塊。基督的身體就這樣既完整又分離地同時存在於謝衛樓的打字機中，兩者形成了一種拉鋸，這樣的拉鋸也在許多方面反映了謝衛樓傳教工作的整體目標：先從耶穌在中文裡還不是個常用詞的時代做起，然後再使用像是打字機這類的書寫技術，來讓它變得更普遍常見。謝衛樓想拉近他打字機上這兩個穌字的距離；換句話說，隨著穌字逐漸往高使用頻率的區塊移動，就意味著耶穌在中國地位的提升。

一八九七年，美國媒體廣泛報導了謝衛樓的打字機，阿肯色州、科羅拉多州、伊利諾州、堪薩斯州、肯塔基州、路易斯安那州、密西根州、紐約州、威斯康辛州和其他各地的讀者都看得到。[40]《紐奧良皮卡優恩日報》（*Daily Picayune-New Orleans*）報導：「可敬的謝衛樓先生發明了中文打字機，據說這是台引人注目的機器，在當地激起了許多討論。」[41]這台機器「據稱其速度超過了最快的中文寫手，它的價值無可否認。」[42]《半週特刊》（*Semi-Weekly Tribute*）報導：「這是莫大的成功，它能將外國人和中國人從使用毛筆和墨汁的書寫中解放出來。」[43]

也許是這些報導激勵了謝衛樓，他心中起了些奇特的變化。他明顯開始認為，他的機器也許能「解放」中國的代書，讓他們不再需要手寫。不過「有些人只把它當作一部精巧的玩具」，他對此感到失望，似乎是指他曾對中國代書展示過機器，反應卻不如預期熱烈。「他們完全不了解為什麼這些外國人好像都在想著要怎麼省時。許多人手握大把時間，學者們寧願好整以暇地抄寫上萬字的書，也不去買一本。但世界仍在運轉，幸運的是，中國也跟上了世界的腳步了！」[44]

最終，謝衛樓從未看見他心愛的發明展現什麼成果，它就只是台饒富趣味的原型機而已。一九一三年七月一日這天，他在生日不久前辭世，他的打字機也下落不明。[45]也許，謝衛樓的打字機早已被傳教印刷機和木製機身的大敵，也就是一群白蟻所吞噬了。但我們也可以抱著浪漫情懷去揣想，也許在一九〇九年春天，六十七歲的謝衛樓和妻子到密西根底特律市短暫休假時，便將它留在了某處。[46]當時《舊金山紀事報》（*San Francisco Chronicle*）上的一篇文章給了我們一些理由來支持這份念頭，當中提到謝衛樓「將最近發明的中文打字機帶在身邊」，文中還詳盡描述：「這台機器有個大圓盤，上頭有二十四個可容納四千個漢字的圈。它錯綜複雜，大小約是美式打字機的四倍大。牧師希望在國內大量生產這台機器，再運回中國。」[47]六十七歲的他要將這台機器帶回美國本就是個挑戰，要再將它帶回中國更是如此。不管這台機器現在躺在密西根的某個閣樓，還是早就回歸中國化為塵土，總之它從來都不曾量產過。

距離第一台實現商業化生產的中文打字機問世還要再十年，開發者並不是居住在中國的美國傳教士，而是居住於美國、攻讀工程學的中國學生。

三千字不到的現代性：周厚坤與他為中國大眾設計的打字機

就在謝衛樓最後一次啟程從美國前往中國後一年，有位中國學生沿著相反方向開啟了他的旅程。周厚坤自上海出發借道香港轉赴檀香山，歷經一個月，之後於一九一〇年九月十一日抵達舊金山。他當時二十歲、未婚，此行的目的地是波士頓。[48]儘管在二十世紀的頭十年間環境劇變，但因為周厚坤，人們對常用字中文打字機的期望再度浮現。

周厚坤來自於江蘇省無錫，他當時剛從創立於一九二一年的交通大學的前身上海南洋公學完成學業。[49]同在太平洋郵輪上的還有其他同為通過第二年留學選拔的庚款留學生，主要留學地為美國。與周厚坤同在一九一〇年入選名單的，還有名聞遐邇的胡適和趙元任。[50]

上岸後，這群年輕人各奔東西。趙元任和胡適去了康乃爾大學，之後胡適轉到哥倫比亞大學，而趙元任轉往哈佛大學。周厚坤於一九一〇至一九一一年期間待在美國中部的伊利諾大學厄巴納—香檳分校學習鐵路工程。[51]不過美國東岸也向他招手，於是隔年他就轉到麻省理工學院。在此他以全美國第一位獲頒航空工程師碩士學位的身分畢業。[52]

當時的中國迫切需要現代化的鐵路系統、船舶和飛機，這使得周厚坤的留學時光更像是一種海外人才的計畫投資。由於是庚子賠款的資助，所以學生必須主修對中國現代化而言相當重要的項目，包括農業、英文、商業、採礦、法律、政治學、自然科學和教育。然而很快地，周厚坤開始迷上了新穎的領域，讓他在接下來的五年都全心鑽研於此：中文改革。在這方面，他有趙元任和胡適兩位相伴，他們很快就拋棄了此前更加「實用」的研究，轉而從事中文語言學、文學和文化改革這個畢生的志業。趙元任之後成了中文語言學領域首屈一指的人物，胡適在中國文學界和政治界成就非凡，而周厚坤進入中文改革的途徑則與他對工程的無比熱情密不可分。他的目標不是中文改革研究或中國文學，而是打造一台機器，為中文打造一台打字機：

此數千年根深蒂固特殊之文字，吾國民終必無能棄之。彼三數虛妄者之冥想，以為適用於機械上之文字，舍取法於彼機械上已著實用之文字莫由者，吾知其終無取快之一日也。而況操此變易一世之特權，曾亦思足以當之否乎？嘻！亦悖矣。吾聞工師之製機，貴在以機就物，而未嘗許以毀物就機之權也。工師製機，對於一目的物而不能施以合理之工，其負此工師二字之美意，亦甚矣。文字無罪，工師其罪。

一九一二年，身為大三生的周厚坤參加了麻省理工學院的一個展覽，他在這棟機械大樓迎來了人生的轉捩點：

對於機藝，自更注意。[53]有一機，尤惹余目。蓋見一盈盈之女郎，當機之鍵盤而坐。出其素手，撫捺機鍵，鍵動、森然之細孔，應手而現於一長紙籰上。既畢，而後復置之於一機。由是精潔光緻之鉛字，即已井然排列成雁行。而可付之於印機矣。綜計自始至終，纔數分鐘耳。蓋其機能自動而無間，故敏捷特甚。覯之足令吾中國排字之法，汗顏無地。吾問之，知其為一排字機也。[54]吾乃瞿然而思，恍若置身於支那印刷室內。目睹排字者，手持尺板。憧憧往來，於紛紜之數千字中，覓其所需者之一。其繁重廢時，為中國文化上之一障礙也。非一日矣。

吾於是思有所作為。

於是，不同於謝衛樓的動機，對中文打字機的新一輪追求又重新開啟。謝衛樓著手打造代書機器，是為了寫中文信時不依賴中國代書。周厚坤的目標則是讓中國和中文現代化：

始也，吾覺中國打字機之規模，與現今美國任何種之打字機，終有根本不同之點。

使如美打字機之每字用一桿，固屬可笑。

某方面來說，周厚坤的這段話讓我們想起了早先謝衛樓所說過的話，謝衛樓多年前也宣稱，在打造中文打字機時，需要與西方打字機的架構做出區隔。再來，謝衛樓與周厚坤提醒了我們，技術語言替代方案早在雷明頓一元化前就存在，只不過是存在於其他的小角落。然而，周厚坤的陳述在投入甚至是反抗的程度上都比謝衛樓要強，這代表他考慮到了當時時空環境的呼聲。在一九一〇年代宣稱要打造一台「徹頭徹尾不同於」美式打字機的打字機，就意味著要背離一種主導英文世界或拉丁字母世界的典範，這種典範主導了世界上所有的語言，就如同第一章中檢視過的那樣。面對無所不包的雷明頓世界主義，周厚坤卻揚言要澈底改弦易轍。

如同謝衛樓，周厚坤也開始以常用字為基礎來打造打字機，只不過這次他將總數量減到約三千個。然而，在選出這些漢字時，他需要開發一套完全不同於傳教士前輩的詞彙表。謝衛樓打字機的聖經動物寓言集很快就被拋棄，他眾所周知的諾亞方舟也要替換掉，其他還有獅子、駱駝、狗和鳥都被送到「次級常用字盒」內。同樣地，在那個政府提倡白話文的年代，在謝衛樓打字機中被劃入「常用字」的那些中文文學品詞和代名詞，像是表示自謙的第一人稱所有格**敝**，也都必須讓位給白話文的疑問詞**嗎**和第二人稱單數代名詞**你**等等。此外，字元權衡標準的改變和阿拉伯數字在中文文本中的大量出現，這些都是周厚坤和未來常用字理論者必須加以考量的。

周厚坤很幸運，一九一〇年代中國「常用字」的研究快速成長與本土化，為他提供了豐富的經驗證據，來決定他打字機的詞彙範圍。此外，對中文文本進行演算的「遠讀」不再由外國出版商或傳教士主導，它成為中國知識分子自身的有力依靠；這些人如同姜別利等人那樣，將偌大的中文文獻（語料庫）丟入理性的酸槽中溶解分析。事實上，對中國的教育家、語言改革者、企業家、出版商和政治人物來說，中文常用字已成為一項生機蓬勃的事業，他們以最科學、最實用的方式提出自己的假設，來決定有用與無用的邊界。儘管他們的工作讓人想到那些外國前輩，但歷史上新一輪的中文常用字研究的新目標是：讓中國「大眾」能夠掌握他們自己的書面文字。[55]

參與這場辯論的人當中，最令人敬畏的就是陳鶴琴（一八九二—一九八二），他畢業於紐約的哥倫比亞大學師範學院，後任教於南京東南大學。[56]透過分析文本、路標、合約和其他中文素材，陳鶴琴開始著手劃定「基本漢字」的範圍。一九二八年，陳鶴琴發行了《語體文應用字彙》，這部著作被耶魯大學的金守拙（George Kennedy）稱為漢字頻率分析的「首部巨作」。這本著作以五十萬個漢字的語料庫研究為基礎編著而成，當中包含兒童讀物、報章期刊、女性雜誌和被稱為「標準文學」的文本，它們在研究中的占比皆約為四分之一。[57]

陳鶴琴的統計跟七十年前姜別利做出來的非常相近。只有九個漢字出現超過一萬次，占整體的百分之十四點一。下一級常用字有二十三字，占百分之十四點七，每個出現的次數介於四千到一萬次之間。第三級有四十六個漢字，每個出現的次數介於兩千到四千次之間，占百分之十三點一。第四級則有九十九個，占百分之十三點一。儘管做法更有系統，但陳鶴琴也做出了跟上世紀的計數讀者一樣的觀察結果：不到兩百個漢字，就占了整體漢字使用量的一半以上。[58]這對周厚坤和他的常用字中文打字機來說無疑是好消息。陳鶴琴的研究似乎顯示出，就算澈底減少打字機納入的漢字數量，也不必然阻礙潛在使用者的表達，準確來說是因為他們的表達能力極其有限。

另一方面，他所面臨的挑戰是究竟該將哪些剩餘漢字納入其中，這絕對是一個政治問題，對於決定「中國大眾」需要什麼漢字，中國教育家、政治家、語言改革者和其他人士展開了廣泛的論爭。一九二〇年，教育部通令各小學用白話文取代文言文，這觸發了何復德（Charles Hayford）稱為教育出版界的「商戰」現象。各大出版社開始編纂銷售新的「國語課本」。[59] 一九二二年，長沙被晏陽初當成掃盲運動的主要城市，他的識字課本一個月內就銷售了近兩萬冊。該課程分五階段進行，學生每完成一個階段就能獲得一條彩帶。到畢業時，學生就能驕傲地戴著五條完整的彩帶，這些彩帶組合起來就成了中華民國的五色旗。[60] 教育改革家陶行知也創了他自己的一千字識字課本，由商務印書館於一九二三年發行。在頭三年，這套課本估計賣了三百萬冊。[61] 陶行知勾勒出他的願景，在每間米店提倡銷售這套一千字識字課本，用以取代傳統的《三字經》和《千字文》。[62] 毛澤東也參與了這場常用字活動。一九二三年，他監督新基礎漢字表的編纂，該表意在實現兩年前剛創立的中國共產黨的政治承諾和願景。[63]

被金守拙稱為「千字運動」的旋風，在整個一九三〇年代都不曾衰退過。[64] 一九三五年，上海明星影片公司導演洪深也帶著自己的書《一千一百個基本漢字教學使用法》加入這場戰局。華北協和華語學校也編纂了自己的參考書目《五千字典》。一九三五年五月，李濟在《中國教育研究期刊》上拓展陳鶴琴的研究，發表了一篇文章。李濟的語料庫統計規模是前輩的三倍大，他在文件來源當中還加入了小學課本。[65] 一九三八年，潞河鄉村服務部發行了自己的基礎字彙表《日常應用基礎二千字》。這類的研究充分闡明了一個持久的論點，如喬治・肯尼迪（George Kennedy）所言：「學生的腦袋無法裝載這麼多無用的東西，至少在學中文的初步階段，若一個漢字在每一萬字中出現不超過一次，那就勢必得劃為無用字。」[66]

在周厚坤試著打造「通俗」中文打字機時，他特別關注董景安（一八七五—一九四四）的工作。董景安是上海浸會神學院教授，也是廣受歡迎的大眾教育系列《六百字編通識教育讀本》的作者。[67] 對周厚坤來說當前的趨勢很明朗，他解釋，近期中國有了**通俗教育**、**通俗教科書**、**通俗演講**、**通俗圖書館**，那麼為什麼不能有一個**通俗打字盤**？在周厚坤的專利資料中，他解釋他的「通俗」打字機將會完全收錄董景安系列中的漢字，並加以補充。這是一台專為大眾設計的打字機。

一九一四年，周厚坤完成了他的第一台原型機，上面有個滾筒，長約十六至十八英寸（約四十至四十五公分）、直徑約六英寸（約十五公分），上頭根據康熙字典的部首—筆畫系統排了近三千個漢字鉛字，這個數量多於董景安的「通俗教育」表，卻遠低於謝衛樓的（當時周厚坤已知道他的打字機發明）。[68] 所有這些漢字都被印在打字機前部上方一個分格的長方形平板上，以輔助檢字。操作員用一根金屬檢字桿，在檢字板上標定想要的漢字：當檢字桿尖端移動到檢字版中想選取的漢字上方時，檢字桿的另一頭就會將滾筒上相對應的漢字帶到打印位（**圖3.2**）。[69]

周厚坤的打字機得到了國際讚賞與關注。一九一六年七月二十三日，《紐約時報》（*New York Times*）一篇名為〈中國人發明了一台四千字的中文打字機〉（*Chinaman Invents Chinese Typewriter Using 4,000 Characters*）的文章詳細報導了他的故事，內文寫道：「這台周厚坤先生發明的中文打字機設計獨特，使用四千多個漢字。他畢業於麻省理工學院，是中國第一批到美國留學的留學生，現於上海擔任機械工程師。」[70] 之後在周厚坤的親自監督下，該打字機在上海的美國總領事館展出，總領事湯瑪斯．薩蒙斯（Thomas Sammons）說這部機器「設計簡單易攜帶」。[71] 但他也不是那麼讚賞。薩蒙斯繼續說道：「不過很明顯地，以現今的構造來看，它操作上速度不可能太快。」[72]

一九一七年四月，《大眾科學月刊》（*Popular Science Monthly*）刊登了一張周厚坤的照片，這張照片是已知唯一一張發明者及其發明機器的合照（**圖3.3**）。這台機器放在一張鋪了桌巾的桌子上，玻璃覆蓋的漢字檢字板從該設備上延伸出來。周厚坤戴著金屬絲框眼鏡，身著西裝，腳穿皮鞋，屏氣凝神坐在他的打字機

藏暉室劄記（續前號）

胡　適

四日。晨赴習文藝科學學生同業會。(Vocational Conference of the Arts & Sciences Students) 鄭君。萊主席先議明年本部同業會辦法。衆舉余爲明年東部總會長。力辭不獲。又添一重担子矣。胡君宣明讀一文。論『國家衛生行政之必要及其辦法之大概』極動人。其辦法尤爲井井有條。麻省工業大學周厚坤君。新發明一中文打字機。鄭君請其來會講演。圖式如下。

周厚坤君新發明中國打字機

藏暉室劄記

其法以最常用之字（約五千）鑄於圓筒上。(A)依部首及畫數排好。機上有銅版可上下左右推行。覓得所需之字則銅版可推至字上。版上安紙。紙上有墨帶。另有小椎。一擊則字印紙上矣。其法甚新。惟覓字頗費時。然西文之字長短不一。長者須按十餘次。始得一字。今惟覓字費時。既得字則一按已足矣。吾國學生有狂妄者。乃至倡廢漢文而用英文或用簡字之議。其說曰。漢文不適打字機。故不便也。夫打字機爲文字而造。非文字爲打字機而造也。以不能作打字機之故而遂欲廢文字。其愚眞出蹩趾適屨者之上千萬倍矣。又況吾國文字未必不適於打字機乎。宜明告我有祁君者。居紐約。官費爲政府所撤。貧困中苦思爲漢文造一打字機。其用意在於分析漢字爲不可更析之字母。（如一口子

3.2　刊登於《新青年》上的周厚坤打字機照片

3.3 《大眾科學月刊》中的周厚坤

旁。他右手握著薑黃色檢字桿。在桌子左手邊，打字機的底盤敞開可見，漢字字盤大概就像蠟質留聲機滾筒那樣大。[73]這台打字機沒有按鍵，這篇文章的作者顯然找不到適當的措辭，所以不確定該怎麼稱呼這部機器。文章將**鍵盤**兩個字加上引號解釋：「它的『鍵盤』是一個扁平的桌面，其上印有對應著鉛字的漢字。」

在開發出這款常用字打字機後，周厚坤的下一步是要確保資金與生產上的支持，如此才能將他的中文打字機夢想轉換成商品化的現實。在打字機備受歡迎的激勵以及改革主義青年活力的驅使下，周厚坤帶著他這台原型機回到了中國。

不過也不是沒有人跟周厚坤競爭。當他勇於利用常用字法來打造中文打字機的同時，另一位有著同樣熱情與動力的中國留學生正在迎頭趕上，打算在終點線前擊敗他。這位年輕的發明者所追求的一系列的基礎問題，完全不同於周厚坤和常用字方法：如果中文打字技術澈底脫離常用字的核心假設，也就是漢字是中文書寫的不可分割本體基礎的話，那麼這種中文打字機看起來會長成什麼樣？如果鬆綁或完全拋棄這個核心原則的話，會發生什麼事？這位年輕的學生名叫祁暄，祁暄以一種截然不同的方法來探索中文打字機：不是姜別利、謝衛樓、周厚坤的那種常用字法，而是戛鐵、勒格朗、貝爾豪斯的那種分合活字法。

分合活字的回歸：祁暄和拼合式中文打字機

一九一五年二月二十日，為慶祝巴拿馬運河新建成，舊金山的藝術宮舉辦了一場盛大的展覽。這場展覽意在展示「全世界在美術、音樂、詩集、宗教、哲學、科學、歷史、教育、農業、礦物學、機械、商業和交通方面的進步」，該展覽用令人讚嘆的展品招待來自世界各地的遊客，從特別為展覽設計高達四三五呎（約一三二點五公尺）高的「珠寶塔」，到南太平洋鐵路公司（Southern Pacific railroad company）購買的第一台蒸汽火車。當時一名叫祁暄的年輕中國留學生走過展場時，他也許會看見北京紫禁城的袖珍複製品，經過日本展區時也許會看見臺灣茶和身穿和服的日本女性。他也可能會經過「地下中國」展，看見鴉片煙館、賭場和青樓等粗俗描繪，又或許會看見藝術宮中那浮誇的安德伍德打字機展品，它尺寸龐大、重達兩萬八千磅（約十二點七噸）（該公司宣稱「你終究還是要買這台機器」）。[74]在逛完展覽後，年輕的祁暄毫無疑問會快速返回他來舊金山所要展示的展品旁，那是他的發明：一台中文打字機。[75]

我們對祁暄知之甚少，只能藉著拼湊他在美國這趟旅程中留下的足跡來了解他。[76]一八九〇年八月一日，祁暄出生於中國東南福州市市郊，一九一一年於革命爆發前夕畢業於英華書院，一個月後大清帝國便邁向了終點。[77]很快地，祁暄動身前往倫敦，於一九一三年至一九一四年學年間學習了九個月。一九一四年二月，二十三歲的祁暄抵達紐約，在入海關面談時，他表示想去普林斯頓大學就讀。不過後來他的願望沒能實現，最終進入了紐約大學。

一九一四年至一九一五年學年度，祁暄從中國領事楊毓瑩那裡獲得資助，同時也可能得到紐約大學工程學教授威廉・雷明頓・布萊恩斯（William Remington Bryans）的技術支援，於是在紐約大學開始著手開發新款中文打字機。[78]年輕的祁暄樂觀又衝勁十足，他希望他的發明能在麻省理工學院的競爭者周厚坤之前完成，並確實得到支持。

就像本書故事中的許多打字機一樣，祁暄的原型機也沒能留下來。不過藉著仔細分析祁暄在美國的專利文件，還有他留存下來的照片，我們還是能得知許多資訊（圖3.4）。就像周厚坤的常用字打字機一樣，祁暄的打字機也有個裝在銅盤上的滾筒，上面刻有四千兩百個常用漢字。而且如同周厚坤，祁暄的打字機也是一台「沒有按鍵的打字機」。這台機器只有三種機制：倒退鍵、空白鍵和一根啟動打字機制的控制桿。要打一個常用漢字時，操作員要先手動轉動滾筒，將欲選取的漢字帶到打印位上，再按下打字鍵將漢字印在紙上。

3.4　祁暄和他的打字機

雖然前文將祁暄打字機的設計描寫得跟周厚坤的一樣，但兩者還是有個巨大的差別。除了滾筒上的四千兩百個常用漢字之外，祁暄還納入了一套包含一千三百二十七個漢字**元件**的鉛字，操作員可以用一個個的元件組合或「拼寫」出不常用的漢字，就像用英文字母拼寫單詞一樣。[79]所以祁暄的設計核心，就像十九世紀的分合活字印刷那樣，是對漢字做準字母式的再概念化。就像叀鐵、勒格朗和其他前輩一樣，祁暄也著手將漢字解構，讓人們可以用「形狀拼寫」（shape-spelling）的方式思考漢字，類似世界其他的字母語言，將「部首」概念化為中國的正字法。值得注意的是，構成祁暄專利申請核心的是這些「元件」的設計和識別，而不是機器本身。他解釋道：「我的發明涉及的是將某些漢字排列和拆分成新的、與眾不同的部首系統，並將上述部首組合成不同的字。這台機器不只能執行我設計的系統，它更能拆分跟組合那些構成現正使用中的漢字的部首。」80

像其他前輩一樣，祁暄也背離了傳統《康熙字典》的兩百一十四個部首系統，該系統數世紀以來一直是中文字典、索引、目錄和檢索系統的基礎分類法。為了將中文部首從分類規則轉換為生產模塊形式，他需要為他的打字機計算出所需變體的確切數量，以便輸出所有可能的漢字。儘管沒有跡象表明祁暄是否清楚了解勒格朗、貝爾豪斯和姜別利等人的工作內容，但其相似性還是很明顯：祁暄的打字機有一千三百二十七個元件，而貝爾豪斯的鉛字則有一千三百九十九個分合活字。

然而，儘管祁暄的方法承襲了十九世紀前輩們的做法，但仍存在差異。特別是，當拼合主義法從印刷術過渡到打字機時，上一章提到的分合活字間距問題進一步惡化了。分合活字印刷術的操作員至少能預先將元件組合成漢字再送到印刷台上固定，但分合打字法則是一系列的動作，產生的空隙會造成潛在錯誤。身為該打字機機制的一部分，祁暄打字機上的模塊都是「活動的元件」，任何一個微小的改變影響都很大，也將增加定位錯誤的可能性。

祁暄的專利也反映出，操作拼合法的美學有了重大轉變。儘管叟鐵和勒格朗試圖透過設計，讓他們的分合活字系統能盡可能掩蓋所有的依據原則，但根據我們之前闡述的，他們的目標是「在不改變漢字組成的情況下，用最少的元素來解決中國具象語言的構字問題。」81 然而在承襲中文構字美學方面，祁暄則不那麼介意。在他的專利文件中，樣本漢字的機械屬性非常明顯，每個漢字都用數學公式來描述，以強調它們的附帶現象，而不是謝衛樓所說的「不可分割的個體」。從祁暄的打字機來看，字這個字主要指的不是

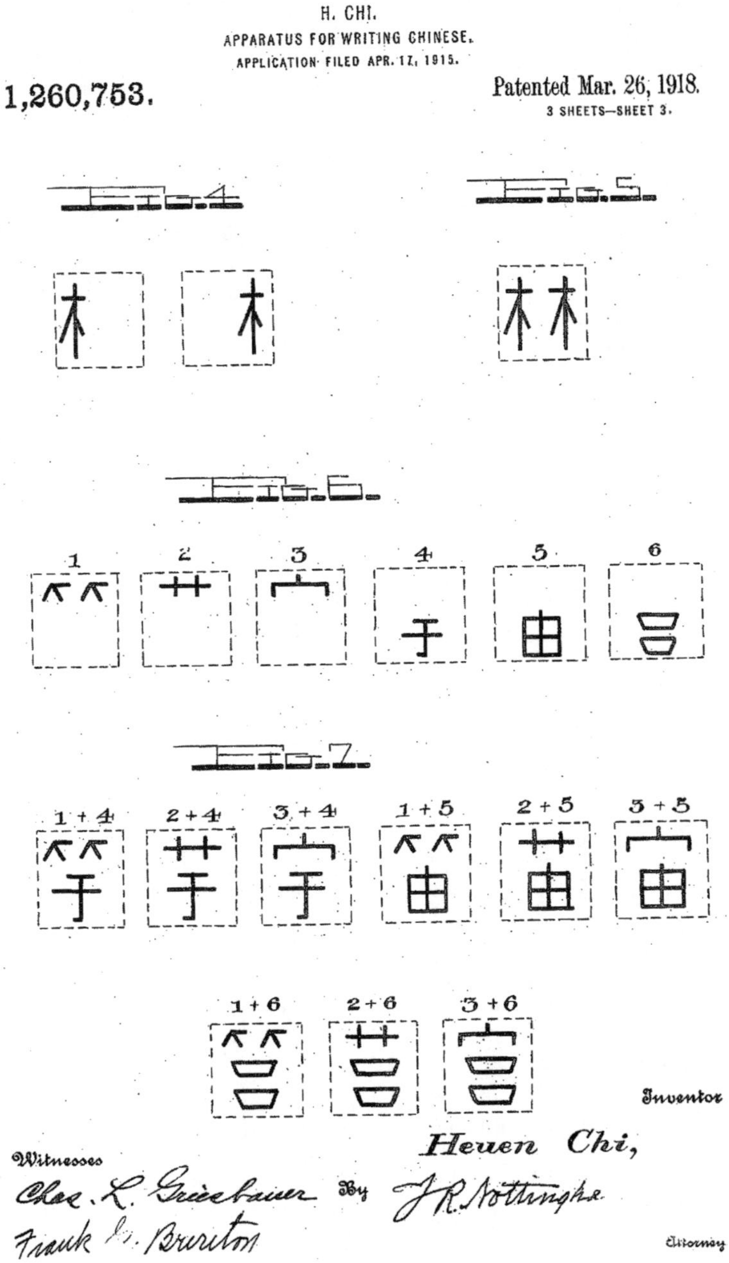
H. CHI.
APPARATUS FOR WRITING CHINESE.
APPLICATION FILED APR. 17, 1915.
1,260,753.
Patented Mar. 26, 1918.
3 SHEETS—SHEET 3.
Fig. 4
Fig. 5
Fig. 6
1
2
3
4
5
6
Fig. 7
1 + 4
2 + 4
3 + 4
1 + 5
2 + 5
3 + 5
1 + 6
2 + 6
3 + 6
Inventor
Heuen Chi,
Witnesses
By
Attorney

3.5　祁暄的美國專利

「屋簷、屋子或宇宙」的語意—規範—語音複合字，而是被描述為「3+4」（3指的是宀，4指的是于）的簡單加法過程的結果。同樣地，祁暄所說的「2+5」，就是將艹和田組合起來得出的苗字。這也許有點反直覺：不是戛鐵和勒格朗或其他文化上的「局外人」，而是祁暄這位文化上「當局者」才更願意脫離傳統的美學概念，去接受分拆漢字的機械性打印品質。此外二十世紀前半葉，在接受這種新機械美學方面，祁暄的實驗並不是最後一個、也不是最極端的一個。美國緬因州有位希臘哲學研究者羅伯特・布倫博（Robert Brumbaugh）不會讀也不會說中文，但仍自行設計中文打字機並申請專利。這台打字機以幾何圖形為基礎——發明者布倫博又稱之為「值」（value），它讓操作者在一塊靜止不會進位的平台上，用連續按壓的方式打出漢字（**圖3.6**）。[82]香港的王國義（音譯，Wang Kuoyee）提出另一種拼合式中文打字機的專利，這種打字機用點陣圖系統來取代筆畫部首，操作員在十三乘十七的網格上填入小圓點，利用打字機按鍵創造圖形，來表示漢字（**圖3.7**）。[83]

二十世紀上半葉，我們在祁暄等人的打字機中看到的巨變，必須以當時廣泛的文化迷信破除運動的潮流背景來理解。當時許多領域若不是一概否定「傳統」美學或正字法，至少也會抱持疑問的態度。人們只要細看一九二〇至四〇年代大膽驚人的新中文廣告和標題字體，就能欣賞到大幅轉變中的美學。不可否認，在當時眾多的新「主義」——**現代主義**、**現實主義**、**表現主義**、**無政府主義**、**馬克思主義**、**社會主義**、**共產主義**、**女權主義**、**法西斯主義**等等之中，當中最強而有力之一的當然就是**機械主義**（mechanism）：它擁抱了機械理性的新「視覺邏輯」。[84]此外，隨著中文印刷業資本的發展以及世界各地高度現代化實驗印刷術的興起，中國出版商和廣告商擅長用驚人又非寫實的中文字體，來吸引自詡城市階層者的眼光。[85]戛鐵和勒格朗在克服分合活字印刷的美學問題時，他們試著盡可能讓他們的新技術去配合中文的正字法和美學

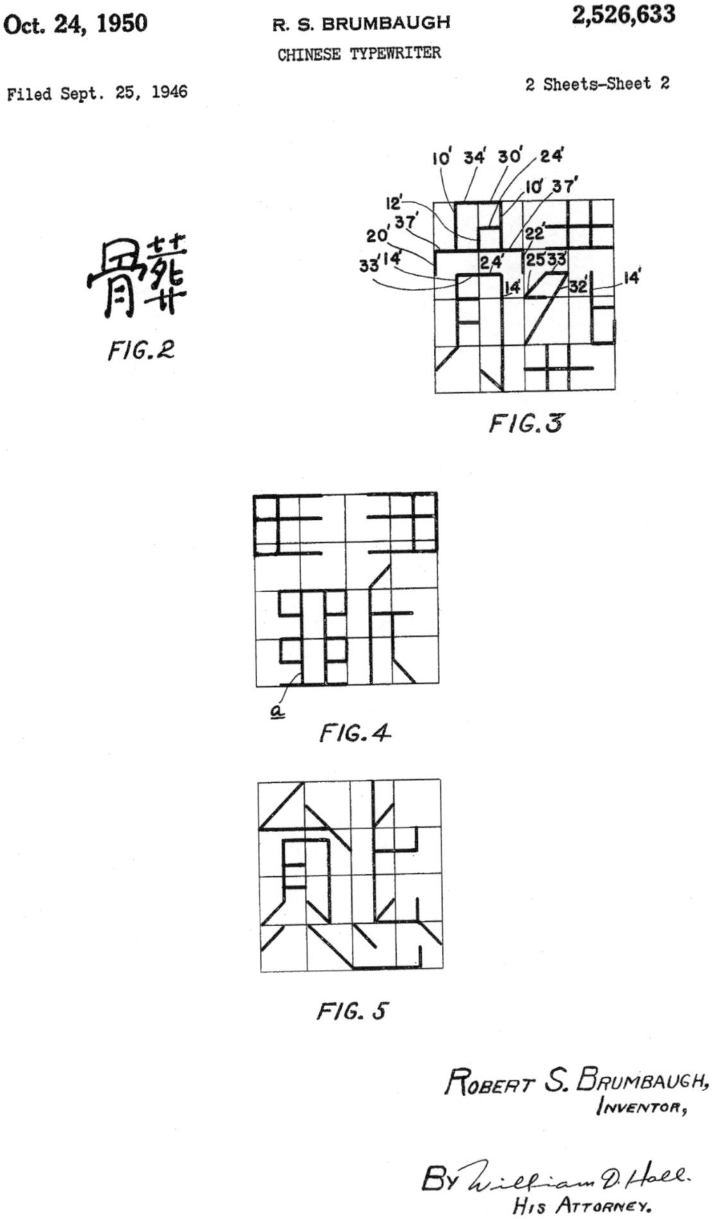

3.6　羅伯特・布倫博專利申請中的圖例（1946 年遞交申請，1950 年獲得專利）

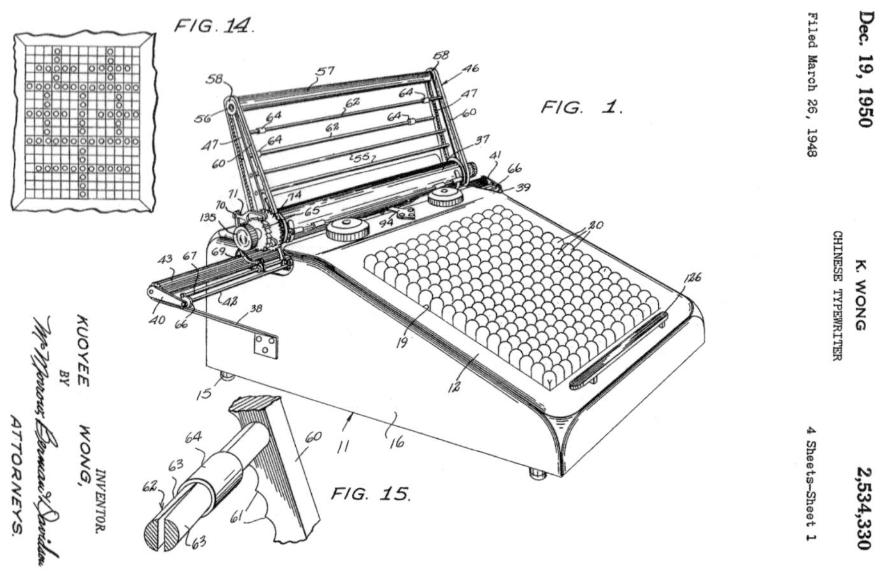

3.7 王國義專利申請中漢字「華」的圖解（1948年）

邏輯，但到了祁暄的時代，這個美學邏輯至少部分上來說已臣服於技術之下，美學問題自己迎刃而解。

一九一五年三月二十一日，祁暄在紐約首次向記者以及他的支持者楊毓瑩總領事發表了他的打字機。[86]紐約時報派了一名記者到這位年輕學生位於上西城靠近阿姆斯特丹大道和第一一五街十字路口的住所。[87]他在此完整展示了拼合式打字機所面臨的複雜挑戰。根據第二天的文章報導，總領事楊毓瑩在發布會上舉行了剪綵儀式，並用祁暄的打字機寫信給華盛頓的中國外交部——用超過一千三百個元件拼出漢字。[88]儘管這封信只有一百字，卻花了楊毓瑩約兩小時才完成，報紙對此事頗感興趣。祁暄試著向記者解釋這個糟糕的表現，他認為「打字速度緩慢是由於操作員對操作法不熟悉。」[89]文章接著寫道：「發明者相信透過練習，速度可以提升到每分鐘四十個字，這對中文來說就很好了。」不過傷害已然造成。文章於隔天早晨刊登後，吸引製造商興趣的希望煙消雲散，也將這位年輕發明家在打字機領域的嘗試帶向了終點。我們只能臆測，當祁暄讀到這篇標題冗長的文章時，心裡頭那份矛盾與不甘的五味雜陳：〈新款打字機上的四千兩百個字符；這部中文打字機只有三個鍵，卻有五萬種組合。打一百字要花**兩小時**。紐約大學學生祁暄獲得的專利被稱為同類產品的首創〉。[90]

如同標題本身，文章呈現出褒貶不一的語調，比如誇讚這位年輕發明家出身書香門第，卻又把這部機器比喻為「給小孩玩的小錫罐打字機玩具」。[91]整體來說文章筆調悲喜交雜，一位年輕有才的中國學生因異想天開的野心，走上了徒勞無功的道路。此外，祁暄打字機的故事進到了公眾領域後，便開始廣泛流傳。在接下來幾年，高傲的語氣同樣瀰漫在媒體報導中，比如一九一七年一篇《華盛頓郵報》的文章中就報導了一款新中文打字機的專利（很有可能就是祁暄的打字機）。這篇名為〈最新發明〉的文章將這台新機器荒謬的比喻為「會跳舞的散熱玩偶」和「防入室竊盜的捕鼠夾」。[92]

中文打字機的未來？

到了一九一五年，中國已不再需要探尋打字機。相反地，當時有兩種**形式**的中文打字機，在面對中文技術語言現代性的問題時，它們各自採取了不同的思路，各自形式也都大大有別於西方打字機。海內外製造商現在必須在它們之間做選擇，決定哪一個更有展望。有鑑於當時中國菁英對現代中國民眾的「基礎」詞彙問題已然廣泛關注與長期研究，常用字法中文打字機因此得以占有先機。從這方面來說，這也使得身處不同領域但已熟悉「常用字」概念的顧客，能夠理解這部機器。然而，常用字法永遠無法將整個中文都納入麾下，這對機器書寫來說，意味著它跟中文教育的目的有著極大差異。學習核心的「基礎漢字」絕不是讓學生最後無法突破這些詞彙邊界，但從打字機的角度來看，常用字或多或少都形成了一道無法跨越的邊界。由此來看，以常用字模式為前提的現代中文資訊技術注定無法獨善其身，各界菁英、教育家和企業家永無止盡地鬥爭，以期自身能夠定義一級、次級常用字，以及哪些漢字該納入、哪些該排除。如此設想技術語言現代性的話，勢必會帶來分裂、動盪與對邊界的持續監控維護。

祁暄和他的分合活字打字機，為中文打字機的問題提供了一個迥然不同的答案。與常用字模式相反，這台打字機提供了現代中文書寫一種憧憬，該憧憬同時納入了常用字與非常用字，也撫慰了常用字系統狂躁不息的詞彙革新，從而在新的技術語言範疇中統一了中文書寫。但是，這種兩者兼具的技術語言現代性也伴隨著妥協。為了達到統一與「一字不漏」，首先必須將漢字粉碎拆解、放棄構成漢字書寫的本體基礎概念（以及深受中國人愛戴的**書法**）。反過來說，筆畫與漢字必須讓位給「部首」這個曾經的分類和詞源實體，並將部首重新構思為中文書寫的生產「基礎」。這種本體論上的革命必然伴隨著常用字模式永不會遇到的困擾：機械複製時代的中文美學問題。

此外，在這場圍繞著漢字未來而開展的競逐中，中國的語言改革者和企業家注意到了周厚坤和祁暄。[93] 新文化運動的領銜人物胡適曾在波士頓的旅途中親眼見證了周厚坤的發明，也從媒體報導上聽聞了祁暄的打字機。胡適抓著他們的發明寫了篇文章批判漢字廢除論者。他寫道：

吾國學生有狂妄者，乃至倡廢漢文而用英文，或用簡字之議。其說曰：「漢文不適打字機，故不便也。」夫打字機為文字而造，非文字為打字機而造者也。以不能作打字機之故，而遂欲廢文字，其愚真出鑿趾適履者之上千萬倍矣。

胡適不是唯一一個注意到周厚坤和祁暄打字機的人。一九一五年，在看見祁暄的拼合式打字機之後，張心一（C.C. Chang）立刻寫道：「中文不是字母語言，多數人認為不可能有機會發明出中文打字機。」「紐約大學的祁暄成功發明了中文打字機，這著實證明了此種可能性，並沿著這一思路開啟了一條提出更多發明和更多改革的道路。」[94]

也許最重要的是，周厚坤和祁暄雙雙得到了張元濟（一八六七—一九五九）的注目，張元濟是上海商務印書館這個當時中國印刷界巨擘的總經理。一九一六年三月，周厚坤從美國返回中國後，張元濟首次在日記中提及了周厚坤。同年五月十六日，他也簡短記錄了祁暄，並評論關於祁暄打字機的二手報導。張元濟寫道，顯然他的打字機所打出的漢字品質還算好，而且可能還超過周厚坤的。[95]

周厚坤和祁暄也都對彼此的工作有相當的了解。的確，在中國製造商決定將資源投資在任何一方前，這對青年創業家就先公開辯論了各自思路的優點。周厚坤首先發難。一九一五年在一篇名為〈中文打字機之問題〉的文章中，周厚坤介紹自己的打字機同時，也不忘貶低祁暄的，他採取如同我們第一章所見的論證策略。[96]他斷言拼合式中文打字機不切實際，並開始強調部首的形態、數量和位置的形式變化多端，所有這些都再再證明祁暄的想法不可行。部首可能會出現四種不同的大小、形態和位置，所以總共就會有六十四種可能（四的三次方），實際上還得乘上部首的總數（約兩百個）才能得到變體的總數。如同周厚坤解釋的，這會得出一個荒謬的結論：最終將需要一組超過一萬兩千八百個按鍵的鍵盤。[97]周厚坤說道：

更有人思以華文之部首，用於其打字機。按華文部首，計二百有餘。吾人現於華文之由部首組織而成，此旨自在人意中。蓋一機設鍵二百，鍵置一部首，用時連綴以成字。於是其構造，即可一仿美之打字機。此計驟視之，自無不合。殊不知同一部首也，於各字體中，不特大小異，形狀異，並地位亦異。[98]

周厚坤對祁暄的打字機的批評若不是刻意誤導，也是假裝忽視。祁暄的打字機的確是拼合式的，但沒有一萬兩千八百個按鍵，甚至連鍵盤都沒有，這個事實周厚坤毫無疑問應該知道。有鑑於周厚坤對中文廣泛的研究，他也應該知道中文部首的變化程度並沒有達到他所謂的「四的三次方」那麼多。如同分合活字印刷商的作業以及祁暄他自己的專利文件所顯示的，部首變體的數量並未超過兩千兩百個，這比周厚坤常用打字機的漢字總數還少。

祁暄也沒浪費時間，立刻就回擊周厚坤。祁暄堅決表示：「絲毫不是在誇耀自己的成功，我敢坦然地說，我為我們母語打造出來的打字機是唯一一個用實務與科學方法打造的，也就是將漢字拆解成『部首』，再組合出形態大小比例相等的漢字。」[99]他也對周厚坤的計算方式發難，指出他在最基礎的相乘上算錯了。祁暄含沙射影地說道：「嗯，周先生肯定對代數法了然於胸，但我要很抱歉地說，很不幸他誤用了，所以才被一萬兩千八百這個驚人的數字震撼到無法沿著正確的道路前行！」[100]「因此，儘管周先生寫的彷彿他就是中文打字機發明領域的權威，但我要斗膽斷定周先生不是缺乏足夠的機械知識，就是對『部首系統』的研究沒有好好理解。」[101]這個時候，祁暄更開始砲轟周厚坤的打字機，他大聲質疑所有的常用字打字機：「我不禁想，他們的發明都只是『不完美的印刷機器』（原文如此），絲毫沒有一絲機械優點與商業價值。」[102]

不過，最終周厚坤還是贏得了這場戰鬥。無非是因為他更會自我推銷，同時他以常用字方法為前提設計的打字機——這個思路在中國比起拼合主義有著更久遠的起源——獲得了許多中國公司的青睞，特別是商務印書館。與此同時，祁暄打字機的資訊則更加零散不可信。例如，一九一五年一篇中文報刊文章甚至還誤植了祁暄的名字，錯寫為「宣奇」，這些都再再顯示，在中國許多關於祁暄的首次介紹都是從美國的英文媒體翻譯而來的。[103]甚至就連張元濟自己也不清楚發明者的名字，直到一九一九年，在他日記裡連祁暄的名字都還是錯的。

商務印書館與這位前途無量的麻省理工學院畢業青年建立了初步的工作關係，並將他還有他的常用字打字機帶進公司。當時周厚坤已在前往南京的路上，準備去新成立的南京高等師範學校的工業系任教，不過他的任期要到七月才開始。趁著這個空檔，商務印書館成功將周厚坤和他的打字機請到上海，讓他監督該打字機的開發與生產。[104]他們在這項新事業上投入了不少心力，憑藉著聲譽與專業知識，希望能在連雷明頓和安德伍德這類全球鉅子都相繼失敗的領域獲得成功：在中國市場製造並銷售可量產的打字機。

終於，中國有了自己的打字機。

Chapter

4

沒有按鍵的打字機叫什麼？

商務印書館製造的華文打字機解決了中國辦公管理的一大難題。這台機器擁有外國打字機的所有優點。

——費城世界博覽會上的舒式華文打字機宣傳手冊，1926 年加利福尼亞州聖馬利諾市的亨廷頓（Huntington）植物園是個占地超過一百英畝的植物園，每年有數十萬遊客來到這個遍布墨西哥雙刺仙人掌和南美火焰心植物的超凡脫俗之地。裡頭的圖書館和博物館也吸引了來自世界各地的學者，這歸功於館內著名的美國西部文物、科學史和一系列主題的善本書籍收藏。亨廷頓植物園還有項鮮有的殊榮：它典藏了世界上現存最古老的中文打字機，也就是上海商務印書館於一九二○到一九三○年代製造的「舒式華文打字機」（圖4.1）。

這台打字機原本屬於洪耀宗（You Chung Hong，一八九八—一九七七），任職於洛杉磯唐人街社區的美籍華人移民律師。這是一台「常用漢字」打字機，它的矩形字盤有大約二千五百個字模，這是後世所有量產的中文打字機必定遵循的設計模式。與活字印刷術一樣，這些字模不是固定在機器上，而是可以自由移動的。也就是說，如果拆下打字機的字盤翻過來放，字模塊就會散落到地上，「亂成一團」。[1] 此

4.1　亨廷頓圖書館收藏的舒式華文打字機

外，如同所有量產的中文打字機，它沒有鍵盤，也沒有按鍵。

舒式華文打字機的字盤根據漢字相對的使用頻率，分為三個區域：高度用字區，位於字盤中央的第十六至五十一列；次要用字區，位於字盤的左右兩側，第一至十五列和第五十六至六十七列；特殊用字區，位於第五十二到五十五列。不常使用的漢字稱為「備用字」，被安置在一個單獨的木盒中，這是一種詞彙存儲設備，打字員可以從中選擇字模，並用鑷子將它們暫時放在字盤上。這個木盒裡放有大約五千七百個備用字。[2]

二〇一〇年我造訪亨廷頓圖書館時，字盤上的字模早已腐爛，露出風化後的石墨或石灰石成分。它們變得非常脆弱，當館長向我示範打字原理時，齒輪還不小心打碎了其中三個字模的字面。至於「備用字」木盒內的字模，則早已化成一團灰色塊狀物。

然而，即便已如此陳舊，這台機器仍然明顯展示出打字機、使用它的打字員，以及打字員的雇主之間緊密的關係。我繞著它四處端詳，些許光點從脆弱的木炭色物質中浮現——有些字模相較於鄰近字模有更亮的反射度，可能是因為剛被更換過，也可能是因為這些字模在機器仍運作時更被頻繁使用的關係。當我向右趨前近看時，出現了一列熠熠生輝的字：僑、遠、急。隨著我稍微調整視角，這幾個字模的閃爍光點又融進木炭色的背景中，接著映入眼簾的是另一列字模的光點：遭、希、夢。有些字模一直反著光，都是些常見的字：一、不、上、去。不出所料，其中最脆弱的一個字模是「洪」，亦即打字機主人洪耀宗的姓。即使過了幾十年，這台機器的生活痕跡依然歷歷在目。

在本章中，我們將拋開發明家、語言學家和工程師的技術藍圖，轉而探索活生生的中文打字技術的歷史。本章提及的中文打字機不是原型機，也不是外國漫畫家的幻想，而是某些公司實際生產和銷售的商品、學校和培訓機構用來演示和授課的教具，以及打字員上班使用的工具。我們將關注二十世紀初期中文打字機的多重世界，從上海的商務印書館——民國時期印刷資本主義的卓越中心[3]——所量產的打字機開始，到中國打字學校的激增，年輕男女在此習得這項新技術，後來應用於政府辦公室、銀行、私人公司、大學，甚至小學等各個領域。本章將致力把中文打字機置於它自身的語言脈絡中加以觀察聆聽，並跳脫迄今我們所見有關中國技術語言落後的陳腔濫調，來審視這段被淹沒的歷史。

然而，即使以一個更在地、更親近的脈絡來觀察中文打字機，我們也從不會認為它「舒適自在」與「無拘無束」。它是有獨特的機械設計、培訓制度、字體和常用字範圍、打字員的性別結構，以及機器本身的象徵意義和文化，但不管多麼費盡心力嘗試，商務印書館及後進競爭品牌所生產的打字機，從來都不被認為是能「對應」或「等同於」西方打字機那般穩定的物件。在此期間，製造商、發明家和語言改革者敏銳地意識到，中文打字機一直都被拿來與「真正的」打字機比較：雷明頓、安德伍德、奧林匹亞、好利獲得等等，這些打字機正鞏固著自己的全球霸權地位。或許只有當中文打字機一開始就不被視為「打字機」，而是被描述為「桌上型活字打印機」或是與全球現代資訊史毫不相干的爾爾產品，它才可能脫離與「真正的」打字機不斷比較的命運。但這並沒有發生，它就被叫做**打字機**——也因此，它無可避免地被捲入更廣大的全球框架中。

在此期間，中文打字機與「真正的」打字機之間的緊張關係顯而易見。為了在政府、商業和教育的中文語言環境中發揮作用並取得進展，中文打字機需要完全支應中文語言本身的現實需求和實用性——然而，做為一台「打字機」，它也需要向外在世界明確展現自己的樣貌：那個世界有著一個絕對權威，能判定這台機器能否稱得上是打字機。中文打字機，乃至中文語言的現代性，因此陷入了進退維谷的窘境：去仿效字母世界正在形塑的技術語言現代性，或者完全獨立於這個世界並走上獨立的技術發展路徑。這兩種選擇都不可行，中文語言的現代性便被困在模仿（mimesis）和變異（alterity）之間，無所適從。

從活字印刷機到活字打字機：舒震東打字機

隨著設計的原型機首次亮相，特別是在上海商務印書館任職之後，周厚坤開始小有名氣。一九一六年七月三日，周厚坤在上海的中華鐵路學校展示他的機器，這是他做為商務印書館代表的首次亮相。[4]數週後，周厚坤繼續在江蘇省教育委員會暑期補習學校進行展示，在那裡，人們讚揚這位年輕工程師發明了一台每小時可打出二千字的機器，遠高於人工手寫的每日三千字。[5]

然而，商務印書館仍舊猶豫是否該投入生產周厚坤發明的機器。雖然我們並無確切的資料來源得知原因，但其中一個因素無疑是機器本身的設計。誠如第三章所述，周厚坤的常用字打字機有個字模滾筒，上面刻著固定無法更改的漢字，這與以往常見的活字排版作法截然不同，甚至也與謝衛樓設計的早期中文打字機形成鮮明對比。周厚坤的機器字模是完全固定的，無法因應不同術語的需求和語境做調整。這帶來了一個問題，正如前章的討論，一般人希望透過正規和非正規教育來多多推廣「基本漢字」，以解決常用字用法中的邊界困境——至少對中國一般大眾而言是這樣的。如果可以統計出一組人們需要知道、或希望使用的特定字元集來實現文字普及，那麼理論上就能設計出一套「基礎的」中文打字機字盤，來完美契合這組大眾詞彙。然而對專家和學者來說，一組固定的二千五百個字元集是遠遠不夠的；對於在銀行、警察局或政府部門工作的人來說，各自的日常用語更是差異很大。這意味著周厚坤一開始便無法更改的字模設計，必然會限縮其效用。常用字打字機若要成為一種可行的中文打字技術語言解決方案，就必須具備一定的靈活度和客製化能力。

早在一九一七年冬天，周厚坤和商務印書館的關係就開始惡化，他和公司贊助方因理念不合而拆夥。[6]周厚坤提議訪問美國，他希望考察美國打字機的生產情況，開發改良版本，以便滿足潛在客戶的需求。周厚坤提出自己負擔旅費，但要求商務印書館承諾提供他計劃返國後研發改良版打字機的費用。張元濟婉拒了這項提議，並稱無法提供財務上的承諾。周厚坤回應，他願意自己承擔所有費用，但要求商務印書館同意代為出售和分銷這台機器。這項提議也被拒絕了。「我覺得我們最好取消舊合同」，張元濟向出版社同事建議「從現在開始，(周)自己處理所有事情」。[7]就這樣，周厚坤結束了與商務印書館的短暫關係，也結束了他長久以來的夢想，亦即成為首位設計出商用中文打字機的人。在接下來的歲月裡，周厚坤回到了最初熱愛的飛機和船舶製造領域，通過其他方式報效國家。[8]一九二三年之際，周厚坤加入漢冶萍鋼鐵公司擔任顧問。[9]與此同時，一直到一九一九年五月前，商務印書館都持有周厚坤的機器原型，卻沒有進行生產計畫。[10]

商務印書館或許對周厚坤失去興趣，但未對中文打字機事業失去興趣。該公司於一九一八年開設了中文打字課程，表明了它對新技術的不懈追求。[11]更關鍵的是，周厚坤離開後，商務印書館在另一位工程師的指導下繼續發展中文打字機事業：舒昌鈺（Shu Changyu），後來以筆名舒震東而聞名。他曾研究過蒸汽動力機，並短暫任職於德國奧格斯堡—紐倫堡機械製造廠（Maschinenfabrik Augsburg-Nürnberg, MAN）和中國漢陽鋼鐵廠。舒震東於一九一九年左右進入商務印書館，並於同年取得他的第一個中文打字機專利。[12]

舒震東的第一步是放棄周厚坤原本設計的圓柱形字模滾筒，替換為一個扁平的矩形字盤，裡頭可自由放置並更換字模鉛塊。經此變化，常用字打字機仍配有與過去相同數量的字模，但現在打字員能夠自行設定他們的打字機，以滿足不同的術語需求。就像幾十年前謝衛樓首創的原型機那樣，有了可自由移動的字塊，只要一支鑷子就可以簡單地移除和更換字模。

經過此一重要的設計變更後，商務印書館原先的猶豫煙消雲散，並為新設立的中文打字機部門投入大量資金。據報導該部門擁有四十個工作室，聘僱了三百多名工人，並需要兩百多種設備零件。建造新型打字機的過程包含多種任務作業：熔化製作字模的鉛、鑄造字模塊、檢查字盤字元表是否有錯誤、組裝機器底盤，將字模放入字盤的指定位置等等（**圖4.2**）。[13]近一千年前的

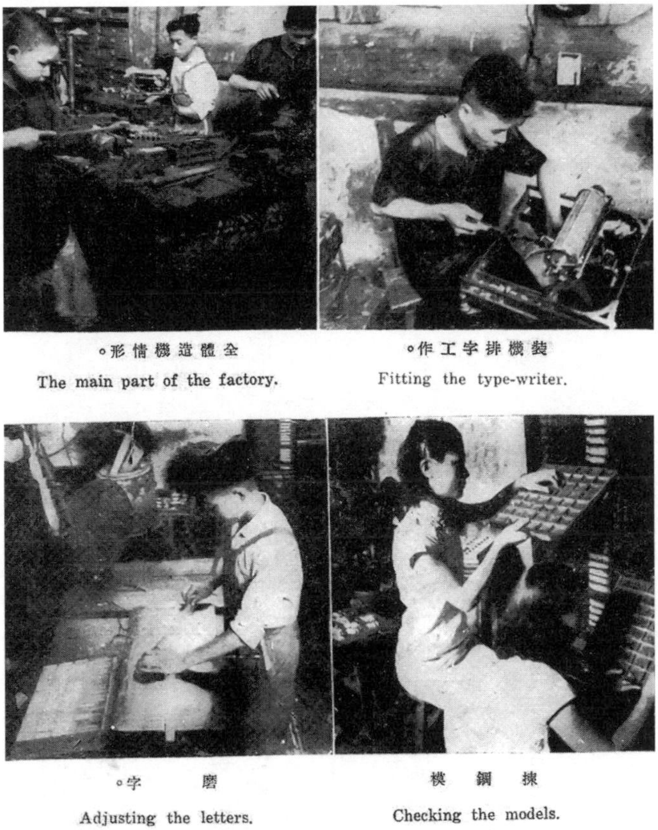

4.2　商務印書館打字機製造廠的任務和作業

畢昇發明了活字印刷術，而此時的舒震東和商務印書館正著手製造**活字打字機**（圖4.3）。[14]

開拓國內市場：商務印書館和新產業的形成

中國的第一部動畫片名為《舒震東華文打字機》，是商務印書館為史上第一台量產的中文打字機所製作的廣告片。[15]這部影片於一九二〇年代問世，由早期中國動畫史的開山祖師萬古蟾和萬籟鳴製作。[16]不幸的是，這部影片已不復存在，但當時留下大量的宣傳材料仍然能幫助我們推測其內容。一九二七年的某篇文章寫道，「據說最快的速度是每小時二千多個字」，而且「比手寫速度快三倍」。[17]諸如此類的報導特別關注這台打字機的三個優點：首先，它比手寫更節省時間。其次，它生產的字比手寫字更清晰易讀。最後，也是最重要的，它能搭配碳粉複寫紙

4.3　商務印書館打字機製造廠

使用，一次複製出多份文件副本。

曾任商務印書館中文打字機部門負責人的宋明德，將這台打字機置入中文書寫的長時段敘事，特別強調它在文本複製方面的功能。他表示，在偉大的倉頡造字時代，漢字一直局限於刻在竹子表面的表意形式；後來發明了毛筆和紙，才讓「用手抄錄」成為可能，「比起竹簡，這已經方便了一萬倍」。之後，宋明德略過一大段歷史，讚揚了書寫簡史中的第三項重要發明——印刷機。宋明德解釋，印刷術的出現，讓我們能夠輕輕鬆鬆就複製出數以萬計的副本。[18]

然而，從手抄到大規模複製的這一大躍進，也留下了巨大的間隙。宋明德強調，印刷機設備價格昂貴，使用前需要大量準備工作，因此只有在需要大量印製的情況下才適用。但這仍然沒有辦法解決現代企業所需的小規模日常文本複製需求，無論是短期報告、辦公室備忘錄還是法律文檔的保存。在只需要十份甚至一百份的情況下，印刷機不是一個恰當的選擇。同時宋明德認為，手抄也不是一個有吸引力的選擇，因為那樣做不僅「費時」，而且「不整齊」。

因此，商務印書館推出的打字機同時是人工手抄和印刷機的競爭對手，卻又能彌補人工和印刷機的不足之處。[19]此外，嗅到商機也是促成打字機面世的一大原因。在一九二〇年四月十六日的日記中，張元濟記下了中國郵政局可能訂購一百台機器。[20]到了一九二五年，據報導遠在加拿大的中國領事館已經購買了一台業務用打字機。[21]一九二六年，華東機械廠將中文打字機列為他們最暢銷和最知名的產品。[22]商務印書館在一九一七年至一九三四年期間銷售了二千台以上的中文打字機，每年平均大約一百台。另一方面，他們也努力推廣該機器，不僅製作開創性的動畫片來宣傳，而且還密集展示實體商品。一九二一年十一月，商務印書館的唐崇禮將舒震東的打字機放入農林部的新型技術機械展。[23]一九二四年五月三日，宋明德啟程前往東南亞進行為期六個月的旅行。旅途中，他亦向呂宋島、新加坡、爪哇、西貢、蘇門答臘、暹羅和馬六甲等地的海外華僑商人推銷舒式打字機。[24]

無論是對於機器的推銷者還是發明者本身，中文打字機乘載的民族意義和文化意義也是一大賣點。在《同濟》雜誌上，舒震東回顧了他進入商務印書館和開發中文打字機的過程，並感嘆中國同胞越來越「輕視國文」。[25]舒震東抗議道：「且一國之文字，猶一國之命脈，命脈既亡，國已不國。」[26]至於那些因打字技術挑戰而敦促廢除漢字的人，他將其比擬作「因噎而廢食。」[27]對舒震東本人和他的前輩周厚坤來說，商務印書館中文打字機的存在，明白駁斥了中文書寫不符合現代科技時代需求的觀點。

消失的「打字男孩」：中文文書工作的性別矛盾

第一台中文打字機從商務印書館推出時，並沒有奇蹟般地形成一個完整的中文打字機產業。新產業能否形成，需要仰賴同等發展的全新文書勞動力：一批將打字機帶進政府、教育、金融和私營部門工作，訓練有素的「中文打字員」。簡而言之，中文打字機的發展需要中文打字機的**學生**——這些人的身體和思維需要接受訓練以符合這種新機器的要求，才能發揮機器的效能。

自一九一〇和二〇年代開始，一批配有一兩間教室的私營打字學校相繼成立，以滿足培訓需求，並從中營利。在上海、北京、天津、重慶等大城市，培訓課程通常為期一到三個月，費用不高於十五元。這些學生渴望成為第一波新文書專業人才，以獲得就業機會。他們是商業印書館最重要的活招牌——對商務印書館的競爭對手亦然，畢竟新的企業家也會進入市場與商務印書館競爭（這個主題稍後會談到）。通過開設專精特定打字機品牌或型號的打字學校，並提供畢業生就業機會，製造商便可以進軍私營公司、教育機構和政府部門，推銷自家的機器。[28]

回顧美國打字行業的歷史，我們會發現這份職業曾穩定快速地被性別化為**女性的工作**，這讓人們認為中國打字行業可能也會逐步邁向女性化。此外，仔細閱讀那個時代的中文報紙和雜誌，人們確實會在中文期刊中看到一個可能強化這項假設的新型人物——「打字女」或「女打字員」。這群年輕女性通常十幾二十歲出頭，與那個時代的其他「摩登女性」，包括畫家、舞蹈家、運動員、小提琴家和科學家同時出現。她們構成了民國時期職業婦女仍然鮮為人知的一部分：打字女孩進入的不是紡織廠、火柴廠、麵粉廠和地毯編織廠等藍領世界，而是行政辦公室的白領世界。[29]無論是在北海公園的戶外團體照，還是身著傳統服飾、梳著整齊分邊頭髮站在打字機前的照片，這些表現形式在許多方面都符合人們的預期；從全球史的角度來看，文書工作在全世界都經歷了女性化的過程——正如人們所討論的那樣，「女打字員」是「美國輸出的產品」（**圖4.4**）。[30]

然而，當我們跳脫當時期刊對中文打字員的描述，

4.4　中文女打字員照片，《圖畫時報》第517期封面（1928年12月2日）

中國打字學校的檔案紀錄卻透露了一段截然不同的歷史。根據一九三二至一九四八年間各種打字培訓學校註冊的學生資料，一千名左右的學生當中，有三百多名（或三〇％）是年輕男性——遠遠超過當時世界其他地方的數字。[31]換句話說，儘管大眾媒體對中文打字業的描述順應了一種全球普遍存在的性別常態，但實際上中文打字業並非如此。中國打字員的勞動力一直以來都是男女混合，女性所占比例較大，但絕不是全部。年輕男性，特別是青少年和像女性一樣受過中小學教育的男孩們，也進入了這些學校學習新技術。從打字學校畢業的男性人數相當多，除了擔任打字員，有些人還創辦了自己的打字學校。[32]其中一個例子是李祖惠，一位來自江蘇武進的年輕男子，他畢業於華美打字專校，後續主持了惠氏華英打字專校——該校於一九三〇年左右在上海租界成立，旨在為上海商界提供「打字人才」。其間他也曾在直隸省交涉司和天津海關擔任打字員。

為了更深入了解早期的打字業，我們必須先了解年輕人在哪些學校受訓、學習這種新設備，以及他們從哪些管道進入這個新行業。光譜的一端是小規模培訓學校，例如上海的「捷成打字傳習所」。[33]這間培訓學校成立於一九一五年五月，有兩間教室，最初專注培訓英文打字，後來採購了兩台中文打字機，才展開中文打字教學課程。大約在一九三三年，學校招收了六名英文打字班學生和八名中文打字班學生。光譜的另一端是規模較大的打字學校，例如總部位於上海的環球打字補習學校就擁有數百名學生。該校成立於一九二三年秋季，最初也專注於英文打字，一九三六年秋季同樣開設了中文打字課程，提供商務印書館製造的舒式打字機操作培訓。[34]該校創辦人夏良曾經是上海標準石油公司的員工，靠著一支經驗豐富的專業團隊發展他的打字學校。該校校長陳宋齡畢業於上海南洋公學，曾在上海海關從事法律翻譯。陳宋齡手下有四位教師：陳杰，畢業於上海聖方濟中學，也是標準石油公司前員工；夏國昌，畢業於上海商務英語學院，上海電話公司前員工；夏國祥，大來洋行（Robert Dollar and Company）前員工；最後是聖方濟中學畢業的王榮孚。

這種由教學、創業和技術中心和經營活動組成的交叉網路，將中文打字機和中文打字員持續推廣至全國各地的公司、學校和政府部門。學校將畢業生送往中國各地的城市和省級政府，包括南京都察院、福建省政府和四川省政府，以及中國肥皂公司、澳門中國銀行和浙江興業銀行等中國各大公司。[35]有些畢業生也在小學教授中文打字。此外，河南省政府指示各部門派祕書參加為期兩個月的中文打字課程，之後再返回原單位任職。[36]當局認為，此類培訓將提升人們的工作表現，並且「為中國的新興工業做貢獻」。[37]

中文打字業的性別結構複雜，與美國和歐洲高度女性化的打字行業截然不同，但當時中國的期刊雜誌卻沒有顯示出這一點。無論是廣告照片還是新聞報導，男性打字員都明顯缺席，中文打字這一新興行業裡只呈現出年輕有魅力的女學生和女書記員的面貌。[38]一九三二年，《時報》刊登了一張年輕女學生葉舒綺在她的中文打字機上勤奮練習的照片。[39]在一九三六年的《良友》宣傳單中，一位年輕女打字員操作英文打字機的照片跟其他「新女性」的照片擺在一起：女飛行員、電台播音員、電話接線員和美容院女老闆。[40]一九四〇年《展望》雜誌刊登了一張年輕女性使用中文打字機的照片，圖說寫道：「女打字員入社會群者近年日眾，具良好工作成績。」[41]該雜誌還將打字女孩放入更廣泛的背景，從中介紹了另一些「適合女性」的職業，如護士和賣花女。不過，為了強調中國女性的現代性，雜誌也將律師和警官等職業納入其中。然而正如另一張照片和圖說所強調的，女性氣質和母性一直以來都備受尊崇：「兒女一生的優劣命運取決於母教者良多。」

打字男孩有時確實會出現在中文打字機的照片中，但那些照片的脈絡和圖說，卻微妙地將他們的形象排除在外。例如一九三〇年，《時報》刊登了一張八名年輕打字學校畢業生（六女兩男）的照片，標題為「北平華英打字學校畢業生」。雖然照片看起來性別中立，有男有女，也沒有特別提「女打字員」，但同頁的其他照片卻透露出編輯認為打字業是十足女性化的行業：「清華女學生的現代操」、「南開大學女學生的早操」，以及三名年輕女運動員的照片。[42] 另外有些圖片更明顯淡化打字男孩的形象，例如同樣在一九三〇年，《大亞畫報》的宣傳照片中出現了二十二名中國打字學生——十五名女性和七名男性——但標題卻是：「遼寧華文打字練習所第一期女學員就學之紀念攝影。」[43]

於是，中文打字業的現實情況，與這些學校和中國媒體所選擇的形象之間出現了重大矛盾。是什麼原因導致了這種差異？在此我們必須先回到全球的脈絡之中，來看看中文打字技術的成形過程。當中國開始形塑自己的打字業的那一刻，世界上就已存在著「女打字員」這樣的稱呼，而且在全球各式各樣的文化和社經環境裡都很通用。相較之下，無論是以相對有效的推論說法，或是制式化刻板印象來描述實際情況，這世界上都不曾有過「男打字員」這樣的稱呼。在美國，男性打字員和速記員被女性替換，是工業機械化歷史的一部分；從十九世紀末開始，例行化形式的工作越來越傾向委派給年輕女性。[44] 同樣地，世界各地的打字機製造商一直鼓勵這種女性化趨勢，將女性視為潛在消費者和普及新機器的宣傳工具。雷明頓公司甚至鼓勵消費者購買打字機送給女性以表善意。該公司在一八七五年的廣告中大膽宣稱，「沒有一項發明可以如此這般，為廣大女性迎向高收入、條件好的工作開闢一條康莊大道。」[45] 此外，也有公司僱用年輕女打字員協助推銷。例如一八七五年，馬克・吐溫從一位推銷員那裡買下了他的第一台打字機，當時推銷員僱用了一位「打字女孩」來演示打字機。[46]

相較之下，中文男性打字員在論述中是隱形的。儘管中國的情況更為複雜，但中國的打字機公司仍然延續了現代辦公室一定會有年輕女打字員的概念——這點與西方世界遙相呼應。[47]可以肯定的是，如果中國的打字機公司願意去創造新的稱呼來描繪中國打字學校和打字業的話，他們理論上可以**發明**出一種男打字員的刻板印象，但相關的期刊和檔案紀錄都明確顯示，這樣的論述從來沒有發生過。

做為具體化（embodied）記憶的中文打字

當年輕的中國男女進入打字學校，並第一次接觸中文打字機時，一個問題很快就浮出水面：他們要如何記住字盤上二千多個字元的位置？年輕學生可以採用什麼樣的記憶法，使用什麼樣的打字教學法來熟悉這項新技術？雖然技術語言形式和具身實踐之間的關係在西方已有相當大的關注，但在現代中國論述卻少之又少。正如侯瑞・夏提葉（Roger Chartier）所論證的，歐洲新的語言技術和物質形式的出現，會用前所未有的方式啟用和限制人的身體。手抄本這種形式，實現了卷軸無法呈現的分頁模式，反過來又為索引、關鍵詞和其他參考性文本編排技術的創建提供了發展的可能。在這個新的技術組合中，讀者現在能夠「用翻頁來瀏覽整本書」。[48]此外，與需要兩手展讀的捲軸不同，手抄本「不再需要那麼多的肢體參與」，讓讀者能騰出一隻手來做筆記和其他事情。

人們對現代中文語言技術的身體層面所知甚少——中文的電報、打字、速記、盲文和排版等等，幾乎一無所知。[49]就中文打字機而言，一種新的身體參與型態因應而生：這種結合了身體姿勢、靈活性、手眼協調及身心壓力的新興型態，一切都與西方熟悉的文書工作情境不同，這為我們提供了一個有力對照，可以更開闊地去思考身體與思維的訓練形式。民國時期的打字學校讓我們得以了解這段歷史，特別是那些同時提供中文和英文打字課程的學校。比較這兩種課程，我們發現中文打字對記憶力、視覺、手和手腕有一套獨特的身體訓練要求。[50]

在這些學校學習拉丁字母打字的學生，得練習西方學生至今仍熟悉的「練習分指」和「閉目默習」課程。相較之下，學習中文打字的學生選修的課程完全不同，其中包括「檢查字法」和「加填缺字」等。字母文字的某些特性——尤其是字模數量較少——在很大程度上使得「盲」打成為可能，但中文打字並沒有盲打的條件。QWERTY打字員被訓練成在不看鍵盤的情況下盲打，中文打字員則被鼓勵盡力依賴直接目視和眼角餘光，並將這種視力練至爐火純青。

中文打字員和英文打字員為了臻至熟練，遵循的身體訓練也有所不同。很早開始，字母文字打字機在概念與實際操作上就與鋼琴和鋼琴演奏雷同，不但都配有按鍵，訓練模式也與音樂練習曲相仿（因此西方經常有人提及，有鋼琴演奏基礎的女性是從事文書工作的理想人選）。對於姿勢的概念和實踐同樣從鋼琴演奏中借鑒，比如單指的相對力道和靈巧度。鋼琴家和打字員都應該鎮定自若，保持軀幹和頸部輕盈穩定，手腕既不下垂也不向上突出，而且兩者都應該將注意力集中在指尖的協調運動。英文打字的核心在於分層發揮食指、中指、無名指和小指的力量、靈活度和效用。

相較之下，中文打字的訓練目的是幫助學生，讓他們的打字機字盤「發揮作用」——透過反覆記誦字盤內的相對位置，逐步活化這些冷冰冰的灰色鉛字表面所組成的字元矩陣——這與中文排字工的培訓如出一轍。為此，中文打字課程圍繞著一組獨特的重複性訓練，從常見的中文術語和名稱開始。這些訓練幫助人們熟悉字盤上各個字元的絕對位置，但更微妙的是，那些往往一起出現的字，彼此的空間關係也被銘刻在腦海。例如一九三〇年代的打字手冊中，第一課學生重複輸入「學生」、「因為」等二十幾個常見的雙字詞彙來進行訓練。透過練習這些詞彙，中文詞彙的幾何形狀深深烙印在學生的肌肉記憶中。學生們可能無法準確回憶起「學」和「生」或「因」和「為」在橫軸與縱軸座標上的絕對位置，但隨著時間推移，他們會保留對這些常見的雙字組合大致上的感覺。[51]

訓練有素的中文打字員不僅僅是在字盤上尋找一個字元，將手移過去按一下，再重複尋找下一個字元而已；他們急切地想提高對**即刻未來**（instantly immediate future）的敏感度——也就是下一個字。在尋找第一個想要的字時，打字員已經開始將部分注意力轉移到下一個字，如此一來，在任何既定時刻或狀態下執行每個動作時，他都在身體及心理上對下一個字做出預測。[52]同時，打字員也需對鉛字的物理特性抱持敏感度。[53]每次打字員按下檢字桿時，按壓的力道都必須與對應鉛字的重量相協調，鉛字的重量與字元筆畫數直接相關。如果對一筆畫的字「一」（應較輕）施加與十六筆畫的字「龍」相同的力道（應較重），很可能會戳破打印紙或複寫紙，只得重新開始。相對而言，用與「一」相同的力道打「龍」則會導致字跡模糊難辨（也讓複寫紙複印不出來）。訓練有素的打字員必須調整他們鍵入不同字元的力道，以保持整個文本的字跡色調一致，並避免戳破紙張。[54]因此，長期以來的中文「筆畫數」概念，在此被轉化成了質量、重量和慣性等物理和物質的有形邏輯。[55]

4.5　中文打字機訓練方案（樣本），顯示打字員在打字機字盤上從一個字元的位置移動到另一個字元的動作軌跡

等待卡德摩斯：「中文注音字母」打字機的興衰*

商務印書館推出新的打字機部門並取得長足進步，關注中國發展情形的人都明顯目睹了一個充滿活力的新行業崛起跡象，打字培訓學校更紛紛成立。事實上，整個一九二〇和三〇年代，中國各地的打字員都躍躍欲試，進一步讓自己的身體去適應機器。因此，如果看到一九二〇年代《雷明頓出口評論》（*Remington Export Review*）發表的報告，也就不足為奇了。該報告宣稱：「經過多年徒勞無功的實驗後，終於有了一台完善的中文打字機。」西方世界似乎終於注意到了這一點。

然而《雷明頓出口評論》指的並不是商務印書館，也不是舒震東的打字機。它指的是雷明頓公司自己的打字機。「羅伯特・麥基恩・瓊斯（Robert McKean Jones）是雷明頓打字機公司印刷部門負責人，在雷明頓工作了三十七年」，該刊物繼續說道，「瓊斯負責生產這台中文打字機。」[56]文末附了張留著白鬍子的瓊斯照片，下面標示「雷明頓中文打字機的發明者。」該篇文章標題說明了一切：「終於問世——一台中文打字機——由雷明頓生產。」

瓊斯是雷明頓外語鍵盤的主要開發人員和開發部主任。[57]他於一八五五年出生在英格蘭西北部靠近威爾斯邊境的威勒爾（Wirral），在紐約經營一家工作室，為各種文字設計了約二千八百種鍵盤。瓊斯是第一章探討的雷明頓打字機邁入全球化背後最重要的技術人員之一。據報導，瓊斯親自改造單檔鍵盤打字機，以便適應八十四種不同的語言，此一壯舉為他贏得了「打字大師」的美名。一九二九年一份貿易雜誌報導，

* 卡德摩斯（cadmus）是希臘神話人物，希臘人認為他發明了腓尼基文字，並傳入希臘。

瓊斯掌握了十六種字母系統，「不管任何語言，他多少都能說得出一點運作知識。」[58]

瓊斯在一九一八年完成了烏爾都語鍵盤，一九二〇年又完成了土耳其語和阿拉伯語鍵盤，因此，他是帶領公司打造新的中文打字機的當然人選。[59] 一九二一年冬天，雷明頓著手創造「注音字母鍵盤」，也被稱為「注音式中文」鍵盤，並將該專案指派給了瓊斯。[60] 瓊斯發明的中文打字機與我們目前為止遇到的任何打字機都不一樣，當中有個顯著的原因：**裡頭幾乎沒有中文字**。鍵盤除了中文數字外，其餘按鍵均為當時新制定的注音字母。瓊斯簡要介紹了當時中國進行的語言改革，而他的發明正是以此為基礎。「中國政府已經正式採用並推行一套新的音標，稱為『注音字母』，英文稱為國音字母（national phonetic alphabet）。政府頒布法令，命政府官員使用，並要求學校教授該套

4.6　羅伯特・麥基恩・瓊斯／雷明頓設計的中文打字機（1924/1927 年）

系統。」[61]瓊斯解釋說，新字母「由來自全國各地的學者組成的委員會設計」，目的是為了「簡化古老而複雜的表意字元系統，並提高人們的普遍識字率。」[62]瓊斯與雷明頓打字機公司的贊助者於一九二四年三月十二日，早在中華民國政府正式頒布〈注音符號〉辦法案（圖4.6）之前，就提交了國音中文打字機的申請。

在首先報導這項發明的記者眼中，這台機器——一台沒有中文字的「中文打字機」——是一項讓人認知失調的發明。「中文打字機？」保羅．吉伯特（Paul T. Gilbert）在他的《國家商業》（*Nation's Business*）一文中寫道，「嗯，我想你可以這麼稱呼它，但不要想在鍵盤上找到王錫哲（Wang Hsi-cheh）所寫的五千個漢字中的任何一個」。他指的是晉代書法家王羲之（Wang Xizhi）。吉伯特最後向他的讀者斷言：「要設計出適合中文輸入的鍵盤是不可能的。」[63]

羅伯特．麥基恩．瓊斯並不是第一位抓住「中文字母」或「中文注音」這個夢想、企圖切入廣闊且尚未開發的中文市場的打字機發明者，雷明頓也不是。早在十年前的一九一三年冬天，兩名英國工程師就提交了他們的聯合專利申請，目標是「使中文適合於印刷或打字產品的生產。」[64]約翰．卡梅隆．格蘭特（John Cameron Grant）和呂西安．阿爾方斯．萊格羅斯（Lucien Alphonse Legros）在申請時表示，他們的打字機不會顯示漢字，而是顯示目前在中國流通的注音式中文「字母」。格蘭特和萊格羅斯解釋，「在過去的幾年裡，一種新的中文字母，或者更準確地說，一套音節文字，已經開始流行並被半官方使用。」發明者解釋說，這種發展對中國和世界來說都是一種解脫，因為以漢字為基礎的打字機是不可能實現的。中國基於字元的文字「完全不可能適應現代機器的排版，因為要將如此多的文字矩陣切割並應用於現有任何機器排版的形式，甚至連將這套語言用人工排版處理，都遠遠超出實際上能做到的範圍。」然而與此同時，外國人開發中文「羅馬化」的嘗試也同樣注定要失敗。外來的羅馬化方案「有嚴重的缺點，首先，羅馬字母本身是外來的，因此很難被接納」，其次，它需要使用額外的符號來表示中文音調。[65]

真正可能構成中文打字機基礎的是另一套符號——它是**在**中國、**由**中國人發明的。一九一一年辛亥革命推翻滿清後，新成立的中華民國教育部教育總長蔡元培計劃召開統一中文發音的會議。在吳稚暉主持下，該會議於一九一三年二月啟動，許多中國最傑出的語言改革家都參加了會議。為期約三個月的會議期間，經過一連串爭論和商議，委員會宣布了一項以中文注音系統為核心的決議，稱為「注音字母」。[66]這就是西方打字機公司一直在等待的機會：一套中外結合的文字，由中國人發明、給中國人使用，但採用的是西方文字系統。

格蘭特和萊格羅斯並不是唯一在這套「中文字母」上看見可能性和希望的人。就在他們提交專利申請的同一個月，弗蘭克·阿拉德（J. Frank Allard），一位與安德伍德打字機公司合作的工程師，也提出了專利申請，他用新的注音符號打造了一台標準的安德伍德打字機。[67]一九二〇年四月，《電訊報先驅報》(*Telegraph-Herald*) 宣布「中文的符號系統已有所縮減。」[68]文章開頭寫道：「如果這些肩負使命的人士成功改變了中國四千多年來使用的書寫方式，那麼後代的中國人將改用注音書寫，並使用只有三十九個字元的打字機，而不是用毛筆劃出上萬個象形文字。」文章表示，該系統於一九〇三年由王照在英國開發，當時已經引發中文打字機設計者的興趣。據報導，上海的牧師都春圃（E.G. Tewksbury）「已將新字體用於美國打字機並取得圓滿成功」，裡頭的字體是由中國雕刻師所提供。一九二〇年八月，《大眾科學》（*Popular Science*）刊登了另一款注音式中文打字機的廣告：哈蒙德複合打字機（Hammond Multiplex）。[69]當羅伯特·麥基恩·瓊斯在雷明頓注音式中文打字機上簽下自己的名字時，其實是承繼了一份早已存在的打字機族譜。

儘管「中文字母」的夢想似乎正在實現，但有個嚴酷的現實卻一棒打醒這些西方打字機製造商：注音從來都不是要取代漢字的。它從來沒有成為雷明頓、哈蒙德、安德伍德和其他人所理解的那種「中文字母」。相反地，注音的目的是做為一種教學用的平行文本系統，透過它向中國人灌輸非方言的標準漢字發音。然而，許多外國觀察家都忽視了這一事實，尤其是那些急於開發注音式中文打字機和鑄排機的外國發明者。就像弗拉迪米爾（Vladimir）和愛斯特拉岡（Estragon）無休止地等待果陀（Godot）一樣，中國觀察家帶著一種篤定的期待，準備無休止地等待一位卡德摩斯——一位注定會在某個時刻（不久的將來）來到中國的人物，他將帶來奇蹟和救贖，也就是字母表。卡德摩斯是底比斯（Thebes）神話的創始人和歐羅巴（Europa）的兄弟，希羅多德（Herodotus）讚美他將腓尼基文字引進希臘。希臘字母源自於腓尼基文，如前所述，沃爾特・翁、埃里克・哈夫洛克和許多其他人都認為是希臘字母造就了希臘奇蹟。如果卡德摩斯能趕快來到天朝上國，那麼困擾著世界上最後一種偉大的虛義文字的所有問題，都將迎刃而解。

回到雷明頓和瓊斯，從他們身上我們能看到，二十世紀許多「偽卡德摩斯的出現」可能會削弱、但絕不會摧毀人們對他最終到來的信心。（「我不能再這樣下去了」，愛斯特拉岡抗議道。「那是你的想法」，弗拉基米爾答覆。）雷明頓向專利局提交申請後不到五個月，中國首屈一指的語言改革期刊《國語月刊》的封底上出現了一則整版廣告，該刊物經常刊登趙元任、黎錦熙、錢玄同、周作人、傅斯年等在語言改革運動中具影響力的人物著作。廣告以安德伍德中華國音打字機為特寫，附有鍵盤圖片，並保證「其構造是與恩特華英語打字機相同。」圖片下方，讀者可以看到機器輸出的一行注音：ㄣㄊㄜㄏㄨㄚㄍㄨㄛㄧㄣㄉㄚㄗㄐㄧ（恩特華國音打字機）。70

儘管打字機業界存在如此令人頭昏眼花的樂觀情緒，但所有銷售和大量生產注音式中文打字機的嘗試都失敗了。西方公司從未理解——甚至懶得去理解——由這些提倡語言改革的「天神」（Celestials）所帶領的切音字（拼音化）運動具有侷限性。相反地，雷明頓、安德伍德和其他公司在無休止地等待「中文字母表」宣布的過程中豎起耳朵、蓄勢待發，希望搶先一步聽到卡德摩斯接近的腳步聲，以便能當第一個站在門口迎接他、並利用他的人。

事實上，這種對注音式中文打字機的執著太深，所以西方媒體自然也不會錯過注音式中文打字機的澈底失敗。當瓊斯於一九三三年在紐約石點鎮（Stony Point）去世時，他的訃文沒有提到他的阿拉伯語機器，也沒有提到他為烏爾都語或其他文字設計的鍵盤。相反地，他的訃文都聚焦在這位發明家職涯中唯一澈底失敗的鍵盤：「羅伯特．麥基恩．瓊斯：中文打字機的發明者，優秀的語言學家。」「瓊斯先生二十年前開發的中文打字機」，內容繼續描述，「被認為是一項傑出的成就。人們認為該語言中的龐大字元構成了無法克服的障礙。瓊斯先生這位才華洋溢的語言學家，多年來致力於將各種漢字整合在打字機鍵盤上，讓有著許多方言和文字的中國民眾易讀易懂。」71

在世界博覽會上：模仿與變異之間的中文打字

無論中文打字機在中國取得何等的進步，單靠國內產業顯然不足以鞏固中國在現代技術語言國家全球大家庭的地位。只要這個世界上還存在著「真正的」打字機，只要中國以外的世界仍然將中文打字機視為荒謬之物，這台機器的地位就會一直受到質疑——特別是它是否有資格承擔「打字機」這個稱號。一九一九年，《亞洲》雜誌刊登了一張當時上海出版社總編輯鄺富灼（Fong Sec）站在商務印書館打字機前的照片。

標題寫道「鄺富灼博士是最高效率、最現代化的中國人代表」，接著是一篇讚不絕口的報導。「做為上海商務印書館是全中國規模最大、設備最精良的印刷公司，負責華中地區中文教科書和文學作品的出版與傳播，從啟蒙人民的角度來看，身為該社的編輯，他的地位比任何國家官員都重要。」然而，當焦點轉移到他身旁的那項發明時，那些用在鄺富灼本人身上的讚美之詞很快就銷聲匿跡。「在這張照片中，他與一台龐大的打字機合影」，文章繼續說道，「這台機器經歷過多次構思改進。」[72]

一九二〇年代，商務印書館開始努力，企圖在西方世界博得聲名，並改變他們對中文打字機的看法。該機器於一九二六年費城舉行的世界博覽會上首次亮相，該博覽會旨在慶祝《獨立宣言》簽署一百五十週年。會中展出的是世界各地的文化和工業遺產，當中有日本館、波斯館、印度館等。中國館由中國駐紐約總領事張祥麟負責，他最關心的是如何在全球舞台上展現中國。[73]展覽前三年的一九二三年左右，張祥麟就參觀過費城商業博物館的中國展區。「他們很失望」，當時的一篇報導提到。張祥麟和同行的一群中國商人「發現這個展覽雖然大又美觀，但代表的都是過去的中國，而不是現在生產多元化的新中國」。「例如，中國現代工業和近年來快速發展的製造業的展示樣品相對較少。」為了改善這種情況，張總領事向博物館館長承諾，他將聯繫國內各方，為博物館爭取到「一系列具代表性的中國產品樣品」。幾個月後，張祥麟兌現了諾言，由上海商會寄來的七箱物品送抵費城。藏品中包括絲綢織物、柳編家具、煙草和香煙、牙粉和襪子等許多樣品。[74]

商務印書館的華文打字機被選為典範樣品——既可展示國家工藝的進步，又可置入源遠流長的中國文明史框架中。進入展覽館後，首先映入眼簾的是並排懸掛的美國國旗和中華民國國旗，以及精美的絲綢、華麗的雨傘、茶壺、瓷瓶、五彩琉璃、書法卷軸和山水畫。沿著後牆，在喬治・華盛頓肖像和一幅野貓站

4.7　費城世界博覽會展示的舒震東華文打字機（左下）

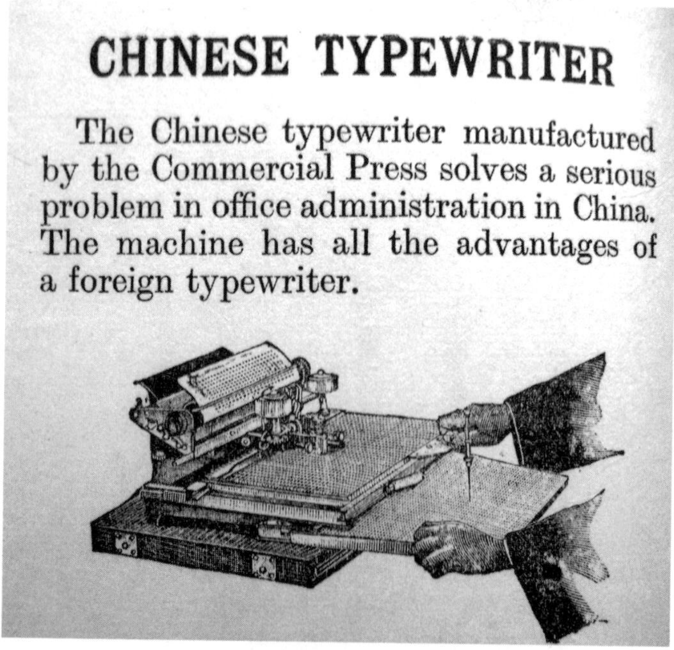
CHINESE TYPEWRITER
The Chinese typewriter manufactured by the Commercial Press solves a serious problem in office administration in China. The machine has all the advantages of a foreign typewriter.

4.8　商務印書館世界博覽會宣傳手冊。圖文翻譯：華文打字機：商務印書館製造的華文打字機解決了中國辦公管理的一大難題。這台機器擁有外國打字機的所有優點。

在樹上的畫作下方的正中央有個展示櫃，上面刻著一塊牌匾：「華文打字機」[75]（圖4.7）。

為了全球首次亮相，商務印書館為舒式打字機製作了英文手冊。內容為外國觀眾精心調整措辭過，使這台機器迴避了手抄和印刷的本土框架，並微妙地暗示它實際上與西方世界真正的打字機不相上下。「商務印書館製造的華文打字機解決了中國辦公管理的一大難題」，宣傳手冊上寫道。「這台機器擁有外國打字機的所有優點」（圖4.8）。[76]做為代表中國參加費城世界博覽會的總代表，張祥麟必然對打字機的性能和迴響感到滿意。[77]商務印書館因「華文打字機的獨創性和適應性」而獲得「榮譽勳章」。[78]「這是一項奇蹟般的發明，儘管當中有三千個字元」，費城的一本指南罕見地讚美了中文打字機一番，「然而，打字員經過一兩個星期的練習後，便能夠立即找到任何字。訓練兩個月可以打二千個字，練習得更久，速度還可以更快。」[79]從一九二七年冬天開始，費城的報導陸續傳到中國。一月十二日，《申報》轉載了張祥麟的來信，內容提及贏得榮譽和獎項的中國公司的消息。商務印書館以舒式打字機名列獲獎者之中。[80]

然而，費城的一枚榮譽勳章並不足以平息來自海外，以及來自中國國內的批評和詆毀聲浪。一九二六年，與費城世界博覽會同一年，語言學家和漢字廢除論大力倡議者錢玄同再次抨擊了以漢字為基礎的分類、複製和傳播系統的低效率，大大批判了眾多目標。錢玄同首先批評基於漢字的字典、目錄和索引，他認為「漢字都是沒有辦法的，無論數筆畫、分韻、或依那狗屁之尤的什麼《康熙字典》分部法。」[81]錢玄同把他最尖銳的批評留給了中文打字機：

> 又如打字機，漢字的至少非列二三千字不可。二三千字的面積，大概不會很小吧。打字的時候，對於這二三千字，無論看得怎樣熟，總得一個一個的去找，第一個字在盡東北角，第二個字在西南角

> 倒數第八字，第三個字又在東北角靠中間第三行第十一字，第四個字在西北角靠下一些，第五個又在中央偏東南一些，……這真要「目迷五色」了。遇到沒有的字，不是要預先在「罕用字盤」中檢取加入（罕用字盤中也不能什麼字都有），便須用筆添上，您瞧，這夠多麼麻煩哪！拼音字只有幾十個字母和幾個符號，打起字來之便利，那本是不用說的。[82]

錢玄同的地圖類比既諧趣又辛辣有力。他巧妙地使用了「面積」一詞——這個通常用來指涉領土遼闊的詞——為他的批評定下了基調。他將中文打字員形容成一個迷失的靈魂，在一片由「二三千字」組成的廣袤土地上徘徊。為了強調這種距離感，錢玄同用基本方位來表達字盤上的字元位置，就像人們表達中國各省或城市位置的方式一樣。錢玄同假設的第一個字位於奉天省，第二個字在雲南或四川西南部，第三個可能在熱河，第四個在新疆東部，而第五個在陝西。

與此同時，回到美國，費城世界博覽會的中國館似乎又產生出一次我們在第一章見過的「中文巨獸」。在一九二七年二月十七日的《生活》雜誌上，漫畫家吉伯特・萊弗林（Gilbert Levering）畫下他對「中文打字機」的設想：一個巨大的奇特裝置，鍵盤大約有三十個鍵寬，三十五個鍵深——總共約有一千零五十個鍵（圖4.9）。[83]

此時距離「噠記」首次出現在大眾媒體上已經過了二十七年之久，看來他似乎還活著，而且還活得好好的。

Mr. Underhill: THIS IS OUR LATEST ACHIEVEMENT—A TYPEWRITER FOR THE CHINESE TRADE.

4.9　刊登於《生活》雜誌的「中文打字機」，1927 年
圖文翻譯：安德希爾先生：這是我們的最新成就——用於中國貿易的打字機。

Chapter

5

掌控漢字圈

打字員比任何人都必須更跟得上時代。
——《最新公文程式》，滿洲國，1932 年

不容忽視的是，日文打字機也可用於中文通訊。
——財務主管致祕書長的備忘錄，於淪陷的上海，1943 年

「為自由中國祈禱。」我在二〇〇九年夏天買的中文打字機上貼著一張貼紙，上面寫著這樣的話。這台機器來自舊金山的一所基督教教堂，多年來一直被用來撰寫每週的教會公報。「他們打算把它扔掉」，知道我的工作並通過電子郵件聯繫我的人解釋，「我把它保存起來，希望有人能找到方法來欣賞這種舊時的技術。」[1]這台機器是上海計算機打字機廠生產的雙鴿牌中文打字機，外觀是代表性的淡綠色。這是毛澤東時代（一九四九—一九七六）的打字機，於一九八〇年代末至九〇年代初停產。

然而，擁有這台機器的加州人破壞了它上頭的國家和黨派象徵。在「為自由中國祈禱」的貼紙上，醒目地印有國民黨的黨旗，宣誓在政治上效忠臺灣流亡政府（或北京所說的「叛省」）。這台機器進一步宣誓效忠美國，機器上的另一張貼紙印有代表美國的白頭鷹，鷹爪抓著箭羽。這隻老鷹威風凜凜地站在一對手無寸鐵的鴿子旁邊，這是該打字機的商標，證明這台機器服役於冷戰後期。

然而，除卻目前為止探討的技術語言視角，在哪些方面可以說一台機器具有政治性，譬如傳統的政黨政治、國族認同等等？製造者的身分，例如工程師及公司的出身起源地或意識形態傾向，很重要嗎？或者說，這種機器本質上就是中立的、無國籍的、具備世界性的呢？換句話說，一台在中華人民共和國製造的打字機，被美國親臺的基督教華人教堂使用，有問題嗎？還是說，技術物件從本質上而言，就不涉及這些過於人性化的問題？這些是我們將在本章討論的課題。

隔年，另一段插曲以意想不到的方式，讓類似的問題再次湧入我的腦海。二〇一〇年夏天在倫敦，一段從豪恩斯洛中央車站（Hounslow Central Station）到柯芬園（Covent Garden）的擁擠旅程中，我的左邊放著一個不起眼的消光棕色手提箱。在堅硬的壓克力外殼內，幾張皺巴巴的壁紙樣品固定著另一台中文打字機的主要零件，它製造於一九六〇年代。就在幾小時前，這個手提箱和裡面的東西都不屬於我，而是屬於倫敦郊區皮卡迪利線（Piccadilly Line）最外圍的一個馬來西亞華裔英國人家庭。這台打字機在新加坡被買下，在馬來西亞被使用，之後被運到倫敦，眼下正運往我在史丹佛大學的辦公室。它會成為我不斷增加的第二台機器收藏，而我發現，它的國族認同比第一台更複雜。[2]

我抵達伊芙琳．戴（Evelyn Tai）的家時，她熱情招呼我，引導我到裡頭的一個房間。伊芙琳在桌前坐下，開始演示邀我過來參觀的這台機器。她開始說道，「我已經二十年沒碰過它了」，「我盡力試試看。」伊芙琳開始打字，我問她是怎麼知道這兩千多個字元的位置。她的回答很謙虛，彷彿要忽略記憶力的功勞。「我就是記起來了」，她對這個答案做了些補充說明，解釋中文部首為何是關鍵，正如我們在第四章考察二十世紀早期中國的打字學校和課程時看到的。她解釋，在學習打字機的布局時，她首先了解到，某某部首的所有字元都位於某某區域。隨著時間推移，這種有意識的學習和記憶行為顯然逐漸轉化為肌肉記憶。「假如說我想找『新』」，伊芙琳隨口舉了個例子。她開始在打字機字盤上移動檢字桿，然後說「你馬上就知道『新』在這裡。」

有關伊芙琳這台機器的一切似乎都非常客製化。在一個四乘三英寸的小塑膠盒裡，她保留了一組她可能用得到的特殊字元，用鑷子將其放入她機器字盤中的一個空槽內。正如第四章討論的亨廷頓圖書館打字機及其使用者之間的密切關聯，他們的字盤證明了主人的生活和時代，伊芙琳的字元見證了她的基督教信仰，以及她身為教會成員所做的文書工作：**仙**和**拯**，以及極其罕見、專指上帝的第三人稱代詞「**祂**」。其他的就沒那麼容易解讀了，比如「**糕**」和「**丘**」——很可能是為了打出每週公報中的教會成員姓氏。

這台機器對伊芙琳的女兒來說也非常親切。當她母親演示機器時，瑪麗亞．戴（Maria Tai）就站在我們後面，聽她母親講解。與其他出生在馬來西亞的孩子不同，瑪麗亞是在全家第一次移民新加坡後出生。

瑪麗亞的父親曾在當地的三一學院擔任助理講師，她的母親則在一所隸屬當地衛理公會教堂的學校擔任幼稚園老師（他們都是長老會教徒）。伊芙琳在新加坡買了她的中文打字機，並用它來準備三一學院的課程教材，以及教會節目和禮拜程序。當瑪麗亞還是嬰兒時，她的母親就在新加坡成人教育委員會管理的中文打字學校，參加了為期三個月的打字培訓課程，並於一九七二年十月通過認證考試。之後他們再次搬家，這次到了倫敦。她的父親在那裡擔任聯合改革教會的牧師。搬家時他們拆解並運送了機器的絕大部件，除了打字機的壓紙滾筒。他們把滾筒裝在一個消光棕色的壓克力手提箱裡——也就是他們很快會交給我的同一個手提箱。

伴隨多次搬遷，母親打字的聲音對瑪麗亞來說始終如一，在四處奔波的童年歲月提供了一定程度的連續性。在家裡，伊芙琳有時會在女兒的協助下為教會繕打中文節目單，並用蠟紙複印。其他組織和機構也會請她幫忙，例如當地的社區中心和附近的學校與教堂。瑪麗亞說，即使她不在母親身邊幫忙，她仍然可以在深夜裡透過牆壁聽到機器低沉但獨特的聲音。那個聲音伴著她進入夢鄉。而今在二〇一〇年，當她看著母親演示這台機器時，她悄聲地插話：「那個聲音會讓我想睡。」

剛開始做研究時，我根本不知道在倫敦郊區的那次談話，竟讓我有深入鑽研中文打字機歷史的機會。在那幾個小時裡，我能夠拋開截至目前為止研究的許多政治性問題——字母文字世界如何理解中文打字的政治，常用字法對中文技術語言現代性的政治，拼合活字印刷術的政治等等——而是聚焦這台特殊的機器如何在一個女人的生活中占據二十多年。套用雪莉・特克（Sherry Turkle）非常貼切的說法，打字機是她的世界中「令人回味的物件」（evocative objects）之一。[3]這台機器上甚至有她的名字，底盤正前方貼了張壓花標籤，上面寫著「伊芙琳」。她對我說，「這是我的打字機，自始至終都是。」

然而，正當政治性問題從腦海中消失之際，它卻又突然出現，以一種截然不同的方式出現。我仔細查看機器，固定在機箱後部的一塊小牌子引起了我的注意，讓我腦海中描繪的浪漫圖像瞬間變得複雜起來。這塊牌匾上刻著：「中文打字機製造廠，日本經營機株式會社。」

這台中文打字機是日本製的。

一段全新的對話接踵而至，讓我們回到幾十年前的那天，當時伊芙琳和她的丈夫在新加坡的一家商店買了這台機器。她回憶說，這家商店有一系列的中文打字機，其中包括在家裡等著我的那款雙鴿牌打字機。雙鴿牌是當時中國和國際上使用最廣泛的中文打字機，主要是因為它是當時中國生產的唯一一款中文打字機。

現場另一款是「超級作家」（Superwriter），由日本經營機株式會社所製造。在結構和語言上，兩台機器的原理相同，都配有常用字字盤，上面排列著大約二千五百個漢字。打字機的操作方式也相同，打字員用右手將字元選擇器引導到所需字元的上面，並在適當的時機按下檢字桿。大體上來說，當時伊芙琳主要考慮的問題是日本和中國製造業的聲譽。她應該購買中國製、還是日本製的中文打字機呢？

正如每位歷史學家都知道的，像這樣短暫易逝的時刻，足以改變我們的研究路徑，導致我們在得耗費數年才能穿越的意外道路上奔馳，也讓旅途變得更加豐富。我再次翻閱我的檔案，將考察範圍擴展到東京的館藏，並開始關注以前沒考慮過的問題：在現代歷史的進程中，誰控制了中文文本的生產和傳播方法——何時、如何，以及為了什麼目的？

在研究的當前階段，我非常清楚，像雷明頓、安德伍德、好利獲得和麥根塔勒這些全球巨頭都曾嘗試進入中文市場，但全都失敗，更別說去壟斷市場了。我站在伊芙琳的客廳，腦中再次浮現這個問題：那日本呢？如果西方製造商已經證明無法將中文納入他們不斷擴大的世界語言清單中，而且無法想像非字母文字的打字機是什麼樣子，那麼以非字母文字的漢字（日語漢字，kanji）構成其部分語言核心的日本公司和工程師呢？這段歷史與當代的「ＣＪＫ」概念有何關聯？「ＣＪＫ」是當代運算領域一個包羅萬象的術語，指的是「中日韓」文的資訊處理、字體製作等技術的統稱。[4]當我看著這台日本製的中文打字機時，我是否實際上是在看著中日韓三國語言的「前史」呢？

在本章中，我們將審視日本打字機和日本接管中文打字機行業這段交織的歷史。儘管西式鍵盤打字機的神化將中國和中文完全排拒在超出雷明頓這樣的跨國公司可接受的技術語言現代性的範圍之外，但日本的跨國公司卻完全不同。日本有兩種獨特的打字技術，一種專門針對日語假名——雙音節、平假名或片假名——另一種針對是以漢字為基礎的日語漢字。在外觀和感覺上，日語假名打字機與雷明頓、安德伍德或好利獲得製造的機器沒有什麼區別。而日語漢字打字機則與中國製造的機器沒有差別。處於這種邊界地位的日本工程師在許多方面不像西方同業那樣想像力受限，他們從不將自己侷限於以鍵盤為基礎、且無法處理漢字的系統。相反地，日本在雷明頓失敗之處取得成功，開發了同樣以字盤為基礎，而且是中文打字員熟悉的常用字打字機。

日本的打字機公司早在一九二〇年代就進入了中國市場，這一進程隨著一九三一年日本帝國主義勢力在中國東北的擴張，以及一九三七年中日戰爭的爆發而迅速加快。到一九三〇年代後期和四〇年代，日本主導了中國打字機市場，並在戰後初期繼續發揮影響力（正如伊芙琳．戴選擇超級作家打字機的例子）。事實證明，「ＣＪＫ」有一段暴力的過去，與日本帝國的興衰和第二次世界大戰的恐怖密不可分。

介於兩種技術語言的世界之間：假名、漢字和日文打字的矛盾歷史

十九世紀後半開始，這個中國的東方鄰國便與自己的技術語言現代性問題搏鬥，日本電報、電話、工業化印刷、郵政、速記打字等的歷史都是例子。[5]正如南亮進所指出的，日本的印刷業是該國最早、且最徹底機械化的行業之一。[6]一八七六年，蒸汽動力在印刷技術上的應用徹底改變了日本國內報業，使日本出版商能夠跟得上貪婪和不斷增長的報紙讀者胃口。[7]十九世紀後半，電話和電報技術傳入日本，與清朝的時間線大致相同。[8]一八七一年，在丹麥大北電報公司（Great Northern）和英國大東電報局（Cable and Wireless）頒布中國電報代碼的同一年，日本假名的電報碼也被編寫出來，稱為日文電報符號（Japansk Telegrafnøgle）或電信字號。該電碼的長短脈衝對應至日本片假名音節，根據那個時代的主要字典順序排列，即伊呂波（iroha）分類系統（以同名的平安時代詩歌進行命名）。[9]隨著日本政府壟斷電信和郵政服務業，以及日本在一八八〇年代和九〇年代正式和非正式的帝國海外擴展，該網路開始迅速擴大。[10]

日本打字技術的歷史與十九、二十世紀東亞語言改革和現代化的歷史，以及那個時代人們對於基於漢字書寫的廣泛批評密不可分。事實上，廢除漢字的號角聲早在中國之前就已在韓國和日本響起。借用一位歷史學家的術語，做為「去中華帝國中心化」的一部分，韓國改革派的一支開始將繼承自中華文化圈的符號和意識形態特殊化和去普遍化。這些改革者相信「必須與東亞過去的跨國文化主義切割」，因此他們對漢字（基於漢字的文字，在好幾個世紀前就已被引進並應用於韓文）懷有特別的敵意，視其為科學（西方）發展的根本阻礙。[11]曾經被視為「真理文字〔真文〕」（chinmun）的韓文文字書寫系統中，基於漢字的部分逐漸被特殊化為外國文字——**中國**的文字，「僅根據其優點和做為交流工具」的面向來評斷它。[12]漢字無

可避免地逐漸被理解為與儒道學說緊密結合的文字，在當時飽受攻擊，被認為它們本質上是反現代的。且看厄內斯特·蓋爾納（Ernest Gellner）和後來的班納迪克·安德森（Benedict Anderson）對「真言」（truth language）的檢視——「真言」是一種宗教語言，如教會拉丁語、古教會斯拉夫語或「考試漢語（科舉文）」等曾被認為通往真理經典的唯一途徑——一旦這種潛在的真理越來越被認為是錯誤的，這些語言的特權地位必然會受到削弱。[13]

日本改革者在同一時期提出了驚人的類似論點，試圖將自身國家的命運與「東亞病夫」的形象脫離，從而趕上全球現代化的腳步。[14] 一八六六年，日本開成所的翻譯人員前島密向德川慶喜將軍上書了〈廢除漢字提案〉請願書，主張用假名取代日本漢字，[15] 以便提高寫作效率和加快語言教育的步伐。前島密於一八七三年成立啟蒙社，發行全假名報紙《每日平假名新聞》（*Mainichi hiragana shinbun*）。儘管該報紙在開辦第一年就以失敗告終，但假名的倡導者清水卯三郎在其一八七四年的文章〈平假名之說〉中進一步闡述了前島密的提議。[16]

第一台日本打字機只有假名，沒有任何日語漢字。這台機器由黑澤貞次郎（一八七五—一九五三）於一八九四年製造，仿照世界各地日漸盛行的單切換鍵盤打字機設計，旨在輸入平假名。黑澤貞次郎很快將注意力轉向片假名打字機的開發，並於一九〇一年完成這項工作。他以艾略特（Elliott）型號的史密斯—科羅納打字機（Smith-Corona machine）為基礎，這台機器因此命名為日文史密斯打字機（Japanese Smith Typewriter）。[17]

假名打字為西方製造商開啟了大門，他們也及時抓住這個機會。早在一九〇五年，雷明頓就將日語納入其龐大且不斷擴大的世界語言資料庫中，用全假名型號做為打入東亞市場的一種手段，同時規避日語漢字無法妥協的問題。銷售人員都被教導如何回答客戶可能會問的問題，尤其是雷明頓打字機上為何沒有日語漢字的問題。他們會這樣回答：「假名，特別是片假名，代表的是古日語發音，但日本在許多世紀前從中國吸納了大部分古典文學和先進學問，並在日文書寫中採用漢字。」「總之，打字機打不出日本人日常書寫中常用的大量中文字元。」[18]透過假名打字機，日本得以進入更廣闊的打字技術文化行列之中：技術原理、教學制度、可聽性等等。如同巴黎、貝魯特、開羅和紐約，假名打字手冊向學員介紹了「正確的打字姿勢」、「正確的手指形態」、「每根手指之於『鍵』的對應」。[19]假名打字也讓日本參與了西式打字機的全球浪漫——它的詩意、標誌性風格，甚至是用它製作出來的藝術品。例如，在一九二三年的一本教科書中，我們被三件打字機畫作所震撼，這些作品被認為是T．古賀（T. Koga，音譯）所作：羅丹的「沉思者」、耶穌基督畫像，以及一幅北美地圖，每幅作品都是由連續的鍵擊所拼成的。[20]

從一開始，全假名打字機就是一台帶有政治色彩的機器，它現代化的前提，是切斷日語與漢語正字法傳統之間的關聯。在本書第一章所探討的不可能存在的中文打字機巨獸形象，在日本的脈絡中再次出現，做為一種警示故事（以免日本也發現自己被逐出現代性世界）。雷明頓公司的報告上說，「我們諮詢過所有受過教育的日本人似乎都同意這個看法」，「日文的書寫方式既麻煩又過時，完全不適合人民目前的需要。」日本需要「用一套純粹的拼音系統取代目前十分混亂的系統，」「用於書寫片假名的雷明頓打字機的出現，有望為落實這一改變指出一條明路。」[21]

雷明頓公司很快就面臨其他渴望進入東亞市場的跨國公司的競爭。一九一五年二月，安德伍德公司贊助了由柳原亮成（Yanagiwara Sukeshige，音譯）開發的片假名打字機專利。八年後，該公司贊助了另一項片假名打字機專利，由曾擔任柳原亮成專利律師的柏翰．斯蒂克尼（Burnham Stickney）獲得。[22]雷明頓公司在一九一五年舊金山的巴拿馬—太平洋萬國博覽會上迅速回擊了競爭對手（就在這屆博覽會上，年輕的祁暄展示了他的實驗性中文打字機，但回響很小）。雷明頓的展館重點展示了一台全假名的日文打字機，由一位年輕的日裔美國女性北原次（Kitahara Tsugi，音譯）操作。印有她照片的公司宣傳明信片上，用片假名寫道：「雷明頓打字機目前已可書寫一百五十六種語言文字。在巴拿馬—太平洋萬國博覽會上向我們全世界的朋友問候。——北原次」[23]

全假名打字機問世後十五年，日語漢字打字機才被開發出來。該機器的出現，與全假名運動充滿活力的另一個對立面緊密相連：常用日語漢字運動。一八七三年，記者、政治理論家兼翻譯家福澤諭吉（一八三四—一九〇一）使用不到一千個漢字，為兒童編寫了三本教科書。在名為《文字之教》的著作前言中，福澤解釋，他認為二、三千個日語漢字就足夠了——其餘的日文書寫均可用假名來表達。[24]從一八七三年福澤的《文字之教》到一九二三年五月日本臨時國語調查會提出的「常用漢字表」，許多學者、政治家和教育家都對「常用日語漢字」的問題做了權衡考量。[25]一八八七年，矢野文雄*的著作《三千字字引》提出，大約三千個日語漢字就足夠了。[26]三十年後，東京和大阪的報業出版商聯合會於一九二一年三月二十一日發表一份聯合聲明，標題為「限制漢字數量之倡議」。[27]一九二三年五月「常用漢字表」發行後，許多報紙都表態支持，承諾在出版物中採用此漢字彙集。該計畫原定一九二三年九月一日開始實施，然而受關東大地震的影響，該計畫付諸東流，漢字使用的問題又延遲了兩年。[28]

日語改革的這一分支，最早的技術展現是杉本京太（一八八二—一九七二）發明的日語漢字打字機。早在一九一四年，杉本就報告了他製造中的原型機接近完成的消息，次年十月，東京商會介紹他的設備，後來被簡稱為「邦文打字機」——保留了幾十年前假名打字機開發人員使用的拼音化借詞表述方式。[29]一九一六年十一月，杉本向美國專利局提交發明申請，一年後獲得專利。[30]不久之後，杉本的打字機遇到了競爭對手，島田巳之吉發明的東方打字機很快出現在市場上，緊隨其後的是片岡光太郎的發明、由大谷公司製造的大谷日文打字機。東芝公司在一九三五年左右也推出了自己的日文打字機。這台機器與其他機器一樣，以常用日語漢字為前提，但它採用字元滾筒而不是平板字盤（圖5.1）。[31]

儘管種類繁多，但這些機器及製造商都遵循共同的設計原則和商業目標。結構方面，每台機器僅納入有限且精心挑選的常用日語漢字組合，根據伊呂波系統進行語音排列。[32]同時，製造商均將行銷活動專注在一組核心原則：準確、美觀、易讀，以及省力、省時和省紙。[33]

與中國一樣，日本也建立了一個環繞日語漢字打字機的教學網路，負責培訓日語漢字打字機的人員新血。然而與中國不同的是，日本的打字學校幾乎全是由年輕女性參與，祕書勞動力的女性化傾向與歐洲和美國的情況相近，也與日本國內的其他通訊行業雷同（圖5.2）。[34]一九二〇年代後期在東京和大阪進行的一項職業女性調查，讓我們得以一窺該國書記員的勞動力結構。被調查的近千名女性中，有超過半數年齡在二十歲以下，百分之九十以上未婚。她們的教育背景各不相同，大約百分之四十的人只有初中學歷，有上過女校背景的略多。大多數女性在政府或公部門工作，其次是私營公司和銀行。[35]

一九二〇年代，日本打字機製造商透過新雜誌《打字員》的發行，強化了打字業的性別特徵。該月刊創刊於一九二五年左右，由日本打字員協會出版，既是專業期刊也是女性雜誌，每期都採用清晰、大膽的

* 原文Yana Fumio，作者拼音有誤。《三千字字引》最初以附錄形式在一八八七年十一月的《郵便報知新聞》上發表，作者為矢野文雄（Yano Fumio）。

邦文タイプライターの種類

東洋タイプライター會社製
丸型　東洋タイプライター

日本タイプライター會社製
標準型甲號機（H式）

和文スミスタイプライター

大谷式和文タイプライター

5.1　邦文打字機
來自渡部久子，邦文打字機讀本（東京：崇文堂，1929）

5.2 日文打字員凱薩琳．土屋（Kathleen Tsuchiya）的照片，1937年（作者個人收藏）

5.3 日本《打字員》雜誌，第12卷第12期（1942年12月，昭和16年），封面

裝飾藝術，配上以各種形式描繪現代日本女性的封面圖片（包括穿著時髦的商務套裝、運動服以及傳統和服）。[36] 裡面可以找到一系列的內容，從短歌和美容技巧，對日本打字員生活和職業的探索，甚至是討論日本女性普遍面臨的各種問題的長文，都包含其中（圖5.3）。內容中廣告比比皆是，包括日本打字機公司以及女性消費品的廣告。該雜誌還收錄大量照片，其中一個常見主題是打字員畢業班的合照，可以看到學員們滿懷期待等著她們的工作。

日製中文打字機，或現代漢字圈的出現

一九三〇年代初期，日本擁有各種型號的打字機，分為兩大陣營：假名打字機陣營，它加入了雷明頓、安德伍德和好利獲得等全球認可的打字機文化；至於日語漢字打字機陣營，由於它與中文打字技術密切相關，因此被排除在全球技術語言文化之外。然而，日本打字機設計師的野心遠遠超出了他們自己的國家和語言。杉本京太在他一九一六年的專利中小心翼翼地指出，他的打字機是「為日文和中文設計的。」[37]當東京的發明家篠澤勇作在一九一八年六月提出專利申請時，同樣將新型打字機描述為適用於「使用大量字元的語言，例如日文或中文。」[38]無論是事後想法還是發明過程中的念頭，日文打字機的發明者都明確表達了他們對這項計畫的更大抱負和賭注：一個涵蓋整個東亞的市場。[39]

這群日本發明家在構思其計畫時，應該是想迎合廣大的中日（很快地還有韓國）市場，這並不令人驚訝。中國市場對日本發明家一直有著不可抗拒的吸引力，因為從理論上來說，日語漢字打字機是很有可能「處理」中文的。除了市場因素外，中國、日本和韓國在歷史上有著悠久的共同文化遺產——許多韓國和日本改革者從十九世紀末開始就試圖消除這種「跨國文化主義」，而一九一〇和一九二〇年代的打字機發明家和工程師正重新啟動此種嘗試並從中獲利。正如道格拉斯．霍蘭德（Douglas Howland）和丹尼爾．特朗拜爾洛（Daniel Trambaiolo）所解釋的，十八世紀的中國、日本和朝鮮外交使節經常使用「筆談」做為無法進行口頭交流時的書面對話媒介。如果一位官員幾乎不會說對方的語言，「解決這個難題的辦法——實際上最早是在接待外國使節時設計的——就是透過漢字書寫來交談，也就是知識分子在文學交流和官方辦公中使用的漢字。」[40]

儘管「中日」打字機的可行性源於中華文明跨國領域的悠久歷史，但二十世紀這番事業的推進動力與基本假設，和過去幾個世紀跨語言交流的目的卻截然不同。對發明家和工程師而言，將中、日、韓文結合起來——或稱「CJK」，二十世紀下半葉出現的縮寫——並不是出於對「同文」（共同文明）的肯定，也不是出於對「由中文書寫筆談能力所形成的語言共同體」的認可。[41]正是由於這種共同的文化遺產，如今日本和韓國才與中國一起面臨共同的技術語言危機，這是世紀之交赤裸裸的邏輯。這個在十九和二十世紀出現的全新、強大的全球資訊秩序，不僅將中國逐出技術語言現代性的世界，還無意間將日本和韓國捲入了中國技術語言的困境中。由於中、日、韓都繼承了「漢字」正字法，所以也共同陷入了一個新的空間資訊危機區之中。在這裡我將它稱為：**漢字圈**（kanjisphere）。

西方人對日語漢字打字機的看法，進一步強化了這種同一技術語言危機的觀念。前述的全假名打字機被譽為日本通往技術現代性的通行證，而與之形成鮮明對比，加諸在日語漢字打字機上的鄙視和嘲弄，與我們在中文打字機上看到的並無不同。例如在《紐約時報》的一篇長文中，瑪麗·巴傑·威爾遜（Mary Badger Wilson）報導，「有兩種偉大的語言……為數以百萬計的人使用，但我們的機器仍無法調整到能完整打出這兩種語言。它們是日語和漢語。」[42]威爾遜寫到她在華盛頓特區的日本大使館親眼目睹一台日文打字機的操作，她興沖沖地以通俗筆法描繪起機器笨重的尺寸，以及令人印象深刻（幾乎不可能的）對操作員記憶力的要求。「機器上大約有三千個字元」，威爾遜繼續說道，「日文打字員必須記住每個字元的位置才能達到要求的打字速度！」[43]在另一篇一九三七年的文章中，我們看到了更多對中國和日本機器的詆毀：

認為自己過勞工作的速記員，應該拜訪日本商工會議所的凱薩琳·土屋。她得先在美式打字機上敲出英文字母，接著在一台有著三千五百個不同表意文字的日文打字機上，以不熟練的方式「攫啄」*出一串象形文字。44

然而，最刺耳的負評往往最簡潔有力：「在一次文學雞尾酒會上無意間聽到：『一部俄國小說中的角色**往往比日文打字機的字元還多。』」45

如果漢字圈是由這種共同危機的概念所定義的，那麼它也同時具有一種強大的、顛覆性的樂觀主義——這把我們帶往第二項重要的區別所在，即它劃分了東亞文化圈的新舊概念。十八世紀的筆談實踐中隱含著一種強而有力的文化等級制，文言文做為交流的媒介，在其中享有特權地位。相比之下，在現代漢字圈時代，中國和中文已不再擁有典範性權威。相反地，一旦中國和漢字被重新定義為一種交流難題——一個需要被解決的謎題，而不是讓交流成為可能的媒介——這就為日本和韓國的發明家開闢了一種新的、令人興奮的、有利可圖的可能性：日本和韓國可以從中國文化遺產的受益者搖身一變，成為解決東亞技術語言現代性難題的場所。「中文解決方案」適用於日本和韓國工程師，也適用於來自全球各地研究日文和韓文打字問題的外國人。因此對杉本京太和其他這類發明家來說，現代漢字圈有個令人振奮的前景：發明日語漢字和韓文「漢字」打字機來解決「自己的」問題，同時還能獲得解決中文謎題的「正向外部性」，之後於金融、地緣政治和文化上更是有利可圖。

在一九二〇年代，日本製造商與商務印書館正面競爭。商務印書館是當時中國最重要的印刷資本主義中心，正如上一章所述，商務印書館是中國第一台在商業上取得成功的中文打字機——舒式打字機的製造商。顯然在這種情況下，日本發明家和製造商拋棄了用來表述外來語的片假名「タイプライター」，取而代之以日語漢字的「打字機」來命名他們的機器，試圖將日製的機器塑造為同樣可解決中文打字謎題、但更加優越的方案。此外，這種競爭的潛在利益不應被低估。如果日本的打字機公司能夠在雷明頓、安德伍德、麥根塔勒、好利獲得和其他西方公司都曾嘗試過、但都失敗的地方取得成功，那麼這個一直將美國、義大利、德國和其他國家排除在外的巨大市場很可能會對日本開放。雖然日本只占全球鍵盤打字文化的一小部分，但仍有機會成為現代漢字圈的技術語言霸主。

中國觀察家很快就知道，日本製的中文打字機設計原則與中國製的同類產品相同。這些機器配備了一個由約二千五百個字元組成的字盤，劃分成使用頻率較高或較低的區域。[46]此外，這些機器放棄了伊呂波系統，也放棄了假名符號，而是採用傳統的部首—筆畫排序法，這是當時中文打字機字盤（以及字典和其他參考書）的標準組織方式。儘管有些微小變化，但這些機器實際上還是與商務印書館開發的設備幾乎相同。

然而，最終確保日本在中文打字機市場占據主導地位的不是市場競爭，而是軍事力量和戰爭。一九三二年一月二十八日，來自帝國陸軍的日本飛行員飛越人口稠密的上海閘北商業區，向商務印書館辦公室投下了六枚炸彈，幾乎摧毀全部設施。該公司的機械工廠——中文打字機部門和其他企業的所在地——倖免於難，但後續大火無疑牽制了他們的商業經營一段時間。[47]此時在北方，日軍通過建立受其控制的附庸國滿洲國，來鞏固當時對中國東北的侵略。透過軍隊和工程師的力量，日本開始成為主導東亞漢字圈技術語

* hunts and pecks，這是一種打字方法，通常使用食指看著鍵盤並打字。

** characters有兩個意思，其一為「角色」，其二為「漢字」。

言的強權。

滿洲國成立後，很快地向日本本土招募祕書和官僚，打字學校也隨之成立。在這裡，一批批受訓中的中國書記員學習使用日文打字機和日製的中文打字機。[48]其中，奉天打字專門學校成立於一九三二年左右，它們的培訓手冊和課程與我們在第四章中看到的相似，但有一些值得注意的差異。[49]如同上海、北京和南方其他中國大都市的打字學校，學員透過課程和字彙幾何圖形，來幫助他們用身體熟悉字盤及其布局。與此同時，這些課程內容正反映了一種截然不同的政治願景——日本對滿洲國的願景。在一九三二年為書記員和祕書編寫的教科書中，編輯兼奉天打字專門學校的職員李獻延引導讀者了解他們可能遇到的各種新部門內和部門間表格的形式，其中許多表格與之前的打字培訓雷同。然而，李獻延教科書的第四章內容是前所未有的：專門討論「皇帝用紙公文」的信箋和政府制式文件。在滿洲國，中文打字機有史以來（也是唯一一次）用於書寫詔書和敕語，以「康德皇帝」的名義——更廣為人知的名字是清朝的小皇帝溥儀，他在一九一一年革命後被廢黜，但約二十年後被日本人扶植而復辟。[50]

從民族政治學和語言學的角度來看，滿洲國的打字學校是強權和矛盾的效忠心態構成的複雜圖景。在奉天打字專門學校及滿洲國各地，日本工程師製造的中文打字機很快就為中國打字員使用，而這批打字員是在日本贊助的機構裡接受打字培訓的。出自這批打字員之手的公報和備忘錄，都是為日本傀儡政權滿洲國服務，以復辟的滿清皇帝之名撰寫和傳布。李獻延無疑意識到這種複雜安排的政治性質，他在為中國讀者精心制訂的手冊序言中如此說道：「一國有一國的公文程式，一時代有一時代的公文程式，都是隨著國情和習慣而演進的。」

那末，述說公文程式的書籍，也要隨著時代而改革的，這是一定的理。打字員是專任謄錄公文的人員，所以打字員更要隨時學習新的公文程式，才能適合時代，才能供職工作。[51]

做為通敵協力者，李獻延的這番話絕非什麼詞藻華麗或慷慨激昂的辯護。反之，李獻延的這番枯燥言論和其教科書的乏味內容相互呼應。雖未明言，但李獻延對公文信件的評論卻清楚傳達了一個訊息：在滿洲國，在這片中國被武力瓜分的領土上，政治事務已今非昔比。你正在學習成為滿洲國、而不是中國的祕書，打字員必須跟得上時代。

盜版與愛國：俞斌祺和他的中（日）文打字機

中國的發明家和製造商眼睜睜看著中文打字機——這個得來不易的現代化標誌，迄今已走過半世紀的崎嶇道路——逐漸成為日本跨國公司的囊中物。一九一九年，一位不願透露姓名的《申報》撰稿人大聲疾呼並擔心這種情況，他將責任歸咎於中國不完善的專利制度，這給日本企業將自己的「中國」機器推向市場開了大門。[52]到了一九三〇年代，日本不僅在滿洲國北部，在中國的主要大都市都搶占了市場。中文打字機謎題的解決方法，以及更廣義的現代中文文本的生產工具，正落入東亞新興大國的手中，這是對中國主權的最大威脅。該怎麼辦？

一個不太可能的來源給出了一個可能的答案：游泳運動員和乒乓球冠軍俞斌祺。他一九〇一年生於浙

5.4　俞斌祺

江蕭山，畢業於東南商業大學，後赴日本商科大學攻讀研究所，並在早稻田大學攻讀工科。[53]進入軍隊短暫服役後，俞斌祺進入運動和體育教育領域，首先擔任上海市中心體育場的管理主任，後來成為中華體育聯合會游泳分會委員、中華全國乒乓聯合會主委。也許是因為長期的體育生涯，以及他身為天才游泳選手的名聲，俞斌祺也是一位萬人迷。一九三二年，俞斌祺溫文儒雅的肖像被刊在《男朋友》雜誌的封面（圖5.4）。[54]

俞斌祺也是一位業餘發明家，他為包括新型旅行枕和經濟型熱水器在內的發明申請了專利。然而，俞斌祺最著名的發明，無疑是在一九三〇年代開發並製造的常用字中文打字機——這款打字機從現有的打字機微調而成，這點很快就使他陷入可怕的政治漩渦。[55]

俞斌祺的兒子俞碩霖生於一九二五年，當時還只是個剛學會走路的孩子，他回憶起上海虹口區周家嘴路的自宅洋房，父親在二樓後屋設立了工作室。洋房一樓有間會議室可用來招待客人和客戶，後面還有一間私人辦公室。洋房二樓是一間臥室，後方是一個配有廚房和幾間工人宿舍的製造工作室。[56]

這位頗具創業精神的上海市民，更創辦了自己的打字學校：俞斌祺高級中文打字速記職業補習學校，簡稱俞斌祺中文打字職業學校。[57]課程在他辦公室的一樓舉行。幾年之內，學校有了一小群受過良好教育的五名教職員工。[58]擔任中文打字部主任的金淑清是學校唯一的女性，畢業於浙江農業大學，曾於南京市職業學校擔任打字教師，入職後不久成了俞斌祺的情婦。[59]王怡則擔任速記部主任，一九三五年從國語速記培訓學校畢業後加入俞斌祺的團隊。王怡也是教育部國語統一籌備委員會的委員。[60]

俞斌祺的學校一班約有十名學生。學員不限男女，前提是申請人得具有高中學歷或同等水準的職業經驗。課程會在五個月內完成，科目包括漢字索引的使用、複製油印機、打字機維修和打字實習等。學費因專業科目而異，打字班和速記班各收費三十元。此外，學生畢業後，俞斌祺和他的同事們會積極幫學生找工作——這是他行銷策略的基石，和我們在第四章研究的打字學校一樣。透過幫助畢業生進入政府和私營公司，俞斌祺不僅提升了打字學校的聲譽，還開闢了將俞式打字機推向中國市場的途徑。學校宣稱其在協助畢業生求職方面成效良好。[61]

乍看之下，俞斌祺似乎是中國應對日本製造商威脅的解方。俞斌祺是個瀟灑、國際化的城市人，幾乎在一夜之間確立了自己身為打字機巨頭的地位，不僅能與日本打字機公司競爭，還能與商務印書館資金雄厚的同行競爭。他建立了一個多管齊下的組織——包括製造、商業和教學部門。俞斌祺更是個富有魅力、不屈不撓的企業家，而且天性高調。例如，當我們仔細觀察俞斌祺中文打字機的字盤時，我們發現，俞斌祺甚至將自己的名字偷偷納入了常用字的陣列中：他的姓被嵌入字盤的第六十九列第三十三行，而斌和祺的字元則放在第六十一列第十行和第五十六列第十行。我們或許可以原諒他加入「俞」——它本身就是個常用字——但加入「斌」和「祺」這種罕見字，實在是自我膨脹。沒有其他打字機製造商會為這些字元犧牲寶貴的字彙空間，但他就是敢——這是這位企業家對世界無聲的嘲弄，此舉就像後來的電腦運算時代，程式設計者將自己的個人訊息嵌入程式編程之中。

仔細觀察俞斌祺的事業軌跡就會發現，這遠比一個愛國故事更加複雜。隨著我們深入挖掘，便可發現他對中華民族的誠意越發不清晰。俞斌祺稱他的發明為「中文打字機」，但更準確的名稱或許是一台「稍作修改的日文打字機」。具體而言，俞斌祺在一九三〇年左右開始研究H型日文打字機，改造其中的一個小零件，並重新命名為俞斌祺中文打字機。日本原型機唯一需要修改的部分是「字元定位裝置」，這是有助於確保字元在頁面上準確定位的裝置。這一部件的修改，是俞斌祺成功申請專利的唯一基礎。[62]

一九三〇年代初期開始，俞斌祺採取了精明的商業策略：盜版日製的日文打字機，來與日製的中文打字機競爭。這在後來發生了意想不到的危險轉變。當日本入侵中國東北和轟炸上海後，俞斌祺越來越不願意向家人以外的人談論他的打字機事業。正如他兒子回憶的那樣，俞家的客人被引導避開工作室，他的父親意識到這座城市的反日情緒越來越高漲。隨著抵制日貨的聲浪越來越高，一旦俞斌祺的祕密被揭露——他的作品不過是改裝過的H型日文打字機——就很容易引發不必要的關注。

確實如此。一九三一年，一位不願透露姓名的線民提醒發行量很大的報紙《申報》編輯們，俞斌祺中文打字機來源可疑，有冒牌之嫌。同樣被質疑的還有俞斌祺本人的政治背景。舉報人表示，雖然被認定為「國產」，但俞斌祺的打字機可能涉及與日本商人的祕密「勾結」。[63]這樣的指控肯定會引發人們的警覺。隨著「抗日救國」運動的開展，愛國的中國消費者們已開始抵制從海鮮到煤炭的日貨。《申報》刊登指控的第二天，俞斌祺就為自己辯護。他向抗日會出示收據，發誓如果有人能證明他從日本購買原物料，或是雇用日本工人，他願意以死謝罪。[64]十一月十一日，抗日會常務委員會在上海商會辦公室召開會議，討論針對俞斌祺的指控以及他的反駁。[65]

一九三二年一月，俞斌祺鬆了一口氣。《申報》報導，之前對俞斌祺的指控是假的，他的打字機已於一九三〇年獲得中國政府的專利，是優質的國產品，更被各地銀行、郵局和其他政府機構採用。[66]雖然仍不清楚俞斌祺是如何設法獲得《申報》這種正面而明確的回應，但他不失時機地修補了自己的愛國形象。一九三二年秋天，俞斌祺宣布了最新的打字機技術改良，以及他對支持國貨和抵制日貨所做出的貢獻：使用鋼質字模取代目前打字機型號使用的鉛質字模。然而，《申報》九月份的一篇報導轉述說，這項新技術是美國發明的，而且最早是由日本人將其應用於中文打字機上，而非中國人。在此過程中，日本商人獲得了豐厚的利潤，利用這些更耐用、更輕便的鋼質活字打出更清晰的字。俞斌祺把這項技術帶回中國，將其國有化，從而為中國消費者提供了進一步「抵制」日貨的手段。[67]同年，中國東北發生難民危機，俞式中文打字機提供百分之十的折扣出售，每售出一台就捐出三十元給東北各省。[68]公司後來加快捐贈進程，消費者只需先支付新機器三十元的訂金，他們就代客捐出這三十元。[69]在接下來的幾年裡，俞斌祺繼續對國家事業捐款，尤其是那些涉及人道主義危機和自然災害的事件。一九三五年，他的公司承諾從十二月到次年二月期間，每售出一台打字機，他的公司就會捐出二十五元給洪水受災災民。[70]

這個策略得到了回報，而且是在俞斌祺最需要的時候。一九三三年夏天，俞斌祺的公司出現資金短缺的情況，促使他尋求與其他中國企業家和工廠董事長們合作。俞斌祺表達自己希望獲得國內一到二萬元資金支援，或是將他的打字機專利出售給另一位國內發明家。俞斌祺的訴求在第二年得到回應，五家上海工廠加入了俞式打字機的製造行列。[71]到一九三四年秋天，《申報》刊登有關俞斌祺的文章，稱他對中文打字業的影響是一次「大革新」。[72]一九三四年底，與俞斌祺合作的國內銷售代理宏業公司報告稱，公司平均每月售出四十台俞式打字機，這一數字無疑得益於宏業公司提供消費者免費培訓。[73]《申報》後來又報導了俞斌祺成功開發的複印蠟紙，當這種紙與原型的油印機配合使用時，可以用來取代碳式複寫紙，並多製作出一千份清晰的複印文件。[74]一九三六年，《申報》甚至稱讚俞斌祺的機器「五倍於繕寫」。[75]

帝國的文書工作：日本打字員在中國

到一九三七年年初，俞斌祺看似終於洗白了俞式打字機的技術史，並毫無爭議地鞏固了自己的愛國形象。同年二月，俞斌祺在中國發明人協會籌備會議上被選為主席，他也參與了該協會的創立（再次彰顯出上海企業家的行事風格）。[76]俞斌祺甚至利用他的第一個愛好——體育來提升自己的聲譽。他跟其他乒乓球運動員開辦了一場比賽，以籌措資金支持危機四伏的綏遠省。[77]

然而，短短幾個月的時間裡，一切都變了。一九三七年七月，日本全面入侵中國，發動了一場歷時八年、奪去二千至二千五百萬人性命的戰爭。隨著十一月上海和十二月南京淪陷，國民政府撤退到武漢三鎮。在一場殘酷而代價高昂的武漢保衛戰後，這座城市亦於一九三八年十月淪陷，迫使國民政府再次撤退，這次是深入中國內陸的重慶。

日本入侵後，控制了大量的中國資訊業基礎設施，這不僅涉及中文打字機，還包括西式、中式等所有型號打字機的生產和銷售。這一時期的打字機進口統計數據給出了一幅鮮明的畫面：日製打字機日益增長，並快速全面占據主導地位。從一九三二年到一九三七年底，美國是打字機和打字機零件到中國的主要出口國，所有其他國家都相形見絀，滿足了在華外國商人和租界區英語職員對英文打字機的需求。在同一時期，德國排名第二，主要是憑藉該國精密工業的實力。一九三七年，這種長期以來形成的經濟模式開始出現轉變。短短一年內，日本在打字機進口市場的占有率遽增，從一九三七年底到一九四一年初，每年都從美國手中奪走市場份額。繼一九四一年對美宣戰後，日本同時對東南亞發動軍事占領，從此幾乎完全掌控了中國的打字機進口市場。美國對中國的打字機出口驟降至幾乎為零（圖5.5）。[78]

占領西方打字機進口市場，僅僅只是日本對中國資訊業基礎設施實踐新興霸權統治的一部分。在電報和電信領域，正如楊大慶所表明的，日本建構了強大的電信網，實現了「前所未有的行政集權和帝國市場一體化」。[79]到了一九四〇年，全面入侵後的短短幾年內，日本與中國的占領區、滿洲國及殖民地交換了大約一千兩百萬封電報——這個數字是該國與世界其他地區電報通信總量的十多倍。[80]

在帝國官僚主義需求的推動下，中國成為日語漢字打字機的巨大市場。特別是從一九三八年秋天到一九四二年，日本從最初的攫取壓榨政策轉為試圖建立穩定的殖民政權，日本媒體上開始出現愛國打字員的故事。[81]一九三八年一月四日，《東京朝日新聞》刊登了「愛國六女性」抵達天津的消息，之後又持續進行定期報導。一九三九年，該

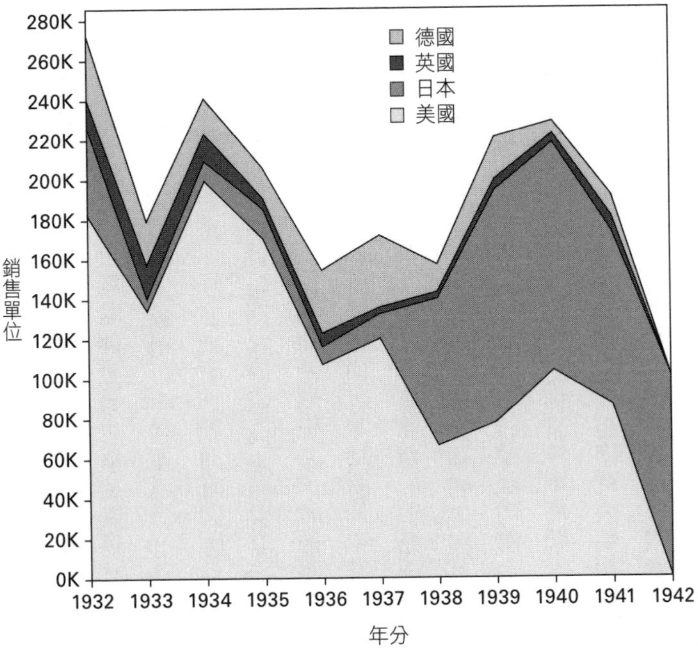

5.5　打字機及打字機零件進口到中國的銷售數量，1932-1942

報追蹤一名年輕打字員前往南洋為國效力的新聞。[82]報導解釋說，日軍走到哪裡，這些勇敢的日本年輕女性就跟到那裡，冒著人身安全的風險，監督占領區的文書工作。在《打字員》的秋季號中，一位撰稿人回憶了她在山形女子職業學校的恩師，離開日本前往亞洲大陸的大場幸子。一九四一年九月二十五日，大場幸子即將啟程，在這場（邦文打字員協會山形支部）支部長也出席、憂喜參半的歡送會上為她敬酒前，大場幸子簡潔有力地喊著：「我會非常努力的！」該文作者感嘆，看到大場離開真是可惜，她是一名訓練有素的打字員；但這位恩師為支持帝國戰爭做出如此大的犧牲，讓她感到十分驕傲。[83]

這種愛國打字員自我犧牲的魅力，其中最具代表性的是櫻田常久（一八九七—一九九〇）一九四一年的中篇小說《從軍打字員》，內容講述一位年輕打字員在十九歲時陪同日軍前往張家口的故事。[84]她放棄日本大都市的安逸生活，決心冒著危險前往蒙古。[85]在《打字員》雜誌的另一個系列中，一名日本軍官記錄他穿越中國南方的路線，這位日本軍官表示，自己在某地遇到一家日本打字機構，當身處其中看到整套打字配備時，耳邊迴盪著日文打字機那充滿鄉愁的打字聲，讓他感覺就像一個新的大陸政府的勃興和大東亞共榮圈的建立。[86]

日本打字學校遍布中國的日本占領區、滿洲國和臺灣的各大城市中心。正如《打字員》的一篇報導所轉述，到了一九四一年，臺灣幾乎沒有任何一家公司沒有日本打字員，這是一種「打字員熱」（taipisuto netsu），每年大約湧入五百名新的打字人員，而這些人來自中學、女子學校或與日本打字機公司相關的培訓機構。事實上，日本打字機公司臺北分公司的負責人表明他的雄心壯志，就是讓他們的打字機「進入每戶家庭……就像歐洲和美國那樣。」[87]

同文、同種、同打字機：中日韓文（CJK）的戰時起源

日本帝國主義的擴張，無疑對日文打字機的銷售大有助益。然而，「日本打字機公司」（Nippon Typewriter Company）和其他公司在戰爭期間持續擴大投資中國資訊技術市場。與之所獲得的收益相比，日文市場就相形見絀了。到一九四二年，該公司已經可以誇耀其在中國的高市占率，大連、新疆、奉天、鞍山、哈爾濱、吉林、錦州、齊齊哈爾、上海、北京、天津、濟南、南京、張家口、厚和、太原、漢口、晉城和臺北都設有分部。[88] 在日本各城市也有分部支援，包括大阪、名古屋、札幌、仙台、新潟、金澤、靜岡、函館、小倉和福井。日本打字機公司已成為當時世界上最重要的打字機製造商之一。此外更重要的是，它實現了雷明頓、安德伍德、奧林匹亞、好利獲得和麥根塔勒都未能實現的目標，也就是進入並主導中文市場。另一方面，商務印書館和俞斌祺公司的市占率則急速下降。

主宰中國市場的旗艦機，是日本打字機公司製造的「萬能」打字機（Bannō）。一九四〇年，《遠東貿易月報》出現一幅這台

5.6　日產「萬能」打字機廣告（可用於日、滿、華、蒙文）

打字機的廣告，名稱既冗長卻又饒富意味：「日、滿、華、蒙文各種打字機」，顯示該設備是日本「大東亞共榮圈」的具象化，體現民族和諧和「同文同種」（圖5.6）的殖民口號。[89]這也象徵了日本製造商首次將他們的機器定位為不僅適用以漢字為基礎的東亞文字，也可用於滿文和蒙文等字母文字。這台機器很快就融入了慶祝滿洲國「民族和諧」的活動，其中包括一九四一年的「全滿打字競賽」，來自新疆、大連、奉天、鞍山、本溪湖、牡丹江和哈爾濱等城市的打字員齊聚一堂。[90]

這些情況對中國製造商產生了不利的影響。「萬能」打字機成為中國市場的首選和必選產品。它很快取代了商務印書館製造的舒式華文打字機和俞斌祺的俞式打字機。商務印書館試圖發布改良版的舒式打字機來做出回應，改良後的機器有更大的壓紙滾筒、使用墨球而不是墨帶，也調整出更適合中西文字切換的列印間距。[91]然而，儘管做出了這些努力，商務印書館仍無法與之競爭。至於俞斌祺，他那曾經出名的公司，如今僅剩一個空殼。俞斌祺的工廠雖仍被稱為「製造」工廠，但已沒有資金、也沒有市場繼續生產或銷售打字機，只能透過提供小規模維修、打字服務和熔鑄金屬活字勉強維持生計。[92]至於俞斌祺本人，他似乎在體育界尋得了庇護。他出現在戰時零星的報紙報導中，參與各種體育比賽和新成立的體育組織，包括在一九四三年的上海乒乓球比賽中頒發獎牌，以及在一九四四年五月第三十九屆日本海軍田徑比賽中擔任首席計時員。俞斌祺的生活產生了巨大變化，跟戰爭期間的無數其他人一樣。[93]

共謀與機遇：日本占領下的中文打字員

由於無法自己生產出替代品，中國打字機公司別無選擇，只能與日本合作。正如柯博文（Parks Coble）和卜正民（Timothy Brook）所表明的那樣，在日本控制下經營的中國資本家不太關心愛國主義和抵抗運動，而是更關心家族企業的生存。很少有案例符合戰後中國歷史所表揚的「民族英雄敘事」。[94]只有一小群中國資本家逃離日本占領區，跟著國民政府向西遷移，走上流亡的道路。大多數留下來的資本家，無論是協力者還是非協力者，他們都對重建中國破敗的經濟、工業和農業部門，以及修復國家的稅收制度一事深感擔憂。[95]

對於那些從事中文打字機業務的人來說更是如此，他們轉為從事其他各種維持溫飽的經濟活動，例如，中文打字機需要定期清潔保養，在日本占領時期就由趙章云打字機修理部等公司提供此項服務。[96]卜正民選擇用「戰時共謀」（complicities of the era）一詞來總結此一時期日本占領者、中國協力者、中國非協力者和直接抵抗者之間的糾葛——無論是環球（Huanqiu）華文打字機製造廠、張協記（Chang Yah Kee）打字機公司，還是銘記（Ming Kee）打字機行等中國公司和商人，都在為在整個戰爭期間的中日文書記行業服務。[97]

與此同時，面對不斷變化的政治和語言環境，中國的打字機製造商借鑒了日本打字機公司的做法，開始強調自己機器的雙語特性。中國標準打字機公司推出了一系列雙語打字機，例如「標準橫直式中日文打字機」，同時可處理中文和日文的能力是它最重要的賣點。這不僅是因為使用日語的官僚體制在中國日益壯大，也是為了與中國公司面臨的新一波威脅浪潮相抗衡：日語漢字打字機正被改裝成能夠處理中文，只需清空字盤並重新配備漢字字模就能完成改裝。[98]一九四三年八月，上海公共事務局主任收到請款要求，要購買兩台中文打字機。在批准核發款項的同時，財政科官員補充說：「不應忽視，日文打字機也可用於中文的通信事務。」[99]在另一項要求增購中文打字機的請求中，上級批覆同樣強調日文打字機的改裝潛力：「只要將字模替換，公共事務局現有的兩台日文打字機也可用於打中文。這三台打字機或許可以滿足目前所需。」[100]

戰時複雜的共謀與機遇在課堂上尤其明顯。中國的打字學校在日本占領期間激增，中國教師團隊培訓越來越多的中國學生，形成一支精通新技術的書記員隊伍。某種程度上，這些機構是尋求機會、可能性和社會流動性的空間，同時也是年輕男女聚集的空間；這群人在相對較短的培訓時間內，支付相較於正規教育的高昂學費來說更容易承受的成本，試圖晉升白領，定位自己的人生方向。

這些日本占領時期小型打字學校的文化，很難從現有的原始資料中重建，但有些資料還是為我們提供了某些解釋的可能性。檔案紀錄證實，戰時營運的眾多打字學校都需要被理解為一個令人感到親切、甚至興奮的地方：年輕的中國男女在這裡來往，許多人希望在這個兵馬倥傯、風雲變色的時期得以安身立命，並盡可能掌握自己的未來和生計。例如，北平市私立廣德文打字補習學社大約成立於一九三八年，也就是戰爭爆發的第二年。一九三八年，在國立北平大學藝術學院畢業生、年方二十七歲的安豐縣人魏賡的指導下，該校的學生有十七名年輕女性和十三名年輕男性，女學生年齡從十六歲到二十七歲不等，平均年齡十九歲。儘管大多數女學生都擁有中學教育背景，但教育背景差異很大：從僅有受過初中教育，到有一位畢業於法國天主教佑貞女子師範學校（此校建於一八一七年，位於現今北京市西城區）。[101]至於參加同一個課程的十三名男性，年齡和教育背景的情況也相似。男學生從十七到二十歲不等，大多數擁有中學教育背景，其餘成員則高低不等。[102]

培訓超過一年的學生並不罕見——遠超過一般三個月的培訓期——這種做法和策略，目的是應對那個時代的經濟不確定性，或者在亂世中建立一種延續感。一九三七年，同樣在北京的私立暨陽華文打字補習學校有八名女學生和四名男學生。他們的年齡跨度較大，女學生從十七歲到二十七歲不等，男學生則從十八歲到二十八歲不等。兩組學生的教育背景完全相同，除了一名學生之外，全部擁有中學學歷。在一九三七年結束訓練後，除了一名學生之外，幾乎所有成員都在一九三八年重新註冊，另外還加入了十七名新學生。雖然學生的動機遠非我們所能理解，但這種集體延續學習的現象促使我們思考，如同暨陽華文打字補習學校這樣的專業學校是否在日本入侵後的動盪時期提供了避難所，又或許是一種延續職業認同感的方式。[103]無論動機是什麼，引人注目的是，當這十一名繼續學習的學生一年後再次相聚，他們之間必然會形成某種無形的紐帶。

與此同時，這些中文打字學校也做了一些政治妥協。學生使用日本製的打字機學習，也在與日本存在一定關係的教職員指導下工作。最樂觀的情況下，學生能在協力政權或被日本利益滲透的私營單位找到工作。在北京的私立廣德文打字補習學社，學生使用兩台日製中文打字機進行訓練：萬能中文打字機和標準式華文打字機。[104]一九三八年十二月，三十八歲的盛耀章創辦了私立東亞華文打字科職業補習學校，學生同樣使用四台日製中文打字機進行培訓：菅沼式（Suganuma-style）中文打字機、縱橫式華文打字機、萬能中文打字機和標準式華文打字機。[105]同時，北京私立暨陽華文打字補習學校的學生也全都使用日本設備，以及日本打字機公司出版的《中文打字教材》，這是該公司專門針對日製中文打字機所編寫的。[106]

就像這些學校使用的教科書和設備一樣，教職員也與日本有著直接或間接聯繫。例如北平市私立育才華文打字科職業補習學校，二十七歲的校長、紹興人周雅儒是亞東日華文打字學校的畢業生，曾在日華貿易株式會社擔任打字員。[107]在北京西直門大街，二十三歲的李有堂負責管理一九三八年十月左右成立的私立寶善華文打字補習學校。畢業於日本天理教學校的他，回到北京後在北京日本天理教會任教。此後不久，他與一位姓李的同事合作，後者也和他一樣留學日本，畢業於日本的一所語言學校。[108]戰爭全面爆發後第二年，兩人共同成立了寶善華文打字補習學校。

北京市私立亞東日華文打字補習學校創辦人盛耀章也是這段歷史的一環。盛耀章是奉天省遼陽縣人，畢業於奉天日華打字學院，與前述的培訓網路（奉天打字專門學校）均屬同一系列，該校教職員李獻延於一九三二年首次在報上為指涉通敵合作的書記協力主義（clerical collaborationism）一事辯護。[109]他大概沒意識到自己這份陳述所代表的終極含義：**打字員必須比任何人都更跟得上時代**。

到了一九四〇年，中國的打字業進入了一個矛盾重重的時期。做為一種物質商品，中文打字機正在蓬勃發展，擁有比以往任何時候都更強大的製造和行銷網路。做為現代性的象徵，打字機的地位達到前所未有的高度，做為技術語言進步性的代表形象也變得穩定，這對中國來說堪稱是史上首見。然而，這個技術語言現代性象徵的結局，與周厚坤、祁暄、舒震東和商務印書館經營者們最初設想的截然不同：這個蓬勃的網路是由日本的跨國公司創建和管理的，這也讓中文打字機表面上的中國身分備受質疑。這一象徵如今已被日本透過暴力所打造的一個多民族、多語言帝國的狼子野心所包裹，甚至同化。

仿效日本以救中國：雙鴿牌打字機

一九四五年夏天，第二次世界大戰慘不忍睹地結束了。日本都市區當時已在盟軍轟炸機的射程範圍內，冬春之際遭逢了大規模密集轟炸，包括三月蹂躪東京的燃燒彈攻擊。為期兩天的轟炸過程中，盟軍的燃燒彈造成大約十萬人死亡。五月，柏林的陷落和納粹投降加速了歐洲戰場的結束，這讓蘇聯和盟軍得以將注意力充分集中在太平洋戰場。八月六日，美國投下了兩顆原子彈中的第一顆，摧毀了廣島市，大約有九萬至十六萬名居民喪生。兩天後，蘇聯向日本宣戰，讓強弩之末的日本皇軍腹背受敵。隨後在八月九日，第二顆原子彈投下——這次是長崎市。八月十五日，日本宣布無條件投降。

日軍的投降引發各地大規模的遣返，如華樂瑞（Lori Watt）的研究所云，有近七百萬日本人開始撤離中國、滿洲國和原日本殖民地。[110]在中國，這個日本曾占領的社會和經濟體，日本人離開後是民生凋敝、一片荒蕪。眾所周知，八年抗日戰爭讓中國經濟陷入一片混亂。

一直到戰後初期，中國打字機製造商才能夠重新控制市場。然而，即使是這種「復甦」也遠沒那麼簡單。二次大戰後，那位孤獨、溫文儒雅、運動員出身的發明家俞斌祺，他曾經的經營策略很快地成為整個中國打字機行業的集體戰略。一個個曾與萬能中文打字機競爭的中國商人，乾脆開始複製或直接出售它——同時暗自忽略它的日本背景。許多從事模仿的人都是比俞斌祺年輕的中國商人，或許真的是受了他的啟發。一九四〇年代後期，俞斌祺的前員工陳長賡重操舊業，開設了自己的打字機製造廠。這家工廠位於上海，銷售「民生打字機」——公司名稱直接取自孫中山的「三民主義」。然而，在陳長賡編寫的打字手冊封面上，印的不是別的，正是日本製的萬能打字機。也許換掉了原本「日本打字機公司」的面板，改成寫

5.7　「民生打字機」——萬能打字機的複製品

上「民生」字樣的面板，但他的公司之所以能運營的前提，還是以戰後接收的日本打字機製造業為基礎，只是重新包裝為中國製國貨。看起來，俞斌祺把陳長賡教得很好（圖5.7）。[111]

陳長賡並不是戰後唯一一位將資金押寶在萬能打字機的接收和中國化的企業家。一九四九年，俞斌祺網路中的另一名同事開始販售他所謂的「范式萬能式中文打字機」。范繼舲本人多年前畢業於俞斌祺的打字學校，他並沒有更改打字機的名稱，但他在描述萬能打字機時使用的文字，均避免提及戰時的日本淵源。[112]范繼舲在他的教科書中解釋，「自萬能打字機倡行以來，因其構造精良，數年間普及各地，備受用戶稱譽，他式機器，相形見絀，漸歸淘汰……。」

然而，最有效率的模仿者，是新成立的中國共產黨政權，它在一九四九年革命後短短幾年內開始接管日本打字機產業，並將其轉為中國的國有企業。一九五一年，天津公營工業管理局接管了日本打字機公司，將其改組為紅星打字機廠，這個名字和之前的「民生」一樣，在意識形態上十分貼切，也反映了愛國精神。

即使日本產業被普遍接收和國有化，進口打字機也被施加嚴格限制，中國政府和企業界仍無法完全阻止日本在中國打字機市場的影響力。在天津，新收歸國有的紅星打字機廠主要業務仍然是從日本進口日製打字機和計算機。根據一項估計，一九五一年進口了四千多台打字機和計算機，而且大部分來自日本。該報告寫道：「若將全國各地進口數字加以統計，國家經濟之損失實為驚人。」[113]「我打字機製造業在祖國人民的立場，於此有莫大之痛心與恥辱。」[114]

一九五〇年代開始，中國國內的打字機行業與新政權合作，對日本的市場主導地位做出共同應對，將高度分化的中國公司網整合為更大的企業集團。[115]十家獨立的中國打字機公司開始著手成立上海中文打字機製造廠聯營所。新俞氏打字機製造廠的韓宗海、文化華文打字機製造廠的陶敏之、精藝打字機製造廠的童立陞、中國打字機製造廠的胡志祥、民生華文打字機製造廠的陳長賡，以及其他合夥人開會決定如何進行合併。[116]該聯營所總部位於天津路七號，由韓宗海、李兆豐和胡志祥管理。[117]這個聯營團體後續開發了後來成為中華人民共和國象徵的打字機：雙鴿牌中文打字機。

上海計算機打字機廠在研製雙鴿牌打字機時，採取了與俞斌祺、陳長賡和范繼舲等人相同的模仿政策——只是這次仿製的規模是全國性的，而且有政府的支持。雙鴿牌打字機的設計者明確地以日本製的萬能打字機為基礎。[118]雙鴿牌打字機的發展分為三個階段。一九六二年七月到十一月，該團隊製作並測試了四台原型機。一九六三年七月到十一月，團隊又對另外四十台原型機進行製作與測試。一九六四年一月到三月，團隊對原型機做了進一步修改，然後對修改後的原型機再進一步測試。[119]一九六四年三月二十五日，最終機型於一次公司代表大會上展示，出席者包括上海機械進出口公司和上海打字機商店的代表

5.8　雙鴿牌中文打字機

（圖5.8）。[120]內部報告直言不諱地說，「雙鴿牌ＤＨＹ型中文打字機是在萬能式中文打字機基礎上改型的產品。」[121]

和之前提到的打字機工廠一樣，上海計算機打字機廠及其國家贊助者很快就忘掉了他們的中國打字機的日本淵源，以及日本在戰時主導中國資訊技術的那段歷史。取而代之的，是日本製的萬能中文打字機被重新改裝並悄然復活，搖身一變成為中國製的雙鴿牌打字機。

回想起伊芙琳．戴在新加坡商店購買打字機的那一天，原來，她在日本製的超級作家和中國製的雙鴿牌打字機之間做出的選擇，遠沒有我最初所想像得那麼絕對。二十世紀上半葉的東亞資訊技術史——特別是一九二〇年代到一九六〇年代——模糊了原本在我們的故事裡可能壁壘分明的國別界限。可以肯定，超級作家打字機是日本製的機器，但其設計背後的語言學和機械原理，以及推動其發展的動機，都與我們迄今為止所研究的中文打字技術的深層歷史有著密不可分的關係。

至於雙鴿牌打字機，它的界限也很模糊。雖然它是由中國製造商、商人和國家當局組成的聯營團體所製造的，雖然它成為毛澤東時代的象徵性打字機，但這台機器的歷史本身與日本占領的歷史、日本對中國打字機市場的攫取和萬能中文打字機的歷史三者密不可分。就我而言，我很快就意識到，家裡梳妝台上那台淡綠色的打字機——表面上堪稱是所有中文打字機中最具中國特色的——在我的眼中已經不同於以往了。

雙鴿牌打字機將在中國的故事中扮演核心角色，屆時我們將見證毛澤東時代的打字員如何以工程師未曾預料、甚至認為不可能的方式重新思考它和其他的打字機。但在此之前，我們尚須最後一次漂洋過海，來到美國曼哈頓的一間工作室，調查暢銷書作家、語言學家、文化大使和打字機發明家的林語堂在此進行的實驗。正如我們將看到的，這些實驗將永遠改變現代中國資訊技術的歷史，在人類、機器和語言之間建立一種全新的關係。

Chapter

6

QWERTY 鍵盤已死，QWERTY 鍵盤萬歲！

林語堂發明了中文打字機：一個小時就能完成現在一天的工作。
——《紐約先驅論壇報》，1947 年 8 月 22 日

雖然它是十二萬美元換來的，雖然它使我們背了一身債務，但是父親這個嘔心瀝血之創造，這個難產的嬰兒，是值得的。
——林太乙，林語堂之女

我認為這就是我們所需要的打字機了。
——趙元任談明快中文打字機，1948 年

位於加州山景城（Mountain View）的計算機歷史博物館，是科技愛好者的聖殿。二十間展覽廳和世界級的文物收藏，呈現了計算機、打孔卡、程式設計、記憶體、圖形處理和網路，以及許多其他計算機技術領域的歷史。其中最著名的收藏是UNIVAC I（通用自動計算機）及Cray-2超級電腦，而最精美的或許就是差分機二號（Difference Engine No. 2）——它如實重建了查爾斯・巴貝奇（Charles Babbage）未實現的設計圖傑作。

穿過收藏最初五個世紀的展覽區後，來到「輸入／輸出」展覽廳，這裡就像個百寶櫃，收藏了可穿戴的鍵盤「手套」，現今已被遺忘的早期滑鼠原型，以及數十種其他稀奇古怪的物品。在這個大廳有一塊招牌，非常素樸不起眼，幾乎沒有什麼人注意。上頭寫著：

> 鍵盤：由於有許多新元件等著被創造，電腦設計人員很慶幸不需重新研發文字的輸入和輸出設備。他們使用現有的電傳打字機和自動打字機——包括公認的QWERTY鍵盤。

我們可以從這則解釋中聽出一份如釋重負的感覺，這是電腦計算機歷史敘事中難得的平靜時刻，畢竟這個產業是以「顛覆」和持續不斷的動盪為榮的——計算機產業之所以能夠獲利，正是因為**保持原樣不會比較好**。儘管如此，在這段寬廣、動盪的歷史中，至少QWERTY鍵盤不需被重新審視——謝天謝地。

對中國的歷史學家來說，這個跡象描述了以矽谷為首所呈現的資訊科技史，與本書所研究的資訊科技史之間的根本差異。在矽谷，文字的輸入和輸出問題被視為相對簡單——甚至無趣——尤其是相較於內儲程式計算（stored-program computing）、磁芯記憶體（magnetic core memory）、網路通訊協定（network protocol）等「硬」問題。然而，請想像一下，這座資訊技術博物館若設在中國會是什麼樣子。當然，其中大部分收藏會是相同的，必定會對早期計算、磁帶、乙太網路纜線等共同的譜系和遺產表達必要的敬意。而且，跟山景城一樣，那裡肯定會有算盤。然而，「輸入／輸出」展覽廳就需要澈底改頭換面。與西方電腦系統設計人員「慶幸**不需**重新研發文字輸入和輸出」不同，那些在中國資訊技術相關領域工作的人別無選擇，必需將輸入和輸出視為他們最複雜的挑戰之一。如果不對中國資訊技術的歷史投入充足的研究篇幅和注意力來解釋，我們就無法對此一問題釋懷，或沾沾自滿。在中國，文字的輸入和輸出問題需要成為焦點。

許多讀者可能會很驚訝，在得知中國的電腦與美國的看起來完全一樣，連QWERTY鍵盤都一樣的時候。如果你待在北京、上海或成都的咖啡館內，肯定會遇到一些千禧世代創業者正在用QWERTY輸入設備努力工作。然而，中國的QWERTY鍵盤並沒有看上去那麼簡單。

在字母文字世界，QWERTY鍵盤是在「所鍵即所得」的框架內被使用。當敲下標有T－Y－P－E－W－R－I－T－E－R的按鍵時，人們會預期相同的字母出現在螢幕上。在大多數語言環境中，情況也是如此：按下標有「ш」或「א」的鍵，相同的符號會出現在螢幕上，這是世界上多數地方對電腦操作不言而喻的假設。然而，由於中國在現代資訊技術全球史當中的地位——如我們在本書所描繪的——QWERTY鍵盤在中國並不是、也無法照這種「所鍵即所得」的方式使用。相反地，QWERTY鍵盤在中國是在「輸入」的語境下使用，這種人機互動（human–computer interaction, HCI）的形式自一九五〇年代以來，一直是中國電腦和文書處理的基礎。世界其他地方的「打字」建立在使用者假設按鍵上的符號和螢幕上的符號存在一對一的對應關係，但中文的「輸入」並沒有這種假設。如果這聽來出人意外，我們可以換個方式理解：打出符號「Q」、「W」、「E」、「R」、「T」和「Y」的鍵只是**啟動器**——它們就是**開關**，與我們的門鈴或燈光開關沒什麼不同。在世界大部分地區，關閉鍵盤上這些特定開關時，相同的符號應該會瞬間出現在螢幕上，這是一系列複雜中介的結果，不是一般人能夠輕易理解。事實上，訓練有素、薪水優渥的工程師和設計人員團隊都盡最大努力來隱藏這一過程，掩蓋中介程序，讓一切在電腦螢幕上的光點背後發生——這是引用馬修・富勒（Matthew Fuller）的概念。[1]

使用中文電腦時，關閉標有「Q」的開關在某些情況下可能會觸發相應的拉丁字母，但更多時候，它會為「輸入法編輯器」（input method editor, IME）的軟體提供**指令或標準**。輸入法編輯器在中國的每台電腦幕後運行，攔截使用者的QWERTY鍵擊指令，並根據這些指令在電腦螢幕上顯示可能的漢字選擇，讓使用者從中選字。無論使用者是用微軟文書軟體（Microsoft Word）撰寫文件、還是上網或其他操作，他們都不斷地參與這個「標準—候選—確認」的反覆運算過程。因此，文字輸入的基本中介性質在中文電腦裡從未被隱藏過。不管任何時候，在電腦螢幕上的光點出現**之前**，這樣的中介性質對清醒的使用者來說一直都是明確、可見和坦白的。我們最初在中文電報技術中遇到的「代碼意識」仍然存在，而且活躍。

為了明確定義中文輸入的作用原理，讓我們利用QWERTY鍵盤和中國常用的輸入法之一：搜狗拼音輸入法為例，來示範如何打出一個簡單的三字詞：「打字機」（daziji）（**圖6.1**）。

搜狗拼音輸入法依賴音節拼音輸入，因此我們敲的第一個鍵是「D」：第一個字元「da」音節是這個三字詞中的第一個字母。一旦輸入系統截獲第一個字母，螢幕上就會出現一個彈出式窗口，系統開始運行。通過搜索字元資料庫，它提供了拼音以「D」開頭的漢字，並按頻率排序。

排在候選清單第一位的是所有格助詞「的」（de），它是中文裡最常見的漢字之一。彈出式選單中的第二個選項是「都」（dou），意思是「全部」或「每個」——另一個極常用的字。第三個選項就是我們要的字：

「打」（da），意思是「敲擊」或「攻擊」。此時，如果我們願意，可以不用再輸入第二個字母「A」，而是透過按下數字鍵「3」來選擇想要的字（表示我們想要彈出式選單中建議的第三個候選字）。只需按兩個鍵，我們就有了三個字中的第一個。

當然，並非每次輸入都是如此。假如我們要找比「打」還不常見的字，譬如諧音字「沓」（da），意思是「重複」，那就可能需要完整輸入想找的漢字拼音。以這個例子來說，就是輸入第二個字母「A」。一旦輸入法編輯器截獲第二個字母，候選字清單便開始變化：輸入法編輯器會重新調整，將它們限制在發音以「da」開頭的字元，再次按頻率排序，之後我們就可從中找到並選擇想要的字。這就是輸入的本質：一個重複循環和動態變化的過程。在這過程中，輸入法編輯器會提供一個不斷變化、越來越精確的候選字清單，直到使用者找到想要的字。

在輸入序列中的第三個字母——「Z」時，它是我們第二個字「字」（zi）的拼音開頭，意思是「字元」——此時輸入過程也變得更複雜。輸入法編輯器不再單獨尋找獨立漢字，而是開始搜索多字詞和複合詞。按下「Z」後，輸入系統會重新載入彈出式選單，包含一系列出現頻率最高的二字詞：**第一個字的拼音為「da」，第二個字的拼音從「Z」開始**。在這個清單的最上面，是我們想要的前兩個字：「打字」（其他候選項目還包括「大眾」和「打折」）。要完成輸入過程，只需要繼續輸入第三個、也是最後一個字「機」（ji），意思是「機器」。

如上所述，透過輸入完整拼音來打出漢字，只是眾多輸入方式中的一種，而且也是最長和最慢的一種。除了d–a–z–i–j–i–1之外，在搜狗拼音輸入法中至少還有六種方法可以輸入這組三字詞，每種方法採用不同的輸入技術，但都會產生相同的螢幕輸出（**圖6.1**）。

d a z i # j #

d a z i j #

d a z # j #

d a z j #

d z j i #

d z i j #

d z j #

其中最短的輸入方式——dzj#——意味著敲下四次QWERTY鍵盤產生的序列就能夠輸出一組中文詞語，但當這個詞翻譯成英語時，卻需要敲下十次按鍵：t－y－p－e－w－r－i－t－e－r。有些事顯然發生了變化。

況且，搜狗拼音輸入法只是市場上眾多中文輸入法中的一種。谷歌（Google）有自己的輸入法編輯器，蘋果和QQ也是。還有一些輸入法編輯器根本不用拼音輸入，而是讓

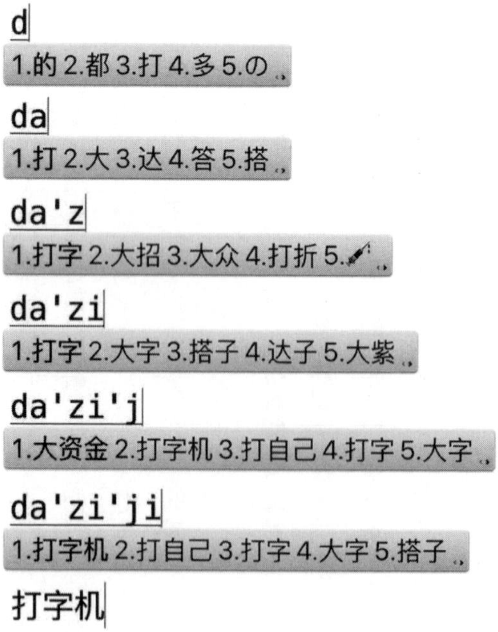

6.1　使用搜狗中文輸入法輸入「打字機」三個字

操作者使用QWERTY鍵盤字母來表示所需漢字的**結構**屬性，例如構成特定漢字的部首或筆畫。[2]因此，QWERTY鍵盤的「H」可以象徵同樣輔音的漢字，但對基於漢字結構的輸入法編輯器而言，它也可以用來指「樹」這個字的部首（木）。那麼，這種技術不會產生以「H」開頭的字元選單，而是產生包含特定部首的字元選單。這種輸入系統在年長的中國方言使用者中特別受歡迎，他們雖然能說流利的廣東話或福建話，但可能不精通拼音輸入所依據的標準中文發音。例如，要使用倉頡輸入法輸入三個字「打字機」的詞，輸入的鍵盤紀錄將顯示為q－m－n－j－n－d－d－h－n，這些字母中的每一個都敘述了三個所需字元的特定**圖形**特徵——而不是它們的發音。

有了五個最常用的中文輸入法編輯器，以及由獨立設計人員開發的數百到數千個實驗性輸入法編輯器，中文電腦使用者就有了數十種甚至數百種不同的方式，來輸入這組簡單的三字詞。假設有更長的中文文字段落，擴展到成千上百個漢字，那麼可能的輸入方式將會多得難以想像。

至此，讀者肯定會注意到，前面敘述中有個東西明顯不見了：中文打字機哪裡去了？這是否是一個歷史性時刻，我們終於放棄了這個沒有希望的設備，並將注意力轉向現代中文真正的機械救星——「個人電腦」？正如許多人所認為的那樣，它把漢字從字母文字和非字母文字之間的「深淵」中拯救出來了呢？事實上，本章要講的故事恰好相反：「輸入」（input）這種革命性的人機互動新模式，是現代中國奠定世界上最大資訊科技市場和充滿活力的社交媒體環境之基礎——而它的誕生與電腦運算完全無關。事實上，最早的輸入系統，是一台於一九四〇年代首次問世的實驗性中文打字機——歷史上第一台附有鍵盤的中文打字機。

不可思議的鍵盤

「我們懷著複雜的情緒——超越沮喪，但比絕望好一點——得知我們最喜歡的東方作家林語堂博士……發明了中文打字機。」[3]《芝加哥每日論壇報》（*Chicago Daily Tribune*）一九四五年的一篇文章，向廣大的美國讀者揭示了一位著名且深受喜愛的文化評論員，同時也是暢銷書《吾國與吾民》（一九三五）和《生活的藝術》（一九三七）的作家一個不切實際的新追求。作者解釋，他們對這個消息感到很訝異，起初根本不敢相信。他們強調，如果這個消息不是直接來自林語堂的出版商，那會「令人難以置信」。「為了尋求進一步消息」，記者繼續說道，「我們諮詢了我們的洗衣工何仙劉（Ho Sin Liu，音譯）。」

「何先生，告訴我們，一台中文打字機到底需要多大，才能打出你那滔滔不絕的語言？」

「呵呵（Ho, ho）！」他巧妙地將自己的姓名發音轉成英文感嘆句……「除了反問你一個問題，我不曉得該如何回答這樣的提問：你見過胡佛水壩嗎？」*[4]

林語堂一八九五年出生於福建，同年臺灣因甲午戰爭的屈辱而淪為日本殖民地。林語堂成長於基督教家庭，一九一一年進入上海聖約翰大學，那年一場共和革命給本已衰弱的清朝帶來了致命一擊。林語堂的教學生涯以卓越著稱，一九一六年到一九一九年在清華大學任教，一九一九年和一九二〇年赴哈佛大學留學。四十歲時，林語堂已成為美國內外的著名作家，是當代對中國最具影響力的文化評論家之一。

在林語堂發表突破性的英語處女作好幾年前，他就開始思考一個問題。正如我們不止看到一次的情況，這個問題對許多人的思想產生了巨大的吸引力：如何開發一台能夠與西方打字機並駕齊驅的中文打字機？帶著這些靈感，林語堂走上了一條道路，在多年後通往了或許是歷史上最廣為人知、但也最不被了解的中文打字機：「明快」中文打字機（MingKwai），取其明易快捷之意，它在一九四〇年代中期向全世界發表。

明快打字機第一次出現時，《芝加哥每日論壇報》的作者和他的「洗衣工」都被證明是錯的：明快打字機比胡佛水壩小**得多**。事實上，它看起來滿像一台「真正的打字機」。這台機器寬十四英寸，深十八英寸，高九英寸，只比當時常見的西方打字機型號稍大。[5]更值得注意的是，「明快」是第一台具備打字機必要條件的中文打字機：**鍵盤**。終於，透過創造一台**跟西方一樣**的打字機，中文終於加入了世界其他地區語言的行列中。

「明快」打字機可能看起來像台傳統的打字機，但它的操作方法很快就會讓坐下來試用的人感到困惑。按下鍵盤上七十二個按鍵中的一個時，機器的內部齒輪就會轉動，但紙張上不會出現任何字——至少不會馬上出現。按下第二個鍵後，齒輪會再次移動，但頁面上仍然沒有任何輸出。然而這時，奇怪的事情發生了：八個漢字出現了，但不是出現在打印紙上，而是出現在機器底盤內置的特殊顯景框中。只有按下第三個鍵——也就是鍵盤上八個數字鍵中的一個——頁面上才會印上一個漢字。

三次擊鍵，印一個字。這到底怎麼回事？

---

* 胡佛水壩（Boulder Dam）建於一九三一年至一九三六年間，最初名為「博爾德水壩」（Boulder Dam），一九四七年更名為胡佛水壩。

更重要的是，頁面上出現的漢字與三次動作中按下的按鍵任何符號，都沒有直接的一對一關係。這是什麼類型的打字機？看起來不可思議地像一台真正的打字機，但表現卻如此奇異。

如果西式打字機的基本假設是**對應關係**的假設——即按下一個鍵會在打字的頁面上留下相對應符號的印記——那麼明快打字機則完全不同。「明快」與標準的雷明頓或好利獲得設備極為相似，但它並不是一台符合傳統意義的打字機，而是一種主要設計來**檢索**漢字的設備。雖然**鍵入**這些字仍然是必要的，但鍵入對這台機器來說是次要的功能。根據「所鍵即所得」的一般慣例，按下按鍵並不會導致相應的符號輸入，而是從機器的機械硬盤驅動器中找到想要的漢字，**然後**將它們打印在頁面上。

機器作用原理如下。坐在機器前，操作員會看到七十二個鍵，分為三組：首鈕、末鈕和八個數字鍵（**圖 6.2**）。首先按下上方三十六個鍵中的一個鍵，會觸發機器內部的齒輪和打字複合機制的移動

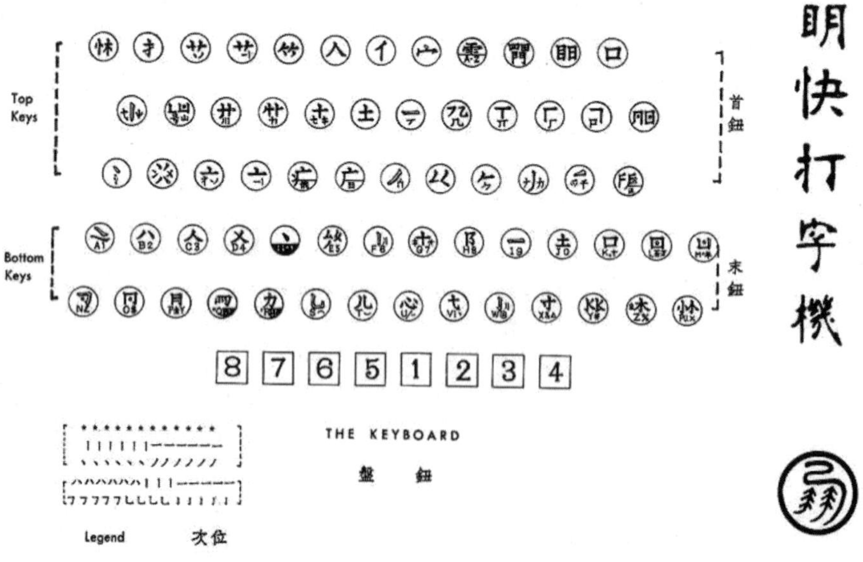

6.2 明快中文打字機鍵盤

和旋轉，亦即打字員看不見的機器底盤內包含的漢字機械陣列。按下第二個鍵——下方二十八個鍵中的一個——會啟動機器內的第二輪移動和重新定位，現在機器的一個小窗口內會顯示一組八個漢字——林語堂稱之為「魔眼」的顯景框。[6]根據需要的字元（1到8），操作員再按下其中一個數字鍵來完成選擇過程，最後將所需漢字打印在頁面上。

林語堂發明的這台明快打字機與雷明頓和安德伍德的不同，也與周厚坤、舒震東、祁暄和羅伯特．麥基恩．瓊斯等人的不同。事實上，林語堂發明的這台打字機將鍵入轉化為一種**搜尋**過程，從而改變了機器書寫的運作行為。明快中文打字機堪稱是歷史上首次將「搜尋」和「書寫」結合在一起的打字機，更預告了現今在中文裡被稱為「**輸入**」的人機互動模式。

康熙可以休矣：民國時期的「檢字法問題」和輸入的起源

我們暫且不進一步談論明快打字機的內部機制，亦即三次擊鍵是如何打印出漢字。重要的是先去了解「明快」獨特的歷史譜系，相對於我們故事中的其他打字機——因為正是在這段歷史裡，我們發現了**輸入**的起源。當林語堂著手設計他的打字機時，他並沒有從活字、電報甚至西方打字機中汲取靈感，而是從一場在中國被稱為「檢字法問題」、自一九一〇到一九三〇年代的語言改革爭論中汲取靈感。在這場爭論中，林語堂與許多中國圖書館學家、教育家和語言學家一起為包括中文字典、圖書館卡片目錄、索引、名單和電話簿在內的全新中文編排系統而奮鬥試驗——這套系統將可幫助講中文的人更有效地**駕馭**中文資訊環境。

然而，在所有參與「檢字法問題」辯論的人中，林語堂是唯一一個將這種嚴格的**檢索**討論轉移到**鍵入**領域的人。要具體了解「明快」的構造，乃至更廣泛的「輸入」，我們就必須首先深入研究民國早期的這場「檢字法」爭論，以及二十世紀初中國遭逢的資訊危機歷史。

在《所知有限、知之甚少》（*Too Much to Know*）一書中，安．布萊爾（Ann Blair）揭示了當今「資訊社會」和「資訊過載」概念的多樣層面，這段歷史遠比我們認為的要深刻得多。早在電腦運算和網路出現前，近代早期歐洲的知識和真理供應者就用壓倒性的過量資訊來描述他們的時代。一系列書目編輯者、出版商以及許多人紛紛開發新方法和技術，意圖控制這個不斷膨脹的資訊環境；它已不斷威脅著生活其中的人們，使人們因資訊過載反陷入無知（over-informed ignorance）的諷刺中。在東亞的脈絡，瑪麗．伊麗莎白．貝瑞（Mary Elizabeth Berry）的作品也揭示近代早期日本的類似趨勢。德川時期的製圖師、書目編輯者、編纂者、編輯及其他專業人士等共同開展了一系列新技術——包括地圖、文摘、百科全書和旅遊指南——以幫助自己在不斷增長的資訊汪洋中浮起生存。[7]

清末民初的中國是另一個遭逢「資訊危機」的例子。隨著帝國晚期人口激增、新形式國家監控的興起以及電報等新型資訊技術的引入，中國精英們越來越擔心自己能否跟上這種新數據環境的步伐。然而，二十世紀初中國「資訊過載」的歷史，與安．布萊爾和瑪麗．伊麗莎白．貝瑞探索的歐洲和日本脈絡截然不同。在中國，最讓精英們煩惱的不是資訊的數量或傳播速度，甚至也不是國家對新資訊類型的參與度，他們的爭論聚焦於中文本身處理「現代資訊」的能力（或者許多人認為的「無能」）。

大約在一九二〇年代，現代資訊環境中最平常的基本要素，一直是中國焦慮的來源：如何編排現代中文電話簿、雜誌索引、檔案索引、名冊及各種參考資料，也就是任何人們可能會需要某種形式漢字編碼資訊的地方。在當時的一項研究中，發現研究對象使用新的實驗性漢字檢索系統，會比使用中國主流的字典快上零點一秒到一秒找到漢字。[8]有些研究也顯示查漢字始終比查字母文字慢得多。

雖然僅僅幾秒鐘的差異似乎不足以拉響警報，但在一些語言改革者看來，諸如此類的微小延遲，可能就是中國在現代面臨巨大挑戰的重要因素。如果找尋中文編碼的資訊比找尋字母文字編碼的資訊所需時間長，那麼在更廣泛的文本環境內：索引、電話簿、名冊、關鍵詞、旅客清單、百科全書、商品清單和圖書館卡片目錄等，這意味著什麼？很顯然，與英文語料庫及其使用者群相比，中文語料庫的使用者實際上需要**額外增加**無數個分鐘、小時，甚至是天。[9]若統觀所有中國人，中國的落後似乎就是從無數個微觀歷史滯延的時間下外推的宏觀歷史結果。**中國是個在慢動作中運轉的國度。**[10]正如一位語言改革者聲稱的，一個更先進、能更快找到資訊的中文編排和檢索系統，將可為每個識字的中國人在一生中節省整整兩年的時間（以四十年的職涯時間計算）。[11]

在日益增長的資訊危機意識推動下，民國早期見證了實驗性漢字編排方法的爆炸性成長。這場危機後來被稱為「檢字法問題」，並吸引了長期擔任北京大學校長的蔡元培、曾任上海商務印書館編譯所所長的高夢旦、中國圖書館學先驅杜定友和數十位知名人士的參與。[12]一九三〇年代初期，這場「危機」達到高峰，產生了不少於七十二個的實驗性檢索系統，以便重組中文資訊環境——這相當於有了七十二種新的漢字「字母次序表」。正如一位觀察家所說，這些系統像「雨後春筍」般冒出，各式各樣都有——它們圍繞著一個日益增長的共識而凝聚。《康熙字典》及其依據的部首—筆畫分類系統，對現代資訊系統而言是行不通的。[13]如果中文資訊要像字母文字資訊具備一樣的現代性，就必須推翻《康熙字典》。

尋「道」*

爭奪《康熙字典》地位的競爭者紛至沓來。一九一二年，高夢旦提出了大幅減少中文部首數量的「歸併部首法」。[14] 一九二二年，黃希聲提出了「漢字檢字和排疊法」。不久，圖書館學家杜定友也提出了他的「漢字檢法」和「漢字排字法」。更為人熟知的是王雲五提出的號碼檢字法，後改為「四角號碼檢字法」（或「四角碼」）。正是在這個二十世紀初「檢字法問題」的背景下，林語堂開始發展並提出自己的系統。一九一八年，他發表了〈漢字索引制〉[15]，並在一九二六年以兩個新的檢索系統重新進入辯論：「新韻索引法」和「末筆檢字法」。[16]

短短幾年內，造就了實驗性漢字檢索系統的數量和多樣性，這引發一個令人吃驚的問題：**即使歷史發展到如此程度，漢字的根本方法和秩序還尚未被揭露嗎？**不同於早已確立並固定下來的英文和法文字母順序，難道直至二十世紀三〇年代，中文仍是一片充滿不確定性、可能性及未知祕密的荒野嗎？當時中國的各方人士為何在漢字根本問題上意見如此分歧？此外，在這七十多種實驗系統中，哪個存在真正的秩序？如果有，是哪個？哪個效率最高？哪個最優越？哪個能夠解決中國的資訊危機？

有位觀察家蔣一前將這些實驗性檢索系統的激增視為中文「根本方法」尚未被發現的確鑿證據。漢字顯然比字母文字更複雜。蔣一前寫道，「我國文字因非字母制，故無一定排檢之道。因之，我國文化史，遂有各種不同之檢字方法。」[17] 蔣一前利用達爾文的比喻，將所有這些相互競爭的不同漢字檢索系統類比為物種，它們在相互作用、競爭、生存和滅絕中共同構成了一個擾動、集體、進化的過程，從中將顯現漢字的本質真相。[18] 在已經提出的數十種系統中，他認為：

七十七種方法之中，孰為最佳，有待考訂比較，及長期之試用；暫不能定，而亦不必。蓋至相當期間，經過淘汰洗刷，最佳者自必沙盡金來。最佳之方法必為漢字根本方法，因漢字有其組織，自必有其排檢之道。換言之，即漢字組織，必有其一定之系統，亦必有一個根本排件方法也。[19]

一旦找到「根本方法」，它之於漢語就如同字母表之於英語：一個明確、合理、簡明的系統，中文將得以實現其真正的秩序，各種新的實驗性系統漩渦也會平靜下來——達成歷史的終結。

蔣一前可能樂於等待這場進化鬥爭的最終勝者，但其他人就沒那麼有耐心了。對林語堂、王雲五、陳獨秀、杜定友等人來說，檢字危機既是一場專業競賽，也是一場深刻的個人較量。勝利者獲得的戰利品不僅在經濟方面，更重要的是在象徵性資本方面。每個人都努力在政府部門，如教育部和交通部之間推廣自己的系統。每個人也都努力與中國的印刷資本主義中心建立關係，例如商務印書館。然而最重要的是，「檢字法問題」競賽中的每位參與者都懷有一個夢想，就是自己的系統將取代（廢除）《康熙字典》並承襲王位。

所有這些都喚起一個明顯的問題：當林語堂和他的同時代人著手發掘漢字的「根本方法」時，他們要從哪裡著手？當林語堂和「檢字法問題」的其他參與者設計他們的符號系統時，是什麼在主導這個過程？此外，他們該如何知道這個根本方法是否已經被發現了？

---

* 道（DAO）的縮寫有另一項定義是「去中心化的自治組織」（Decentralized Autonomous Organization），作者於此可能有雙關意味，用來指稱《康熙字典》的正統性被挑戰，懷持共同理念的各色檢字法群起的情況。

表6.1　1912年至1927年間發明的檢索系統（部分清單）

年代	發明家	檢索系統
1912	高夢旦	歸併部首法
1916	奧托・羅森伯格	五段排列法
1918（3月）	林語堂	漢字索引制
1920（12月）	教育部	注音字母國音檢字法
1922	黃希聲	漢字檢字和排疊法
1922	杜定友	漢字檢法
1925（6月）	王雲五	號碼檢字法
1925（12月）	杜定友	漢字排字法
1925	桂質柏	二十六種筆畫檢字法
1926（1月）	林語堂	新韻索引法
1926（1月）	萬國鼎	漢字母筆畫排列法
1926（1月）	萬國鼎	修正漢字母筆畫排列法
1926（2月）	王雲五	四角號碼檢字法
1926（10月）	林語堂	末筆檢字法
1927（2月）	張鳳	形數檢字法
1927	張鳳	形數檢字法修訂第三版
1928（5月）	王雲五	四角號碼檢字法修訂第二版
1928（10月）	王雲五	四角號碼檢字法修訂第三版

在審視早期民國人士關於漢字檢索的爭論時，我們發現了塑造這場競賽的兩種主要力量或動機：一種是追求中國**文字**的基本正字法本質，另一種是追求中國**人**的基本認知或心理本質。從某種意義上說，第一種追求要探討的問題是：從根本上看，漢字**想要如何被找到**？漢字的本質及其根本組成是什麼？如果俄文、希伯來文、希臘文、英文和阿拉伯文都擁有根本的、被認同的、明確的秩序，那麼中文的秩序是什麼？至於第二種追求，問題集中在人而不是字：從根本上看，中國人**想要如何搜尋**？民國時期的語言改革者努力開發一個「簡明」的、可以被「人人」使用的系統，他們冒險闖進了政治爭論的叢林：一個形形色色政治精英爭相定義中國「大眾」的戰場。做為試圖創建可以被「人人」使用的系統的一部分，民國時期的語言改革因此同樣投入到定義誰是「中國之人人」的問題——包括根據能力、侷限性、傾向和本性的角度來定義。在闡述各自的檢索系統時，每種系統都構成了中文和「一般中文使用者（用戶）」的競爭理論。

古代中國如何錯過了重點：漢字檢索與中文的本質

我們先從「漢字檢索問題」論爭的其中一派談起，該派將漢字檢索視為尋求中文之「道」。代表人物是陳立夫（一九〇〇—二〇〇一）。在整個民國時期（一九一一—一九四九）及一九四九年之後，陳立夫都深入參與了文化和教育的政治管理。一九二〇年代後期，陳立夫當選為國民黨中央執行委員會委員，一九二九年任國民黨中央黨部祕書長，後任中央政治學校代理教育長、國民黨中央執行委員會常委、軍事委員會調查統計局局長，以及教育部長等職務。

陳立夫發明了一種稱為「五筆」的漢字檢索系統。「五筆」誕生於一九二〇年代的中國戰場，當時中國正進入政治分裂的第二個十年。前清帝國的廣大領土當時被軍閥割據，他們只在名義上效忠或根本不效忠於一個已不復存在的民國中央政府。以廣州為基地的國民黨聯合共產黨盟友發起北伐，目標是擊敗或收編各地軍閥，在同一個首都和政權下重新統一國家。

陳立夫的「五筆」系統是在這次戰役中設計和實地測試的。負責管理機密資料（包括電報和文件）的他和團隊每天處理大約一百五十份文件，始終處於時間緊促和刻不容緩的壓力之下。陳立夫在回憶錄寫道，「時間實在是不夠用，同時，蔣先生性子急（陳指的是國民黨領導人蔣介石）。當他要調閱某件文卷時，我們一定要馬上找出來呈上去，因此，我就想到利用中國字的分類來處理檔案。」[20]具體來說，陳立夫開發了「五筆」檢字法，用來匯集國民黨軍隊越來越多的敵軍人員電碼本，大致是根據敵軍指揮官的姓氏，或是他們的政權或聯盟名稱來進行編排分類。[21]國民黨面對著眾多敵人，每個人都採用不同的數字轉換方式來加密，也就是我們在第二章中研究的四位數電碼傳輸資訊。一旦截獲電報，就必須盡速解密，這不僅得確定識別該電碼的電碼本，還得快速從軍隊庫房內找到那本電碼本。

一九二七年北伐接近尾聲，大幅改變了中國的政治版圖。同年四月，國民黨昔日夥伴、統一戰線一部分的中國共產黨開始遭到蔣介石暴力清剿，被稱為白色恐怖。國民黨在南京成立新政府，試圖將這座首都打造為理性、現代、科學的政府光明燈塔，並開展一場大規模的城市發展運動。陳立夫著手將「五筆」檢字法從軍事領域擴展到更廣泛的國家和民間應用領域：從學校到監獄，從政黨關係、國家稅收和交通基礎設施的一切內容都可以被檢索。在「檢字法問題」爭論中，陳立夫比大多數人更具優勢，他能利用自身專業和政治關係在國民革命軍總司令部機要科的往來公文、南京市政府的戶籍調查、國民黨中央執行委員會，以及中央黨部組織部的成員單位等處試行他的檢索方案。[22]「五筆」檢字法使人能夠「十萬人中求一人」，陳立夫自誇，無論是在戶籍統計、黨員名單、郵政和電信局的地址和統計、學校和工廠名單、國家檔案管理、稅務登記和收據組織、土地登記、監獄囚犯登記或與政軍人事考核有關的文件，皆可應用這項檢索方法。

陳立夫也把他的檢字法視為管理現代資本主義經濟的一種方式。陳立夫認為，消費者偏好的多樣化，加上工業化生產，已經讓中國市場的商品數量超出了當時資訊檢索系統的處理能力。他指出，大型百貨商店和批發業務的商品種類可能會擴展到數千萬種。[23]陳立夫又指出，中國不斷發展的銀行業也是如此，消費者交易節奏日益加快，每筆交易都會產生銀行或客戶日後可能需再存取和查詢的紀錄。如果漢字仍然是現代中國國家和經濟的符號基礎，那麼就絕對需要一套新的字元檢索和編排系統。一些部門試驗了漢字—拉丁字母的混合系統——例如根據漢字發音以拉丁字母順序編列——但陳立夫認為這是可恥的。「以中國文字而求助於西文」，陳立夫寫道，「實為民族間一大恥辱。」[24]而使用「五筆」檢字法，人們可以在維護漢字的同時，讓國家監控部門得以處理數十萬份黨員檔案、全國人口普查統計和戶籍登記資料。

不過，陳立夫認為自己不只是現代中國國家新資訊架構的設計者。雖然乍看之下，陳立夫有關漢字檢索系統的文章似乎專注於瑣碎問題，但他對「五筆」檢字法的野心已然延伸到中文書寫的形而上學層面。陳立夫稱自己正在與一些令人印象深刻的歷史人物對話——包括最著名的晉代書法家王羲之（三〇三—三六一），本書前面也提過不少次王羲之的「永字八法」理論（**圖6.3**）。

陳立夫從王羲之的書法理論中汲取靈感，並試圖將其移植到分類學領域。如果說所有構成漢字的基本筆畫數量都相當有限，那麼當然可以超越《康熙字典》的部首—筆畫檢索系統及其二百一十四個部首分類。

6.3　「永」字的八個基本筆畫（永字八法）

人們根本不需要再管部首，而可以將精力轉移到更實用的筆畫上頭。

陳立夫認為，儘管王羲之是書聖，但這位晉朝「前輩」卻沒有意識到一件事。在「筆畫」形成之前存在著某種東西，所有的筆畫都是從它形成：「點」。所有的筆畫，無論曲率、粗細或方向，都是在書寫工具第一次接觸介質的那一刻，也就是毛筆第一次接觸紙時開始存在。正如陳立夫所言，每個筆畫「必始於點而成畫」。他認為王羲之陷入了一個基本誤解，這種誤解微妙到不僅王羲之本人沒有注意到，往後幾代人也都忽略了：筆畫**不是**漢字的基本元素。因此，陳立夫認為自己不僅促進了加密電報傳輸的解密工作，創造了更有效的電話簿，甚至還糾正了古人的錯誤。陳立夫彷彿回到了王羲之之前的時代——在王羲之開始誤入歧途之前——重新找回中文的失落之「道」，也重新開啟擱置已久的探索。王羲之完全沒有抓住這一「點」。[25]

雖然看似微不足道——這種強調「點」而非「筆畫」的概念——但它對陳立夫關於中文之理解產生了深遠影響。我們所知道的各式筆畫，它們的質量取決於起筆後的動作：運筆的方向，以及力度。王羲之沒能抓住中文書寫的此一基本真理，因此多列了三種筆畫。陳立夫聲稱，原本「點」的基本變化不是八種，而是五種，其餘都只是這五種的變化組合：「點」可以維持成一個定「點」；可橫向外移成水平筆畫；可向下推進成垂直筆畫；可沿對角線斜移，方向無關緊要；或者可以彎折，方向對陳立夫來說也不重要

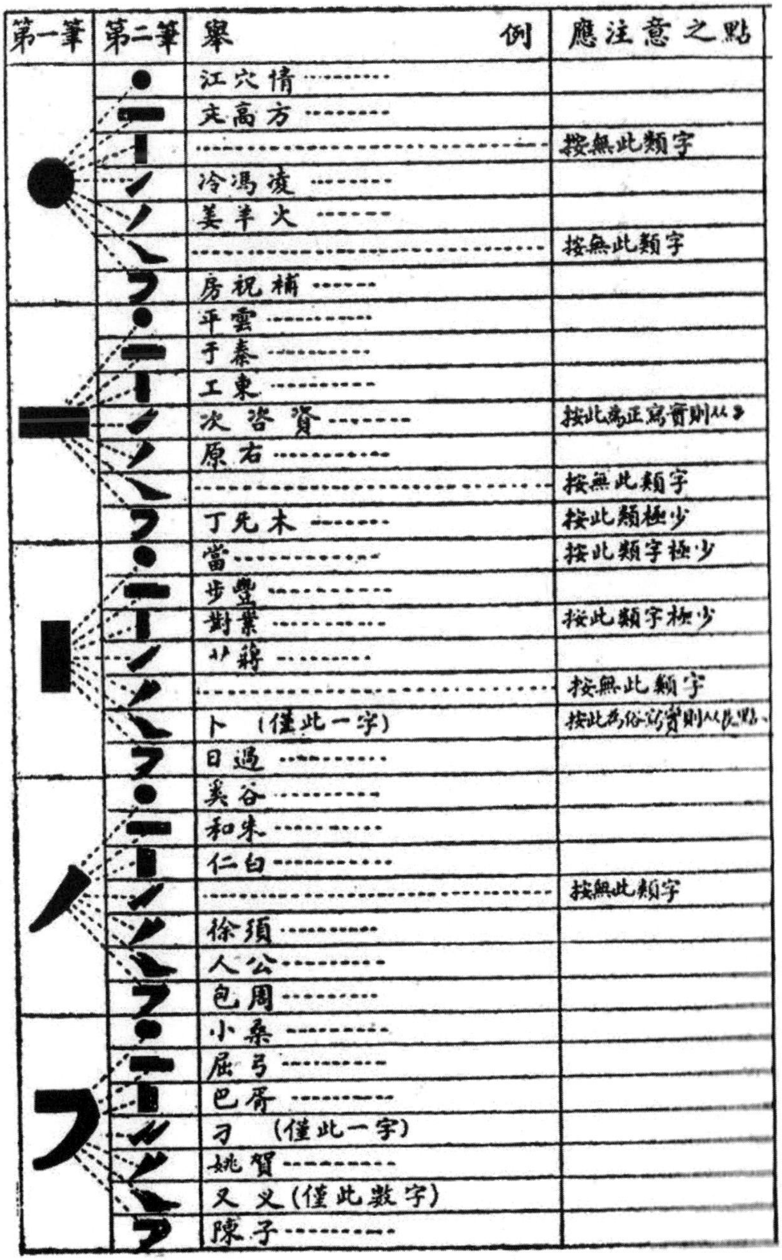

第一筆	第二筆	舉例	應注意之點
丶	丶	江穴情	
	一	主高方	
	丨		按無此類字
	㇀	冷馮凌	
	丿	美羊火	
	㇏		按無此類字
	㇇	房祝補	
一	丶	平雲	
	一	于泰	
	丨	工東	
	㇀	次咨資	按此為正寫實則从ゝ
	丿	原右	
	㇏		按無此類字
	㇇	丁先木	按此類極少
丨	丶	當	按此類字極少
	一	步豐	
	丨	對業	按此類字極少
	㇀	丬蔣	
	丿		按無此類字
	㇏	卜（僅此一字）	按此為俗寫實則从長點
	㇇	日過	
丿	丶	奚谷	
	一	和朱	
	丨	仁白	
	㇀		按無此類字
	丿	徐須	
	㇏	人公	
	㇇	包周	
㇇	丶	小桑	
	一	屈弓	
	丨	巴胥	
	㇀	刁（僅此一字）	
	丿	姚賀	
	㇏	又乂（僅此數字）	
	㇇	陳子	

6.4　陳立夫對「點」與「筆畫」關係的概述

（圖6.4）。

橫向觀察與陳立夫同時代的人，會發現有不少實踐者都在各類領域從事類似的目標追求。確實，要成為願意為發明實驗性漢字檢索系統付出多年努力的人，先決條件之一即是認定自己對中文書寫本質具有驚人、前所未有的洞察力。「檢字法問題」的參與者將自己視為語言冒險家，勇敢踏入廣袤未知的領域，試著發掘即使是中國古代最偉大的思想家也難以捉摸的基本真理。在改進文件檔案櫃、圖書館書架和電話簿等平凡謙遜的目標背後，蘊含著一份更深層的歷史使命感和自我重要性：**我不僅是在發明一個新的卡片目錄盒——我是在糾正古人的錯誤。我不僅是在創造一本新的電話簿——我是在發現中文秩序的真相，從而使中文能與世界上其他文字平起平坐，與那些基本秩序問題早已得到解決的文字一起。**

不得其門而入的尋「戀」之法：杜定友與檢字的心理學

在創建理想漢字檢索系統的道路上，萃取漢字正字法的本質，並不是熱血改革者的唯一考量。一九二〇和三〇年代也是「大眾」和「公民」的時代，這些概念迅速成為中國政治、經濟和社會思想的關注焦點。無論平民教育還是掃盲運動，中國公民的動員被認為是國家存亡的必要條件，大眾構成了中國主權的新中心。在此背景下，多位改革者得出的結論是，解決中國檢字法問題的關鍵需要一種**民族誌式**的關注，而非正字法式的。雖然他們彼此的系統和方法差異很大，但共同的目標都是開發一種「簡明」的中文組織系統，一種尋找任何給定漢字時不存在任何模糊性的系統，讓「人人」都僅需稍加訓練就可以很容易地使用。對技術史研究者來說，這種有關「中國之人人」的爭論，是中國的設計領域裡有關人機互動、使用者經驗（user experience, UX）分析及相關議題方面最早的討論之一。

主張以民族誌來解決漢字檢索危機的代表人物之一，是與林語堂同時代的人，中國現代圖書館學的開創性人物杜定友（一八九八—一九六七）。杜定友一八九八年生於上海，畢業於菲律賓大學。一九三二年日本轟炸上海，東方圖書館藏嚴重受損，而後杜定友擔任上海市立圖書館籌備處副主任，發揮重要作用。杜定友也擔任過中山大學圖書館館長及其他職務。

畢生均為圖書館學服務的杜定友，開發了另一套實驗性漢字檢索系統：漢字形位檢字法。一九二五年，他發表了一篇題為〈民眾檢字心理論略〉的文章，文筆生動幽默，文中直指他在漢字檢索領域的競爭對手。杜定友認為，競爭對手的漢字檢索系統未能「抓住群眾檢字的心理」，在民族誌基礎方面堪稱失敗。[26]他們脫離了大眾心理學的客觀現實，競爭對手之所以沒有解決中國**文字**的問題，是因為他們沒有解決中國**人**的問題。

杜定友編造了一則現代寓言故事，主角是一位勞碌的母親和一位尋找「愛」的小女兒。「有一天」，故事開始敘述，「小女年十二歲時，有一天突然向母親問起『什麼是戀愛？』」杜定友這時插入旁白：「十二歲便談戀愛，可驚！」值得慶幸的是，這位小女孩問的「戀愛」既不是某種情感也不是經驗，而是字面意思：漢字的「戀」。杜繼續說道，「當時她母親正在做活，未便離座，就對她說『戀』字是當中一個『言』字，兩旁兩個『絞絲』，下面一個『心』字。」杜定友在這裡所說的，是所有讀者無疑都熟悉的：周文龍（Joseph Allen）所謂的中文「筆體學」（graphology）或「後設語言」（metalanguage）。在日常實踐中，人們可以透過口頭描述漢字的組成部分，來描述漢字的結構。例如，中文的姓氏「李」可簡稱木子李，以便與其他發音相同的字做區別。

杜定友繼續描述寓言故事，「她聽後了，即刻寫出，絲毫不錯。這是我們書寫結構的本質，也是漢字檢索研究者應該密切關注的一點。」[27] 杜進一步將他的寓言式批評類比為初生之時，暗示民眾對漢字的理解「好像小孩初識母親，大約是高的矮的，胖的瘦的」。杜定友繼續說：

> 小孩初認識母親的時候，他所認識的，是整個的母親，在他智識未開，辨別力未足的時候，他決不能認識：這一雙眼睛是他母親的，或身體任何一部分。但他對母親的整個觀念，是有的。所以檢字法在檢字最初時期，應注意這整個律的重要。[28]

對杜定友而言，中文資訊的主體是一個格式塔*模式的探索者：對這個心靈來說，文字最初是無意義的、空間性的。杜定友認為，高深的詞源學探究在現代和民眾導向的漢字檢索系統中沒有立足之地；這是一種明顯的民族誌預設，體現在他設計的檢索系統中。杜的系統摒棄了所有詞源學的問題：組織書寫系統的最佳方式，是反直覺地不再將之視為一種書寫系統，而是視為一種與意義緊密相關的特殊客體。也就是說，人們對字形的解讀，與對占據空間的任何其他實體的解讀過程並無二致（圖6.5）。

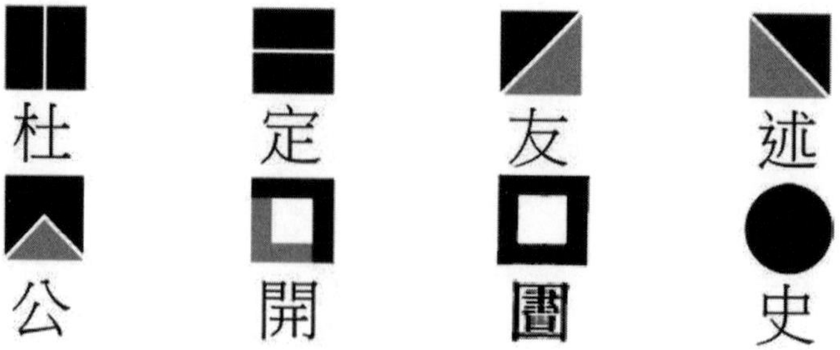

6.5　杜定友的「形位」檢索系統

杜定友在漢字語料庫中歸納出八種空間原型：南北／垂直（縱）；水平（橫）；傾斜／對角線（斜）；「攜帶」（載）；「覆蓋」（覆）；轉彎／轉角（角）；封閉（方）；整體／完整（整）。為了幫助潛在使用者區分這八種類別，杜定友提供了一個方便的八字口訣，並巧妙地將自己的名字納入其中：「**杜定友述公開圖史**」。[29]

杜定友在其系統中提出的等價歸納和類別，在中國歷史上前所未有。突然間，「林」這個字在分類學上，與許多以前從未相關的字——例如「動」和「排」等字，有了一些共同點。這些字沒有共同的部首，筆畫數不同，也沒有相似的發音。然而對杜定友來說，「林」的顯著特徵是它的兩個組成部分（木）的並排性——至於這些組成部分（木）恰好表示「樹木」，「林」由此衍生出「森林」的意義，杜定友對此則不加關注。

然而，要在現實世界找到杜定友寓言故事中的「勞碌的母親和她十二歲的女兒」的原型，是極為困難的。她們不是基於比較和觀察的經驗主體，她們只是杜定友想像的投射，也就是二十世紀語言改革過程中，語言學精英不斷援引的虛構的「中國民眾」。如果將我們的分析擴展到其他幾十種實驗性檢索系統，以及更寬廣的二十世紀中國文字改革領域，我們將會發現更多基於民族誌觀點的例證。每種漢字檢索系統都在其中嵌入了一個預設的資訊主體：一個代表每種系統運作的全像中文使用者，更準確地說，是這些系統

---

* Gestalt，這個字源自德文，具有兩種意義：一種意義僅指事物所具的性質之一種，在此種意義中，格式塔是做為形式之義。另一種意義則指事物的現象，即具有形式與個性的現象，此種意義是格式塔心理學派所採取的。Gestalt 如果用在心理學上，則代表所謂「整體」（the whole）的概念。

所**依賴**的一套假設——假如這些系統所聲稱的「簡明」和「易懂」是真實的。

根據討論的檢索系統和發明者的不同，全像似真投影出的**一般人**（homme moyen）也會展現出各自不同的能力、偏好、可塑性和侷限性。杜定友的這種全像中國人投射雜亂無章，不能指望其遵循任何複雜的指令。其他設計者提出了一個更樂觀的全像「中國之人人」設計：具有高度抽象化能力、變通性、注重細節，還能夠以前所未有的方式重新解讀漢字。不過，至於這個「中國之人人」在**現實生活中**究竟是誰，就完全是另一回事了。

從搜尋到搜尋式書寫

一九三一年秋天，正當中國東北被日軍侵略之際，林語堂寫了一封信，信中分享他正進行中的一項大膽冒險：一部他自己設計的全新中文打字機。[30]直到一九三〇年代末期，林語堂的信件紀錄揭示了他對這個主題最初的想法。在他較早期的信裡，林語堂對中文打字機的歷史和前景提出了三點主張：

「任何採用拼音字母的中文打字機是不會有真正的市場的。」

「任何中文打字機都無法按照點畫拼合的方式運行。」

「任何中文打字機都無法提供中文印刷和通信所需的一萬多個漢字。」[31]

林語堂用這三個否定主張，推翻了我們所知的整部中文打字機的歷史，排除了發明家們在過去半個世紀戮力開發的三種研究取徑。林語堂的第一個主張駁斥了雷明頓公司和其他人曾寄予厚望的打字機形式。他的第二個主張拋棄了祁暄等人提出的拼合活字或拼形的打字機形式。而第三項主張，林語堂明確表達了對常用字法侷限性的不滿。事實上，林語堂的這些咒罵式言論，乍看之下似乎與漢字廢除論者沒有區別——或許更像錢玄同，而不像個中文打字機的潛在發明者。似乎除了放棄或重新開始之外，沒有其他選擇。[32]

然而，當更深入研究林語堂關於中文打字機的早期想法時，我們會很快發現他的目標是**整合**這三種現有的方法，而不是放棄它們。[33]更準確地說，林語堂希望合併這三種方法，並在過程中創造出一種全新的打字機**類型**——事實上，創造出一種全新的鍵入模式。他認為，「首先，提供的字符數量要減少」，這顯然是引用中國技術語言現代性的「常用字法」。林語堂打算開發的打字機將包括一組常用漢字，如同我們迄今為止談論過的那些打字機。

拼合法也是不可少的。林語堂在一九三一年的信中解釋，有九成漢字都是以拼合法構成，左邊的部分稱為「形旁」，右邊的部分稱為「聲旁」。他說，總體而言，大約有一千三百個「聲旁」，而「形旁」大約只有八十個。或許林語堂並沒意識到自己延續了勒格朗、貝爾豪斯與祁暄等人的精神，他如此說道：「任何漢字都可以拼寫出來，實際上可以拼出三萬多個漢字。」為了解釋他的方法，林語堂用英語提供了一個類比。他將中文的形旁和聲旁比作英文的字首和字尾，使用英文「com-」和「-bine」來示範他的系統如何運作。[34]就像英文的「com-」一樣，這些「標準左偏旁」將「與任何右偏旁結合，構成一個完整的方塊字」（圖6.6）。同樣地，就像英語的「-bine」一樣，他的「標準右偏旁」可以「同任何左偏旁」[35]進行組合。林語堂在信中附上一張對折的紙，上面寫著「用兩片紙展示如何用左右偏旁拼合出完整的方塊字。」*[36]

至此，讀者會注意到，林語堂對他的打字機的描述，與之前出現的許多中文打字機並無二致。到目前為止，它與祁暄一九一〇年代設計的拼合式打字機沒什麼區別，也與商務印書館製造的打字機有許多相同的設計原則，似乎沒什麼更特別的了。然而，正是在林語堂的第三步驟，一些全新的東西開始形成。他不試圖將所有必要的漢字和字元元件安裝到標準的中文打字機字盤上，或是像祁暄和周厚坤在早期的打字機原型上安裝圓柱滾筒，而是借用中文電報的方法，將所有漢字藏進機器內部——遠離打字員的肉眼可見範圍。正如我們在第二章中探討的那樣，「代碼」也因此成為林語堂打字機的核心理念。與中文電報碼一樣，林語堂想像中的打字機操作員不直接操縱或傳輸漢字，而是**間接**透過一個基於鍵盤的控制系統。亦即從某種意義上說，林語堂的打字機就像羅伯特・麥基恩・瓊斯口中的「沒有中文字的中文打字機」，鍵盤上幾乎沒有中文字元。但與瓊斯不同的是，林語堂的打字機**會**以某種方式輸出漢字。[37]打字員會使用鍵盤，但不是直接鍵入字，而是去**指示機器打出他想鍵入的字**。林語堂解釋他的三個步驟：「打字的過程類似於打一個由三個字母組合的英文單詞，例如『and』或『the』，只不過前兩個鍵是用來將該字引至打印位的，而按下第三個鍵時，整個單詞才被打出來。」[38]

隨著對打字機日益增長的興趣，林語堂在一九三〇年代的信件裡提到，他開始將關注焦點從**檢索**和**搜尋**——字典、電話簿和卡片目錄的領域——轉移到**鍵入**。然而，要實現從「搜尋」到「搜尋式書寫」的轉變，就需要改變他和諸位先進在一九一〇和一九二〇年代提出過的漢字檢索系統。對林語堂心目中的打字機來說，這些符號系統是不夠的——只有拆開林語堂的明快打字機，準確了解它的工作原理，才能理解這種侷限性。只有如稜鏡般折射出林語堂在這部機器裡對構造和材料之用心，才能理解他的分類想法——一個曾被侷限在中文字典和索引世界裡的分類想法。

正如他在一九三一年的信中所概述的，林語堂著手設計打字機，就像周厚坤和祁暄的打字機一樣，既要配備完整字體的常用字，也要有拼合活字的漢字組件。然而，與早期打字機不同的是，打字員無法直接查看或操作這些字元或字元組件。這些字元會藏在機器**裡面**。因此，林語堂首先面臨的挑戰就是，如何將這數千個字符盡可能緊密地安裝在明快打字機的底盤內，同時又讓它們容易**存取**。為實現這一目標，林語堂避開了在那個時代占主流地位的中文打字機設計，也就是我們在本書中已然熟知的矩形字盤結構，並考慮如何將他的漢字包裹或堆疊進一個更壓縮的空間之中。

林語堂最終底定的設計有點像行星系統，有衛星、行星和一顆中央恆星。該系統中的衛星是一系列八稜柱狀的金屬棒，每條上頭都刻有漢字和部首。這些八稜柱狀長條中的每一面都可容納二十九個漢字或部首，每條八面總計可容納二百三十二個。林語堂將六根八稜柱狀金屬棒固定在一個圓形的旋轉齒輪上——就像六個衛星圍繞著一個共同的行星軸旋轉，同時它們也可繞著各自的中心軸自轉。林語堂一共製作了六組這樣的「六棒組合套件」，再將它們固定於一個更大的圓形旋轉鼓上——就像六顆行星圍繞著一顆中心恆

* 嚴格來說，這套左右偏旁拼合法發展到一九四六年明快打字機問世前夕，已形成所謂的「上下形檢字法」：「取字之左旁最高筆形（左上）及右旁最低筆形（右下）為原則。這是一條簡單原則，無論字分左右旁與否，既無例外。又放棄筆順，只看幾何學的高低，故不為筆順所困擾。」這段敘述亦可呼應後方作者所提及的，林語堂獨創的「輯形法」分類詞組在中文書寫實踐裡前所未見，已完全脫離詞源學或語義學。見〈上下形檢字法緣起〉，節錄於林太乙，《林語堂傳》（臺北：聯經出版，一九八九），頁二三〇。

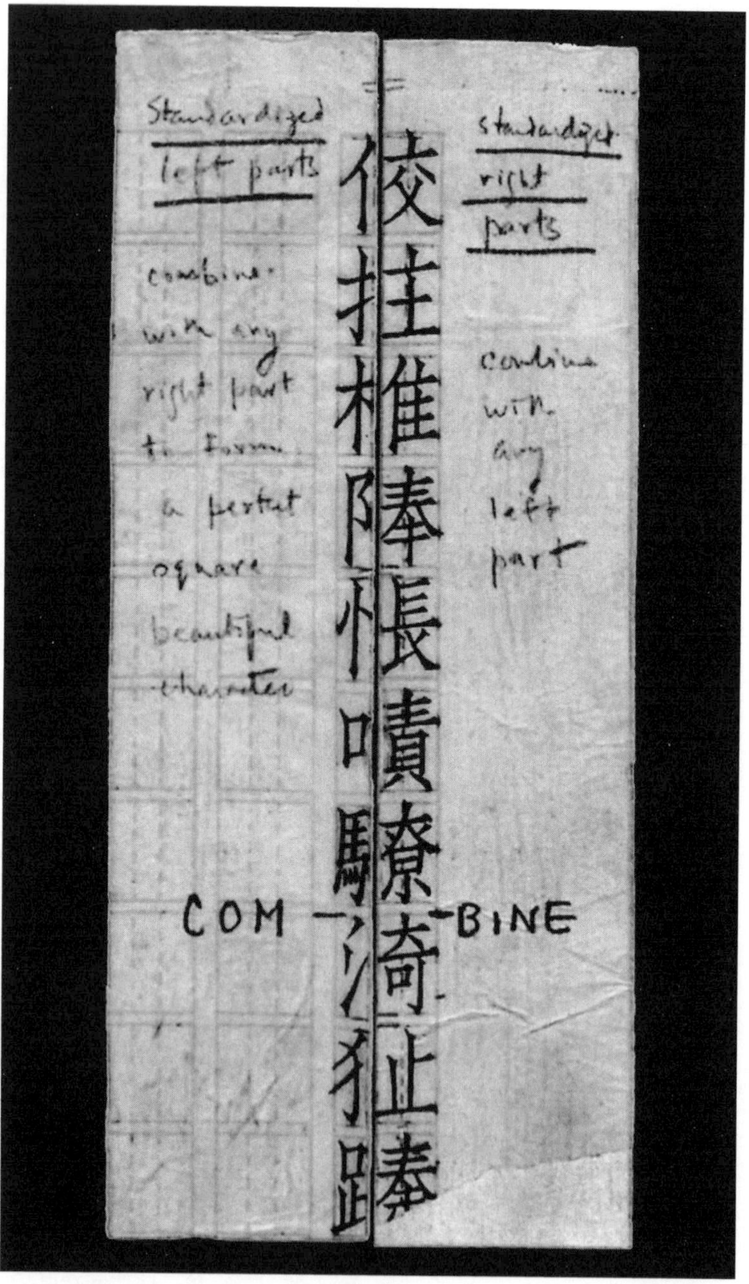

6.6　林語堂 1931 年的信，展示漢字如何在他的中文打字機上成形

星旋轉。最終，林語堂的系統包含總計四十三個獨立的旋轉軸：三十六根金屬棒繞著它們自己的衛星軸旋轉，六個較高階的圓柱體繞著它們自己的行星軸旋轉，以及一個最高階的圓柱體圍繞著單一的恆星軸旋轉（圖6.7）。[39]由於這種巧妙的設計，每根八面金屬棒上的每一面都可透過協調的旋轉過程進入打印位置，使得林語堂的打字機比常用字中文打字機字盤的容量大上三倍多，而且占的空間還更小。明快打字機總共可提供八千三百五十二個字符，用它們可以組成**現存的每一個漢字**。

第二個明顯的挑戰，是這些字符的布局和分類法：八千三百五十二個漢字和字符，將根據什麼分類系統排列在這個金屬硬盤中？在回答這個問題時，林語堂需要將自己的分類系統與一九一〇和二〇年代試驗

6.7　明快打字機的機械設計

過的各種早期漢字檢索系統截然不同的方式運作。字典的編排系統是一種不需要均等性分類的系統——也就是說，字典「A」開頭的單詞數量不需要與「G」或「Z」開頭的單詞數量相同，《康熙字典》「氵」部字的數量也不需要與「龜」部字的數量相同。然而，為了讓林語堂的打字機運作，他需要建立一套每個類別都包含相同數量字符的分類系統：總數不多不少，剛好八個字元。我們回想一下，這樣精確的數字上限，跟明快打字機上的「魔眼」有關：這個顯景框最多能提供八個候選字，讓使用者從中選擇。只要任何一個分類群出現第九個字元，都得讓林語堂重新調整設計。此外，還有一個關鍵的挑戰：林語堂需要盡可能填滿每個分類群。分類群若沒充分利用——例如出現僅包含三個、四個或五個字符的類別——就可能使打字機的總容量嚴重減少數百甚至數千個字符，或者林語堂得增加鍵盤的總鍵數，才能處理更多類別。這兩種情況都會降低機器性能，並浪費資金。

上面這些挑戰還不夠，林語堂還得關注在我們這個時代被叫作「使用者體驗」的問題，或是杜定友在一九二五年所說的「民眾檢字心理學」的問題。我們回想當時中國各地辦公室使用的機械式中文打字機，打字員可以直接看到字盤上所有的二千五百個字元，儘管只是以鏡像形式呈現。他們可以掃視、估算並依靠一種在大都市裡找路的方式抵達目的地：從起點沿著大致方向出發，沿途設下地標，並詢問下一步的方向。

但林語堂所設想的打字機，漢字將不會以同樣肉眼可見的方式存在和被取用。相反地，字元將藏在機器內部，操作員不直接觀察調用。使用林語堂打字機的打字員不再依靠視覺和星象導航，而是完全依賴地圖和座標，也就是協定和符號抽象概念。林語堂的打字機是一台**零容忍**設備：每一次的按鍵操作要麼有效，不然就是無效。

考慮到這一點，林語堂就不能在材料使用或機械構造上，讓他的打字機配置一組會困惑或混淆潛在使用者的鍵盤。林語堂不僅得開發出總共不超過（最好也不少於）八個字元的分類群，而且開發出這八個字元中的每一個符號和協定（亦即打字機鍵盤上的符號）還必須是使用者可直觀「調用」的。

隨著明快打字機於一九四七年在全球首次亮相，林語堂的努力成果完全顯現在打字機的鍵盤設計上。除了六個鍵上只出現一個符號外，大多數的鍵都有一串兩個到五個不等的符號，這些都是為了分散和填充林語堂的每一組八字分類群。林語堂創造了新的分組方式，根據字符自身的相似特徵將某些部首匯集在一起。例如，在某一個按鍵上，部首「忄」和「木」一起出現，因為他們有共同的筆畫特徵：明顯的豎直筆畫，兩側是短的附隨筆畫。「目」和「日」也成為一組類似的分類群，被分配給一個按鍵——這兩個部首彼此之間沒有詞源關係，但林語堂將它們分在一組，因為它們都是矩形形狀。

儘管像這樣的分組，讓我們覺得從書寫上來看很「自然」，但林語堂的每一個詞組在中文語言實踐中都是前所未見的，完全脫離詞源學或語義學。林語堂創造這些分類乃是根據一種被稱為「輯形法」的建築學分類法，其中「高瘦」形狀被放在一組，「矩形」被放在另一組，依此類推。此外，按照一般形狀進行的這種分組顯然是不夠的，林語堂還自創一種「偽部首」：它們具有不可思議的形狀，雖然與傳統的中文部首和筆畫非常相似，但在中文的歷史上卻是完全陌生的。舉例來說，在最下面一排從左邊數來的第四個按鍵：漢字的「馬」被切成兩半，只保留下半部。

展演明快打字機：林太乙做為中國之女性「人人」

一九四七年五月二十二日，這一天將永遠活在林家人的記憶中：林語堂和女兒林太乙把明快打字機從工廠抱出來，「就像從醫院抱嬰兒回家一樣。」[40]早上十一時，父女二人抵達他們的公寓後，將它安置在客廳一張桌子上。林太乙後來回憶道，「我坐在打字機前面練習打字時，感到它是個奇蹟。」[41]林語堂示意女兒試試，想打什麼就打什麼。[42]對林太乙來說，這段經歷顯然令人感動：「雖然它是十二萬美元換來的，雖然它使我們背了一身債務，但是父親這個嘔心瀝血之創造，這個難產的嬰兒，是值得的。」[43]

嬰兒的比喻經常出現在林家關於明快打字機的著述中，提醒我們這個計畫蘊含了深刻的心血與情感。在一九四七年四月二日的一封私人信件中，林語堂送了一張最近完成的打字機照片給他的親密同儕和朋友賽珍珠（Pearl S. Buck）及理查·華爾希（Richard J. Walsh）。他在照片上寫道：致迪克和珍珠，這是嬰兒的第一張照片。語堂。（圖6.8）*

一九四七年的夏天是屬於明快打字機的。林語堂開始廣泛宣傳，召集記者，向大眾和技術類媒體投稿，並與中國和美國的文化和政界要人聯繫。林語堂還與他的財務贊助者——麥根塔勒公司、國際商業機器公司（IBM）和雷明頓打字機公司高層主管定期聯繫，他們都表示對該機器感興趣。林語堂也獲得中國知識界領銜人物以及軍方、政界和金融界人士的支持。中國的空軍中將毛邦初稱明快打字機是「對人類社會的偉大貢獻」，而中國銀行紐約辦事處經理李德橋（Tuh-Yueh Lee，音譯）則表示「從未想到會有如此小巧而齊備的機器，它操作簡便但功能很強，甚至連最複雜的漢字也能打出來。」中國語言學家、哈佛大學中文教授趙元任評論道：「不論是中國人，還是美國人，只需稍加學習，便能熟悉這一鍵盤。……我認

* 迪克（Dick）是華爾希的小名。

To Dick-n-Pearl
This the first
photo of the baby
Y. T.
April 2, 1947
明快打字機
MINGKWAI TYPEWRITER invented by Lin Yutang,
size 14" x 18" x 9"; contains 8000 types.

6.8 給理查·華爾希和賽珍珠的明信片

為這就是我們所需要的打字機了。」[44]

明快打字機行銷活動的一個決定性時刻，是在雷明頓打字機公司曼哈頓辦事處展演該設備。如果雷明頓公司在明快打字機身上看到了如同林語堂所承諾的那樣出色，他們將會與麥根塔勒萊諾鑄排機公司合作，以強大的企業力量來挹注這個計畫。對林語堂來說，這將是個巨大的勝利——有效贏得了現代資訊技術兩大領域、打字和排版領域巨頭的支持。正如林太乙在她父親的傳記中描述的，到雷明頓公司展演的那天早上下著傾盆大雨。「父親和我提著一個包著油布的木箱，從我們的公寓搭計程汽車到雷明頓打字機公司在曼哈頓的辦事處」，林太乙回憶道，「木箱裡就是我們的寶貝打字機。」[45]展演打字器的責任落在林太乙身上。在一個靜肅的會客廳裡坐了十幾個雷明頓公司的代表，打字機放在一端的小桌子上。[46]

林語堂首先為雷明頓公司的高級職員做了簡單描述。全世界的人有三分之一使用某種形式的漢字——有的是完全使用，例如中國、臺灣和香港，有的則是部分使用，例如日本和韓國。迄今為止，工程師們試圖生產一台打字機來為這個龐大的語言共同體服務，但他們的嘗試都以失敗告終。林語堂強調，商務印書館或日本競爭對手開發的常用字中文打字機，並沒有為中文資訊技術的謎題提供持久的解決方案。而明快打字機就是答案（解方）。林太乙回憶道，「父親說完之後，便指示我開始打字。」

在林語堂為明快打字機提出的眾多大膽主張中，沒有比稱他的機器為「人人可用之唯一華文打字機」更大膽了。宣傳手冊的措辭更為簡潔：「不學而能」（圖6.9）。

這種使用起來毫不費力的宣稱，讓林太乙肩上承擔重責，因為她發現自己經常得

人人可用不學而能之唯一華文打字機
一 不學而能
二 高九寸寬十四寸深十八寸
三 備字七千
四 七千以上之字用字可拼印左右旁而成。拼印字可達九萬
五 每字只打三鈕
六 依習慣打直行
七 可印英文日文俄文及國音字母
八 速度每分可打五十字
FEATURES
"The Only Chinese Typewriter Designed for Everybody's Use"
1. Requires no previous training.
2. Conventional standard typewriter size (14" x 18" x 9").
3. Types 7,000 whole characters, a greater number than any Chinese typewriter hitherto invented.
4. Types words beyond the first 7,000 by combination, attaining a theoretical total of 90,000.
5. Requires pressing only three keys for typing one word.
6. Types vertical columns.
7. Types the Chinese, Japanese, English and Russian alphabets.
8. Speed: 50 words a minute.

6.9　宣傳圖片：「人人可用不學而能之唯一華文打字機」

向訪問林家的記者們展演明快打字機。若他們相信父親的說法，那麼向抱持懷疑態度的觀察者展演機器的肯定不是林語堂本人——這位語言學家、《紐約時報》暢銷書作家，以及打字機的發明者。展演的人必須是一個像林太乙這樣「普通」的使用者，而她需要讓操作看起來很容易。

展演打字機的人也必須是女性。我們已經看到，當時在中國，中文打字員裡既有年輕女性，也有年輕男性。然而美國、歐洲、日本和世界大部分地區，文書人員幾乎早已為女性專屬。由於林語堂的宣傳和財務籌措具有明顯的國際性——美國的企業主管、文化組織和媒體機構都為之吸引——因此這種「打字員＝年輕女性」的國際慣例，就需要被認真遵循。[47]

林太乙把展演打字機的經過描述得惟妙惟肖：

> 在眾目睽睽之下，我開電鈕，按了一鍵，打字機沒有反應。我再按一鍵，還是沒有反應，我感到尷尬得不得了，口都乾了。又再按一鍵，也仍然沒有用。父親趕快走到我身邊試打，但是打字機根本不肯動。會廳裡一片肅靜，只聽見一按再按的按鍵聲，然而這部打字機死也不肯動。再經過幾分鐘的努力，父親不得不向眾人道歉。於是我們靜悄悄地把打字機收入木箱裡，包在濕漉漉的油布裡，狼狽地退場。[48]

林太乙懷疑雷明頓的代表們心裡會怎麼想，會不會認為她的父親是個「瘋顛的發明家？」[49]外面還在下大雨，林語堂暗自思忖，是否最好取消他們第二天的記者招待會。這是一次可怕的尷尬，但也許是必經的尷尬。到家之後，林語堂打電話給工廠的機械工程師，那人來到，拿一把螺絲刀，不用幾分鐘就把打字機修理好。[50]第二天的記者招待會一切順利，但這一天遭受的羞辱刺痛仍歷歷在目。

在接下來的三天，位於格雷西廣場（Gracie Square）七號的林宅成為明快打字機新聞宣傳活動的總部。國際媒體記者與本地人們圍在林太乙身邊，喊著「林小姐！林小姐！」，聲音此起彼落。[51]在她父親的注視下，人們無疑對她的展演很感興趣，林太乙成了舞台的中心。為了讓記者相信這台機器可以處理「即興」文本，林語堂邀請記者「隨便選個字，林小姐會將這個字快速高效地打出來。」[52]此次活動的性別色彩在後來《紐約世界論壇報》刊登的照片上體現得更加明顯，但顯然記者甚至沒有意識到這位年輕女子是誰。照片標題是：「身為作家和哲學家的林語堂博士看著一位祕書操作一台可打印中文、英文、日文和俄文的打字機」（圖6.10）。[53]

此外，林太乙的展演從各方面來看都完美無缺。[54]她讓操作明快打字機看起來毫不費力，甚至向《洛杉磯時報》吹噓這台機器「只用了兩分鐘就學會使用。」[55]在這次成功展演的基礎上，明快打字機的媒體宣傳很快就開花結果。僅八月二十二日一天，《紐約時報》、《洛杉磯時報》、《紐約世界論壇報》、《紐約先

6.10 林語堂和林太乙合影
摘自〈發明家展演他的中文打字機〉，頂點新聞照片社（Acme News Pictures）——紐約分社（1947年8月21日）

驅論壇報》、《舊金山紀事報》和《中西日報》都報導了明快打字機。隨後幾天，《芝加哥論壇報》、《基督教科學箴言報》、《商業周刊》和《新聞周刊》也都陸續刊登明快打字機的報導。[56]包括十一月的《大眾科學》和十二月的《大眾機械》，在秋冬季節的主流科技雜誌上也可看見相關文章。正如林語堂所說，明快打字機似乎注定要成為第一台獲得與西方打字機同樣廣泛使用和讚譽的中文打字機。

明快打字機的「失敗」與輸入的誕生

如果明快打字機是中國現代資訊技術史上的一個重大突破，那麼我們可能會預期它將席捲中文市場，成為歷史上第一台備受讚譽的中文打字機。但它並沒有。反之，當時唯一的一台明快打字機原型機已經消失，在一九六〇年代左右被麥根塔勒公司的某位員工一聲不響地丟棄了。*這台機器從未量產過，它可能躺在紐約或新澤西某處的垃圾掩埋場，被埋在積了數十年的垃圾堆之下；或者它可能被報廢拆裝，或被熔化了。為什麼這台機器從未量產過？我們如何解釋它的失敗，它的失敗對二十世紀中葉的中文資訊技術史來說代表著什麼——又**隱藏**著什麼？

* 現今位於臺北陽明山的林語堂故居內藏有神通電腦仿作的「上下形檢字法」打字機模型。另外，明快打字機的鍵盤曾授權使用於ＩＢＭ的中譯英機器，以及Itek公司的電子翻譯機，神通電腦也以上下形檢字法為基礎發明「簡易輸入法」（又稱速成輸入法）。

林語堂「明快」夢的有始無終，從他和密友賽珍珠和華爾希的私人通信裡可一窺究竟。「親愛的語堂（Y.T.）和鳳（Hung），收到您的來信後，我與理查德輾轉難眠，知道您在財務上的困境，卻不知如何能幫您。」一九四七年五月，賽珍珠寫給林語堂的信就是如此開頭，這是對林語堂早些時候所提出、無疑是懇切的資助請求之回應。這位作家出身的發明家為明快打字機投入巨額資金後，很快面臨著不斷增加的沉重債務；在向他的長期夥伴尋求幫助時，林語堂必定感到有些尷尬——當明快打字機只是個新生兒時，他還將親手製作的「生日」賀卡寄給了這對夫婦。

賽珍珠描述了她自己的雜誌《亞洲》和自家農場面臨的經營困難。「我一直在努力讓農場自給自足，但它就像您的打字機一樣——你必須先投入，然後才能收割。」「親愛的朋友，我不得不對你們說，就像我對自己姊妹所說的——我有住所和食物，我可以與你們分享這些，但我沒有錢。」[57]

如果說林語堂的財務問題變得沉重，使得明快打字機計畫成功的可能性越來越低，那麼一九四〇年代後期的地緣政治也是如此。一九四八年四月七日，賽珍珠的信寄出後不到一年，洛陽落入中國共產黨軍隊手中，接著是六月十九日的開封、十月二十日的長春和十一月一日的瀋陽。國民黨軍隊和共軍之間的內戰形勢正迅速轉變，共產黨在十二月中旬向北平和天津發動攻勢。到了隔年一月，蔣介石宣布下野，中國共產黨在北平成立總部。

從遠處眺望中國內戰的麥根塔勒公司和其他美國公司高級主管們，越來越擔心共產黨獲勝後他們手握的專利權之命運：一份公司內部報告推測，「在共產主義統治的國家，幾乎尋求不到專利保護的可能」[58]，並且「可能會實施進口和貨幣管制。」[59] 更重要的是，麥根塔勒公司看到了遲來的「中文字母」的可行性，這次出現的中文「卡德摩斯」不是以一九二〇年代的「注音字母」形式出現，而是以毛澤東呼籲中文全面羅馬化的形式出現（但這個呼籲後來也被放棄了）。「據報導，共產黨人贊成中文羅馬化」，馬丁・里德（Martin Reed）在他對麥根塔勒公司的內部報告中指出，「這樣的計畫當然會減少對林語堂打字機的需求。……如果教育體系以羅馬化文字為基礎，那麼對這種打字機的需求將迅速消失。」[60]報告總結道，「有鑑於中國當前的政治和軍事發展，現在看來，這項計畫應該修改，以便在該國局勢變得明朗之前，將精力和金錢的支出保持在最低限度。」[61]

然而，即使毛澤東於一九四九年十月宣布成立中華人民共和國，人們仍然樂觀地認為明快打字機可能存在著一定市場。該機器繼續在美國的華裔高中畢業生身上進行測試，由哥倫比亞大學張鐘元（Chung-yuan Chang）教授指導實驗，並持續顯示出正面的結果。正如一份內部報告所指出的，「張博士表示，林語堂的分類系統是迄今為止設計最好的。」[62]一九四九年之後，人們對明快打字機的興趣也一直存在，尤其是在美國國務院、聯合國和該時期許多研究亞洲的主要學者之間。人們認為，除了打字領域，明快打字機也有利於其他技術領域，最顯著的是電報傳輸和平版印刷。該份報告繼續說，明快打字機「可巧妙運用於中文電報的編碼和解碼上」，當與平版印刷技術相結合時，「林語堂的打字機成為一個簡單且低成本的印刷廠核心部件，必要時可以安裝在中型卡車上使其移動自如。」[63]明快打字機似乎可以成為一件強而有力的工具。[64]

然而，隨著朝鮮半島敵對局勢的升級，明快打字機的喪鐘也隨之敲響。一旦中國派遣「志願軍」投入韓戰，一旦中國共軍與美國和盟軍人員交戰，那一切有關打字機夢想的希望都將破滅。諷刺的是，我們可以在一部由美國駐韓第八集團軍心戰部隊（EUSAK）製作的一部低畫質黑白影片中得知明快打字機的死訊（圖6.11）。在影片裡，我們看到一位年輕女職員（可能是臺灣婦女）正在使用一台帶有字盤的常用字中文打

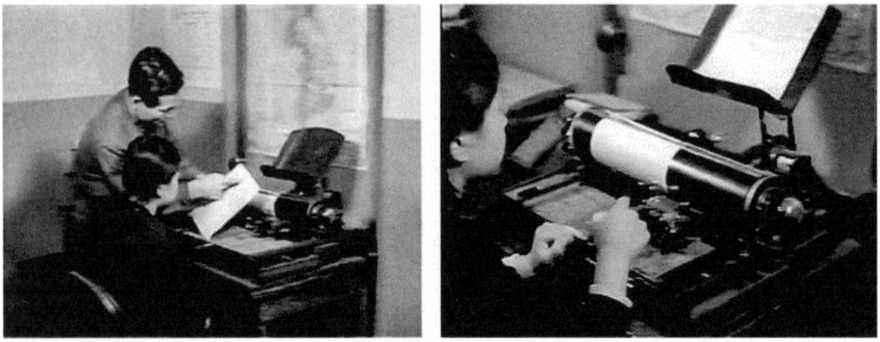

6.11 美國陸軍宣傳片呈現中文打字員在韓戰中的角色（截圖）

字機來打印傳單，以便讓盟軍轟炸機向朝鮮半島共產黨控制區散發。其中一張傳單寫道，「你們的領導人欺騙了你們」，試圖讓中國共產黨士兵相信他們的指揮官正在帶領他們走上一條「必死之路」。[65] 看來，明快打字機已經失敗了。

然而，在試圖解釋明快打字機的失敗時，我們可能忽略了一個至關重要的事實：**它並沒有失敗**。雖然明快打字機是一台在二十世紀中葉開發並於一九四〇年代後期首次亮相的原型機，但它有著更廣泛的意義：一種全新的人機互動的實例，正如本章開頭所探討的，這種關係與現今的所有中文資訊技術密不可分。明快打字機象徵著「輸入」的誕生。前面提過，「輸入」的核心意義是一種技術語言環境，在這之中，操作員不是使用機器來**鍵入**漢字本身，而是去**找到**它們。與「打字」動作不同，「輸入」動作是操作員使用鍵盤或其他輸入系統，向一個受協定管理的中介系統提供指令或標準，讓系統將滿足上述標準的候選字呈現給操作員之過程。這些標準的具體特徵——不論是語音上還是字形上——都與輸入的核心定義無關，使用的鍵盤或操作設備的形狀抑或是設計也一樣。就像做為整體的書法不限於任何一種毛筆，活字印刷不限於任何一種特定字體，輸入也不限於任何**一種**特定的輸入系統。無論是林語堂的符號系統、倉頡輸入法的符號系統，還是搜狗、谷歌和其他公司使用的拼音系統，輸入都構成了一種新的人機互動模式，它涵蓋了無數種潛在的方法、協定和符號系統。因此，做為一九三〇年代開發、一九四〇年代問世的一種特定設備，明快打字機可能確實失敗了；但做為一種新的機器書寫和人機互動模式，明快打字機象徵著中文資訊技術的變革，這是林語堂本人都無法預見的。

Chapter

7

打字之叛逆

一個人排三、四千字不算多，如果大家都排三、四千字，可就多了。

——張繼英，排字工，1952 年

早在著手寫作中文打字機的歷史之前，我已花了數年時間盯著打字機看，卻沒有進一步理解它。在構思我第一本著作、關於中國民族分類史的《容受國族：現代中國的民族識別》（*Coming to Terms with the Nation: Ethnic Classification in Modern China*）時，我曾仔細研讀過中國雲南省社會科學家撰寫的民族學和語言學報告。為了撰寫該地種族認同分類的研究報告，這群研究人員經常得依賴中文打字機，而後來這也成為我研究的重點。多年以來，中文打字機一直歷歷在目，但卻不引人注意。[1]

為了提醒相關領域的同事和朋友，我組織了一次非正式的「搜尋團隊」，來尋找其他隱藏的文件。我提供了一個簡短的速成課程，教導如何識別打字文件（特別是如何將它們與印刷文件做區分），並請他們藉此協助調查他們的個人收藏和檔案館藏。判別的跡象包括：偶爾看見塞在打字文件中間的手寫漢字（即打字機所缺少鉛字的冷僻字），不同段落的字跡深淺交替（我們在第四章討論過的問題），文本的基線輕微起伏，以及字元間距比正常情況稍寬。那就是了。

中文打字機歷史上的新黃金時代很快地便躍然紙上。我的同事們從北京、上海、哈爾濱、昆明等大城市到中國西部偏遠地區，都捕捉到了中文打字機的蹤跡。一九五〇年五月起，哈爾濱市公安局政治保衛處開始用打字機製作監視報告，例如對當地天主教團體的調查。[2]在北京，北京市副食品商業局黨組的打字報告在一九五二年之前就出現。[3]河北的省級黨委書記早在一九五五年前就開始有打字文件。[4]此外，打字機絕不是僅存於較大的城市中心。在陝西省寶雞縣，一九五七年就已出現有關當地狀況調查報告的打字文件。[5]其中最有說服力的是一九五六年和一九五七年在青海省澤庫縣偏遠農牧區製作的打字報告。[6]愛國的中文打字員的形象也很快出現，他們製作有關建設國家、鞏固革命成果、經濟計畫和階級鬥爭的文書檔案，因而聞名。一九五六年三月，中文打字機取得了新的進展：它首次出現在毛澤東時代的宣傳海報上

7.1　**中文打字員宣傳海報**

（圖7.1）。[7]

一九五〇年代是個比我想像中更活躍的中文打字時期，無論是在使用範圍和方式上都超過了民國時期後期。在毛澤東時代，一連串不間斷的社會政治和經濟運動給中文打字員帶來了前所未有的負擔，他們的任務是打印經濟報告和低版油印資料，以提供全國各地工作單位無處不在的「學習班」使用。事實上，打字員的負擔如此沉重，以至於一些工作單位不得不將工作外包給非官方的「打字謄寫社」，這一現象引發了甫起步的共產主義國家之擔憂。隨著獨立經營的小型打字行的激增，黨國對技術語言產品生產工具的壟斷在一定程度上被削弱；因此，用於印刷和發行國家委託的演講稿、政治學習指南和統計資料的打字機、複寫紙和油印機，也被用來經營小規模的灰色市場出版業。

中文打字機也被用來複製整本書，被稱為打印本（打字並油印後的版本）。這種印刷方式非常普遍，以至於這個詞後來在電腦時代被重新用作「（電腦）打印」（to print out）和「雷射印表機／激光打印機」（laser printer）的中文翻譯。在一九六八年的一份打字油印本中，一個紅衛兵打字並油印了毛主席詩詞，並在國際勞動節前及時發行了該版本。更深刻虔誠的是「雲南大學毛澤東主義炮兵團外語分團宣傳組」成員，他們抄錄了毛澤東在一九五七年和一九五八年的談話，摘錄自《人民日報》、《中國青年報》、《新中國雙月刊》和《河南日報》等處。這項工作的長度超過二十八萬字，一頁又一頁是密密麻麻的打字文本，需要一百到二百個小時——或整整四到八天——的打字和油印（圖7.2）。[8]

打印本占據了從手寫和印刷之間的廣闊領域，一直持續到改革開放時代（一九七八—一九八九）。當時全國發行的文學期刊《今天！》被孟連素（Liansu Meng）描述為「一九四九年以來中國第一份非官方期刊」，它也是用中文打字機和油印模版印製的。[9]

然而，中文打字機在二十世紀下半期最引人入勝的地方，並不是它的流行程度或規模。在日常繁忙的打字員世界，其他真正具革命性的東西正在開展。毛澤東時代的書記員和祕書帶頭進行了一系列創新，主要是改變字盤上編排漢字的方式。這些打字員不再堅持以部首—筆畫為主的編排方式，或是我們在前一章提過的中國知識分子設計的任何實驗性漢字檢索系統——而是激進的「與部首背離」。*具體來說，他們創造了自己獨特的漢字自然語言排列，目的在盡量將實際書面文本中常出現的字元組合排在一起，包括常用的二字複合字（「詞」）或共產主義專有名稱及術語，例如「革命」、「社會主義」、「政治」等。[10]由於成組的字元彼此更靠近了，加上共產主義修辭的重複性，使用這種實驗方法的打字員吹噓每分鐘可打出高達七十個字，或至少比民國時期的平均打字速度快上三倍。

* radical departure，「部首」與「激進」的雙關用語。

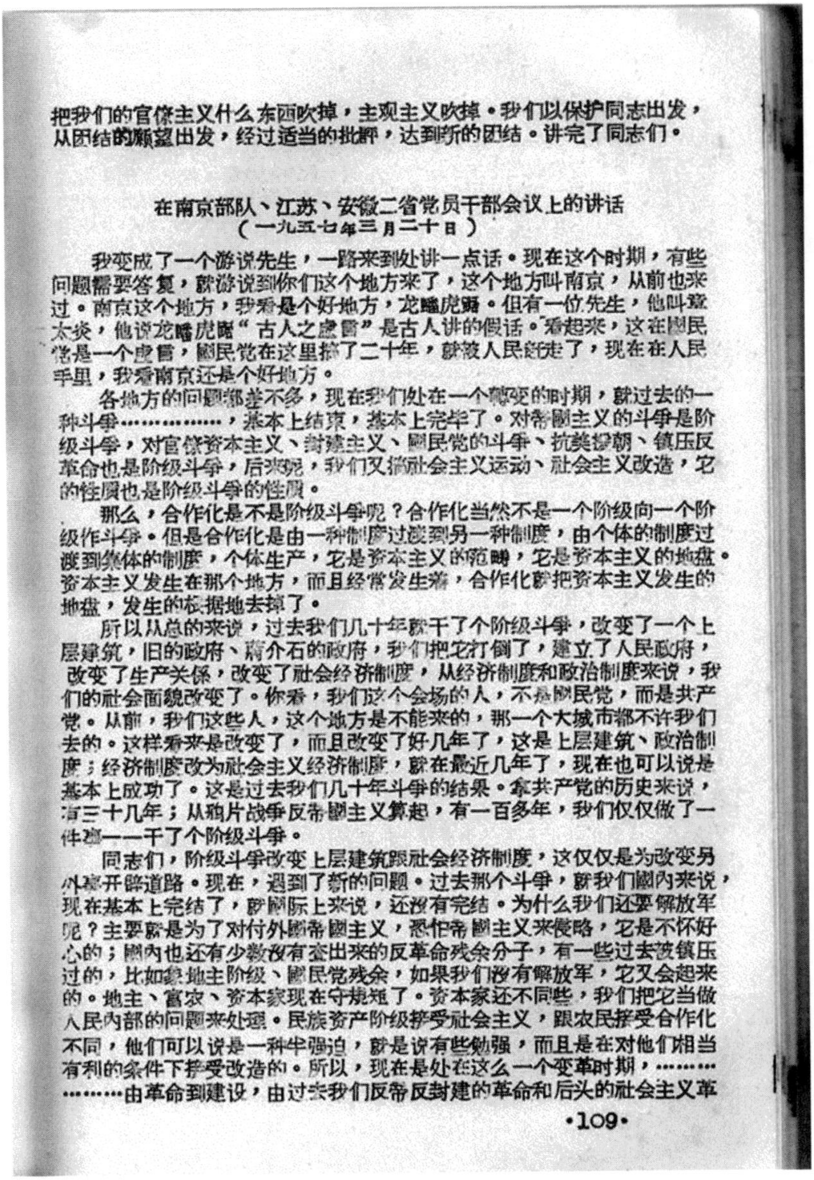

把我们的官僚主义什么东西吹掉，主观主义吹掉。我们以保护同志出发，从团结的愿望出发，经过适当的批评，达到新的团结。讲完了同志们。

在南京部队、江苏、安徽三省党员干部会议上的讲话
（一九五七年三月二十日）

我变成了一个游说先生，一路来到处讲一点话。现在这个时期，有些问题需要答复，就游说到你们这个地方来了，这个地方叫南京，从前也来过。南京这个地方，我看是个好地方，龙蟠虎踞。但有一位先生，他叫章太炎，他说龙蟠虎踞"古人之虚言"是古人讲的假话。看起来，这在国民党是一个虚言，国民党在这里搞了二十年，就被人民赶走了，现在在人民手里，我看南京还是个好地方。

各地方的问题都差不多，现在我们处在一个转变的时期，就过去的一种斗争……………，基本上结束，基本上完毕了。对帝国主义的斗争是阶级斗争，对官僚资本主义、封建主义、国民党的斗争、抗美援朝、镇压反革命也是阶级斗争，后来呢，我们又搞社会主义运动、社会主义改造，它的性质也是阶级斗争的性质。

那么，合作化是不是阶级斗争呢？合作化当然不是一个阶级向一个阶级作斗争。但是合作化是由一种制度过渡到另一种制度，由个体的制度过渡到集体的制度，个体生产，它是资本主义的范畴，它是资本主义的地盘。资本主义发生在那个地方，而且经常发生着，合作化就把资本主义发生的地盘，发生的根据地去掉了。

所以从总的来说，过去我们几十年就干了个阶级斗争，改变了一个上层建筑，旧的政府、蒋介石的政府，我们把它打倒了，建立了人民政府，改变了生产关系，改变了社会经济制度，从经济制度和政治制度来说，我们的社会面貌改变了。你看，我们这个会场的人，不是国民党，而是共产党。从前，我们这些人，这个地方是不能来的，那一个大城市都不许我们去的。这样看来是改变了，而且改变了好几年了，这是上层建筑、政治制度；经济制度改为社会主义经济制度，就在最近几年了，现在也可以说是基本上成功了。这是过去我们几十年斗争的结果。拿共产党的历史来说，有三十几年；从鸦片战争反帝国主义算起，有一百多年，我们仅仅做了一件事——干了个阶级斗争。

同志们，阶级斗争改变上层建筑跟社会经济制度，这仅仅是为改变另外事开辟道路。现在，遇到了新的问题。过去那个斗争，就我们国内来说，现在基本上完结了，就国际上来说，还没有完结。为什么我们还要解放军呢？主要就是为了对付外国帝国主义，恐怕帝国主义来侵略，它是不怀好心的；国内也还有少数没有查出来的反革命残余分子，有一些过去被镇压过的，比如象地主阶级、国民党残余，如果我们没有解放军，它又会起来的。地主、富农、资本家现在守规矩了。资本家还不同些，我们把它当做人民内部的问题来处理。民族资产阶级接受社会主义，跟农民接受合作化不同，他们可以说是一种半强迫，就是说有些勉强，而且是在对他们相当有利的条件下接受改造的。所以，现在是处在这么一个变革时期，………………由革命到建设，由过去我们反帝反封建的革命和后头的社会主义革

•109•

7.2　《毛主席思想萬歲1957年－1958年選集》打印本（約1958年）

換句話說，在毛澤東時代的打字員中，我們可看到目前已知最早的「預測性文本」（predictive text）資訊技術的實驗和運用——這是現在中文搜索和輸入法的一個共同特點。事實上，如果「輸入法」是現代中文資訊技術的第一個支柱，正如我們在前一章中所研究的，那麼第二個支柱無疑是預測性文本。實在令人驚訝，數位時代的我們如此熟悉的一項技術，竟有著如此深厚的根源：在電腦出現之前，中文的「預測性文本」是在機械式中文打字機的背景下發明、普及和加以完善的。更重要的是，這項創新不能歸功於單一發明家；基本上，它是無數個匿名的打字員點滴匯聚成的結果。

中國第一位「模範打字員」

一九五六年十一月，中國中部的城市洛陽有一名打字員完成了一項驚人的壯舉。他使用機械式中文打字機，也就是我們在本書中熟悉的打字機，在一個小時內打出了四千七百三十字，創下每分鐘近八十字的新紀錄。[11]雖然與字母文字打字機相比，這種速度並不值一提，但考慮到當時中文打字員的平均速度為每分鐘二十到三十字，該紀錄就很值得注目了：這是當時平均打字速度的二到四倍。此外，這位打字員並不是透過自動化或新型打字機達到這一紀錄，相反地，他只是重新排列了機器字盤上的漢字。一九五六年，打字員擺脫了長期以來的部首—筆畫編排系統，也避開了民國時期開發的各種實驗性漢字檢索系統，而是將機器上的字元重組為自然語言集群（natural-language clusters），以最大限度提升那些在實際書寫中傾向於成組出現的中文漢字的親緣性。

……以所速
……予判復
…上准批示
述邊下導指
獲評如領請
得達告報並
到何轉呈匯

7.3　新型漢字編排範例
摘自〈新打字操作法介紹〉，《人民日報》
1953年11月30日，第3頁

中華人民共和國成立初期，報紙上充斥著「勞動模範」的故事，這些無產階級先進分子透過意志和智慧的結合，創造了前所未有的生產創舉。雖然不能不加批判地就接受這種誇張的說法，但以這位洛陽的「模範打字員」來說，各種各樣的檔案來源和材料，都令我相信這份報導的準確性——包括裡頭的數字。

為了簡單說明這個打字員的系統——我們稍後會更詳細地討論——我們可以先檢視一份一九五三年向民眾介紹的編排範例，這個實驗性的編排原理請見**圖7.3**。

從標上灰色底的「告」字開始，我們可看到相鄰字格中的「報」和「轉」——可以與「告」組合成常見的雙字詞：「報告」，意思是陳述，而「轉告」的意思則是傳遞或傳達。以這兩個漢字為出發點繼續探索，我們可以從這組關聯系統中看見更多的層次。除了「報」這個字外，另外三個字可以與「報」組合成有意義的雙字詞：「呈」、「匯」、「轉」，分別產生出呈報、匯報、轉報。此外，「上」可以和附近的「下」、「邊」與「述」分別組合成上下、上邊、上述。總之，圖中的範圍包含了不少於二十五種完全關聯的詞組，以及另一套近似關聯的詞組。考慮到該圖的樣本範圍只有三十個漢字，這種關聯組合的密度實在令人印象深刻，而字盤上的字元總數是二千四百五十個（而且所有字元都能以相同的關聯方式進行組織）。如果按照傳統的部首—筆畫系統編排，這些字元就不會相鄰。透過使用具備這種新的漢字編排方法的打字機，毛澤東時代早期的打字員開啟了一場現代最廣泛的技術語言實驗。

這種變革不應被理解為想像力和認知上的跳躍，而是在特定政治環境下機器與人體之間長期存在、深刻的有形關係之表現——或者如英格麗・理查森（Ingrid Richardson）所指的「技術人體學」情結（technosomatic complex）。[12] 共產主義時代字盤上的字元突然被重新排列，只有將這種現象視為迄今為止所研究的長期歷史過程中的一環，才能加以理解：這是數以千計的打字員和排字工以身體、非語言的方式，在與他們的鉛字架和字盤互動的過程中，用觸覺的、去中心化和多半不為人知的經驗匯集而成的。正是在這種群體活動中，在無數轉瞬即逝的微觀歷史時刻，並且，在毛澤東時代得到頌揚和激勵的政治環境下——無數次拿起鉛字、放回鉛字、在打字機上從一個字元移動到下一個字元、按下打字桿，朝向自然語言編排方式的這種躍進才最終變得可以想像、而且可行。我們必須了解中國技術語言實踐的**慣習**，才能好好理解這段歷史，這段「具體化的歷史，因被內化為第二天性，而為人們所遺忘的一段歷史」。[13]

中國的第二次白話文運動

這是一次擴散、去中心化和草根性的運動，起源無法確定，但現有的證據可以幫助我們在一定程度上描繪出它的輪廓。活動中最早的明顯例子不是打字員，而是排字工張繼英，他因一九五一年《人民日報》一篇題為〈開封排字工人張繼英努力改進排字法創每小時三千餘字新紀錄〉的文章為讀者所熟知。[14] 張繼英曾在鄭州和開封擔任排字工十多年，他後來接受了舊式「二十四盤字元架」和新式「十八盤字元架」的培訓，達到令人驚嘆的排版速度（在他的職業生涯中，可以達到每小時排一千二百到二千二百個字）。[15]然而，根據報導，在中華人民共和國成立後短短幾個月內，他靈感激增，開始對他的字元架進行全面的、實驗性的重組——這項實驗讓他取得了一九五一年的成績。

張繼英注意到，他的同事們會在字元架上，將日常工作中經常使用的漢字組合排在一起。例如把新、華、社三個字元排在一起，合起來即為「新中國的出版社」新華社，但這明顯違反部首—筆畫編排法。「我想，像這樣把一組有關係的字放在一處」，張繼英後來解釋道，「揀起來一定好得多」。[16]

張繼英開始將此原則應用到他的整個字元架。上頭很快就出現了超過二百八十個二字詞組、八個三字詞組，甚至七個四字詞組，他將這種編排風格稱為「連串」。[17]張繼英將部分詞彙及共產黨用語，諸如「革命」、「美帝」、「解放軍」、「農業」等名稱納入其中。在法文裡，這種詞叫陳腔濫調（cliché），表示印刷機的「鉛塊」，上面銘刻有常用短語，而非單一字母。[18]該詞源自法文動詞「製版」（clicher）的過去分詞，或「點擊」（click）一詞，與設置定位印刷版位所產生的點擊聲有關。隨著時間的過去，cliché在語義上逐漸演變為現今的含義，即「平庸、陳舊的表達方式」。

張繼英將這種編排方式擴展到幾乎整個字元架，而不僅僅像他的同事所做的一個小的、專門的區域。此外，張繼英的「連串」並非一成不變，而是根據正在製作的文本屬性和總體政治環境而改變。[19]張繼英解釋，如果「工人運動的資料」是一段時期的操作主題，那他會連串擺上諸如「生產」、「經驗」、「勞動」、「記錄」等複合詞。有時候，特定宣傳活動的要求會主導媒體的注意力，促使張繼英重新安排他的字元架，優先考慮「抗美援朝」（韓戰時期群眾動員運動）等詞彙和詞組。[20]就這樣，張繼英著手將自己的身體和字元架轉變為中國共產黨修辭的化身：不是像鸚鵡學舌般地重複某些重點術語，而是讓他的手指、手掌、手腕、手肘、眼睛、周邊視覺、關節、動作、預期反射——他身體的每一部分——都與中共修辭的獨特節奏呈現高度的協調與敏感性。

張繼英進一步改進了他的新漢字編排系統，也打破了他自己的紀錄。一九五二年七月二十九日，中央新聞紀錄電影製片廠中南攝影隊捕捉了他在一小時內創下四千七百七十八個字元的紀錄，每分鐘將近八十個字。[21]與此同時，黨國當局在張繼英的成就中看見了一個慶祝當時至關重要的無產階級寓言的機會：模範工人自發性地利用個人空閒時間，推進自身行業臻至其他人難以想像的高度，打破廣義的「傳統」，並以此向群眾展示了獨特的可能性和不容許自滿的情緒。[22]正是張繼英對傳統實踐的背離——他的**異端**——幫助他更有效地為正統信仰服務，而死記硬背的守舊做法或傳統實踐永遠不可能達到如此成就。「一個人（每小時）排三、四千字不算多」，張繼英如此反應，「如果大家都排三、四千字，可就多了。」[23]很快地，黨邀請張繼英參加一九五二年的五一表揚大會，幫他出版一本更深入解釋他工作方法的書籍，贊助他在全國各地出版社巡迴展示，接受他入黨，並鼓勵其他人學習甚至效仿他的方法（**圖7.4**）。[24]

張繼英的例子很快就被其他人仿效。一九五二年，上海商務印書館改革字盤，採行同樣的連串字系統，打字速度明顯提升。[25]井岡山報印刷廠也實施了連串字編排法，從業界標準的二十四部字盤轉換為所謂的「八字式」字架。就像開封市有張繼英這樣的模範排字工一樣，井岡山也有引以為豪的勞動者：排字工王新順於一九五八年四月十日創下了每小時三千八百四十字的排字紀錄。同年底，他再刷新了自己紀錄，達到每小時四千一百字。[26]

到一九五八年，連串字編排法已變得非常普遍，中國人民大學新聞學研究所出版的排版設計和排版手

7.4　張繼英

冊重點介紹了該方法。[27]他們稱這種方法為「連語字盤」或「連串字字盤」，並解釋如下：

要盡可能把連用的、關聯的詞放在一塊，例如「解」「決」「問」「題」這四個字就分別在互相接連的四個小格中。[28]再如像「建」「設」「祖」「國」，「提」「高」「產」「量」這類的字也分別放在一起，這樣揀起字來就方便多了。[29]我們還可以設想用放射性或連鎖性式來配置常用字盤，比如「人」「民」「公」「社」↓「會」「主」「義」等。[30]如此放射出去，就好像作遊戲的「頂針續線」一樣，揀字時非常順手。[31]

手冊還提到另一種類似的方法，就是將連結詞配對並放入同一主題區域。排字工可以把「美帝」、「侵略」和「破壞」等詞組放進某一區域，並稱其為「貶義字盤」。[32]然後將另一個區域指定為「社會主義名稱的盤」，再如手冊所說的，放入「『社會主義』，『合作社』，『毛主席』等等。」[33]

在引號內「毛主席」和「社會主義」後面跟著「等等」等詞，這點具有深刻的啟發性，提醒我們留意這種編排方法的核心：一種後設的認知距離（metacognitive distance）。亦即，為了利用這種自然語言編排法，我們不能成為一隻常規政治表達的鸚鵡，只會不假思索且喋喋不休地覆誦毛時代的用語。相反，我們必須對這些用語的重複性和規律性保持高度敏感——將它們歸類為「連串」，據此有效編排字元架或字盤，以實現最大化效率。張繼英揀字法的成功之處在於對當時中共言論的獨特措辭節奏有了最大程度的敏感性和預期性，不只是「毛澤東」和「幹部」等詞彙，還有那些政治上的「中立」術語，諸如「教育」、「存在」、

「根據」等。張繼英有能力與那個時代一種公共、權威和標準化的語言之間建立一種非常私人、甚至隱祕的關係，這強化了他為政治正統服務的能力。在這種情況下，激進（背離）的個人主義完全適應並有利於國家權力。

中文打字與「大眾科學」

正如「新華社」的案例所示，張繼英並不是第一個將白話分類學方法概念化為中文排版的人。然而，他也許是第一個將這種可能性在邏輯上推向極致的人，他將連串字系統擴展到整個字架，而不是其中的某個限定區域。同樣的方法也適用於中文打字領域，正如我們在第三章和第四章中回顧的，中文打字機字盤的字元不是固定的，而是可移動和可更換的。儘管自一九五〇年代開始，自然語言集群的應用實驗達到了前所未有的地位和水準，但實際上民國時期的中文打字機已經具備了些許的「預測」屬性。有兩個例子特別值得探討。首先，我們記得民國時期的打字機字盤上有一個「特殊用字」預留區，裡面的字元就不是根據部首類別或筆畫數來組織的。在字盤上這條寬四列、深三十四行的長條區域內，字元被編排在一起，形成常見的二字詞和多字短語，例如「中華民國」。[34]特別是，打字員將這塊小區域專門用於排

蘇	洲
浙	江
龍	北
黑	湖

7.5 華文打字機（1928年之前）的「特殊用字區」範例
摘自《華文打字講義》附的華文打字機文字排列表
（編製於1928年之前，約在1917年）

出中國各省名。例如「蒙」和「古」橫向相鄰，形成蒙古。對於那些出現在多個地名的字元，這種安排變得更加複雜和有趣，如江、湖、南、西、東和山（圖7.5）。「江」的左邊是「浙」，形成浙江；左上角是「蘇」，形成江蘇。左下方是「龍」，正下方是「黑」——共同構成省名黑龍江。[35]

第二個例子是一九二八年八月二十六日，報社記者、編輯和語言改革者陳光垚寫給商務印書館總編輯，也就是我們在上一章看到的「四角號碼」檢字法發明者王雲五的一封信。在了解商務印書館的中文打字機部門後，陳光垚向王雲五建議重新編排公司的中文打字機字盤，以最大限度提升自然共現（naturally co-occuring）漢字的親緣性。陳光垚列舉了「然則」、「中國」、「發明」、「三民主義」、「世界」等二字或多字詞，甚至更長的慣用語，如「意料之外」。[36]若以這種方式排列字元，陳光垚解釋，只需幾個字就可以排出更多組合字詞。簡單的四字序列「發」、「明」、「達」、「光」，就可以寫出諸如「發明」、「發達」和「光明」等常用術語，這會比使用部首—筆畫編排法更快速且更容易。抑有進者，還可以更合理地編排一些常見助詞，不按照字典順序，而是將通常會一起出現的那些字元放在一起。

然而，儘管陳光垚受到種種鼓勵，他向商務印書館提出的實驗性建議卻從未被採納，也從未在中文打字的其他領域發揮作用。事實上，民國時期大量的打字檔案中，無論是理論還是實踐上，都沒有任何進一步提及陳光垚系統的應用。相反地，所有證據都顯示，雖然民國時代的打字機一直都有使用自然語言編排法，但仍完全侷限於打字機的「特殊用字」小範圍內。

到了中華人民共和國成立早期，就進入了一個完全不同的時代。隨著張繼英這個微小現象的出現，自然語言編排法很快從排版被挪用到中文打字領域。一九五三年十一月，《人民日報》報導了沈蘊芬這位兩年前加入人民解放軍的年輕女性，年方十七。[37]沈蘊芬是上海人，一九五一年十月韓戰期間被派往華北軍區司令部擔任打字員。據她自己說，一開始打字很慢讓她十分沮喪，甚至因焦慮而體重減輕。在一位同事的指導下，沈蘊芬的打字速度提升到每小時二千一百一十三個字元——這是一個可觀的進步，但她仍不滿意。沈蘊芬決定採用「新打字操作法」，這是她最近學的一種方法，發明者是王家龍。[38]透過運用與張繼英「連串」法相同的鄰接原則，王家龍和其他人很快利用了打字機字盤的形狀，將張繼英的線性一維編排，擴展為 x-y 矩陣二維編排。新打字操作法的運作原理被稱為「副詞放射團」，解釋如下：透過「以一字為核心，向外放射」，打字員可以填充每個字元周圍的三到八個空格，儘可能納入多個相關字元。[39]由於這種多維性，打字員可以超越排字工字架上相關字元的左右順序，嘗試垂直和對角線排列。此方法使得鄰近小區域之間的關聯成為可能，共同串成一個擴大的關聯網路。

在擺脫部首—筆畫編排法的過程中，開闢了一個實踐無限可能性的空間。沈蘊芬的速度穩健提升，達到每小時三千零一十二個字，並在一九五三年華北軍區打字比賽中以一小時三千三百三十七個字的創紀錄成績奪得第一名。一九五三年一月二十五日，年輕的沈蘊芬被授予「一等功臣」榮譽稱號和「二級模範」獎章。一九五五年九月，毛澤東在全國青年社會主義建設積極分子大會上接見了她。[40]

陳光垚在民國時期的失敗，與一九五〇年代充滿活力的實驗，這樣的鮮明對比下產生了一個根本問題：為什麼只有在共產主義時期，這種已為人所知的技術語言方法，才成為人們高度關注和探索的對象？「新」、「華」、「社」這個只占整個字元架一小部分的區域邏輯，是如何成為整個字元架的編排原則？同樣地，在民國時期的一個占總詞彙數量不到百分之六的長條狀「特殊用字」區域的編排規則，最終是如何征服其餘百分之九十四的字盤區域？一個可以立即被否定的潛在答案是，民國時期在整體語言改革方面缺乏創新、實驗和反傳統性。相反地，正如我們在前一章所看到的，晚清和民國時期對各種漢字編排和檢索系統的探索幾乎毫無間斷，許多改革者也大肆批評《康熙字典》及其伴隨的部首—筆畫編排系統。那麼，為什麼直到一九五〇年代「預測性文本」策略才開始在排版工廠和中文打字機的字盤上普及？我們如何解釋毛澤東時代自然語言實驗的突然興起？

要理解毛時代早期自然語言實驗的出現，我們必須考慮一九四九年共產主義革命後發生的三個關鍵政治變化：第一，中國共產黨支持和歌頌所謂的「民間」或「大眾」知識；第二，當時的共產黨修辭雖還稱不上是「可預測的」，但也越來越傾向常規化；第三，打字員在一九四九年革命後面臨了前所未有的工作效率要求。[41]第一個變化，正如共產黨當局大力推動非精英群眾參與古生物學、醫學和地震學等不同領域的研究，他們也號召對中文進行一次全面的、由下而上的重組——一種屬於大眾的分類法，有別於早期的漢字分類方式，以便更好地反映「普通人」是如何組織他們的語言世界。[42]如果連醫學和物理科學都能夠實現無產階級化，能夠「對『科學屬於精英』這一理念發起挑戰」，那為什麼文字編排系統不能呢？[43]第二個變化，涉及一種前所未有的常規化政治論述的發展——「意識形態門類和語言的系統化」影響（如果不算是定義的話）了中華人民共和國成立初期的整個文本生產領域。[44]這不僅體現於「鬥爭」和「無產階級」等典型的中國共產黨關鍵詞，也體現於大量的指令：弗朗茨．舒爾曼（Franz Schurmann）恰如其分地稱之為「看似普通但具有特殊含義的詞彙」——諸如「意見」和「討論」之類的術語。[45]第三個變化，是史無前例地僱用中文打字員處理政府事務，本章開頭已然提到。到一九五〇年代中後期，中文打字員和中文打字機遍布中國各地，在政府日常工作及毛時代不停歇的一系列動員運動中扮演著越來越常規化的角色（打字員要製作經濟報告和油印資料）。特別是在大躍進期間，打字員的工作壓力不斷加重，最後發展成一種獨立的後設敘事：他們也開始用「配額」和「產出」這樣的傳統語言來描述自身工作。各地打字員和工作單位相互競爭，以超越計畫目標，並提高他們的「生產」效率——也就是每月和每年生產的打字總數。

這三個新條件的結合，催化了字盤上前所未有的語言學結構轉變。這種實驗有著無限的可能性。字盤上有近二千五百個字元，打字員可以嘗試大量難以想像的不同排列方式，從而使漢字編排方式實現完全的民主化：每位打字員都能按照自己認為合適的方式編排字元。更具體地說，過程中有可能建立起一套同時完全適用於兩種事物的系統：一個是個人的身體，包含個人化的多樣動態特質；一個是那個時期日益標準化的毛主義論述。

去中心化，中心化？

在大眾媒體上目睹張繼英、沈蘊芬和其他模範分類學者被表彰，我們可能不禁會想，黨、國家和行業精英一定會看到這種新的、去中心化的分類法實驗的好處，並鼓勵全國打字員大步邁向這美好的新未來。然而，事態發展的走向完全不同。黨內和行業精英可能會讚揚張繼英，但他們並不相信他的方法會被中文打字員廣泛採用。誠然張繼英和沈蘊芬是模範，但不是黨和行業領導人認為所有排字工和打字員都可以仿效的模範。毛澤東時代早期的打字業並沒有去推動這種以使用者為主導的白話文分類法實驗，而是走上了一條中華人民共和國成立初期其他媒體機構也遵循的共同道路：中心化。具體來說，他們開始讓這種新的白話文分類法走向標準化和中心化。

透過一九五三年在天津舉行的一次會議紀錄，我們得以了解中華人民共和國成立初期打字界的想法。

在八月三十日召開的「修改打字機字表會議」，有五十二名代表與會：他們來自製造商、打字學校、中共天津市委、天津市政府以及三十多個其他工作單位。與會者回顧了中國打字機行業的近況，以及他們對未來的展望。

出席者最關心的是標準化問題。一位與會者認為，「萬能式中文打字機舊的字盤表，在選字和排列方面，都存在一些缺點，並影響了打字效率的提高。」[46]更多與會者抱怨打字機製造商普遍缺乏標準化，每個製造商都使用不同的字元編排表。在這個標準化、理性化的時代，不能任這樣的趨勢發展下去。會議上特別點出了黨的簡化漢字和廢除「異體字」運動。[47]出席者一致認為，如果中文打字領域也能夠達到同等水準的標準化，那麼正面影響將是顯而易見的。例如，一旦中文打字機字盤以統一方式裝配，編輯就可以出版統一的檢字索引和打字教科書，提供給所有人使用。「這對於（打字機的）學習和使用有很大的幫助」，一位與會者總結道。[48]

此外，天津市打字改革委員會非常清楚當時的白話文分類法實驗，只是沒想到分類法可以在廣大的社群中實踐。他們在報告中將這些稱為「放射字團」，定義為「以一字為核心，特關聯的複詞，排在上下左右。」委員會對該系統給予一定程度的讚揚，但也迅速指出了至少三個問題。首先，此分類法沒有「一定的次序」，而是依賴「強記摸索」。其次，由於漢字相互連接形成的組合詞數量極其龐大，放射法很難實現綜合性。第三個也是最關鍵的問題，是它明顯具有特異性和個性化。如果採用此方式的打字員離職或是生病，將很難找到接替的人。這種方法無法滿足需要，它還算不上是絕佳的。[49]與張繼英、沈蘊芬等人的故事形成鮮明對比，與會者在天津會議分享了一個核心原則：中文打字機應當保留業界標準的部首—筆畫編排法。

然而，似乎是為了安撫這個情況，委員會也提出了自己較為溫和的字盤提案。他們承認，在已知給定的部首類別中，字元順序不需要嚴格遵守筆畫數。如果已知給定部首類別中的兩個字元傾向於一起出現，就可以將它們相鄰排列在字盤上——即使這意味著違反筆畫數原則。[50]我們遇到的這種「寬鬆」部首—筆畫字盤的最早表現形式，出現在萬能中文打字機上，大約是在一九五六年製造——這台機器曾由日本製造，但現在由中國製造商掌控。[51]它的字盤比張繼英的字元架更為保守，其字盤特點最多可稱是「調整」，而不是放棄部首—筆畫系統：它保留了部首分類，但同一部首的漢字可以不按照筆畫數放置。

透過觀察「氵」部首分類裡的漢字，可以看出萬能打字機編排方式鬆動的跡象。在「澤」字的左邊，我們找到了「毛」：因此，打字員可以直接打出偉大舵手「毛澤東」名字的三個字中的兩個字。同時，第三個字「東」位於當時所有打字機字盤裡通常會在的位置：即「特殊用字」區，與其他三個表示方向的西、北和南字並列。因此，在萬能打字機裡，我們看見了打字業界對這種由下而上的白話文分類法實驗的第一個回應。打字機製造商和業界領導者不願打破部首—筆畫系統，而是提出一種折衷觀點：打字員若想更快速地打出常見組合詞與名稱，就只能從改進自身技能做起。與此同時，業界領導者警告，即使是這種對部首—筆畫系統的寬鬆，也需要緩慢進行，而且使用者需要時間學習。天津市打字改革委員會指出，雖然一定數量的個體化調整是「可行的」[52]，但「最好不要再大改裝」。

毫無疑問地，受到一九五〇年代中期地方級實驗的挑戰和啟發，打字機行業決定做一些更大的改變：一九五六年「改良」的中文打字機首先配置了「開箱即用」的自然語言字盤。該字盤的編排不再恪守部首—筆畫分類法，而是由製造商根據當時日常用戶間流行的共同原則，自己開發出的白話文編排法。[53]某種意義上，此舉是對地方級實驗的認可；但同時，它也重申了打字業對中心化和標準化的承諾。這台機器的漢字編排並不從屬於某個特定打字員的身體，而是從屬於製造商所定義的一個假想的、普通打字員的身體——一種「一般人」，雖然不同於我們在第六章中提到的那種。一旦完成白話文編排的過渡變更，就可以繼續編輯和出版大量對應的教科書與字元表。此外，在打字學校和課堂的培訓打字員也可開始記住這種新的編排字元表，就像他們記之前的部首—筆畫系統那樣。換句話說，打字機行業人士試圖將白話文標準化；如同二十世紀上半葉中國精英發起的第一次、更為著名的白話文運動那樣，這群人也懷抱著同等的熱情。

打字之叛逆

打字機製造商可能對「改良」字盤已經感到滿足而停下腳步，但打字員卻不然。中文打字員在很多方面都將字盤重組的新想法推向極端，這一歷史發展進一步突顯使用者驅動技術變革的重要性：每位打字員都按照自身認為合適的方式，根據許多個人身體的獨特性來組織其字盤，造就了漢字編排的全然民主化。[54] 這種組織方式並沒有標準，沒有中心化，實際上有著無限的潛在變化可能（二千五百個字元可以有將近 1.6289×10^{7411} 種不同編排方式）。[55]

從這個意義上說，中文打字員比中央當局預期的更認真、更真誠地看待中央發布「模範打字員」和「模範排字工」的中心化宣傳，創造出的打字機形式既可使他們的身體更加深入到中國共產黨的修辭中，也可將這種修辭更加深入地吸收內化。他們完全背離了部首—筆畫系統，也脫離了任何獲得集中授權的所謂「出發點」，轉為創造出一種完全適用於自己身體和毛時代論述的編排系統。隨之而來的，就是發展出無數種高度個體化的、通往一套日益死記硬背的標準化政治論述的途徑。透過讓這種語言機械對完全從屬於身體——不是一個被集中決定的、假定的身體，而是透過民主、經驗和個體化方式確立的所有人的身體——人們得以和當時的毛主義修辭裝置形成一種更完美、更私人的聯繫和承諾。

面對令人眼花撩亂的無數可能性，打字員不會盲目或隨機地重新編排字元。白話文分類法出現一種新興的邏輯，也有了一個新興的實踐共同體，人們可以在其中分享和學習相關原理。事實上，這種去中心化的、由使用者驅動的重組實踐，在中文打字業裡變得十分重要，以致於從一九六〇年代起，自然語言實驗開始傾向正規化——不是要中心化，而是去總結出一些「最佳實踐」的設定。一九六〇年有個引人入勝的解釋：王桂華和林根生在其合著中深入探討人們應該如何編排白話文字盤的問題。[56]他們概述了改造字盤時需考慮的不同影響因素，以及在此過程中應牢記的某些空間—語言因素。

兩位作者比較了兩種改造白話文字盤的方式：「逐日改進」和「一次改排」。他們解釋說，對字盤的「逐日改進」就是每天更改一點，仔細記錄使用頻率較高和較低的字元，在字盤上選擇性移動這些高使用和低使用頻率的字元，並詳細記錄所做的更改。王桂華和林根生建議，「逐日改進」最適合只有一名打字員的工作單位，因為它可以最大限度地減少對工作單位流程的干擾，而且重新編排的字盤更容易被記住。然而，這種方法也有缺點。字盤上有兩千多個字，完成這個過程需要很長時間——每天調整六到七個字元，就要花上一年。此外，也許最重要的是，這種漸進的方法毫無系統，因為它是以零碎的方式進行的。採用這種方法的打字員無法進行通盤的準備或考慮，從而增加了做出錯誤分類決定的風險，這些決定雖然一開始看起來合適，但後來很可能被證明是有害且難以補救的。

「一次改排」的方法更極端。經過全盤的繪圖和規劃後，打字員會利用自身空閒時間將字盤完全清空，然後根據仔細確定的詞彙藍圖，一次重新填入逐個字元。在腦力和體力共同勞動下，可以一步到位。然而，一次性轉型有明顯的風險。首先，此方法對打字員的記憶力造成巨大負擔，要求他們立即記住一個全新的編排布局（這項任務頗具挑戰性，即使這是由打字員親自發展的系統）。為了應對這種情況，王桂華和林根生建議打字員在新編排布局建立後，利用業餘時間盡可能準確記住新的字盤表。如果沒有從第一天起就記住整個排列（這幾乎是不可能的任務），那麼打字員的工作效率和速度必然會在一段時間內受到影響。因此，對於只有一名打字員的工作單位，這種方法不如「逐日改進」法可取。他們總結道，「總之，改排字盤必須要細緻、認真，不能草率從事。但也要克服各種保守和怕麻煩的思想情緒……。」[57]

王桂華和林根生還詳細概述了可採用的最佳系統，主要聚焦在五種空間—語言方法：集團式、放射式、堡壘式、連韻式和重複字式。[58]在集團式中，打字員首先在字盤中放置一個字元，然後用相關的字元將它包圍，再使用四周這些字元中的每一個做為新的起點，去建構進一步的集團群。作者舉的例子是「時」，使用集團式的打字員會用相關字元包圍它，例如平、同、及、暫、小、隨、臨等等。這些字中的每一個與「時」連接，會形成常見的二字中文詞組：「平時」、「同時」、「及時」、「小時」、「隨時」和「臨時」。相比之下，至於堡壘式，打字員會將地名、人名或術語排入字盤上的一個專門區，即使這些詞語彼此之間無法相互組合。例如，所有國名都可以在字盤的右下方區域找到，而個人名字則可以在左下方找到。[59]

王桂華和林根生等人概述的原則，在整個毛澤東時代乃至後續時期都被打字員所採納和鑽研。有兩台中國製造的打字機，由中文打字員分別在一九七〇年代和一九八〇年代的兩個不同地點——日內瓦的聯合國，和巴黎的聯合國教科文組織（UNESCO）——使用，我們可發現一些共同的排列模式和特殊差異，其中揭示了引導這場白話文運動的因素和策略。[60]正如這些例子所示，打字員參與了一個持續的、情境式「修

舒式華文打字機（1930年代）	聯合國教科文組織（巴黎）使用的中文打字機（1970-1980 年代）[1]			聯合國（日內瓦）使用的中文打字機（約 1983 年）[2]		
毋	委	社	建	东	泽	毛
每	员	会	议	黑	马	主
比	毛	主	席	哥		席
毛	泽	义	谈	河	列	著
毫	东	阵	判			

7.6　「毛」字在三台中文打字機上字盤的位置

[1] 此區其他顯著的組合包括「委員會」、「社會主義」和「建設」等詞。

[2] 此區其他顯著的組合包括「黑哥」（黑格爾）和「馬列」（「馬克思列寧主義」的縮寫）等名稱。

補和特定安排」的過程，這與阿黛爾．克拉克（Adele Clarke）、瓊．藤村（Joan Fujimura）和露西．蘇奇曼（Lucy Suchman）在其他使用者—機器情境研究中描述的「重新配置」沒有什麼不同。[61] 從「毛」（如「毛澤東」）這個字開始，我們可以比較這兩台打字機，並將它們與共產革命之前依部首筆畫排列的打字機進行比較（**圖 7.6**）。

如圖所示，民國時期打字機上的「毛」字是按照部首筆畫編排的，在同樣有著「毛」字結構的「毫」字正上方。相較之下，在聯合國教科文組織和聯合國使用的打字機上，「毛」字的位置清楚顯示兩位打字員有著完全不同的衡量因素。聯合國教科文組織的打字員將「毛」字放在一個特定的政治結構中：直接放在「澤」和「東」（構成「毛澤東」）上方；並且在「主」和「席」的左邊（構成「毛主席」）。按照這種編排，在聯合國教科文組織的打字機上，只需移動兩個單位距離，就能打出「毛澤東」這個名字。相較之下，在一九三〇年代流行的商務印書館打字機上，鍵入相同的三個字，使用者需移動大約五七・六六個單位距離：從座標（34，37）的「毛」到（54，5）的「澤」，最後到（35，11）的「東」。一項針對字盤的調查揭示了數百個其他類似例子，包括「毛主席」、「委員」、「獨立」、「計劃」、「攻擊」，以及「民族」。[62]

考量到整體，所有這些微小的變化加總起來，就是革命性的轉變。若將兩張字盤視覺化為熱點圖——一張來自民國時期，另一張來自轉為自然語言編排法之後——我們就可以看出這種新分類形式的顯著效果（**圖7.7**）。[63]在熱點圖中，每個方格的顏色深度代表**某個給定字元可與相鄰字元組合成實際二字詞的數量**，白色等於0（表示某個字元無法與任何相鄰字元有意義地組合），淺色到深灰色對應於1到8之間的範圍值（8表示某個字元可以與所有相鄰字元有意義地組合）。看著熱點圖，我們見證了中文資訊技術的「預測性轉向」——一種革命性的白話文分類法，從概念和實踐面上形成了我們現在所謂「預測性文本」的基礎。

如視覺化的圖像所示，毛澤東時代對中文打字機的實驗產生了一個明顯「更熱」的字盤，其中只有極小部分字元沒有與至少一個和它們在自然語言中經常一起出現的字元相鄰。

將聯合國教科文組織與聯合國的兩台打字機視覺化，做進一步比較（兩台都採用了預測性文本編排法）會發現同樣具有啟發性，我們可從中留意實驗性運動明顯去中心化和民主性的層面。雖然目標是更完美地體現毛時代死記硬背和重複性的中文修辭，但每個字盤都是完全獨立和具個人特色的（**圖7.8**）。

這種實踐中存在著巨大的個性化空間，也就是說，除了詞彙之外，還有許多因素需要考量。要創建預測性文本字盤，必須確定字盤上包含哪些漢字；將哪些二字、三字和四字序列組成鄰接結構；在哪裡以及如何創建這些鄰接結構；最核心的漢字該放在字盤上的什麼位置（以避免擁擠或堆疊）；如何放置某些僅限於極特定二字配對的「死胡同」漢字（例如天津的津，它與其他字元很少配對）；以及如何塑造這些配

7.7　預測轉向之前與之後的打字機熱點圖之比較

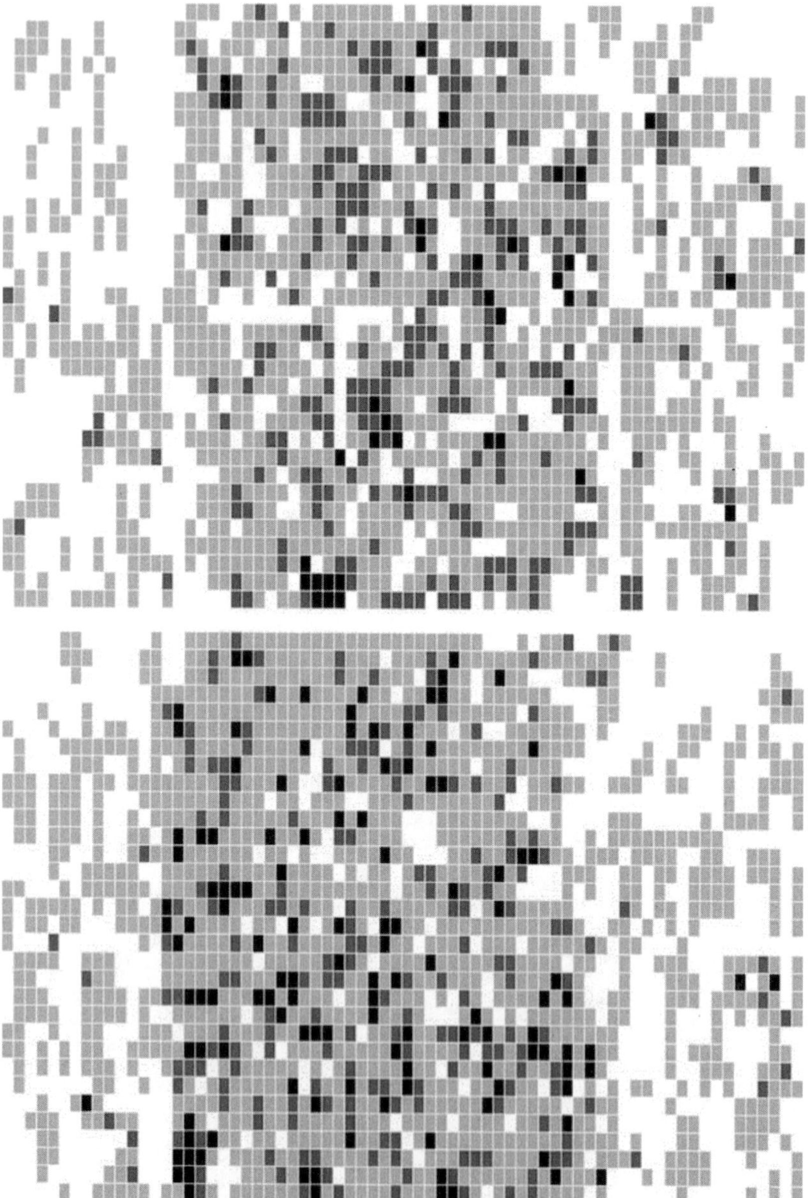

7.8　兩種自然語言字盤熱點圖之比較

7.9　預測性文本字盤組織結構圖（1988 年）

對的方向性等等。預測性文本字盤也很可能具有幫助記憶的層面——也就是說，打字員使用關聯字集群的方式，不僅可以加快打字速度，還可以用來**輔助記憶**特定字元在特定集群中的位置（例如，要記住「美」的位置，可以透過記住「美帝國」集群的位置來輔助）。製作一個預測性文本字盤並不是簡單地重複死記硬背用語，而是一種非常微妙的「記憶練習」。[64]

到一九八〇年代末期，自然語言編排法在打字員中變得非常流行，以至於打字機製造商開始為消費者提供**空白**的字盤表格。不同於傳統印製的字盤指南——自一九一〇年代以來，傳統指南已經繪製出打字機上約二千五百個字元的精確位置——新的指南有一個**故意留白**的字盤表格，上頭只為使用者提供關於自然語言布局一般原則的「建議」（**圖 7.9**）。[65]也有一些手冊就如何概念化自然語言的布局提供更詳細的建議，但同樣是讓個別打字員來決定如何將自然語言編排系統運用在自己的設備上（**圖 7.10**）。[66]

出版商和公司曾一度急著將排版和打字領域的新

實驗活動標準化和中心化，現在卻屈服於地方層面的、由使用者主導的變革，在中文打字業衰落的最後歲月裡努力追趕著這一條已經由「大眾」開闢的道路。

7.10　1989 年打字手冊中「箭頭樣式」組織的解釋

結論

走向中文電腦運算歷史和輸入時代

即將出版的《中文打字機》續集將會是第一部中文電腦運算歷史，我將追溯從戰後初期到一九七〇年代初，在中國、臺灣和日本電腦科學家的新興網路中開始蓬勃發展的這段歷史。這段歷史將帶領讀者了解機器翻譯、電腦動畫、程式設計的興起、軟體革命、中國女性知識勞動者及個人電腦的發展等各色主題。這段演進過程圍繞著一群異乎尋常的人物，他們來自ＩＢＭ、美國無線電公司（RCA）、麻省理工學院、美國中央情報局、美國空軍、美國陸軍、五角大廈、美國蘭德公司（RAND Corporation）、英國電信巨頭大東電報局（Cable and Wireless）、矽谷、視覺藝術研究基金會（Graphic Arts Research Foundation）、臺灣軍方、蘇聯軍隊、日本工業界，以及中國的知識、工業和軍事領域等高層機構。

正如我們所研究的，對機械式中文打字機的試驗是進入資訊技術新領域的門檻，較合適的說法是文書處理和早期運算。透過使用各種輸入設備，例如客製鍵盤、標準電腦配置的ＱＷＥＲＴＹ鍵盤、感壓式觸控面板，甚至早期的手寫板，來自中國、臺灣、美國、西歐和蘇聯集團的發明家和公司持續探索中文技術語言現代性，並開發出了更為複雜的設備。隨著中文電腦時代的來臨，通用字法、拼合法和代碼法之間本已漏洞百出的界線完全被破壞，這些曾經極為不同的模式在策略和實質面上相互混雜，並摻揉成新的技術語言配置。更重要的是，曾經將鍵入與檢索分開的界線，也就是林語堂在他發明的「明快打字機」中首次跨越的那條界線，最終完全消失了。中文打字、活字排版、字典編排、電報和其他領域的相關方法跟操作，也開始以各種組合形式被整合進單一設備中。

最重要的是，這部新書將首次為讀者提供關於「輸入」的探討，這是一種新的技術語言條件，它悄悄地改變了全世界人類、機器和語言之間的關係，且這份改變並不僅在中國，也在全世界上演。「輸入」構成了中文的一個歷史新時代的核心技術語言條件，一個多世紀前被字母文字世界認為將會崩潰的那股想像已不再：被虛構出來的嗟記，以及那宛若龐然大物的中文鍵盤。這些假想的虛構形象曾向全世界宣稱，每個符號都有一個對應的按鍵。這造成拼音字母被賦予一種技術語言的高效率和即時性，基於漢字的中文書寫永遠無法企及。

如果說嗟記的出現標誌著這種虛構形象的形成，那麼明快打字機和輸入法的出現則標誌著它的毀滅，將中文——或文字本身——從一個巨大的迷思中拯救出來（也就是某些書寫系統比其他書寫系統更直接、深入且即時）。因此，如果我們的故事開始於「中文鍵盤」還被視為是一個矛盾修辭的時代，那麼現在我們則進入了一個鍵盤在中國無處不在的時代，但**單純的「打字」本身已不復存在**——即使標準的QWERTY鍵盤在中國無處不在，然而，我們所知的鍵盤已經死了。因為鍵盤和中國文字一樣：想要一切維持原樣，就必須改變一切。

輸入法的興起並非必然，其歷史也不容易受到讚揚。輸入的誕生是以長達一百五十年輾轉反側、飽受折磨為代價換來的結果，在這段歷史中，身處漢字資訊環境中的人從未被允許沉迷在字母世界即時性的美夢中。當字母文字世界越來越深陷於Q-W-E-R-T-Y，A-Z-E-R-T-Y提供的溫柔鄉時，中文的世界卻日夜不停地敲響警鐘：摩斯電碼、盲人點字、打字、排字機、單式排字機、孔卡記憶體、文本編碼、點陣排印、文字處理、個人電腦運算、感光字元辨識和奧運開幕式國家入場的字母順序等，一次又一次地將漢字排除於「普世性」的範圍外。每一次的排除都讓中文——以及**所有**文字——內在不可預測的基本真理意識的表面浮現。這符合符號學中最基本的原則：我們使用的符號和我們希望表示的概念之間並不存在著固有、不變或自然的關聯。總體而言，中文處在這種技術語言的不安狀態持續超過一個世紀，來自世界不同國家的工程師、語言學家、電報員、教育改革者、電話簿編輯、圖書館科學家、打字員等努力嘗試，卻別無選擇。在他們放棄即時性神話的那一刻——接受鍵盤和螢幕之間**非一致性**的狀態——由此，解決的空間才可能被**打開**。[1]

「輸入」的興起並不容易了解，對我們這些一生都被「所鍵即所得」框架所制約的人來說更是如此。當我們進入下一個新的時代時，三個類比可以幫助我們區分「輸入」和「打字」：速記、電信和音樂數位介面（MIDI）。在速記機上，例如法庭速記和其他場合使用的速記機，只有一小部分拉丁字母。要打出機器上沒有的字母——例如b、d、f、g和許多其他字母——打字員就必須使用現有的字母來代表或取代：例如字母「f」在鍵盤上找不到，必須透過同時鍵入兩個字母來表示，在本例中為「t」和「p」。至於字母「b」則必須同時鍵入「p」和「w」組成的「和弦」才能產生。當打字員回頭校對速記稿時，看到單獨的字母「p」，他知道在這種情況下「p」就是「p」；但當「p」出現在「w」旁邊時，速記員知道在這種情況下它們會代表**另一個**字母，而不是原先的意思。透過查閱這些特定字母組合，速記員會知道實際上代表的是哪些字母，並將這種帶編碼的原始稿件轉譯成可讀的次級稿件。

從某種意義上說，電腦時代的中國是速記員的國度。人們希望在頁面或螢幕上看到的符號並不會出現在鍵盤上。相反地，在「原始稿件」上鍵入的所有內容都只是一組臨時和一次性的指令，之後得根據一套協定將其轉換為次級的「明文」稿件。在輸入上下文中，這種「經過進一步處理的稿件」——即出現在頁面上的字元——才是人們的目標稿件，而原始稿件——被輸入法編輯器截獲的擊鍵紀錄——在轉譯完成後就被丟棄，永遠不會為人所知。

第二個類比是電信。在中國，所有文本輸入（甚至是微軟文書軟體等表面上用「非傳輸性」程序進行的文本輸入）實際上都是一種**自我遠程通信形式**，或**自動電信**。儘管這種人機互動似乎完全「本地化」，僅限於個人與機器之間的關係，但實際上的模式是典型的電信通訊：操作員並非向另一方發送電報，當然也不是從船舶對岸上發送訊號，而是向輸入法編輯器發送編碼傳輸，然後將其轉譯，並以中文的「明文」形式重新傳輸給操作員。彷彿整個過程是一個檢索的過程，中文字從各個角落被召喚出來。因此，中文輸入是一種**檢索—組合**的形式，而不是打字的**鍵入—組合**的形式。

第三個，或許也是最令人回味的類比，來自電子音樂領域。隨著ＭＩＤＩ的出現，在二十世紀下半葉，全新的演奏和作曲模式成為可能。ＭＩＤＩ鋼琴、吉他、鼓墊和木管樂器雖然仿效自傳統樂器，且幾乎沒有差別，但它們實際上是與樂器無關的控制器，表演者可以使用一種設備的演奏形式，例如彈鋼琴，來演奏另一個樂器，例如小提琴。可以使用鋼琴形式的ＭＩＤＩ來演奏大提琴，木管樂器形式的ＭＩＤＩ來演奏鼓，吉他形式的ＭＩＤＩ來演奏鋼琴等等。ＭＩＤＩ控制器及輸出之間的關係非常靈活，事實上，控制器根本不需要與任何傳統樂器有相似處。人們可以輕易地控制**任何**聲音，譬如透過嵌入衣服布料中的驅動器，如編舞家蓋瑞．吉魯亞德（Gerry Girouard）的《電子身體之歌》（*Songs for the Body Electric*）；或是嵌入香蕉中的驅動器，如聲波香蕉計畫（Sonic Banana project）；甚至是整座建築結構，如大衛．伯恩（David Byrne）在斯德哥爾摩、紐約、倫敦和明尼亞波里斯展示的「演奏建築」（Playing the Building）裝置藝術。[2]

無論我們選擇哪一種類比，有件事實依然很明顯：在中國，我們所知的ＱＷＥＲＴＹ鍵盤和打字方式已經死亡，並且已經在一種全新的服務功能中重生，那就是「輸入」。在中文世界，ＱＷＥＲＴＹ鍵盤早已變成一種「智慧」電腦周邊設備，用現代語言來說，它的速度、性能和準確度，與個人電腦、平板電腦、智慧型手機等日益增長的處理能力、演算法複雜度和記憶體的容量成正比。與此同時，自打字機時代以降，字母文字世界的ＱＷＥＲＴＹ鍵盤大致維持不變，因為如同先前說過的，「電腦設計人員很慶幸不需重新研發文字的輸入和輸出設備。」

此外，隨著輸入文字預測功能、自動編譯，以及近來被稱為「雲輸入」的Wi-Fi增強輸入框架的穩定發展，中文輸入變得越來越複雜。在「雲輸入」模式中，輸入法編輯器將使用者的ＱＷＥＲＴＹ鍵盤輸入與同網路中的其他中文電腦使用者輸入進行線上比較，為使用者提供更加聰明的「建議」。它與谷歌搜尋的自動提示類似，但有一個非常重要的差別：這種Wi-Fi增強的過程不限於網路，而是同時成為所有文本輸入的主要核心，即使是表面上「本地化」或「非傳輸幸」的程式也是如此。無論在百度搜尋或是以微軟文書軟體書寫編輯的文字檔，使用者的鍵入情況都會被第三方雲伺服器截獲並吸收，並回傳選字提示。隨著雲端的中文輸入進一步發展，「完全本地化」的文本已逐漸消失，僅存在於使用者的個人電腦或設備中。[3]

然而，隨著我們更深入地探索中文輸入的歷史和用法，有一點值得注意：我們的想像力仍將繼續被「噠記」這個想像的中文巨獸所困擾。當中文打字機被中文電腦和文字處理所取代後，這種巨大的、反現代的機器仍持續出現。「中文打字機在西方是個存在已久的笑話」，英國《泰晤士報》（*Times*）一九七三年的一篇文章寫道，「它幾乎是『自相矛盾』或『不可能』的同義詞」。這篇報導將中文打字機的字盤比喻為巨大、奇怪的月球表面（事實上，字盤的「陸地」面積只有十八英寸乘九英寸〔約四十五點七乘二十二點九公分〕），也將中文打字的過程描述為「類似登陸月球」。[4]另一位英國記者在一九七八年撰文，將中文打字機描述為「繁瑣的小型俯衝轟炸，即使是熟練的打字員一分鐘也只能打十個字」。[5]牛津大學自然科學史博物館甚至舉辦了一場題為「古怪：意外之物和異常行為」的特展，裡頭就有中文打字機。[6]此外在斯德哥爾摩，瑞典國家科技博物館（Tekniska Museet）的常設展裡也放了一台中文打字機。[7]這台機器似乎占據了一個特殊位置，被安置在專門討論印刷和其他形式書寫技術的展區起始處的一個陳列櫃裡。然而，展出時附帶的描述，卻揭示了一個完全不同的動機：

> 象形文字是一種像圖畫的文字、象形圖……現今的交通標誌是一種象形文字，中文文字也是象形文字，包含數萬個漢字……相較於象形文字，字母文字只有幾個字符，或稱「字母」。如果使用字母文字書寫系統，開發印刷技術會簡單容易得多。[8]

甚至連卡通《辛普森家庭》也在二〇〇一年加入了中文打字機的爭論。父親荷馬・辛普森的新工作是替一家幸運餅乾店撰寫文案，他向女兒說出即興而簡潔的箴言，要女兒用中文打字機打印出來。「你將發明一個具有幽默感的馬桶蓋」；「你將在美國國旗日那天找到真愛」；「你的店被搶劫了，柯阿三（Apu）」。這時荷馬停頓片刻，以確認女兒的打字速度有跟上。「妳都打出來了嗎，麗莎？」鏡頭切換到麗莎，她站在一台複雜得離譜的機器前，小心翼翼、猶豫不決地按著鍵盤。她拉著長音回答：「我不知道道道——」。[9]

巨大的中文打字機形象不僅持續存在，還被強化為假想的巨型中文**電腦**。正如一九九五年的一次線上問答交流的例子顯示，中文打字領域裡的許多類比，很快就會不知不覺地從一個資訊技術領域轉移到另一個資訊技術領域：

> 親愛的塞西爾，中國人和日本人到底要如何使用電腦？他們要用成千上萬個不同的字符寫字，鍵盤肯定大得看起來像華麗茲（Wurlitzer）管風琴上的琴鍵。

親愛的諾拉，噢，它看起來就像任何鍵盤一樣，簡單得很。你只要嚴格遵守以下六百個步驟。你可能得先叫一份午餐備著。10

因此，當我們繼續研究中國和全球在電腦運算和新媒體時代的資訊技術時，仍然得面臨著一項巨大的挑戰：將我們的想像力從實際上不曾發生過的歷史中解放出來。

原書註釋

序言　中文裡沒有字母

1. 這個數字是二〇〇四年雅典奧運的十倍。
2. 出於競爭心態，二〇一〇年溫哥華冬季奧運的聖火傳遞里程再創紀錄。見 Yvonne Zacharias, "Longest Olympic Torch Relay Ends in Vancouver," *Vancouver Sun* (February 12, 2010); Thomas K. Grose, "London Admits It Can't Top Lavish Beijing Olympics When It Hosts 2012 Games," U.S. News (August 22, 2008).
3. Eric A. Havelock, *Origins of Western Literacy* (Toronto: Ontario Institute for Studies in Education, 1976), 28, 44.
4. Walter J. Ong, *Orality and Literacy* (New York: Routledge, 2002 [1982]), 89. **譯註：本書中譯本見何道寬譯，《口語文化與書面文化：語詞的技術化》（北京：北京大學出版社，二〇〇八）。**
5. Leonard Shlain, *The Alphabet Versus the Goddess: The Conflict between Word and Image* (New York: Penguin, 1999).
6. 奧運入場遊行可以追溯至一九〇六年，但我沒能找到一九二一年以前的任何書面規定。一九〇六年的那場不再被視為正式奧運，而是「屆間運動會」。
7. "Chaque contingent en tenue de sport doit être précédé, par une enseigne portant le nom du pays correspondant et accompagné de son drapeau national (les pays figurent par ordre alphabétique)." 見 "Cérémonie d'ouverture des jeux olympiques" in "Règlements et Protocole de la Célébration des Olympiades Modernes et des Jeux Olympiques Quadriennaux," 1921, 10.
8. "Les nations défilent dans l'ordre alphabétique de la langue du pays qui organise les Jeux" (rule 33, "Ceremonie d'ouverture des Jeux Olympiques," CIO, Régles Olympiques [Lausanne: Comité International Olympique, 1949]), 14. "Les délégations défilent dans l'ordre

alphabétique de la langue du pays hôte, sauf celle de la Grèce, qui ouvre la marche, et celle du pays hôte qui la clôt" (rule 69, "Cérémonies d'ouverture et de clôture," *Charte Olympique* [1991], n.p.).

9. 一九七二年德國舉辦奧運時，在希臘代表團之後入場的是埃及（德文 Ägypten）和衣索比亞（德文 Äthiopien），這種順序對拉丁字母世界的人來說是再熟悉不過的了。但一九八〇年莫斯科奧運的西里爾字母卻激起一陣蕩漾，當中的順序是希臘、澳大利亞和阿富汗，這引發了人們好奇，究竟 Au 是怎麼跑到 Af 前面的。答案很簡單，因為俄文的第三個字母是「в」（澳大利亞的俄文是「Австралия」），它在第二十二個字母「ф」的前面（阿富汗的俄文是「Афганистан」）。

10. 中國民族多樣性之主題與中華人民共和國在塑造當代理解中的角色，見 Thomas S. Mullaney, *Coming to Terms with the Nation: Ethnic Classification in Modern China* (Berkeley: University of California Press, 2010).

11. "Did NBC Alter the Olympics Opening Ceremony?," *Slashdot* (August 9, 2008), http://news.slashdot.org/story/08/08/09/2231231/did-nbc-alter-the-olympics-opening-ceremony（二〇一二年三月一日檢索）.

12. 如果中國的安排單位選擇用拼音做為遊行入場序的話，那麼當晚就會出現不同光景。帆船選手席亞拉・皮洛（Ciara Peelo）就會在希臘之後直接出場，享受率領愛爾蘭的榮耀，而不是排在第一五九位入場等到天荒地老。而排在愛爾蘭之後出場的就會是埃及和伊索比亞，它們的運動員也不用排在第一四六位和第一四七位了。此外，拼音也不是唯一的替代方案，正如本書之後所見，還存在許多種組織方式可以用來排列漢字。

13. 周厚坤、陳霆銳，〈新發明之中國字之打字機〉，《中華學生界》第一卷第九期（一九一五），頁六。

14. 陳獨秀，〈文學革命論〉，《新青年》第二卷第六期（一九一七）。

15. 錢玄同，〈中國今後之文字問題〉，《新青年》第四卷第六期（一九一八），第七十至七七頁。

16. 魯迅，〈關於新文字〉，《魯迅全集》第六卷（北京：人民文學出版社），一九八一，頁一二六。

17. 錢玄同引用陳獨秀之語。見〈中國今後之文字問題〉，頁七六。

18. 〈編製中文書籍目錄的幾個方法〉，《東方雜誌》第二十卷第三期（一九二三）。頁八六至一〇三。

19. Simon Leung, Janet A. Kaplan, Wenda Gu, Xu Bing, and Jonathan Hay. "Pseudo-Languages: A Conversation with Wenda Gu, Xu Bing, and Jonathan Hay," *Art Journal* 58, no. 3 (Autumn 1999): 86–99.

20. Michael Lackner, Iwo Amelung, and Joachim Kurtz, eds., *New Terms for New Ideas: Western Knowledge and Lexical Change in Late Imperial China* (Leiden: Brill, 2001). **譯註：本書中譯本見趙興勝等譯，《新詞語新概念：西學譯介與晚清漢語詞匯之變遷》（濟南：山東畫報出版社，二〇一二）**。

21. Harry Carter, *A View of Early Typography up to About 1600* (Oxford: Oxford University Press, 2002 [1969]), 5. 哈利・卡特（Harry Carter, 1901-1982）是位印刷師傅和字體歷史學家，曾就讀牛津大學法律系，後任職於蒙納鑄排機公司繪圖處，同時也於牛津大學出版社擔任檔案保管員。

22. 徐冰，《從天書到地書》，二〇一三年五月十五日，原稿由徐冰透過電子郵件寄發給作者。對於技術語言學的討論，最引人入勝的段落即如本段徐冰親口所述。

23. Carter, *A View of Early Typography* , 5. 在投入中文科技語言現代性的問題上時，我從伯納德・西格特（Bernard Siegert）、德爾芬・加迪（Delphine Gardey）、馬庫斯・克拉耶夫斯基（Markus Krajewski）、本・卡夫卡（Ben Kafka）、井上美弥子、瑪拉・米爾斯（Mara Mills）和馬修・赫爾（Matthew Hull）等學者身上得到啟發，如同卡夫卡所說：「將各處室放回官僚體制下。」如赫爾提醒我的，文件「不只是官僚組織的文書，它更是構成官僚的規則、意識形態、知識、實踐、主體、對象、結果甚至是這些組織本身。」與此同時，卡夫卡堅稱，甚至在極端的歷史經驗下（像是納粹控制下的歐洲），像是索引那樣普通甚至乏味的過程都如漢娜・鄂蘭（Hannah Arendt）所言，「都使邪惡『平庸』之惡成為可能」。見Ben Kafka, "The State of the Discipline," *Book History* 12 (2009): 340–353, 341; Delphine Gardey, "Mécaniser l'écriture et photogra-phier la parole: Utopies, monde du bureau et histoires de genre et de techniques," Annales: Histoire, *Sciences Sociales* 3, no. 54 (May–June 1999): 587–614; Ben Kafka, *The Demon of Writing: Powers and Failures of Paperwork* (Cambridge, MA: MIT Press, 2012); Markus Krajewski, *Paper Machines: About Cards & Catalogs, 1548–1929* (Cam-bridge, MA: MIT Press, 2011); Matthew S. Hull, "Documents and Bureaucracy," *Annual Review of Anthropology* 41 (2012): 251–267; Hull, "Documents and Bureau-cracy," 251; Kafka, "The State of the Discipline," 341.

24. 當然，此番觀察也還是有明顯而值得注意的例外，這主要源自於中國進入現代化之前的通訊技術著作。尤見於Francesca Bray et al., eds., *Graphics and Text in the Production of Technical Knowledge in China: The Warp and the Weft* (Leiden: Brill, 2007)。相較

之下，現代化時期的相關研究則有限，當中最令人信服的有芮哲非（Christopher Reed）、韓嵩文（Michael Hill）、白莎（Elisabeth Kaske）、高哲一（Robert Culp）和米列娜（Milena Dolezelová-Velingerová）的著作。

25. Christopher Rea and Nicolai Volland, eds., *The Business of Culture: Cultural Entrepreneurs in China and Southeast Asia, 1900–65* (Vancouver: University of British Columbia Press, 2015).

26. JoAnne Yates, *Control through Communication: The Rise of System in American Management* (Baltimore: Johns Hopkins University Press, 1993 [1989]), 41.

27. Bruce Robbins, "Commodity Histories," *PMLA* 120, no. 2 (2005): 456.

28. José Goldemberg, "Technological Leapfrogging in the Developing World," *Georgetown Journal of International Affairs* 12, no. 1 (Winter/Spring 2011): 135–141.

29. Havelock, *Origins of Western Literacy*, 15.

30. 李圭，《環球地球新錄》。援引自 Charles Desnoyers, *A Journey to the East: Li Gui's A New Account of a Trip Around the Globe* (Ann Arbor: University of Michigan Press, 2004), 121. 由衷感謝梅爾清（Tobie Meyer-Fong）讓我注意到這麼了不起的資料。

31. Daniel Headrick, *The Tentacles of Progress: Technology Transfer in the Age of Imperialism, 1850–1940* (Oxford: Oxford University Press, 1988); Everett M. Rogers, Diffusion of Innovations (New York: Free Press, 2003 [1962]).

32. Friedrich A. Kittler, *Gramophone, Film, Typewriter*, trans. Geoffrey Winthrop-Young and Michael Wautz (Stanford: Stanford University Press, 1999), 190–191. 近期西方打字機歷史中聽覺的核心重要性介紹，見 "The History of the Typewriter Recited by Michael Winslow," http://www.filmjunk.com/2010/06/20/the-history-of-the-typewriter-recited-by-michael-winslow/（二〇一〇年九月五日檢索）.

33. 墨詮艾佛利製片公司（Merchant Ivory）的電影《孟買之音》（一九七〇）中的一幕，尚卡爾・賈基山（Shankar Jaikishan）擔任音樂製作，哈斯拉特・賈普里（Hasrat Jaipuri）作詞：「打字機噠噠噠」（Typewriter tip tip tip/Tip tip tip karata hai/Zindagi ki har kahaani likhata hai）。感謝安德魯・埃爾莫爾（Andrew Elmore）讓我認識到這部電影。

34. 對於「以中國為中心的歷史」研究，最權威的是Paul Cohen, *Discovering History in China: American Historical Writing on the*

Recent Chinese Past (New York: Columbia University Press, 1984). **譯註：本書中譯本見林同奇譯，《在中國發現歷史：中國中心觀在美國的興起》（北京：中華書局，二〇〇二）。**

1 與現代性格格不入

1. "A Chinese Typewriter," *San Francisco Examiner* (January 22, 1900).
2. 同上。最後一串叫喊意在滑稽的模仿廣東話的一、二、三、四、八和九的發音。
3. *St. Louis Globe-Democrat* (January 11, 1901), 2–3.
4. Louis John Stellman, *Said the Observer* (San Francisco: Whitaker & Ray Co., 1903).
5. *The Chinese Typewriter*, written by Stephen J. Cannell, directed by Lou Antonio, starring Tom Selleck and James Whitmore, Jr., 78 mins., 1979, Universal City Studios.
6. Bill Bryson, *Mother Tongue: The English Language* (New York: Penguin, 1999), 110.
7. Walter J. Ong, *Orality and Literacy* (New York: Routledge, 2013 [1982]), 86.
8. 這些機器的樣品現存於義大利帕爾奇內斯的米特霍夫打字機博物館，以及一些公私立收藏館中。
9. Edwin Hunter McFarland (1864–1895); George Bradley McFarland (1866–1942).
10. 撒姆爾・簡帛・麥法蘭（一八三〇—一八九七）；珍・海斯・麥法蘭（？—一九〇八）。撒姆爾・簡帛和他的妻子從紐約出發前往曼谷途經新加坡和好望角，抵達後加入了曼谷一間小型的長老會布道團。在當地總督的幫助下，他們很快搬到了碧武里府（Petchaburi）。麥法蘭家族在此生活了十七年，期間他們靠著小船花上三天兩夜的航程，往來於曼谷和碧武里府之間。George B. McFarland, Reminiscences of Twelve Decades of Service to Siam, 1860–1936, Bancroft Library, BANCMSS 2007/104, box 4, folder 14, George Bradley McFarland, 1866–1942, 2.
11. 麥法蘭家的孩子威廉、艾德文（別稱撒姆爾）、喬治和瑪莉皆生於暹羅，一八七三年他們首次有機會造訪美國。當他們於一八七五年八月返回暹羅的家時，威廉和艾德文留在美國就讀。

12. Tej Bunnag, *The Provincial Administration of Siam*, 1892–1915: *The Ministry of the Interior under Prince Damrong Rajanubhab* (Kuala Lumpur: Oxford University Press, 1977).

13. McFarland, *Reminiscences* , 5. 第三版出版後，這本參考書目至少停刊了五年，而他父親的逝世促成了第四版的問世。一九一六年、一九三〇年和一九三二年他分別又發行了後續版本。因為這些實績和其他活動，艾德文被多次表揚。朱拉隆功國王（一八六八年至一九一〇年的拉瑪五世）時期他被授予四等白象勳章，瓦棲拉兀國王（一九一〇年至一九二五年的拉瑪六世）時期被授予三等暹羅皇冠勳章以及德高望重的佛學大師（Phra Ach Vidyagama）首席顧問的稱號。他也被任命為朱拉隆功大學醫學系榮譽退休教授。 McFarland, Reminiscences , 13.

14. G. Tilghman Richards, *The History and Development of Typewriters: Handbook of the Collection Illustrating Typewriters* (London: His Majesty's Stationery Office, 1938), 13.

15. "The Hall Typewriter," *Scientific American* (July 10, 1886), 24.

16 見english.stackexchange.com/questions/43563/what-percentage-of-characters-in-normal-english-literature-is-written-in-capital （二〇一五年十月二十六日檢索）.

17. Richards, *The History and Development of Typewriters* , 41.

18. "Accuracy: The First Requirement of a Typewriter," *Dun's Review* 5 (1905): 119; "The Shrewd Buyer Investigates," *New Metropolitan* 21, no. 5 (1905): 662.

19. "A Siamese Typewriter," *School Journal* (July 3, 1897), 12.

20. McFarland, Reminiscences , 9.

21. 他後來即位為國王拉瑪六世，並於一九二五年逝世。見Walter Francis Vella, *Chaiyo! King Vajiravudh and the Development of Thai Nationalism* (Honolulu: University of Hawai 'i Press, 1978); Stephen Lyon Wakeman Greene, *Absolute Dreams: Thai Government Under Rama VI, 1910–1925* (Bangkok: White Lotus, 1999).

22. 國王拉瑪五世頒給喬治．麥法蘭四等白象勳章，之後又獲得國王拉瑪六世授予的三等暹羅皇冠勳章以及德高望重的佛學

23. 大師首席顧問的稱號。一九〇二年，喬治被委任為曼谷第二教會的長老，爾後又任基督教工人會議主席至一九一四年。對雪城的居民來說，這段關係激起了他們的好奇心。一八九七年七月，《校刊》（*The School Journal*）上有人對即將訪美的暹羅國王和王后表達了興奮之情。文章驕傲地說道：「前些時候，暹羅王子曾被派到本國打造一些適於暹羅文的打字機。」史密斯總理打字機公司獲選負責打造暹羅文打字機，相關工作由暹羅大臣負責監督。見 "A Siamese Typewriter," 12。史密斯總理打字機公司之後還接待過暹羅王儲，也就是之後即位為國王拉瑪六世的那位年輕男子。*Phonetic Journal* (May 15, 1897), 306–307; "Highlights of Syracuse Decade by Decade," *Syracuse Journal* (March 20, 1939), E2; "Siam's Future King Guest in Syracuse," *Syracuse Post-Standard* (November 4, 1902), 5.

24. McFarland, *Reminiscences* , 12.

25. 同上，頁一三至一四。

26. 同上，頁一三。

27. 同上。喬治的傷悲毫無疑問地出於個人因素，他的亡兄刻意選擇雙鍵盤，而不是單切換鍵盤打字機。正如喬治在回憶錄中特意強調的，已故的艾德文「選擇史密斯總理的產品做為最符合他設計目的打字機，是因為其大量的按鍵。」見 McFarland, *Reminiscences* , 9.

28. 同上，頁一三。

29. 同上。

30. 安德伍德公司的安德伍德一號機（一八九七）是打字桿前置型可視化打字機的先驅。打字桿前置型可視化打字機原本由約斯特卡利格夫公司（Yost Caligraph company）的法蘭茲．瓦格納（Franz X. Wagner）所研發。約翰．安德伍德接收了他的設計後，隨之創立了一間公司，此舉為業界巨頭雷明頓公司帶來了一連串的挑戰。Richards, *The History and Development of Typewriters*, 43; A.J.C. Cousin, "Typewriting Machine," United States Patent no. 1794152 (filed July 13, 1928; patented February 24, 1931).

31. 喬治此後離開了打字機領域，將心力投注在家族其他部分的遺產上。他接著重建起初由他父親搭建的碧武里教堂，同時主持對父親的暹羅文字典再版和擴充工作。見 McFarland, *Reminiscences* , 14.

32. Photographs, October 23, 1938, George Bradley McFarland Papers, box 3, folder 15, Bancroft Library, University of California, Berkeley.

33. 一八八六年，該公司收購了股份，一九〇三年將製造部門改組為雷明頓打字機公司（即後來一九二七年的雷明頓蘭德有限公司）。Wyckoff, Seamans & Benedict, *The Remington Standard Typewriter* (Boston: Wyckoff, Seamans & Benedict [Remington Typewriter Co.]), 1897, 7.

34. Wyckoff, Seamans, and Benedict, *The Remington Standard Typewriter*, 33–34.

35. 同上，頁一六至一七。

36. *Remington Notes* 3, no. 10 (1915); Richards, *The History and Development of Typewriters*, 72. 在一八九三年的哥倫比亞世界博覽會上，雷明頓公司發行了印有密西比（又稱愛德娜鷹羽〔Edna Eagle Feather〕）的明信片，密西比是印地安歐塞奇族人，號稱是第一位學習速記法和打字的印地安人。

37. 最知名的索引打字機是明友（Mignon）打字機，一九〇四年由德國的AEG公司所開發，據稱它每分鐘能打二百五十到三百個字元。見Richards, *The History and Development of Typewriters*, 45.

38. McFarland Papers, Bancroft Library, University of California, Berkeley, box 3, folder 14.

39. "Typewriters to Orient: Remington Rand Sends Consignment of 500 in the Mongolian Language," *Wall Street Journal* (April 26, 1930), 3.

40. "Ce n'est donc pas sans fierté, que la Maison Olivetti contribue à leur marche en avant par son apport de machines à écrire." "La Olivetti au Viet-Nam, au Cambodge et au Laos," *Rivista Olivetti* 5 (November 1950): 70–72, 71.

41. "Le Clavier Arabe," *Rivista Olivetti* 2 (July 1948): 26–28, 26.

42. 藏於這些博物館的機器詳細情況，請見參考書目中的「機器」。

43. Samuel A. Harrison, "Oriental Type-Writer," United States Patent no. 977448 (filed December 15, 1909; patented December 6, 1910).

44. 同上。

45. Richard A. Spurgin, "Type Writer," United States Patent no. 1055679 (filed August 11, 1911; patented March 11, 1913). 一九一一年艾伯特・S・道奇（Elbert S. Dodge）將他們的機器調整成適用於「希伯來文和相似語言」並提出專利申請，這讓雷明頓

公司再次跟上腳步。道奇解釋道：「該發明的確切目標就是輕微的調整雷明頓打字機的結構，以反轉動作前進的方向。」Elbert S. Dodge, "Typewriting Machine," United States Patent no. 1411238 (filed August 19, 1921; patented March 28, 1922).

46. Selim S. Haddad, "Types for Type-Writers or Printing-Presses," United States Patent no. 637109 (filed October 13, 1899; patented November 14, 1899).

47. 同上。

48. 同上。

49. 同上。

50. 瓦薩夫・卡德里（Vassaf Kadry）是安德伍德打字機公司駐君士坦丁堡的委託人，他在此提出了相似的方案。見Vassaf Kadry, "Type Writing Machine," United States Patent no. 1212880 (filed January 15, 1914; patented January 30, 1917). 卡德里認為他自己是土耳其蘇丹的臣民。

51. Baron Paul Tcherkassov and Robert Erwin Hill, "Type for Type Writing or Printing," United States Patent no. 714621 (filed November 21, 1900; patented November 25, 1902).

52. 一九一〇年，紐約州馬克盧斯鎮（Marcellus）的赫伯特・H・斯蒂爾（Herbert H. Steele）提交了阿拉伯文打字機的專利，並將權利轉讓給莫納克打字機公司（Monarch Typewriter Company）。雖然被籠統稱為「阿拉伯文打字機」，但專利中的重點非常明確聚焦於莫納克打字機的滑動托架機制，以及它為阿拉伯文打字機所做的調整上。斯蒂爾解釋道：「這個發明的主要目標是要製造一種有效率的滑動托架進紙機制，以便用在設計給書寫阿拉伯文和相似語言的打字機上，其進紙滑動托架要能一格一格地由左至右，而不是由右至左移動，而且在打某些字元時，滑動托架移動範圍也需要更大。」H.H. Steele, "Arabic Typewriter," United States Patent no. 1044285 (filed October 24, 1910; patented November 12, 1912). 一九一七年，自稱是位生於波斯卡尚（Kashan）的發明家和「自由業者」的賽義德・哈利勒（Seyed Khalil，一八九一－一九七四），遞交了一份專利申請並將權利轉讓給安德伍德打字機公司，該專利於一九二二年一月通過核可。哈利勒於一九一六年移民美國，在過了二十六歲生日後不久便提出了他對阿拉伯文打字機的遠見。他在打字機上的立場與切爾卡索夫和希爾相左。哈利勒認為，他們使用無語義的圖形元素來調和阿拉伯文文字和打字機之間的問題，但這種方法不只導致打字員的速度下降還會耗費他們大量心力。此外，哈利勒還認為，這種阿拉伯文打字機的思路會導致一個錯誤的信念，即「該語言的某些字母必須要扭曲才打得出來」。在哈利勒的打字機上每個字母都只有兩種形式：終止形（terminal form）和非終止形。哈利勒對於他的打字機還看見了更廣泛的應用，他把目光從阿拉伯文轉向波斯文、印度斯坦文和土耳其文。見World War I Draft Registration Card (United States Selective Service System, World War I Selective Service System Draft Registration Cards, 1917–1918, National Archives and Records Administration, Washington, DC, M1509); World War Two Draft Registration Card (United States Selective Service System, Selective Service Registration Cards, World War II: Fourth Registration, National Archives and Records Administration Branch locations: National Archives and Records Adminis-tration Region Branches); Seyed Khalil, "Typewriting Machine," United States Patent no. 1403329 (filed April 14, 1917; patented January 10, 1922); Fourteenth Census of the United States, 1920 (National Archives and Records Administration, Washing-ton, DC, Records of the Bureau of the Census, record group 29, NARA microfilm publication T625).

53. H.H. Steele, "Arabic Typewriter."

54. 一九一七年，約翰・巴爾（John H. Barr）和亞瑟・W・史密斯（Arthur W. Smith）遞交了一份阿拉伯文打字機的專利申請，其中再度完整顯現盡可能不修改的精神。做為雷明頓公司的權利轉讓人，巴爾和史密斯寫道：「這個發明的長期目標是稍加調整原本用來打英文和其他歐洲語文的打字機，使它可以當成所謂的阿拉伯文打字機來使用，具體來說就是不修改或做重大修改，讓其結構特色與現存的一般打字機一樣。」此外，他們也將所提出的機械修改從阿拉伯文擴展到土耳其文、波斯文、烏都文、馬來西亞文和「許多阿拉伯文本身之外的其他語文」上。約翰・巴爾是康乃爾大學機械工程與機械藝術系的機械設計副教授。見*The Cornell University Register 1897–1898*, 2nd ed. (Ithaca: University Press of Andrus and Church, 1897–1898), 18; John H. Barr and Arthur W. Smith, "Type-Writing Machine," United States Patent no. 1250416 (filed August 4, 1917, patented December 18, 1917).

55. Georg Wilhelm Friedrich Hegel, *The Philosophy of History*, trans. John Sibree (New York: Wiley Book Co., 1900 [1857]), 134.

56. Edward W. Said, *Orientalism* (New York: Vintage Books, 1979); 譯註：**本書中譯本見王志弘、王淑燕、莊雅仲等譯，《東方主義》（臺北：立緒，一九九九）**。Rey Chow, "How (the) Inscrutable Chinese Led to Globalized Theory," PMLA 116, no. 1 (2001): 69–

74; John Peter Maher, "More on the History of the Comparative Methods: The Tradition of Darwinism in August Schleicher's work," *Anthropological Linguistics* 8 (1966): 1–12; Lydia H. Liu, *The Clash of Empires: The Invention of China in Modern World Making* (Cambridge, MA: Harvard University Press, 2004: 181–209). **譯註：本書中譯本見楊立華譯，《帝國的話語政治：從近代中西衝突看現代世界秩序的形成》（北京：生活．讀書．新知三聯書店，二〇一四）**。例如，另見, August Schleicher, "Darwinism Tested by the Science of Language," trans. Max Müller, Nature 1, no. 10 (1870): 256–259.

57. Samuel Wells Williams, "Draft of General Article on the Chinese Language," n.d., Samuel Wells Williams family papers, YULMA, MS 547 location LSF, series II, box 13, 3.
58. Samuel Wells Williams family papers, YULMA, MS 547 location LSF, series II, box 13, 3.
59. Peter S. Du Ponceau, *A Dissertation on the Nature and Character of the Chinese System of Writing* , *Transactions of the Historical and Literary Committee of the American Philosophical Society*, vol. 2 (1838).
60. "Du Ponceau on the Chinese System of Writing," *North American Review* 48 (1848): 306.
61. 同上。頁二七二至二七三。
62. Henry Noel Humphrey, *The Origin and Progress of the Art of Writing : A Connected Narrative of the Development of the Art, Its Primeval Phases in Egypt, China, Mexico, etc.* (London: Ingram, Cooke, and Co., 1853). Creel cites the second edition, published in 1885. Herrlee Glessner Creel, "On the Nature of Chinese Ideography," *T'oung Pao* 32 (2nd series), no. 2/3 (1936): 85–161, 85.
63. *China As It Really Is* (London: Eveleigh Nash, 1912), 154.
64. 同上，頁一六〇。
65. W.A. Martin, *The History of the Art of Writing* (New York: Macmillan, 1920), 13. Cited in Creel, "On the Nature of Chinese Ideography," 85–161, 85.
66. Bernhard Karlgren, *Philology and Ancient China* (Cambridge, MA: Harvard University Press, 1926), 152.
67. T.T. Waterman and W.H. Mitchell, Jr., "An Alphabet for China," *Mid-Pacific Magazine* 43, no. 4 (April 1932): 353.
68. Creel, "On the Nature of Chinese Ideography," 85.

69. 同上，頁八六。

70. 同上，頁一六〇。

71. Geoffrey Sampson, *Writing Systems* (Stanford: Stanford University Press, 1985).

72. Jack Goody, *The Interface between the Written and the Oral* (Cambridge: Cambridge University Press, 1987), xvii–xviii.

73. 同上，頁六四。

74. Jack Goody, "Technologies of the Intellect: Writing and the Written Word," in *The Power of the Written Tradition* (Washington: Smithsonian Institution Press, 2000), 138.

75. Havelock, *Origins of Western Literacy*, 18; Robert Logan, *The Alphabet Effect* (New York: William Morrow, 1986), 57.

76. Goody, "Technologies of the Intellect," 138.

77. Goody, The Interface between the Written and the Oral, 37李約瑟（Joseph Needham）自身也經歷了場轉變。他在《中國之科學與文明》第二卷對中文提出質疑，認為這是為何中國無法達成與西方比肩的科學革命成就的潛在問題之答案：「日後，我們會探討中文與印歐語系在語言結構上的差異，對中國與西方邏輯形成之間的差異有多麼大的影響。」隨著那個日後的到來，李約瑟公布了他的結論：「表意語言的抑制影響力被大大地高估了。」「古代與中世紀時，與科學以及應用領域相關的各種事物和概念上所使用的明確技術術語，事實證明將其彙編成術語表是有可能的。當今，該語言也未阻礙當代科學家。如果中國社會的社經因素允許或促使中國和歐洲的現代科學興起的話，那麼早在三百年前這種語言就很適合用來表達科學了。」Joseph Needham, *Science and Civilisation*, vol. 2 (Cambridge: Cambridge University Press, 1956), 199. **本書中譯本見陳立夫主譯，《中國之科學與文明》（臺北：臺灣商務印書館，一九八一至一九八五年）**。; Joseph Needham, "Poverties and Triumphs of the Chinese Scientific Tradition," *in Scientific Change (Report of History of Science Symposium, Oxford, 1961)*, ed. A.C. Crombie (London: Heinemann, 1963).

78. Alfred H. Bloom, "The Impact of Chinese Linguistic Structure on Cognitive Style," *Current Anthropology* 20, no. 3 (1979): 585–601.

79. Derk Bodde, *Chinese Thought, Society, and Science: The Intellectual and Social Back-ground of Science and Technology in Pre-Modern China* (Honolulu: University of Hawai'i Press, 1991), 95–96.

80. William C. Hannas, *Asia's Orthographic Dilemma* (Honolulu: University of Hawai'i Press, 1996); William C. Hannas, *The Writing on the Wall: How Asian Orthography Curbs Creativity* (Philadelphia: University of Pennsylvania Press, 2003).

81. William G. Boltz, "Logic, Language, and Grammar in Early China," *Journal of the American Oriental Society* 120, no. 2 (April–June 2000): 218–229, 221.

82. "Le macchine Olivetti scrivono in tutte le lingue," *Notizie Olivetti* 55 (March 1958): 1–4.

83. Allen Ginsberg, *Howl and Other Poems* (San Francisco: City Lights Publishers, 2001). **本書中譯本見崔舜華、蔡琳森譯，《嚎叫》（新北：木馬文化，二〇一五）。**

2 謎一樣的中文

1. William Gamble, *List of Chinese Characters in the New Testament and Other Books*, 1861, Library of Congress, G/C175.1/G15.

2. 姜別利原本將這兩個名字譯成「Tsiang sin san」和「Cü sin san」。

3. 除了「反傳統式閱讀」之外，另一個恰當的術語可能是因法蘭高・莫瑞蒂（Franco Moretti）而著名的概念和實踐的「遠讀」（distant reading）。見Franco Moretti, *Distant Reading* (New York: Verso, 2013).

4. 在中文文言文中，「之」字是個典型的所有格代名詞，代表「它」；「而」字是典型的連接詞，用來表示「以及」和在其他可能的含意中用來表達狀態情況改變的「儘管、然而」；至於「不」字則用作否定動詞。姜別利的漢字頻率分析，見William Gamble, *Two Lists of Selected Characters Containing All in the Bible and Twenty Seven Other Books* (Shanghai: Presbyterian Mission Press, 1861), ii, 其結果見於姜別利出版的研究。正如姜別利前言所述，中文的活字印刷工需要「如同印刷工所說的，為書面中文的漢字形塑尺度。」

5. 見Endymion Wilkinson, *Chinese History: A New Manual* (Cambridge, MA: Harvard University Asia Center, 2012), 78. **譯註：本書中譯本見侯旭東主持翻譯，《中國歷史研究手冊》（北京：北京大學出版社，二〇一六）。**

6. "List of Chinese Characters Formed by the Combination of the Divisible Type of the Berlin Font Used at the Shanghai Mission Press of the Board of Foreign Missions of the Presbyterian Church in the United States" (Shanghai: n.p., 1862), 1. 一八六二年，姜別利發行的《兩邊拼小字》（可由分合活字組成的一八七八個漢字列表），見 December 22, 1863, manuscript Library of Congress G/C175.1/G18.
7. Gamble, *Two Lists of Selected Characters Containing All in the Bible and Twenty Seven Other Books*, ii.
8. 見 Cynthia J. Brokaw, "Book History in Premodern China: The State of the Discipline," *Book History* 10 (2007): 254.
9. 作品數後來擴編至一百四十六部。見See Wilkinson, *Chinese History*, 951.
10. Jin Jian, *A Chinese Printing Manual , trans. Richard S. Rudolph* (Los Angeles: Ward Ritchie Press, 1954), xix. 金簡（生年不詳至一七九五年）是位來自盛京的旗人，他的祖先明朝末年從朝鮮半島移民而來。他曾任戶部大臣，之後於一七七二年至一七七四年被指派為武英殿主事。見Wilkinson, *Chinese History*, 912.
11. 二百一十四個部首系統源自明朝末年的《字匯》，一六一五年由梅膺祚編纂出版，之後成為《康熙字典》的分類基礎。《康熙字典》由張玉書（一六四二—一七一一）和陳廷敬（一六三九—一七一二）編纂完修，出版於一七一六年。
12. 兩百一十四個部首中的第一個部首是一筆畫的一部，最後一個是十七畫的龠部。
13. 部首—筆畫系統中進一步規定，同部首和同筆畫數的漢字應根據其所構成的明確筆畫來排列。筆畫依序排列共有八種分類。如果兩個漢字擁有相同的部首和筆畫的話，那麼在字典中就會依照構成該漢字的第一（有時是第二或第三）筆畫來決定序列。
14. 金簡在其印刷簡介《欽定武英殿聚珍版程式》中寫道：「按照《康熙字典》分十二支名排列十二支木櫃。」「取字時先按偏旁，應在何部，則知貯於何櫃。再查畫數，則知在於何屜。如法熟悉，舉手不爽。」金簡起初向皇帝提案用音「律」系統來排列漢字。但最終金簡還是以《康熙字典》中的漢字編排系統來排列。金簡對印刷過程的描述，英譯本見 Jin Jian, *A Chinese Printing Manual.*
15. Claude-Marie Ferrier and Sir Hugh Owen, *Exhibition of the Works of Industry of All Nations: 1851 Report of the Juries* (London: William Clowes and Sons, 1852), 452.

16. 在此要強調的是，對外國的中文印刷商來說，他們並不認為中文活字的這種特殊空間特色很惱人或「費解」。在整個十九世紀和更早一點時，一些外國印刷機構自行創造使用自己的中文字體，例如澳門的聖若瑟學院（College of Saint Joseph）和法國的王家印刷所（Imprimerie Royale），其所包含的字體分類總數估約一萬兩千六百個，因此外國排字工勢必會跟武英殿中包圍金簡的漢字一樣，被這些字體「包圍」。不過在整個十九世紀，想要包圍和就定位操作操作漢字的欲望，在印刷、排版和教育界變得越發強烈。見Walter Henry Medhurst, *China: Its State and Prospects, with Especial Reference to the Spread of the Gospel* (London: John Snow, 1838), 554–556; J. Steward, *The Stranger's Guide to Paris* (Paris: Baudry's European Library, 1837), 185.

17. Li Chen, *Chinese Law in Imperial Eyes: Sovereignty, Justice, and Transcultural Politics* (New York: Columbia University Press, 2015). 特見第二章，"Translation of the Qing Code and Origins of Comparative Chinese Law."

18. 另見Joshua Marshman, *Elements of Chinese Grammar: with a preliminary dissertation on the characters, and the colloquial medium of the Chinese, and an appendix containing the Tahyoh of Confucius with a translation* (printed at the Mission Press, 1814).

19. 姜別利繼續編纂自己的字典，他依據《康熙字典》的部首—筆畫編排系統編排了五千一百五十個漢字，並根據他的調查，在每個漢字旁標示出現的次數。他的字典中也包含了同樣的漢字列表，當中根據出現頻率分成十五類，並根據《康熙字典》的部首—筆畫系統進行內部排列。雖然十九世紀的基督教傳教士也很關注中文詞彙表，不過比起複製他們所發現的中文字，或許他們更關注的是引進全新概念（和字母）。回到姜別利和先前所介紹過的傳教士印刷商，他們對中文的詞彙研究不僅僅在中文經典上，更在《聖經》的中文翻譯上。Gamble, *Two Lists of Selected Characters Containing All in the Bible*, v-vi.

20. 同上。在這方面另一位重量級學者叫台約爾（Samuel Dyer，一八〇四—一八四三）。一八〇四年生於格林威治的他，是暹羅皇家醫院祕書的第四個兒子。於劍橋大學三一學堂就讀時專攻經典名著、數學和法律，一八二四年夏天將觸角延伸到倫敦傳道會，為「異教徒之地」的傳教工作奉獻。同年夏天他進入神學院，並在大衛．博格（David Bogue）的指導下開始學習，包括中文。一八二七年二月台約爾受任為牧師，不到一個月就被派駐到馬六甲，與他的妻子瑪麗亞（Maria）一起。八月底抵達檳城後，他立即著手學習閩南語。在那個中文幾乎只有石板和木板印刷術的時代，當然無疑也有例外（馬禮遜的字典在澳門用的就是金屬活字），台約爾全心投入於打造中文金屬活字。見 Ibrahim bin Ismail, "Samuel Dyer and His Contributions to Chinese Typography," *Library Quarterly* 54, no. 2 (April 1984): 157–169.

21. Jean-Pierre Guillaume Pauthier, *Foe Koue Ki ou Relation des royaumes bouddhiques* (Paris: Imprimerie Royale, 1836); Jean-Pierre Guillaume Pauthier, *Le Ta-Hio ou la Grande Étude, ouvrage de Confucius et de ses disciples, en chinois, en latin et en français, avec le commentaire de Tchou-hi* (Paris: n.p., 1837).

22. Jean-Pierre Guillaume Pauthier, *Chine ou Description historique, géographique et littéraire de ce vaste empire, d'après des documents chinois,* first part (Paris: Firmin Didot Frères, Fils, et Cie, 1838).

23. *Les caractères de l'Imprimerie Nationale* (Paris: Imprimerie Nationale, 1990), 114–117.

24. 見Châh Nameh, *sous le titre: Le livre des rois par Aboul'kasim Firdousi, publié, traduit et commenté par M. Jules Mohl,* 7 vols. (Paris: Jean Maisonneuve, 1838–1878); Arthur Christian, *Débuts de l'Imprimerie en France* (Paris: G. Roustan and H. Champion, 1905).

25. Medhurst, *China*, 557.

26. 同上，頁五五八。

27. Marcellin Legrand, "Tableau des 214 clefs et leurs variants" (Paris: Plon Frères, 1845); L. Léon de Rosny, *Table des principales phonétiques chinoises disposée suivant une nouvelle méthode permettant de trouver immédiatement le son des caractères quelles que soient les variations de prononciation, et adaptée spécialement au Kouan-hoa ou dialecte mandarinique,* 2nd ed. (Paris: Maisonneuve et Cie, Libraire-Éditeurs pour les Langues Orientales, Étrangères et Comparées, 1857).

28. Medhurst, *China*, 556.

29. 同上，頁五五八。

30. Robert E. Harrist and Wen Fong, *The Embodied Image: Chinese Calligraphy from the John B. Elliott Collection* (Princeton: Art Museum, Princeton University in association with Harry N. Abrams, 1999), 4.

31. 同上，頁一五二。

32. 同上。

33. Adapted from Yee Chiang, *Chinese Calligraphy: An Introduction to Its Aesthetics and Techniques* (Cambridge, MA: Harvard University Press, 1973 [1938]), 163–164.

34. 見John Hay, "The Human Body as a Microcosmic Source of Macrocosmic Values in Calligraphy," in *Self as Body in Asian Theory and Practice*, ed. Thomas Kasulis, Roger Ames, and Wimal Dissanayake (Albany: State University of New York Press, 1993), 179–212; Amy McNair, "Engraved Calligraphy in China: Recension and Reception," *Art Bulletin* 77, no. 1 (March 1995): 106–114; Craig Clunas on categorization in Maxwell Hearn and Judith Smith, eds., *Arts of the Sung and Yuan* (New York: Metropolitan Museum of Art, 1996) ; Richard Curt Kraus, *Brushes with Power: Modern Politics and the Chinese Art of Calligraphy* (Berkeley: University of California Press, 1991).

35. *Twelfth Annual Report of the American Tract Society* (Boston: Perkins and Marvin, 1837), 63.

36. *Chuang Tzu: The Basic Writings*, trans. Burton Watson (New York: Columbia University Press, 1964), 47.

37. *Twelfth Annual Report of the American Tract Society , 62–63. Characters Formed by the Divisible Type Belonging to the Chinese Mission of the Board of Foreign Missions of the Presbyterian Church in the United States of America* (Macao: Presbyterian Press, 1844). 如同戛鐵和勒格朗的字體，它也包含了整字字體和可拆分字體，而在這位法國人的著作中可拆分字體又近一步細分成兩組：「垂直拆分」元件和「水平拆分」元件。"Chinese Divisible Type," *Chinese Repository* 14 (March 1845): 129.

38. 這個數量看起來似乎不少，但在那個時代，它完全落在其它整字字體的範圍內。事實上，如果我們認真思考姜別利等人的工作，那麼戛鐵和勒格朗的提案相較之下更為適當。更重要的是，分合活字不像整字字體，不會受限於傳統印刷中固有的一字對一字、漢字分類比例的問題。有了這三千個整字字體和可拆分字體，戛鐵和勒格朗的字體就能組成約二萬二千八百四十一個漢字。見 "Chinese Divisible Type," 124–129. 不像勒格朗的分合活字包含了水平和垂直的可拆分字體，貝爾豪斯反而選擇只專注在垂直可拆分字體上，大概是想簡化系統。貝爾豪斯為美國傳教會預備的這種字體，對《舊約》和《新約》聖經的翻譯準備來說已經十分足夠了。George Dodd, *The Curiosities of Industry and the Applied Sciences* (London: George Routledge and Co., 1858), 4.

39. 《日本王代一覽》由荷蘭商人兼東方學家伊薩克．蒂進（Isaac Titsingh）（一七四五—一八一二）開始編纂，後由法國東方學家雷慕沙（Abel Rémusat）（一七八八—一八三二）接手。雷慕沙翻譯的法文版《佛國記》名為*Relation des royaumes bouddhiques*。一八三七年有進一步報導，時任西方外國傳教會祕書的婁理華（Walter Lowrie）想購買勒格朗的一整套中文字體。一八四四年，勒格朗在法國繼續展示他的字模，共計四千六百個，足以產製所有漢字。到了一八五九年，紐約長老會傳教委員會採用了貝爾豪斯的「美麗字體」來印刷部分中文刊物。見 *Twelfth Annual Report of the American Tract Society , 62–33; Ferrier and Owen, Exhibition of the Works of Industry of All Nations , 409; and Samuel Wells Williams, The Middle Kingdom: A Survey of the Chinese Empire and Its Inhabitants* (New York: Wiley & Putnam, 1848), 604.

40. Ferrier and Owen, *Exhibition of the Works of Industry of All Nations* , 452.

41. Medhurst, *China*, 557. 一八五四年，勒格朗的中文字體出現在斯坦尼斯拉斯．赫尼斯（Stanislas Hernisz）的奇特識字讀本《習漢英合話》（*A Guide to Conversation in the English and Chinese Languages for the Use of Americans and Chinese in California and Elsewhere*）之中。赫尼斯在序言感謝了勒格朗：「在我們這時代比較有趣的是，在中國印刷的中文書籍，用的是『海外』『蠻夷』所生產的字體！」見*Stanislas Hernisz, A Guide to Con-versation in the English and Chinese Languages for the Use of Americans and Chinese in California and Elsewhere* (Boston: John P. Jewett and Co., 1854). 頤鐵顯然很開心，一八五八年他又再度與勒格朗合作，研究他的《華敘碑文考》（*L'Inscription syro-chinoise*）。

42. Comte d'Escayrac de Lauture, *On the Telegraphic Transmission of Chinese Characters* (Paris: E. Brière, 1862).

43. 同上，頁六。

44. 受到旅途的啟發，德勞圖爾在一八六四至一八六五年出版了他的《中國回憶錄》（*Mémoires sur la Chine*）。

45. "Le télégraphe veut une langue plus brève, intelligible à tous les peuples. Je vais montrer que cette langue n'est point une utopie; que non-seulement son emploi est possible, mais encore qu'il est facile, indiqué, nécessaire." Comte d'Escayrac de Lau-ture, *Grammaire du télégraphe: Histoire et lois du langage, hypothèse d'une langue analy-tique et méthodique, grammaire analytique universelle des signaux* (Paris: J. Best, 1862 [August]), 9.

46. Yakup Bektas, "The Sultan's Messenger: Cultural Constructions of Ottoman Telegraphy, 1847–1880," *Technology and Culture* 41 (2000): 206.

47. 同上，頁六六九至六九六。

48. 從四位到五位電碼的脈衝序列，所需傳輸時間大約增加百分之二十五至七十五左右。因為缺乏效率，所以五位代碼區

（包含二的五次方或三十二個額外空間）在一開始就被限制使用在數字和特殊符號（包含標點符號）上。然而，跟英語的關係不只如此，他還考慮到傳輸字母時所可能面臨的異常形態歧義。在摩斯電碼中，如果兩個原本不同的脈型序列被錯誤地分割，從而導致傳輸錯誤，那麼脈型分配也得要考慮到字母的共現（co-occurrence）和歧異的發生才行。儘管這意味著脈型分配的能量效率不符合每個特定字母的頻率要求，但在面對最常見的雙字母序列（二字母組合）時，這種雙字母的脈型就必須有足夠的區別，以避免誤讀。

49. *Convention télégraphique internationale de Paris, révisée à Vienne (1868) et Règlement de service international (1868)—Extraits de la publication: Documents de la Conférence Télégraphique Internationale de Vienne* (Vienna: Imprimerie Impériale et Royale de la Cour et de l'Etat, 1868), 58.

50. *Convention télégraphique internationale de Saint-Pétersbourg et Règlement et tarifs y annexés (1875). Extraits de la publication—Documents de la Conférence Télégraphique Internationale de St-Pétersbourg: Publiés par le Bureau International des Administrations Télégraphiques* (Bern: Imprimerie Rieder & Simmen, 1876), 22; *Convention télégraphique internationale de Berlin (1885): Publiés par le Bureau International des Administrations Télégraphiques* (Bern: Imprimerie Rieder & Simmen, 1886), 15.

51. 然而，對使用摩斯電碼的替代系統「休斯電碼」的人而言，這些都無法使用。

52. *Convention télégraphique internationale et règlement et tarifs y annexés révision de Londres (1903)* (London: The Electrician Printing and Publishing Co., 1903), 16.

53. 見 Daniel Headrick, *The Tentacles of Progress: Technology Transfer in the Age of Imperialism, 1850–1940* (Oxford: Oxford University Press, 1988), chapter 11.

54. W. Bull, "A Short History of the Shanghai Station" (Shanghai: n.p., 1893) [hand-written manuscript], Cable and Wireless Archive DOC/EEACTC/12/10, 4.

55. 關於早期迷人的電報研究和伴隨電報而出現之不同凡響的想像，見Carolyn Marvin, *When Old Technologies Were New: Thinking about Electric Communication in the Late Nineteenth Century* (Oxford: Oxford University Press, 1998).

56. Escayrac de Lauture, *Grammaire du Télégraphe* , 4.

57. 原文為：“langue des faits et des chiffres, langue sans poésie, planant cependant au-dessus des vulgarités de la vie commune.” “Le discours est comme un calcul avec des mots: il faut trouver l'algèbre de ce calcul, imparfait comme chaque idiome; il faut trouver la commune mesure de la pensée et des discours humains.” 同上，頁四、八。
58. 原文為：“le catalogue des idées principales constitue la nomenclature: c'est comme la matière et le corps du discours.” 同上，頁四、一五。
59. 動作行為也能被分類到基本詞彙和輔助詞彙中。如德勞圖爾所言：「既然我們賦予了語體形式，我們也能賦予它生命。」以主要概念「運動」為例，我們可以藉著修飾來賦予它方向性（去、來、循環、橫越）、功能性（攜帶、打擊、分割）和其他各種變體。此外，在德勞圖爾的系統中，既不需要時態也不需要人稱，因為動詞變化和其他詞類的詞性變化都以另一套修飾傳輸協定取而代之。參見同上，頁一二。德勞圖爾主張，我們也能以相同的方式將自然界分類。無論蔬菜、化學、哺乳類、爬蟲類、軟體動物類、魚類等等，所有自然界的實體都可以使用縮寫字母代碼來描述。系統中的每個字母都帶有含義。序列的第一個子音可以用來指林奈分類法（Linnaean）的綱（class），隨後的母音則可以用來指林奈分類法中的目（order）和亞目（suborder）。至於地理位置，則可以用緯度和經度來表示，個別山脈以主峰標示，河川用源頭標示，海洋就用中心點標示。見 Escayrac de Lauture, *Grammaire du Télégraphe*, 11-12.
60. “Sans connaître un seul de ces mots, on pourrait, à l'aide d'un simple vocabu-laire, établir avec certitude le sens d'une phrase.” 同上，頁一五。
61. “... serait plus propre qu'aucune langue connue aux communications internationales d'un certain ordre.”同上，頁一五。
62. Bull, “A Short History of the Shanghai Station,” 7–10.
63. Zhu Jiahua [Chu Chia-hua], *China's Postal and Other Communications Services* (Shanghai: China United Press, 1937), 149.
64. Kurt Jacobsen, “A Danish Watchmaker Created the Chinese Morse System,” *NIASnytt (Nordic Institute of Asian Studies) Nordic Newsletter* 2 (July 2001): 17–21.
65. 威基謁，《電報新書》（一八七一）; Arkiv nr. 10.619, in “Love og vedtægter med anordninger,” GN Store Nord A/S SN China and Japan Extension Telegraf. Rigsarkivet [Danish National Archives], Copenhagen, Denmark.

66. 關於中文電報員是否使用洲際摩斯代碼（Continental Morse，又稱國際摩斯代碼）的「簡寫數字」方面，在中國、丹麥和英國的資料來源中都沒有提及。如果是這樣，那麼電報員就可能可以繞過低效率的標準摩斯數字代碼，不過仍需面臨只使用數字而無法使用字母的固有限制。

67. Tom Standage, *The Victorian Internet: The Remarkable Story of the Telegraph and the Nineteenth Century's On-line Pioneers* (New York: Berkeley Books, 1999). **譯註：本書中譯本見多綏婷譯，《維多利亞時代的互聯網》（南昌：江西人民出版社，二〇一七）。**

68. Steve Bellovin, "Compression, Correction, Confidentiality, and Comprehen-sion: A Modern Look at Commercial Telegraph Codes," paper presented at the Cryptologic History Symposium, 2009, Laurel, MD. 另見：chapter 5 of N. Katherine Hayles, *How We Think: Digital Media and Contemporary Technogenesis* (Chicago: University of Chicago Press, 2012).

69. Edward Benjamin Scott, *Sixpenny Telegrams: Scott's Concise Commercial Code of General Business Phrases* (London: published by the author, 1885), 18, 35. 在其他可能的例子中，特見：Frank Shay, *Cipher Book for the Use of Merchants, Stock Operators, Stock Brokers, Miners, Mining Men, Railroad Men, Real Estate Dealers, and Business Men Generally* (Chicago: Rand McNally and Co., 1922).

70. 德明在之後微調了威基謁的原始漢字電碼表。見 Erik Baark, *Lightning Wires: The Telegraph and China's Technological Modernization, 1860–1890* (Westport, CT: Greenwood Press, 1997), 85. 一九四九年革命後，我們進一步見證了兩部電碼表的誕生，一部在中國，另一部則在臺灣；這兩部都使用四位數電碼，不過在代碼分配上則有所不同。即使考慮到這些變化，我們仍可見威基謁的電碼系統在這一個世紀以來成了中文的業界標準。

71. 近期的中國電報基礎建設研究見Roger R. Thompson, "The Wire: Progress, Paradox, and Disaster in the Strategic Networking of China, 1881–1901," *Frontiers in the History of China* 10, no. 3 (2015): 395–427.

72. *Documents de la Conférence Télégraphique Internationale de Berlin (1909)*, 482.

73. 在整個一九二〇、三〇年代，無線電通訊傳播在電報傳播上承擔了更多的責任。單單上海，就有十三條線路透過美國無線電公司、德律風根電報和無線公司、T・S・F・公司、蘇聯通訊委員會、郵政總局和安南電報等中介機構，將上海與歐洲、美國和東南亞連接起來。無線電通訊始於一九三一年，當時它承載了中國約百分之十的國際通訊量。四年後的一九三五年，無線電通訊已承擔了約百分之四十的國際通訊量。統計數據源自一九三二年至一九三五年的交通部長朱家驊。Zhu Jiahua [Chu Chia-hua], *China's Postal and Other Communications Services.*

74. Bull, "A Short History of the Shanghai Station," 115. 然而，這類勝利還帶來了難以預見、甚至是負面的影響。以這個例子來說，由於大部分的人都不熟中文，所以也無法證實特定的傳輸是否「屬實」（bona fide），這就意味著中國必須得在各國「寄放」官方的中文電碼本，以做為公認的黃金標準。這個行為無異於一八八九年於法國布特伊爾鎮舉行的「標準公尺」和「標準公斤」的原器保存儀式，以期維護和保持度量衡系統的神聖性，因此中文電報代碼也必須「埋藏」於全球各地，以確保其統一性與恆久性。然而，這種對度量衡上的永恆不滅需要，對重新設計中文電報代碼的工程來說，卻只帶來更多束縛。見《法文譯華語電碼字彙》（上海：點後齋）；Peter Galison, *Einstein's Clocks, Poincaré's Maps: Empires of Time* (New York: W.W. Norton and Co., 2003), 91; *Documents de la Conférence Télégraphique Internationale de Madrid (1932)—Tome I* (Bern: Bureau International de l'Union Télégraphique, 1933), 429. 此外，因為傳輸協定結構和決定電報傳輸價目修正案的盤根錯節與五花八門，改善中文地位的目標便無法僅憑單一的勝利達成。每分每毫的進展都得來不易、絕非一蹴可幾，所以也需持續維護，以免又被後續的修正案撤銷。每當有新科技或業務被加入擴張的電報項目中時（像是假日電報優惠、新電報尋址法、電報通訊技術與平郵協調配合的「書信電報」形式等等），無疑地，中國就必須面臨在新修正案的編碼和數字語言上，至少會有一項對其帶來限制的窘境。聖誕電報會以低費率計價，但這類電報就必須以「明文」方式書寫，而在技術上這又是中文所不具備的。同樣地，在多個協定中也規定電報地址需以「明文」書寫，不可使用代碼或密碼。一九三二年的馬德里會議中，對「祝賀電報」和「書信電報」業務又做了更詳細的規定管理，當中規定這類傳輸必須全部以「清晰的語言」書寫。聖誕電報折扣的規定看起來似乎完全與中國無關，但也因為這樣，這種不相關性就是我們對「符號主權」持續關注的核心。中國在國際電報界獨特的不利地位，並非因為冷漠無情又自私自利的歐美大國有針對性的、刻意要侵犯中國的利益，而是真正的「冷漠與不知情」才導致這個結果。在遙遠的里斯本、倫敦等地的會議廳中，冷淡又漠不關心的歐美社會通過了一條又一條的規則，儘管這些都與中國無關，但事實上卻對中國的利益施加了顯著的影響力，一再地刺傷、衝撞和打擊著中國。每當有「清晰的語言」、「淺白的語言」或相似的措辭被提起時，中國代表就再次發現他們得自己推動調整，以免中國又一次在不斷擴張及多樣複雜的全球電報通訊技術之中被排除在外。

75. 此外，這套系統透過一兩種中國方言（也許是粵語）獲得了進一步的調和。也就是，雖然表2.1中每個漢字都只有普通話的拼音讀法，但仔細思考特定的字母—漢字組合，就會發現這些配對很可能是編者在腦中用某種中文方言編成的。例如，當我們思考粵語的發音「joi」，才會知道「zai」和「j」配對在一起的道理。同樣在「w」也是如此，與之相配漢字的粵語發音為「wu」；字母「y」的粵語漢字發音則是「wai」。此表中也呈現了粵語之外的其他方言元素，像是用來代表「k」的漢字（「凱」在粵語裡的發音是「hoi」）。特別感謝陳江北讓我注意到這個問題，見交通部，《明密碼電報新編》（上海，一九一六）；交通部，《明密電碼新編》（南京印書館，一九三三）；Rigsarkivet [Danish National Archives], Copenhagen, Denmark, 10619 GN Store Nord A/S. 1870–1969 Kode- og telegrafbøger, Kodebøger 1924–1969；交通部，《明密電碼新編》（交通部刊行，一九四六）。

76. 管理國際電報通訊的規則不斷改變，它也常常終止一些調和途徑。三字一音的加密方式最終也被公司和中央集權中監督節約的監察人／密語通訊部門所限制。到了二十世紀早期，所有的電報傳輸都必須「可發音」（pronounceable），這種有點模糊的名稱意指在任何代碼傳輸中都需強制納入最低限度的母音數量，不再允許傳輸一長串的子音序列，因此大大減少了原本三字母代碼系統中的代碼位數量。

77. 交通部，《明密電碼新編》（交通部刊行，一九四六）。

78. Geoffrey C. Bowker, *Memory Practices in the Sciences* (Cambridge, MA: MIT Press, 2005).

3 不同凡響的機器

1. "No Chinese Typewriters," *Gregg Writer* 15 (1912): 382.
2. "Judging Eastern Things from Western Point of View," *Chinese Students' Monthly* 8, no. 3 (1913): 154.
3. "Judging Eastern Things from Western Point of View," 154.
4. O.D. Flox, "That Chinese Type-Writer: An Open Letter to the Hon. Henry C. Newcomb, Agent of the Faroe Islands' Syndicate for the Promotion of Useful Knowledge," *Chinese Times* (March 31, 1888), 199.

5. 同上。

6. "A Chinese Type-Writer," *Chinese Times* (January 7, 1888), 6.

7. Henry C. Newcomb, "Letter to the Editor: That Chinese Type-writer," *Chinese Times* [Tianjin] (March 17, 1888), 171–172.

8. 同上。

9. Passport Applications January 2, 1906–March 31, 1925, National Archives and Records Administration, Washington, DC, ARC identifier 583830, MLR, number A1534, NARA Series M1490, roll 109.

10. A.H. Smith, "In Memoriam, Dr. Devello Z. Sheffield," *Chinese Recorder* (September 1913), 564–568, 565. 另見Stephan P. Clarke, "The Remarkable Sheffield Family of North Gainesville" (n.p., n.d.), 3, manuscript provided by Stephan Clarke to the author.

11. "Missionaries of the American Board," *Congregationalist* (September 26, 1872), 3. 另見 Roberto Paterno, "Devello Z. Sheffield and the Founding of the North China College," in *American Missionaries in China*, ed. Kwang-ching Liu (Cambridge, MA: Harvard East Asian Monographs, 1966), 42–92. 謝衛樓畢業於派克神學院（Pike Seminary）。見 Clarke, "The Remarkable Sheffield Family of North Gainesville."

12. "Child of the Quarantine: One More Passenger on the Nippon Maru List—Baby Born During Angel Island Stay," *San Francisco Chronicle* (July 11, 1899), 12; Smith, "In Memoriam, Dr. Devello Z. Sheffield," 568.

13. Flox, "That Chinese Type-Writer," 199.

14. 該條約還將外國船隻航權擴展到長江沿岸，准許四個西方列強於北京設立公使館並禁止於中國官方記載及與英國等外國相關文件中使用**夷**字。謝衛樓與艾莉諾共育有五子，頭四胎都生於通州：艾佛德（Alfred，一八七一—一九六一）、約翰（John，一八七三—一八七四）、瑪莉（Mary，一八七五—一九六一）、弗洛拉（Flora，一八七七—一九七五）和卡羅琳（Carolyn，一八八〇—一九六二）。見Clarke, "The Remarkable Sheffield Family of North Gainesville," 14.

15. Devello Z. Sheffield, "The Chinese Type-writer, Its Practicability and Value," in *Actes du onzième Congrès International des Orientalistes*, vol. 2 (Paris: Imprimerie Nationale, 1898), 51.

16. Flox, "That Chinese Type-Writer," 199.

17. 一八八六年一月二七日，謝衛樓致父母書簡。謝衛樓及家族書簡及照片（露絲．S．強森家族〔Ruth S. Johnson Family〕蒐藏）。

18. 謝衛樓，《神道要論》（通州：通州文魁齊刊印），一八九四。

19. 謝衛樓，〈第二章民受誘惑違背皇帝〉，《小孩月報》第四卷第三期（一八七八），頁五；謝衛樓，〈第八章太子斷定良民的報應〉，《小孩月報》第五卷第二期（一八七九），頁二至三；謝衛樓，〈賞罰喻言第六章良民勸人放瞻悔改〉，《小孩月報》第四卷第十期（一八七九），頁五；謝衛樓，〈賞罰喻言第三章島民受誘惑犯罪更深〉，《小孩月報》第四卷第四期；謝衛樓，〈賞罰喻言第一章島民受霸王轄害〉，《小孩月報》第四卷第二期（一八七八），頁三。

20. 謝衛樓於一八九〇至一九〇九年之間的十九年擔任潞河書院院長。義和團運動開始後不久，他結束了美國的假期，於一九〇〇年秋季回到中國協助潞河書院的重建。當時成立一個新的委員會負責監督中文版《新約》的修訂。上海傳教會指派謝衛樓擔任委員會主席，負責監督該計畫直至十七年後的一九〇七年完修為止。此後不久，謝衛樓的任期展延，這次同樣擔任主席負責監督中文版《舊約》的修訂。

21. Sheffield, "The Chinese Type-writer, Its Practicability and Value," 63.

22. 同上。頁六二。

23. 同上，頁六二至六三。

24. 同上，頁六三。對於代書和商人來說，這種書寫機器本身並不提供觀點或詮釋，而且讓外國人可以「在確保私密避免撰寫人洩密」的狀況下用中文寫作跟發表書信。大英帝國文件中也有相似的擔憂，精彩研究請見 Christopher Bayly, *Empire and Information: Intelligence Gathering and Social Communication in India, 1780–1870* (Cambridge: Cambridge University Press, 1999 [1996]).

25. Sheffield, "The Chinese Type-writer, Its Practicability and Value," 62–63.

26. 同上，頁六三。

27. 同上，頁五一。

28. 同上，頁五〇。

29. 同上。
30. 同上。
31. 同上。
32. 同上，頁五一。
33. 謝衛樓致家人書簡，一八八八年十二月三日；謝衛樓致父母書簡，一八八六年一月二七日。（露絲・S・強森家族蒐藏）。
34. Joseph Needham, *Science and Civilisation in China*, vol. 5, part 1 (Cambridge: Cambridge University Press, 1985), 206–207.
35. Sheffield, "The Chinese Type-writer, Its Practicability and Value," 51.
36. 在遇到極罕見漢字的狀況下，活字印刷工有時也會需要打造特製的漢字活字。不過由於謝衛樓的打字機所納入的漢字少於中文印刷商所納入的平均數量，所以更常需要系統外／或替代方案的資源。
37. Devello Z. Sheffield, *Selected Lists of Chinese Characters, Arranged According of Fre-quency of their Recurrence* (Shanghai: American Presbyterian Mission Press, 1903).謝衛樓最後並未將「表外漢字」收入最終版的四千六百六十二字中。
38. Sheffield, *Selected Lists of Chinese Characters*.在一篇短文中，謝衛樓也提到該打字機的輪盤，藉著調整輪盤就可以納入替代的漢字，便於適用於其他行業。Sheffield, "The Chinese Type-writer, Its Practicability and Value," 63.
39. 不過對謝衛樓而言情況並非如此，他將這兩個字型都納入他的打字機之中，將這兩者視為不同的實體。
40. "Science and Industry," *Arkansas Democrat* (October 10, 1898), 7; "China," *Atchison Daily Globe* (April 11, 1898), 1; *Daily Picayune-New Orleans* (April 9, 1898), 4; "Our Benevolent Causes," *Southwestern Christian Advocate* (July 8, 1897), 6; "Will Typewrite Chinese," *Atchison Daily Globe* (June 1, 1897), 3; "Typewriter in Chinese," *Denver Evening Post* (May 29, 1897), 1; "Salmis Journalier," *Milwaukee Journal* (May 3, 1897), 4.
41. *Daily Picayune-New Orleans* (April 19, 1898), 4.
42. "Science and Industry," 7.
43. "A Chinese Typewriter," *Semi-Weekly Tribute* (June 22, 1897), 16.

44. Sheffield, "The Chinese Type-writer, Its Practicability and Value," 60.

45. Smith, "In Memoriam, Dr. Devello Z. Sheffield," 565.

46. 謝衛樓乘坐《西伯利亞號》（*S.S. Siberia*）於一九〇九年三月二十四日抵達檀香山。表列他的目的地是密西根的底特律。見 "Passenger Lists of Vessels Arriving or Departing at Honolulu, Hawaii, 1900–1954." National Archives and Records Administration, Washington, DC, Records of the Immigration and Naturalization Service, record group 85, series/roll no. m1412:6.

47. "Child of the Quarantine," 12.

48. "Passenger Lists of Vessels Arriving or Departing at Honolulu, Hawaii, 1900–1954," National Archives and Records Administration, Washington, DC, Records of the Immigration and Naturalization Service, record group 85, series/roll no. m1412:6.

49. 在其他地方的記載，周厚坤被列為江蘇省無錫人。見〈美國麻省理工學校中國學生畢業紀〉，《申報》一九一五年七月十九日，頁六；University of Illinois Urbana-Champaign, ed., *University of Illinois Directory: Listing the 35,000 Persons Who Have Ever Been Connected with the Urbana-Champaign Departments, Including Officers of Instruc-tion and Administration and 1397 Deceased* (Urbana-Champaign, 1916), 118. 南洋公學建於一八九六年至一八九八年間，由清廷下令為發展外資和電報局而設，之後於一九二一年改稱交通大學。

50. 其他著名的同船留學生還有周仁和張彭春。Hongshan Li, *US-China Educational Exchange*, 62–63, 65–67, 70;〈取定遊美學生名單〉，《申報》一九一〇年八月九日，頁五；〈考試留美學生草案〉，《申報》一九一〇年八月八日，頁五至六。

51. 〈中國打字機之新發明〉，《申報》一九一五年八月十六日，頁一〇；*University of Illinois Urbana-Champaign, ed., University of Illinois Directory: Listing the 35,000 Persons Who Have Ever Been Connected with the Urbana-Champaign Departments, Including Officers of Instruction and Administration and 1397 Deceased* (Urbana-Champaign: University of Illinois Press, 1916), 118.

52. 他的畢業論文名為〈飛機穩定性阻尼係數的實驗測定〉（Experimental Determination of Damping Coefficients in the Stability of Aeroplanes），見 Lauren Clark and Eric Feron, "Development of and Contribution to Aerospace Engineering at MIT," *40th AIAA Aerospace Sciences Meeting and Exhibit* (January 14–17, 2002), 2;〈美國麻省理工學校中國學生畢業紀〉，《申報》一九一五年七月十九日，頁六。

53. 周厚坤，〈創制中國打字機圖說〉，王汝鼎譯，《東方雜誌》第十二卷第十期（一九一五），頁二八。

54. 蒙納鑄排機是一種「熔鐵」（**譯註：hot metal，用融化的金屬鑄造的活字。**）形式的排字機，其排版技術是操作員用鍵盤設置一連串的字陣，機器將熔化的鐵注入中空的字模中冷卻後形成鉛字條。在之前的活字印刷術中，排字和鑄字是兩個分開的步驟，而熔鐵則將這些步驟合到同一部機器中。蒙納鑄排機可以一個又一個的製造鑄條，因此被命名為蒙納鑄排機（Monotype，mono表單一、type表鉛字活字）；而萊諾鑄排機（Linotype）則是成行或成條鑄造。熔鐵排字技術標誌著印刷史的新紀元，它取代了並終結了古騰堡及其後繼者所發揚光大的工業規模之活字印刷術。

55. 在此我們看見了對晚清改革者的一種延續。如韓子奇所言，這些晚清的中文教育改革事業參與者「認識到他們是藉著鍛造中國年輕人的集體認同來參與建國的『公民的教育者』」。見 Tze-Ki Hon, "Educating the Citizens: Visions of China in Late Qing History Textbooks," in *The Politics of Historical Production in Late Qing and Republican China*, ed. Tze-ki Hon and Robert Culp (Leiden: Brill, 2007), 81.

56. Charles W. Hayford, *To the People: James Yen and Village China* (New York: Columbia University Press, 1990), 40–41.

57. George Kennedy, "A Minimum Vocabulary in Modern Chinese," *Modern Language Journal* 21, no. 8 (May 1937): 587–592, 590. 陳鶴琴的語料庫規模準確來說有五十五萬四千四百七十八個漢字。

58. 準確來說，一百七十七個極常用字就占了整體語料庫的百分之五十七。如果我們回顧第二章，會發現一八六一年姜別利在他的語料庫中所測定出的十三個極常用字占了整體的六分之一，也就是百分之十六．六七，這數字與陳鶴琴的發現相符。當我們將這兩位學者的頻率曲線一同移動時，會發現它們更加契合。在姜別利的分析中，頭五百二十一個漢字就占了整體的十一分之九（或說百分之八十一．八）。在陳鶴琴的分析中，頭五百六十九個漢字則占了整體語料庫的百分之八十。

59. Hayford, *To the People* , 60.

60. 同上，頁四四。

61. 同上，頁五〇。西方人也很關注這些實踐，但我們並不聚焦在這些實踐者。例如，見William Edward Soothill, *Student's Four Thousand* ⊠ *and General Pocket Dictionary*, 6th ed. (Shanghai: American Presbyterian Mission Press, 1908), v. 另見Courtenay Hughes

Fenn, *The Five Thousand Dictionary*, rev. American ed. (Cambridge, MA: Harvard University Press, 1940), based on 5th Peking ed., which included additions and revisions by George D. Wilder, B.A., D.D., and Mr. Chin Hsien Tseng, eleventh printing.

62. Hayford, To the People , 48.

63. 同上，頁四五。隨著民眾教育運動的發展，計算閱讀成了一種教育家庭手工業。各競逐方都提出了他們自己專門的「基礎中文漢字」課本。全國國民教育促進委員會發行了另一款專為農民們設計的漢字表。見中華平民教育促進會編《農民千字課》，一九三三，Rare Book and Manuscript Library, Columbia University, Papers of the International Institute of Rural Reconstruction, MS COLL/IIRR; 以及《平國民通用詞表》，Rare Book and Manuscript Library, Columbia University, Papers of the International Institute of Rural Recon-struction, MS COLL/IIRR, n.d.

64. George Kennedy, "A Minimum Vocabulary in Modern Chinese," 589.

65. 同上，頁五八八至五九一。李濟擴張了語料庫規模，分析了一百四十九萬七千一百八十二個漢字。潞河鄉村服務部編，《日常應用基礎二千字》，一九三八年十一月。Rare Book and Manuscript Library, Columbia University, Papers of the International Institute of Rural Reconstruction, MS COLL/IIRR.

66. Kennedy, "A Minimum Vocabulary in Modern Chinese," 591.

67. 周厚坤，〈通俗打字盤商榷書〉，《教育雜誌》第九卷第三期（一九一七），頁一三至一四。另見Biographical Dictionary of Chinese Christianity, http://www.bdcconline.net/en/stories/d/dong-jingan.php

68. 周厚坤，〈創制中國打字機圖說〉，頁二八、三一。周厚坤讚揚這位基督教傳教士前輩，並清楚表明：「第一個中文打字機的發明者的榮耀應歸謝衛樓」。不過同時，周厚坤也宣稱他發明的自主性，並表明在他研發的過程中並不知道這位美國人的打字機。

69. 周厚坤，〈創制中國打字機圖說〉，《中華工程師學會會刊》第二卷第十期（一九一五），頁一五至二九；"Chinaman Invents Chinese Typewriter Using 4,000 Characters," *New York Times* (July 23, 1916), SM15.

70. 同上。

71. Thomas Sammons, "Chinese Typewriter of Unique Design," *Department of Commerce Bureau of Foreign and Domestic Commerce,*

Commerce Reports* 3, nos. 154–230 (May 24, 1916): 20.

72. 同上。

73. "It Takes Four Thousand Characters to Typewrite in Chinese," *Popular Science Monthly* 90, no. 4 (April 1917): 599.

74. 見 Abigail Markwyn, "Economic Partner and Exotic Other: China and Japan at San Francisco's Panama-Pacific International Exposition," *Western Historical Quarterly* 39, no. 4 (2008): 444, 454–459.

75. *Temporary Catalogue of the Department of Fine Arts Panama-Pacific International Exposition: Official Catalogue of Exhibitors*, rev. ed. (San Francisco: The Wahlgreen Co., 1915), 32.

76. 祁暄的重要資訊來自於美國排華法案卷宗。美國排華法案卷宗是一種檔案文件，為當具有華人血統者（包含美國公民與非公民）入境美國時所建的檔案，後續再入境時會接著補充。這種紀錄從一八八四年一直持續到一九四三年，最初由亞瑟政府做為聯邦排華移民限制政策的一部分而發起，最終於一九四三年被撤銷。典型的排華法案卷宗內含照片、附有基本人口資訊的證書和詢問筆錄。

77. 據他處報導，祁暄是位陝西省學生。"A Chinese Typewriter," *Peking Gazette* (November 1, 1915), 3; 以及 "A Chinese Typewriter," *Shanghai Times* (November 19, 1915), 1.

78. 張心一在他的祁暄打字機文章中提到了一位「布雷恩斯」（Brayns）教授，但這幾乎可以肯定是打字錯誤。從當時的紐約大學教職員檔案中得知有位工程學教授名為「威廉・雷明頓・布萊恩斯」（William Remington Bryans）。見 C.C. Chang, "Heun Chi Invents a Chinese Typewriter," *Chinese Students' Monthly* 10, no. 7 (April 1, 1915): 459.

79. 第二個滾筒上鋪有紙張，紙上寫有幫助定位這些漢字的圖例，共分為一百一十組。

80. Heun Chi [Qi Xuan], "Apparatus for Writing Chinese," United States Patent no. 1260753 (filed April 17, 1915; patented March 26, 1918).

81. Medhurst, *China: Its State and Prospects* , 558.

82. Robert S. Brumbaugh, "Chinese Typewriter," United States Patent no. 2526633 (filed September 25, 1946; patented October 24, 1950).

83. Wang Kuoyee, "Chinese Typewriter," United States Patent no. 2534330 (filed March 26, 1948; patented December 19, 1950).

84. 二十世紀早期精采絕倫生動的中國圖案設計之圖文介紹，見Scott Minick and Jiao Ping, *Chinese Graphic Design in the Twentieth Century* (London: Thames and Hudson, 1990).

85. Johanna Drucker, *The Visible Word: Experimental Typography and Modern Art, 1909–1923* (Chicago: University of Chicago Press, 1997).

86. Chang, "Heun Chi Invents a Chinese Typewriter," 459.

87. "4,200 Characters on New Typewriter; Chinese Machine Has Only Three Keys, but There Are 50,000 Combinations; 100 Words in TWO HOURS; Heuen Chi, New York University Student, Patents Device Called the First of Its Kind," *New York Times* (March 23, 1915), 6.

88. *Official Congressional Directory* (Washington, DC: United States Congress, 1916 [December]), 377.

89. "4,200 Characters on New Typewriter," 6.

90. 同上。

91. 同上。

92. "The Newest Inventions," *Washington Post* (March 21, 1917), 6.

93. 如，見周厚坤、邢契莘，〈中國打字機之說明與二十世紀之戰爭利器〉，《環球》第一卷第三期（一九一六），頁一至二。

94. Chang, "Heun Chi Invents a Chinese Typewriter," 459.

95. 《張元濟日記》，一九一九年五月十六日條，《張元濟全集》卷六，頁五六：「山西留學紐約紀君製有打字機，雖未見其儀器，而所打之字則甚明晰，似此周厚坤所製為優。」

96. H.K. Chow [Zhou Houkun], "The Problem of a Typewriter for the Chinese Language," *Chinese Students' Monthly* (April 1, 1915), 435–443.

97. 周厚坤，〈創制中國打字機圖說〉，頁三一。

98. 同上。所有措辭如原文。

99. Qi Xuan [Heuen Chi], "The Principle of My Chinese Typewriter," *Chinese Students' Monthly* 10, no. 8 (May 1, 1915): 513–514.

100. 同上。

101. 同上。

102. 同上。

103. 〈中國打字機之新發明〉，《通問報》第六五六期（一九一五），頁八。

104. 周厚坤每月工作可獲得一百六十元報酬，回南京之後持續受聘為顧問。由於商務印書館持續開發該打字機，聘周厚坤當年替其效勞三個月，因此總計獲得六百元報酬。見《張元濟日記》，一九一六年三月一日條，《張元濟全集》卷六，頁一九至二〇。這是張元濟提及周厚坤的最早紀錄。

4 沒有按鍵的打字機叫什麼？

1. 每個字模的表面約為半公分見方，被安裝在一個高度約一點五公分的字盤上。字盤為木頭材質，長四十一公分，寬四十七點三公分，高六公分，用來存放機器的各種工具和器具——一把清潔刷、一支鑷子、一個小扳手。機器放置在底座上頭，機身前面配有字盤引導器，一片薄薄的、有金屬邊框的玻璃框架，裡面放著一張此機器中所有字模的說明紙。玻璃框架與字盤比例一致，寬度約四十五公分，高度二十五點五公分。壓紙滾筒的寬度為三十六點五公分。

2. 《上海印書館製造華文打字機說明書》（上海：商務印書館，一九一七年〔十月〕）。

3. Christopher A. Reed, *Gutenberg in Shanghai: Chinese Print Capitalism, 1876–1937* (Honolulu: University of Hawai'i Press, 2004). **譯註：本書中譯本為張志強等譯，《谷騰堡在上海：中國印刷資本業的發展（一八七六—一九三七）》（北京：商務印書館，二〇一四）。**

4. 〈中華鐵路學校暑假誌盛〉，《申報》，一九一六年七月五日，頁一〇。

5. 〈周王兩君之絕學〉，《申報》，一九一六年七月二十四日，頁一〇。儘管周厚坤的讀者無疑對這位年輕人的發明很感興趣，但他的吸引力也在於他是海外歸國的留學生，在美國見過世面。不管是應邀或自己主辦的演講，周厚坤在關於中文打字機的演講中總會有一部分是關於美國「黑人學校」的簡短介紹，同時搭配著一套省教育委員會新近購買關於「美國黑人」主題的玻璃幻燈片。

6. 《張元濟日記》，一九一七年一月九日條，《張元濟全集》卷六，頁一四一。

7. 《張元濟日記》，一九一九年五月二十六日條，《張元濟全集》卷七，頁七一。

8. 〈南洋大學工程會近訊〉，《申報》一九二二年十一月十日，頁一四。

9. 見〈蘇實業廳聘周厚坤為顧問〉，《申報》一九二三年十月二十一日。在一九二二年的一篇文章中，作者用周厚坤的字「朋西」來稱呼。〈武昌檢廳咨查漢冶萍解款〉，《申報》一九二二年八月二十六日，頁一五。

10. 《張元濟日記》，一九一九年五月二十六日條，《張元濟全集》卷七，頁七一。

11. 〈本社函商務印書館設華文打字機練習課〉，《教育與職業》第十期（一九一八），頁八。

12. 舒昌鈺（又名舒震東），〈研究中國打字機時之感想〉，《同濟》第二期（一九一八），頁一五六；《張元濟日記》，一九一九年二月二十四日條，《張元濟全集》卷七，頁三〇。張元濟還構思過一個多國製造計畫，即舒震東在美國製造精密零件，然後在中國組裝。《張元濟日記》，一九二〇年四月十六日條，《張元濟全集》卷七，頁二〇五。張元濟告訴鮑咸昌，要由舒震東在美國製造精密零件，然後運回上海組裝。顯然，鮑咸昌曾諮詢過舒震東，但舒震東認為這很麻煩，而且沒有急著發展的必要。見《張元濟日記》，一九二〇年四月十九日條，《張元濟全集》卷七，頁二〇五。

13. 屏周，〈參觀商務印書館製造華文打字機記〉，《商業雜誌》第二卷第十二期，頁一至四。

14. 舒震東對這第一個模型不滿意，他隨後便前往歐洲和美國考察，目的是參觀工廠，並研發出解決中國打字問題的新方法。回到上海後，他著手開發一種改良的中文打字機模型，過程中經歷了五次改變，或稱「式」。後來出版的打字機手冊裡羅列了機型時間表，當中記載舒式打字機的「第三式」是在一九一九年問世的。

15. John A. Lent and Ying Xu, "Chinese Animation Film: From Experimentation to Digitalization," in Ying Zhu and Stanley Rosen, *Art, Politics, and Commerce in Chinese Cinema* (Hong Kong: Hong Kong University Press, 2010), 112. **編註：近年中國動畫史研究學者逐漸有共識，《舒震東華文打字機》的創作時間應不早於一九二五年，而目前可考的中國第一部動畫片為一九二三年的《暫停》，由曾經參與華特迪士尼《白雪公主》動畫片的美籍華裔動畫師楊左匋製作。**

16. 這對兄弟後來又製作了一系列動畫短片，以及《駱駝獻舞》（一九三五年）和中國第一部動畫長片《鐵扇公主》（一九四一年）。
17. 屏周，〈參觀商務印書館製造華文打字機記〉，頁二。
18. 甘純權、徐怡芝編，《華文打字文書要訣》（又名《書記服務必備》）（上海：上海職業指導所，一九三五），頁二五至三〇。
19. 屏周，〈參觀商務印書館製造華文打字機記〉，頁二。除了常用字盤和第二、第三用盒上的七千多個漢字外，該機還配備了英文字母、阿拉伯數字、注音和西式標點符號。
20. 《張元濟日記》，一九二〇年四月十六日條，《張元濟全集》卷七，頁二〇五。
21. 〈領事館置漢文打字機〉，《大漢公報》，一九二五年五月十八日，頁三。
22. 〈商場消息〉，《申報》，一九二六年十月二十七日，頁一九至二〇。
23. 〈陳列所機術農林部研究談〉，《申報》，一九二一年十一月二十七日，頁一五。
24. 〈華文打字機推銷南洋〉，《申報》，一九二四年五月二日，頁二一。關於宋明德的資料，見SMA Q235-1-1875 (April 6, 1933), 18-20.
25. 舒震東，〈研究中國打字機時之感想〉，頁一五六。
26. 同上。
27. 同上。
28. 例如，見〈籌辦華文打字機訓練班〉，《河南教育》第一卷第六期（一九二八），頁四。
29. 正如賀蕭（Gail Hershatter）所指出的，我們對民國時期的職業婦女仍然知之甚少，不過有個顯著的例外是王政於一九九九年出版的專書。見Gail Hershatter, *Women in China's Long Twentieth Century* (Berkeley: University of California Press, 2007); Wang Zheng, *Women in the Chinese Enlightenment: Oral and Textual Histories* (Berkeley: University of California Press, 1999).
30. Christopher Keep, "The Cultural Work of the Type-Writer Girl," *Victorian Studies* 40, no. 3 (Spring 1997): 405.
31. 天津市政府教育局與國際打字傳習所之間的通信，TMA J110-1-838 (July 6, 1946), 1–15；天津市政府教育局與峻德華文打字職業補習學校之間的通信，TMA J110-1-808 (March 5, 1948), 1–12；〈北京市私立寶善、廣德華文打字補習學校關於學校天辦啟用鈐記報送立案表教職員履歷表和學生名籍成績表呈文及市教育局的指令（附：該校簡章、招生簡章和學生成績表）〉，BMA J004-002-00579 (July 1, 1938)；〈關於創辦北平市私立廣德文打字補習學社的呈文及該社簡章等以及社會局的批文〉，BMA J002-003-00754 (May 1, 1938)；〈北平市私立育才華文打字科職業補習學校職教員履歷表、學生名籍表〉，BMA J004-002-00662 (July 31, 1939)；〈北京市私立亞東日華文打字補習學校關於第十六期普通速成各組學生成績表、課程預計及授課時數請鑒核給北京特別市教育局的呈以及教育局的指令〉，BMA J004-002-01022 (January 31, 1943)；〈北京市私立亞東日華文打字補習學校學生名籍表〉，BMA J004-002-01022 (November 7, 1942)；〈北京市私立樹成打字科職業補習學校學生名籍表〉，BMA J004-002-01091 (March 23, 1942)；〈北京私立燕京華文打字補習學校學生名籍表〉，BMA J004-001-00805 (November 1, 1946); SMA R48-1-287；〈天津市立第八社教區民眾教育館第八期華文打字速成班畢業學生名冊〉，TMA J110-3-740 (November 25, 1948), 1–2；〈商業打字速記傳習所簡章〉，SMA Q235-1-1844 (June 1932), 49–56; SMA Q235-1-1871。

32. 〈惠氏華英打字專校〉，SMA Q235-1-1847 (1932), 26–49.

33. 〈捷成打字傳習所〉，SMA Q235-1-1848 (1933), 50-70.

34. 該學校的校長是朱鴻雋，上海人，大約生於一九〇八年，在他的領導下有五名教員（兩名男性和三名女性）。朱斐，十九歲，約生於一九二五年，可能是朱鴻雋的妹妹，在主校區擔任教員。張國良也在主校區任教，出生於一九〇〇年左右。到一九四四年，環球打字補習學校有三百多名學生，學校因此後來增設了位於泰山路六五二號的第二個校區。見〈上海環球打字所所長朱鴻雋給上海市教育局局長林先生函件〉，SMA R48-1-287 (October 27, 1944), 1-11.

35. 〈本校歷屆畢業生服務通訊錄〉，SMA Q235-3-503 (n.d.), 6-8.

36. 〈籌辦華文打字機訓練班〉，頁四。

37. 〈本校歷屆畢業生服務通訊錄〉，頁六至八。

38. 〈在瀋創立華文打字練習所之孫岐山君〉，《大亞畫報》第二四四期（一九三〇年八月十日），頁二；〈華英打字傳習所女子華文打字班始業式攝影〉，《晨報星期畫報》第二卷第九五期（一九二七），頁二；〈北平華英打字傳習所華文速成班女生〉，《圖畫時報》第五一七期（一九二八年十二月二日），頭版；〈北平華英打字傳習所華文速成班女學生的照片〉，《晨報星期畫報》第二卷第一〇〇期（一九二七），頁二；〈華英打字學校張蓉孝女士〉，《安琪兒》第三卷第一期（一九二九），頁一。

39. 〈葉舒綺女士中華職業學校學生練習華文打字機時之影〉，《時報》第七三四期（一九三一），頁三。

40. 王小亭，〈新女性：上海職業婦女一瞥〉，《良友》第一二〇期（一九三六），頁一六。

41. 〈婦女群爭取光明〉，《展望》第一五期（一九四〇），頁一八。

42. 〈北平華英打字學校第五屆畢業生〉，《時報》第六二〇期（一九三〇），頁二，中英對照版。

43. 〈遼寧華文打字練習所第一期女學員就學之紀念攝影〉，《大亞畫報》第二四四期（一九三〇），頁二。

44. Sharon Hartman Strom, *Beyond the Typewriter: Gender, Class, and the Origins of Modern American Office Work, 1900–1930* (Chicago: University of Illinois Press, 1992), 177–179.

45. Margery W. Davies, *Woman's Place Is at the Typewriter: Office Work and Office Workers 1870–1930* (Philadelphia: Temple University Press, 1982), 54.

46. Ibid., 53.

47. Ibid.; Strom, *Beyond the Typewriter*.

48. Roger Chartier, *Forms and Meanings: Texts, Performances, and Audiences from Codex to Computer* (Philadelphia: University of Pennsylvania Press, 1995), 19.

49. 在針對帝制晚期的研究中，值得注意的例外研究包括Lucille Chia, *Printing for Profit: The Commercial Publishers of Jianyang, Fujian* (Cambridge, MA: Harvard University Asia Center, 2003); **譯註：本書中譯本見賈晉珠著、劉倩譯，《謀利而印：十一至十七世紀福建建陽的商業出版者》（福建：福建人民出版社，二〇一九）**；Kai-wing Chow, *Publishing, Culture, and Power in Early Modern China* (Stanford: Stanford University Press, 2004); **譯註：本書中譯本見周啟榮著、張志強譯，《中國前近代的出版、文化與權力（十六—十七世紀）》（北京：商務印書館，二〇二三）**；Cynthia Brokaw and Kai-wing Chow, eds., *Printing and Book Culture in Late Imperial China* (Berkeley: University of California Press, 2005); Joseph P. McDermott, *A Social History of the*

Chinese Book: Books and Literati Culture in Late Imperial China (Hong Kong: Hong Kong University Press, 2006); **譯註：本書中譯本見周紹明著、何朝暉譯，《書籍的社會史：中華帝國晚期的書籍與士人文化》**（北京：北京大學出版社，二〇〇九）；Cynthia Brokaw and Christopher Reed, eds., *From Wood- blocks to the Internet: Chinese Publishing and Print Culture in Transition, circa 1800 to 2008* (Leiden: Brill, 2010).

50. 《華文打字講義》（出版時地不詳，一九二八年之前出版，約一九一七年）；周厚坤編，《華文打字法》（南京：拔提印刷所，一九三四）；甘純權、徐怡芝編，《華文打字文書要訣》（上海：上海職業指導所，一九三五）；天津中華打字機公司編，《中華打字機實習課本上冊》（天津：東華齊印刷局，一九四三）；天津中華打字機公司編，《中華打字機實習課本下冊》（天津：東華齊印刷局，一九四三）；民生打字機製造廠編，《練習課本》（出版時地不詳，約一九四〇年代）。

51. 下面這個例子能讓我們瞭解打字練習是如何進行的。在這堂課上，老師教導學生認識大約一百個字，從字盤的一邊開始，然後掃到中心，再到字盤另一邊。接下來將打字員的目光往下移，然後回到中心，開始畫出一種中心的、詞彙上的「脊梁」。下一個字元序列使打字員的目光暫向右上方移動，然後再次返回中心，以增添進一步的椎骨。接下來的十個字元，不是花時間在邊緣上——而是在中央的脊梁上再加七節椎骨，這些部分已在字盤底部形成一個堅固、連續的帶狀區。隨後的三個字元將打字員的手帶到脊梁的鄰近區域，接著另外十個字元，打字員的手又被推到外圍，並圈出一塊廣闊的環狀範圍。過程中其他小脊梁開始成形，一條在字盤左邊外側，另一條緊挨著已成形的大脊梁右側。接下來的十個字元進一步鞏固外側的脊梁。然後，大幅度的跨越動作與更緊密的鋸齒狀動作混合在一起。此時將使用另一種新技能，接下來引入的新字元沿著打字員在先前序列中已經穿過的弧線分布。這些新引入的字元之前就已經被「跨越」過了，它們完美地落在之前一些步驟中就已經畫出來的弧線上。稍後，沿著同一弧線的另一個字元被引入，然後是另一個。僅開頭的百來個字就可組合出一幅清晰的圖案。現在，打字員已經完全打造完字盤的中央脊梁，並對左邊和右上方的外圍區域完成初步的認識。然而字盤上仍有大片區域打字員尚未接觸到，特別是右上方和左側中上方。然而可以肯定的是，隨後的課程，或在實際工作流程中，便會開始讓這一區域的字元發揮作用。

52. 周厚坤編，《華文打字法》。

53. Jacques Derrida, *Of Grammatology* (Baltimore: Johns Hopkins University Press, 1976); Johanna Drucker, *The Visible Word: Experimental*

Typography and Modern Art, 1909–1923 (Chicago: University of Chicago Press, 1997).

54. 范繼舲，《范氏萬能式中文打字機實習範本》（漢口：范氏研究所印行，一九四九），頁一〇。

55. 周厚坤編，《華文打字法》。這一練習法也有深刻的政治和意識形態面向，特別體現在教導學生如何使用「二級字盒」上頭。一九三〇年代，蔣介石政權正對其共產黨敵人發動軍事和宣傳攻勢，在一份打字指導手冊中，第一課是讓學生練打孫中山（已故的辛亥革命之父）的遺囑。第二課讓他們練打《中國國民黨第一次全國代表大會宣言》。第三課提供一篇關於革命和解放的短文。後續的課程讓學生瀏覽精心製作的中國歷史，包括鴉片戰爭、殖民主義、義和團起義、三民主義、辛亥革命、袁世凱、軍閥時期、滿洲國、工人和貧窮。學生們被要求重複這些課程，一遍又一遍地學習這些詞彙，讓他們的身體熟記這些關鍵政治術語和名字構成的特定幾何圖形。第一課是精心設計的，打字員不需要從「二級字盒」中檢索「不常用」的字元就可以轉錄整個段落——學生需要的每一個字元都在字盤上。然而，後續課程開始引入一些要求人們手持鑷子、到二級或三級字盒中去尋找的字元。其中有些是不太常用的字元，另一些則發揮著微妙的政治功能。例如，最早引入的兩個「二級常用漢字」，就是「袁世凱」的「袁」和「凱」。袁世凱是辛亥革命的重要背叛者，他在擔任中華民國總統期間解散議會，宣布自立為帝，破壞脆弱的政府體制，猝逝後留下的政治真空更開啟了中國長達十年的「軍閥時期」。他的名字完全沒有出現在基本字盤上。

56. "At Last—A Chinese Typewriter—A Remington," *Remington Export Review,* n.d., 7. 雖然文章附的中文鍵盤圖解上有載明日期為一九二一年二月十日，但哈格利博物館館藏的副本中並沒有日期。Hagley Museum and Library, Accession no. 1825, Remington Rand Corporation, Records of the Advertising and Sales Promotion Department, Series I Typewriter Div., subseries B, Remington Typewriter Company, box 3, vol. 3.

57. Robert McKean Jones, "Arabic—Remington No. 10," Hagley Museum and Library, Accession no. 1825, Remington Rand Corporation, Records of the Advertising and Sales Promotion Department, Series I Typewriter Div., subseries B, Remington Typewriter Company, box 3, vol. 3.

58. Paul T. Gilbert, "Putting Ideographs on Typewriter," *Nation's Business* 17, no. 2 (February 1929): 156.

59. Robert McKean Jones, "Urdu—Keyboard no. 1130—No. 4 Monarch" (March 13, 1918), Hagley Museum and Library, Accession no.

1825, Remington Rand Corporation, Records of the Advertising and Sales Promotion Department, Series I Type-writer Div., subseries B, Remington Typewriter Company, box 3, vol. 2; Robert McKean Jones, "Turkish—Keyboard no. 1132—No. 4 Monarch" (February 27, 1920), Hagley Museum and Library, Accession no. 1825, Remington Rand Corporation, Records of the Advertising and Sales Promotion Department, Series I Typewriter Div., subseries B, Remington Typewriter Company, box 3, vol. 2; Robert McKean Jones, "Arabic—Remington No. 10" (September 20, 1920), Hagley Museum and Library, Accession no. 1825, Remington Rand Corporation, Records of the Advertising and Sales Promotion Department, Series I Typewriter Div., subseries B, Remington Typewriter Company, box 3, vol. 3.

60. "Chu Yin Tzu-mu Keyboard—Keyboard no. 1400" (February 10, 1921), Hagley Museum and Library, Accession no. 1825, Remington Rand Corporation, Records of the Advertising and Sales Promotion Department, Series I Typewriter Div., subseries B, Remington Typewriter Company, box 3, vol. 3. 一九二一年，雷明頓公司還根據威妥瑪拼音系統創造了一個「羅馬化中文」鍵盤。一九二一年十月二十日，位於上海的老晉隆洋行（Mustard and Company）報導了人們對該機器缺乏興趣的情況。總部辦公室對此有簡短的紀錄：「已向傳教士、教師等發出通知，但沒有發現對上述機器的需求。」"Chinese Romanized—Keyboard no. 141," Hagley Museum and Library, Accession no. 1825, Remington Rand Corporation, Records of the Advertising and Sales Promotion Department, Series I Typewriter Div., subseries B, Remington Typewriter Company, box 3, vol. 1. See also "Chinese Phonetic on a Typewriter," *Popular Science* 97, no. 2 (August 1920): 116.

61. Robert McKean Jones, "Typewriting Machine," United States Patent no. 1646407 (filed March 12, 1924; patented October 25, 1927).

62. 同上。

63. Gilbert, "Putting Ideographs on Typewriter," 156.

64. John Cameron Grant and Lucien Alphonse Legros, "A Method and Means for Adapting Certain Chinese Characters, Syllabaries or Alphabets for use in Type-casting or Composing Machines, Typewriters and the Like," Great Britain Patent Application no. 2483 (filed January 30, 1913; patented October 30, 1913).

65. 禧在明（Walter Hillier）也曾進行過另一次早期的字母式中文打字嘗試（約一九一四年）。見"Memorandum by Sir Walter

Hillier upon an alphabetical system for writing Chinese, the application of this system to the typewriter and to the Linotype or other typecasting and composing machines, and its adaptation to the braille system for the blind" (London: William Clowes and Sons, Limited, n.d.). 讀者可以留意安德魯・希利爾（Andrew Hillier）即將出版的作品，他正在寫一本關於希利爾家族及其與大英帝國關係的傳記。**譯註：本中譯本問世時，該書已經出版：**Andrew Hillier, *Mediating Empire: An English Family in China, 1817-1927* (Folkstone: Renaissance Books, 2020).

66. John DeFrancis, *Nationalism and Language Reform in China* (Princeton: Princeton University Press, 1950), chapter 4.

67. J. Frank Allard, "Type-Writing Machine," United States patent no. 1188875 (filed January 13, 1913; patented June 27, 1916).

68. "Chinese Alphabet Has Been Reduced," *Telegraph-Herald* (April 11, 1920), 23.

69. "Chinese Phonetic on a Typewriter" (advertisement for the Hammond Multiplex), *Popular Science* 97, no. 2 (August 1920): 116.

70. 由衷感謝韓嵩文（Michael Gibbs Hill）提醒我注意這份刊物。

71. "Obituary: Robert McKean Jones. Inventor of Chinese Typewriter Was Able Lin guist," *New York Times* (June 21, 1933), 18.

72. 鄺富灼的照片見 *Asia: Journal of the American Asiatic Association* 19, no. 11 (November 1919): front matter, photograph by Methodist Episcopal Centenary Commission. 其他例子也很多。《上海潑克》（*Shanghai Puck*）的創刊號上有關於該社自有的打字機的一首小曲 "An American View of the Chinese Typewriter," 轉載自Kenneth L. Roberts於一九一六年在《生活》雜誌上發表的文章，題為"A Reason Why the Chinese Business Man May Soon Be Tired." 見"An American View of the Chinese Typewriter," *Shanghai Puck* 1, no. 1 (September 1, 1918): 28; and "A Reason Why the Chinese Business Man May Soon Be Tired," *Life* 68 (1916): 272.

73. 張祥麟的照片見*Who's Who in China* 3rd ed. (Shanghai: China Weekly Review, 1925), 31.

74. "Doings at the Philadelphia Commercial Museum," *Commercial America* 19 (April 1923): 51. For more on the Philadelphia Commercial Museum, see Steven Conn, "An Epistemology for Empire: The Philadelphia Commercial Museum, 1893– 1926," *Diplomatic History* 22, no. 4 (1998): 533–563. The shipment from China is confirmed in *Annual Report of the Philadelphia Museums, Commercial Museum* (Philadelphia: Commercial Museum, 1923), 9. 一九二三年，張祥麟在為屠汝涑（Julius Su Tow）的《旅美華僑實錄》（*The Real Chinese in America*）所作的序言中進一步探討了此類主題。他指出：「總的來說，美國人從未有機會真正和全面地瞭解中

國人。他繼續說，中國國內有貿易公司、銀行和蒸汽船公司，這些消息會讓普通的美國民眾驚訝不已。中國人和世界上任何其他民族一樣聰明和可敬……而不僅僅是洗衣工！」見 Julius Su Tow, *The Real Chinese in America* (New York: Academy Press, 1923), editorial introduction by Ziangling Chang [Zhang Xianglin], xi–xii.

75. Photograph 2429 in *Descriptions of the Commercial Press Exhibit* (Shanghai: Commercial Press, ca. 1926), in City of Philadelphia, Department of Records, record group 232 (Sesquicentennial Exhibition Records), 232-4-8.1, "Department of Foreign Participation," box A-1474, folder 8, series 29, "China, Commercial Press Exhibit"; "China, Commercial Press Exhibit," City of Philadelphia, Department of Records, record group 232 (Sesquicentennial Exhibition Records), 232-4-8.1 "Department of Foreign Participation," box A-1474, folder 8, series folder 29.

76. *Descriptions of the Commercial Press Exhibit,* 56.

77. 張祥麟生於上海，曾就讀於上海的聖約翰大學，後來又在哥倫比亞大學學習。一九一三年至一九一五年期間，他曾擔任《北京日報》的副主編，後來在交通部、內政部和外交部擔任副部長。"Who's Who in China: Biographies of Chinese Leaders," *China Weekly Review* (Shanghai), 1936: 6-7. 另見商務印書館展品說明中的第二三〇八號圖片。photograph 2308 in *Descriptions of the Commercial Press Exhibit.* 中國代表團的主席是鄒鼎新（Tinsin C. Chow）。

78. *Descriptions of the Commercial Press Exhibit,* 41.

79. Ibid., 56.

80. 〈駐美總領事函告費城賽會情形〉，《申報》，一九二七年一月十四日，頁九；"List of Awards-General n.d.," City of Philadelphia, Department of Records, record group 232 (Sesquicentennial Exhibition Records), 232-4-6.4 (Jury of Awards-Files), box a-1472, folder 17, series folder 1.

81. 錢玄同，〈為什麼要提倡國語羅馬字？〉，《新生》第一卷第二期（一九二六年十二月），收於《錢玄同文集》第三卷（北京：中國人民大學出版社，一九九九），頁三八六。

82. 錢玄同，〈為什麼要提倡國語羅馬字？〉，頁三八七。

83. Gilbert Levering, "Chinese Language Typewriter," *Life* 2311 (February 17, 1927), 4.

1. Email communication, James Yee, July 6, 2009.
2. 這次倫敦之行是由另一封電子郵件催生的。這封信如此開頭：「如果您對這不感興趣，我先向您致歉。我媽媽有一台中文打字機，我們無法為它找到新主人，所以即將把它報廢。它是一台超級作家 315SR 型號的打字機，附有幾盤字元——仍然可以正常使用。」我後來才知道，這個家庭正在重鋪家中地板，這促使她們清點和清理一些物品。這家人的母親雖然極不情願，但同意與她心愛的機器分開。她委託她的女兒瑪麗亞為它找一個新家。「扔掉它似乎是種浪費」，電子郵件繼續寫道，「媽媽以前一直在用它，而且速度相當快。」瑪麗亞．戴給作者的電子郵件，二〇一〇年五月十四日。人名均以化名行之。
3. Sherry Turkle, ed., *Evocative Objects: Things We Think With* (Cambridge, MA: MIT Press, 2007).
4. 「ＣＪＫ」有時會延伸為「ＣＪＫＶ」，藉此納入越南文。見Ken Lunde, *CJKV Information Processing: Chinese, Japanese, Korean & Vietnamese Computing* (Sebastopol, CA: O'Reilly, 2009).
5. Ryōshin Minami, "Mechanical Power and Printing Technology in Pre–World War II Japan," *Technology and Culture* 23, no. 4 (1982): 609–624; Daqing Yang, "Telecommunication and the Japanese Empire: A Preliminary Analysis of Telegraphic Traffic," *Historical Social Research* 35, no. 1 (2010): 68–69; Miyako Inoue, "Stenography and Ventriloquism in Late Nineteenth Century Japan," *Language and Communication* 31 (2011): 181–190; Patricia L. Maclachlan, *The People's Post Office: The History and Politics of the Japanese Postal System, 1871–2010* (Cambridge, MA: Harvard Asia Center, 2012); Seth Jacobowitz, *Writing Technology in Meiji Japan: A Media History of Modern Japanese Literature and Visual Culture* (Cambridge, MA: Harvard Asia Center, 2015).
6. Ryōshin Minami, "Mechanical Power and Printing Technology in Pre–World War II Japan," 609–624.
7. 東京和大阪五家最大報社的年發行量，在一八八一年至一八九一年間幾乎增加了五倍，從大約一千二百萬成長到五千萬份。發行量在一八九一年至一九〇一年期間又增加了二倍以上，《東京朝日新聞》、《東京日日新聞》、《讀賣新聞》、《大阪朝日新聞》和《大阪每日新聞》的年發行量合計達到十一億一千九百三十六萬八千份。這意味著從一八八一年到一八九一年的年增長率為百分之三十二．九，從一八九一年到一九〇一年為百分之十三．四。此外，與英國和美國的出版業不同，日本出版業的一些部門完全跳過了蒸汽動力，直接從手工勞動轉向電氣化的滾輪印刷機。例如，《東京朝日新聞》利用了一項當時從西方引入的新技術，直接轉向電氣化。Ryōshin Minami, "Mechanical Power and Printing Technology in Pre–World War II Japan," 617–619.

8. Yang, "Telecommunication and the Japanese Empire," 68–69.

9. 〈電信字号〉，"Extension Selskabet—Japansk Telegrafnøgle," 1871. Arkiv nr. 10.619. In "Love og vedtægter med anordninger," GN Store Nord A/S SN China and Japan Extension Telegraf. Rigsarkivet [Danish National Archives], Copenhagen, Denmark.

10. Yang, "Telecommunication and the Japanese Empire," 68–69.

11. Andre Schmid, *Korea between Empires* (New York: Columbia University Press, 2002), 57–59.

12. 同上，頁六七至六九。

13. Ernest Gellner, *Nations and Nationalism* (Ithaca: Cornell University Press, 1983); **譯註：本書中譯本為李金梅、黃俊龍，《國族與國族主義》（臺北：聯經出版公司，二〇〇一）**。Benedict Anderson, *Imagined Communities: Reflections on the Origin and Spread of Nationalism*, rev. ed. (New York: Verso, 1991). **譯註：本書中譯本為吳叡人譯，《想像的共同體：民族主義的起源與散布》（臺北：時報，二〇一〇）**。

14. 那個時代充滿許多矛盾，例如《皇城新聞》在許多方面主導了對以漢字寫作的文章之批判，但在其出版的十三年中卻沒有一篇用白話文韓文寫的社論。見Schmid, *Korea between Empires*, 17.

15. 〈漢字ご廃止の議〉；Seeley, *A History of Writing in Japan*, 138–139.

16. 〈平仮名の説〉；Seeley, *A History of Writing in Japan*, 139.

17. 渡部久子，《邦文タイプライター讀本》（東京：崇文堂，一九二九），頁六至七。黑澤貞次郎於此選擇用「タイプライター」一詞很重要。他採用了音譯的片假名，而不是譯成漢字。我感謝傅佛果（Joshua A. Fogel）提醒我注意這一點的重要性。

18. 戴夫．謝里登（Dave Sheridan）為雷明頓日文打字機銷售員提供的備忘錄，哈格利博物館暨圖書館（Hagley Museum and

Library），一八二五年收入館藏，Remington Rand Corporation, Records of the Advertising and Sales Promotion Department, Series I Typewriter Div. Sub-series B Remington Typewriter Company, box 3, folder 6, "Keyboards and Type- styles—Correspondence, 1906."

19. 逓信省電務局編，《和文タイプライチング》，（東京：逓信協会，一九三六），頁二五至二七、四三。

20. 加茂正一，《タイプライターの知識と練習》（東京：文友堂書店，一九二三），該書正文前附頁。關於西方打字機藝術的精彩彙編，見 Barrie Tullet, *Typewriter Art: A Modern Anthology* (London: Laurence King Publishers, 2014).

21. 戴夫・謝里登為雷明頓日文打字機銷售員提供的備忘錄。

22. Sukeshige Yanagiwara, "Type-writing Machine," United States Patent no. 1206072 (filed February 1, 1915; patented November 28, 1916). Assignor to Under- wood Typewriter Company; Burnham Stickney, "Typewriting Machine," United States Patent no. 1549622 (filed February 9, 1923; patented August 11, 1925).

23. 一九一五年 Kitahara Tsugi 的明信片，作者收藏。同樣地，為了回應柏翰・斯蒂克尼的安德伍德專利，雷明頓指派該公司的打字機大師羅伯特・麥基恩・瓊斯負責片假名項目，我們在第四章討論過他。見Robert McKean Jones, "Typewriting Machine," United States Patent no. 1687939 (filed May 19, 1927; patented October 16, 1928).

24. 《文字の教》；Seeley, *A History of Writing in Japan*, 141.

25. 臨時国語調査会，《常用漢字表》。

26. 《三千字字引》；Seeley, *A History of Writing in Japan*, 141, 146–147.

27. 〈漢字制限を提唱す〉；Seeley, *A History of Writing in Japan*, 146. 其他早期的例子還包括日本第一任教育部長大木喬任（一八三二—一八九九），他在一八七二年主持編寫了兩卷本的常用日語漢字字典《新撰字書》，當中有三千一百六十七個漢字。Seeley, *A History of Writing in Japan*, 142.

28. 解決日本語言現代化問題的第二種方法是以羅馬化為重點，由南部義籌（一八四〇—一九一七）、西周（一八二七—一八九七）和大槻文彥（一八四七—一九二八）等人領導。一八六九年，南部義籌發表了《修国語論》。一八八五年，羅馬字会和《羅馬字雑誌》改編了平文（James Curtis Hepburn, 1815-1911）首次開發的羅馬化方法。當時還有許多其他試圖以拉丁字母書寫日文的競爭系統，其中有一種由田中館愛橘（一八五六—一九五二）開發的「日本式」羅馬字。Seeley, *A History of Writing in Japan*, 139–140; Nanette Gottlieb, "The Rōmaji Movement in Japan," *Journal of the Royal Asiatic Society* 20, no. 1 (2010): 75–88;《修国語論》、羅馬字会與《羅馬字雑誌》。

29. 渡部久子，《邦文タイプライター読本》（東京：崇文堂，一九二九），頁六至七。

30. Kyota Sugimoto, "Type-Writer," United States Patent no. 1245633 (filed November 7, 1916; patented November 6, 1917).

31. Toshiba Japanese Typewriter. Manufactured c. 1935. Peter Mitterhofer Schreib maschinenmuseum/ Museo delle Macchine da Scrivere. Partschins (Parcines), Italy, "Macchina da Scrivere Giapponese Toshiba."

32. 日本タイプライター株式会社編輯部編，《邦文タイプライター用文字の索引》（東京：日本タイプライター，一九一七）；Hisao Yamada, "A Historical Study of Typewriters and Typing Methods; from the Position of Planning Japanese Parallels," *Journal of Information Processing* 2, no. 4 (February 1980): 175–202; Hisao Yamada and Jiro Tanaka, "A Human Factors Study of Input Keyboard for Japanese Text," *Proceedings of the International Computer Symposium* (Taipei: National Taiwan University, 1977), 47–64.

33. Raja Adal, "The Flower of the Office: The Social Life of the Japanese Typewriter in Its First Decade," presentation at the Association for Asian Studies Annual Meeting, March 31–April 3, 2011.

34. Janet Hunter, "Technology Transfer and the Gendering of Communications Work: Meiji Japan in Comparative Historical Perspective," *Social Science Japan Journal* 14, no. 1 (Winter 2011): 1–20. See also Kae Ishii, "The Gendering of Workplace Culture: An Example from Japanese Telegraph Operators," *Bulletin of Health Science University* 1, no. 1 (2005): 37–48; Brenda Maddox, "Women and the Switchboard," in *The Social History of the Telephone*, ed. Ithiel de Sola Pool (Cambridge, MA: MIT Press, 1977), 262–280; Susan Bachrach, *Dames Employées: The Feminization of Postal Work in Nineteenth-Century France* (London: Routledge, 1984); Michele Martin, *"Hello, Central?": Gender, Technology and Culture in the Formation of Telephone Systems* (Montreal: McGill-Queens University Press, 1991); Ken Lipartito, "When Women Were Switches: Technology, Work, and Gender in the Telephone Industry, 1890–1920," *American Historical Review* 99, no. 4 (1994): 1074–1111; Alisa Freedman, Laura Miller, and Christine R. Yano, eds., *Modern Girls on the Go: Gender, Mobility, and Labor in Japan* (Stanford: Stanford University Press, 2013).

35. 《東京大阪両市に於ける職業婦人調查》（東京：出版社不明，一九二七），頁四至一一。

36. 關於《打字員》雜誌在一九四〇年代典型的「女性內容」，見西田正秋，〈今日の日本的女性美〉，《タイピスト》第十七卷第七期（一九四一年七月），頁二至五。關於日本打字及其文明重要性的深入探討，見小見博信，〈日本文化と邦文タイプライターの使命〉，《タイピスト》第十七卷第十一期（一九四一年十一月），頁一二至一三。這本期刊的收藏並不完整，所以要確定確切的出版時間並不容易。（創刊年的）一九二五年是根據現存期刊的刊號、編號和日期資訊，通過反向推算出來的結果。該期刊發行了大約二十年。

37. Kyota Sugimoto, "Type-Writer," United States Patent no. 1245633 (filed November 7, 1916; patented November 6, 1917).

38. Yusaku Shinozawa, "Typewriter," United States Patent no. 1297020 (filed June 19, 1918; patented March 11, 1919). 關於日本製造的中文打字機的報告早在一九一四年就已出現。中國《進步》雜誌的讀者於一九一四年便從中得知，有位日本工程師正在開發一台「漢文」打字機的原型機。酒井安治郎出生在福岡，在加州大學攻讀電氣工程專業的大學部課程。一九〇四年畢業後，酒井在西屋電氣和製造公司工作，在那裡他專門從事自動化工作，並將大量專利轉讓給公司。一九一三年，酒井返回日本，在東京的高田公司擔任諮詢工程師，並在安川電機製作所擔任總工程師。酒井從賓州回到日本後，他的興趣很快就從機器自動化問題轉向了日文的自動化，特別是日語漢字的自動化。他在日本開始了對日語漢字打字機的研發。絹章，〈漢文打字機之新發明〉，《進步》第六卷第一期（一九一四），頁五；"Notice Regarding Department of Electrical Engineering, University of California," *Journal of Electricity* 41, no. 1 (1918): 515; *Bulletin* (Berkeley: University of California, 1910), 65; Frank Conrad and Yasudiro Sakai, "Impedance Device for Use with Current-Rectifiers," United States Patent no. 1075404 (filed January 10, 1912; patented October 14, 1913); Yasudiro Sakai, "Stop Cock," United States Patent no. 1001455 (filed December 10, 1910; patented August 22, 1911); Yasudiro Sakai, "Electrical Terminal," United States Patent no. 1049404 (filed January 7, 1911; patented January 7, 1913); Yasudiro Sakai, "Vapor Electric Device," United States Patent no. 1101665 (filed December 30, 1910; patented June 30, 1914); Yasudiro Sakai, "Vapor Electric Apparatus," United States Patent no. 1148628 (filed June 14, 1912; patented August 3, 1915); Yasudiro Sakai, "Armature Winding," United States Patent no. 1156711 (filed February 3, 1910; patented October 12, 1915). 另見"Shunjiro Kurita," *Who's Who in Japan* 13–14 (1930): 8. 一九一七年《申報》的讀者會得知，上海的中國青年協會

將於七月十二日接待三井貿易公司的代表，他們有一台不僅可以處理日文，還可以處理中文的打字機。見〈試驗華文打字機〉，《申報》一九一七年七月十二日，第十一頁。

39. 中文打字機的早期發明者也是如此，只是方向相反。我們在第三章中第一次見到的發明者祁暄，他一九一五年專利中的一段生動文字展示了他自己的跨國野心。祁暄幾乎像是在文末順帶一提，「我的方法和安排，不僅在漢語中，而且在所有由詞根而不是字母組成的語言中都有很大的優勢，比如日文和韓文。」見Chi, Heuen [Qi Xuan], "Apparatus for Writing Chinese," United States Patent no. 1260753 (filed April 17, 1915; patented March 26, 1918).

40. Douglas Howland, *Borders of Chinese Civilization: Geography and History at Empire's End* (Durham: Duke University Press, 1996), 44.

41. 同上，頁五四。

42. Mary Badger Wilson, "Fleet-Fingered Typist," *New York Times* (December 2, 1923), SM2.

43. 同上。

44. "Stenographer Has a Tough Job," *Ludington Daily News* (April 8, 1937), 5.

45. "A Line O' Type or Two," *Chicago Daily Tribune* (August 31, 1949), 16.

46. 《東洋タイプライター文字便覧：弐号機用》（東京：東洋タイプライター，一九二三）；森田虎雄，《邦文タイプライター教科書》（東京：東京女子外国語学校，一九三四），頁八至九。

47. Reed, *Gutenberg in Shanghai*, 128.

48. Y. Tak Matsusaka, "Managing Occupied Manchuria," in *Japan's Wartime Empire*, ed. Peter Duus, Ramon H. Myers, and Mark R. Peattie (Princeton: Princeton University Press, 1996), 112–120.

49. 李獻延編，《最新公文程式》（新京：奉天打字專門學校，約一九三二年）。由於缺頁，無法確定確切的年分。但許多打字樣本被編號為「大同元年」，這說明了出版日期為一九三二年左右。

50. 同上，頁四三至四八。

51. 同上，頁一；「一國有一國的公文程式，一時代有一時代的公文程式，都是隨著國情和習慣而演進的；那末，述說公文程式的書籍，也要隨著時代而改革的，這是一定的理。打字員是專任謄錄公文的人員，所以打字員更要隨時學習新的公文程式，才能適合時代，才能供職工作。

52. 〈旅美觀察談〉，《申報》一九一九年四月三日，第十四頁。

53. 根據一份傳記，俞斌祺並沒有獲得早稻田大學的正式學位。見〈蕭山人或是中國乒乓球及游泳運動主要開創者〉，二〇一二年五月，http://www.xsnet.cn/news/shms/2012_5/1570558.shtml

54. 〈游泳專家俞斌祺男士〉，《男朋友》第一卷第十期（一九三二），封底頁。

55. 〈俞式中文打字機之好評〉，《中國實業》第一卷第六期（一九三五），頁一一五八。

56. 俞碩霖，〈俞式打字機的誕生〉，老小孩社區，二〇一〇年六月三日，http://www.oldkids.cn/blog/blog_con.php?blogid=124277（二〇一一年六月十三日檢索）；俞碩霖，〈俞式打字機製造廠〉，老小孩社區，二〇一〇年六月六日，http://www.oldkids.cn/blog/blog_con.php?blogid=130431（二〇一一年六月十三日檢索）。

57. 〈本校歷屆畢業生服務通訊錄〉，頁六至八。

58. 〈俞式中文打字機之好評〉，頁一一五八。

59. 金淑清於一九三四年加入該校。俞斌祺的兒子指出，一九三一年日本侵略的爆發似乎也對俞斌祺的家庭和個人事務造成了影響。當時，俞斌祺與他的妻子和一個吳姓情婦都保持著關係。然而，在一九三二年的事件發生後，俞斌祺的兒子、母親和祖母在他們的家鄉浙江蘇山避難。俞斌祺則留在了上海，這很可能是為了繼續管理他的生意。一九三二年秋天全家團聚時，俞斌祺與妻子分居，妻子偕同兒子住在其他地方。大約在這個時候，俞斌祺刊登了一則招聘祕書的廣告，一位名叫金淑清的年輕女士前便來應徵。漸漸地，金淑清取代了吳氏，成為俞斌祺的最愛，最後成了他的伴侶和情婦。金淑清還催促俞斌祺娶她，最終促使俞斌祺和早已疏遠的妻子正式離婚。見俞碩霖，〈俞式打字機無限公司〉，老小孩社區，二〇一〇年六月七日，http://www.oldkids.cn/blog/blog_con.php?blogid=130576（二〇一一年六月十三日檢索）。

60. 一九三四年，俞斌祺與中國速記發明人楊炳勳合作，擴大了他的學校，提供兩個方面（打字與速記）的教學。學校位於卡億路善昌里。〈中文打字機速記發明人合辦專校〉，《申報》一九三四年九月五日，第十六頁。黃厥德是俞斌祺學校的畢業生，他在一九三五年加入學校，擔任行政人員和打字的助理教員。

61. 俞斌祺的學校還幫助催生了更多的中文打字學校，這些學校的工作人員都是俞斌祺的畢業生，並且都使用俞式的機器。

例如，在一九三五年，一個名為盛濟平的年輕畢業生，被聘任為浙江省一所中學新成立的中文打字班主任。對我們來說，重要的是該班使用的是「俞式中文打字機」。〈商科添設中文打字機課程〉，《浙江省立杭州高級中學校刊》，第一一九期（一九三五），頁八四一。

62. 見俞碩霖，〈兩種中文打字機〉，老小孩社區，二〇一〇年二月八日，www.oldkids.cn/blog/blog_con.php?blogid=116181（二〇一三年五月十二日檢索）。

63. 〈抗日救國運動〉，《申報》一九三一年十一月八日，第十三至十四頁。

64. 〈俞斌祺向抗日會伸辨〉，《申報》一九三一年十一月九日，第十一頁。

65. 〈抗日會常務會議紀 第十七次〉，《申報》一九三一年十一月十二日，第十三頁。要了解更多關於那個時代愛國主義消費運動的過程，請見Jeffrey N. Wasserstrom, *Student Protests in Twentieth-Century China: The View from Shanghai* (Stanford: Stanford University Press, 1997), 176–178, 190–191; Karl Gerth, *China Made: Consumer Culture and the Creation of the Nation* (Cambridge, MA: Harvard Asia Center, 2003); **譯註：本書中譯本為黃振萍譯，《製造中國：消費文化與民族國家的創建》（北京：北京大學出版社，二〇〇七）。**以及 Mark W. Frazier, *The Making of the Chinese Industrial Workplace: State, Revolution, and Labor Management* (Cambridge: Cambridge University Press, 2006), 47.

66. 〈抗日聲中之中文打字機〉，《申報》一九三二年一月二十六日，第十二頁。

67. 〈打字機用鋼質活字發明〉，《申報》一九三二年九月三日，第十六頁；〈發明中文打字機鋼質活字〉，《申報》一九三二年九月十日，第十六頁；〈俞斌祺發明鋼質鑄字〉，《中國實業》第一卷第五期（一九三五），頁九三九。

68. 〈中文打字機抽款捐助東北難民〉，《申報》一九三二年十二月十八日，第十四頁。

69. 〈抽款捐助東北難民：購中文打字機一架可抽捐三十圓辦法〉，《申報》一九三二年十二月二十三日，第十二頁。

70. 〈俞氏中文打字機 提成充水災義賑〉，《申報》一九三五年十二月二十二日，第十二頁。

71. 〈新發明中文打字機覓資本家合作〉，《申報》一九三三年八月二十五日，第十四頁。這些工廠分別是：協大、精大、降昌、大明與盧桂記。海上國貨工廠在此之前已是俞氏打字機的製造商。海上國貨工廠此時以無法跟上生產要求和消費者需求為由，與上述工廠達成了共同製造的協議。〈中文打字機專利核准五大工廠積極製造〉，《申報》一九三四年三月十七日，第十三頁。

72. 〈俞氏中文打字機之大革新〉，《申報》一九三四年五月九日，第十二頁。

73. 〈宏業公司經理俞氏中文打字機暢銷〉，《申報》一九三四年十二月八日，第十四頁。

74. 〈新發明俞氏打字機蠟紙油印成功〉，《申報》一九三五年一月二十八日，第十二頁。

75. 〈俞氏中文打字機五倍於繕寫〉，《申報》一九三六年七月七日，第十五頁。

76. 〈俞斌祺等組織中國發明人協會〉，《圖書展望》第一卷第八期（一九三六年四月二十八日），頁八三；〈中國發明人協會昨日開籌備會〉，《申報》一九三七年二月一日，第二十頁。

77. 〈援綏乒乓贈紀念章〉，《申報》一九三七年一月九日，第十頁。

78. 中國第二歷史檔案館編，《中國舊海關史料(1859-1948)》，vol. 112 (1932)（北京：京華出版社，2001); 中國第二歷史檔案館編，《中國舊海關史料(1859-1948)》，vol. 114 (1933)（北京：京華出版社，2001）; 中國第二歷史檔案館編，《中國舊海關史料(1859-1948)》，vol. 118 (1935)（北京：京華出版社，2001）; 中國第二歷史檔案館編，《中國舊海關史料(1859-1948)》，vol. 122 (1936)（北京：京華出版社，2001）; 中國第二歷史檔案館編，《中國舊海關史料(1859-1948)》，vol. 126 (1937)（北京：京華出版社，2001）; 中國第二歷史檔案館編，《中國舊海關史料(1859-1948)》，vol. 130 (1938)（北京：京華出版社，2001）; 中國第二歷史檔案館編，《中國舊海關史料(1859-1948)》，vol. 134 (1939)（北京：京華出版社，2001）; 中國第二歷史檔案館編，《中國舊海關史料(1859-1948)》，vol. 138 (1940)（北京：京華出版社，2001）; 中國第二歷史檔案館編，《中國舊海關史料(1859-1948)》，vol. 142 (1941)（北京：京華出版社，2001）; 中國第二歷史檔案館編，《中國舊海關史料(1859-1948)》，vol. 144 (1942)（北京：京華出版社，2001）。

79. Daqing Yang, "Telecommunication and the Japanese Empire: A Preliminary Analysis of Telegraphic Traffic," *Historical Social Research* 35, no. 1 (2010): 66–89.

80. 同上，頁七〇至七一。

81. Parks Coble, *Chinese Capitalists in Japan's New Order: The Occupied Lower Yangzi, 1937–1945* (Berkeley: University of California Press, 2003).

82. 〈天津へ着いた〝愛国六女性〟〉，《朝日新聞》一九三八年二月四日，第十頁；〈天津の愛国六女性〉，《朝日新聞》一九三八年二月五日，第十頁；〈タイピストとして南洋へ〉，《朝日新聞》一九三九年八月二十四日，第六頁。

83. 〈蒙疆にキーを握る大場幸子さんを送る〉，《タイピスト》第十六巻第十期（一九四〇），頁一〇至一一。關於其他與打字機有關的愛國文字，見〈水兵さんのタイプライター見学〉，《タイピスト》第十六巻第七期（一九四〇年七月），頁一六。

84. 櫻田常久以小說《平賀源內》獲頒一九四〇年的芥川龍之介賞。

85. 櫻田常久，《従軍タイピスト》（東京：赤門書房，一九四一）。

86. 牧正，〈南支駐軍記〉，《タイピスト》第十七巻第一期（一九四一年二月），頁一六至二五。

87. 〈台湾のタイピスト熱 極めて盛況〉，《タイピスト》第十六巻第八期（一九四〇），頁一一。

88. 日本タイプライター株式會社支店，《タイピスト》第十七巻第十期（一九四一年十月），頁五四。

89. 〈日滿華蒙文各種打字機〉，《遠東貿易月報》第七期（一九四〇），封底頁。

90. 這場比賽於一九四一年五月十二日舉行。〈新京に於て挙行された第一回全満タイピスト競技大会〉，《タイピスト》第十六巻第十期（一九四〇），頁二至七。關於後來的競賽，見〈全滿鉄淨書競技大會の成績〉，《タイピスト》第十七巻第十期（一九四一年十月），頁六至一一；湯地利市，〈滿鉄のタイプ技に就て〉，《タイピスト》第十八巻第十期（一九四二年十月），頁二至三。

91. 《改良舒式華文打字機說明書》，（上海：商務印書館，一九三八），University of Pennsylvania Archives—W. Norman Brown Papers (UPT 50 B879), box 10, folder 5. 當時還曾有人努力使中文打字機電子化，但效果甚微。中文打字機直到一九八〇年代仍然是機械式的。見〈發明電力中文打字機〉，《首都電光月刊》第六一期（一九三六），頁九；與〈電氣中文打字機成功〉，《首都電光月刊》第七四期（一九三七年四月一日），頁一〇。

92. 二〇一〇年二月六日舒沖慧採訪陶敏之後，作者與舒沖慧的私人通信：陶敏之寫給作者的信，二〇一〇年二月十一日。

93. 〈全滬個人乒乓賽 歐陽維冠軍 小將楊漢宏得亞軍〉，《申報》一九四三年六月七日，第四頁；〈乒乓聯合會昨正式成立〉，《申報》一九四三年十二月六日，第二頁；〈慶祝日海軍節 今日運動大會 有田徑足籃排球等節目〉，《申報》一九四四年五月二十七日，第三頁。俞斌祺的家庭生活可能也每下愈況。俞斌祺的兒子俞碩霖在父母離婚後離家，與妻子前往蘇州成家。俞碩霖帶著兩台俞式打字機，希望能在新的城市開辦一所打字學校。至於俞斌祺的上海公司，則由陶敏之負責管理，她是一位曾在蘇州大中華打字機社有著豐富工作經驗的年輕女性。陶敏之一直管理北京路的商店直到一九四九年中國共產黨勝利之時。見俞碩霖，〈最後的俞式打字機〉，老小孩社區，二〇一〇年六月九日，http://www.oldkids.cn/blog/blog_con.php?blogid=130259（二〇一一年六月十三日檢索）；以及陶敏之寫給作者的信，二〇一〇年二月十一日。

94. Coble, *Chinese Capitalists in Japan's New Order: The Occupied Lower Yangzi*, 113. See also Poshek Fu, *Passivity, Resistance, and Collaboration: Intellectual Choices in Occupied Shanghai, 1937–1945* (Stanford: Stanford University Press, 1993). **譯註：本書中譯本為張霖譯，《灰色上海，1937-1945：中國文人的隱退、反抗與合作》（北京：生活・讀書・新知三聯書店，二〇一二）。**

95. Timothy Brook, *Collaboration: Japanese Agents and Local Elites in Wartime China* (Cambridge, MA: Harvard University Press, 2007); **譯註：本書中譯本為林添貴譯，《通敵：二戰中國的日本特務與地方菁英》（臺北：遠流出版公司，二〇一五）。** Margherita Zanasi, "Globalizing Hanjian: The Suzhou Trials and the Post–WWII Discourse on Collaboration," *American Historical Review* 113, no. 2 (June 2008): 731–751.

96. 趙章云，《趙章云打字機修理部》。見 Memo from Shanghai Municipal Council Secretary to "All Departments and Emergency Offices," signed by Takagi, entitled "Cleaning of Typewriters, Calculators, etc.—1943," SMA U1-4-3586 (April 2, 1943), 35. Receipt from C.Y. Chao for Cleaning Services Sent to Secretariat Office, SMA U1-4-3582 (October 12, 1943), 5.

97. 環球華文打字機製造廠的地址是圓明園路一六九號；張協記打字機公司的地址是七浦路一八七號；銘記打字機行的地址是江蘇路四一一A號; price quotations from typewriter companies to the General Office, First District of the Government of Shanghai, SMA R22-2-776 (December 21, 1943), 1–28.

98. "China Standard Typewriter Mfg. Co," SMA U1-4-3582 (August 7, 1943), 11–13.

99. Memo from Treasurer to Secretary General, entitled "Public Works Department—Chinese Typewriters," SMA U1-4-3582 (August 12, 1943), 9.

100. Memo from the Secretary's Office, Municipal Council to the Director entitled "Chinese Typewriters," SMA U1-4-3582 (July 13, 1943),

6. 事實上，即使在戰爭結束後，日文打字機的改裝工作仍在繼續，以供中文打字使用。根據提交給上海市警察局的一份估價單，位於北京路二七九號的俞氏中文打字機製造公司對一盒二千五百個鑄字和「改造日文打字機一架」的報價為三萬二千元。俞式打字機製造廠致上海市警察局書信, SMA Q131-7-1368 (December 13, 1945), 4.

101. 這所學校培養學生日後擔任學前教師的工作。見 http:// blog.sina.com.cn/s/blog_4945b4f80101rtfb.html

102. 〈關於創辦北平市私立廣德文打字補習學社的呈文及該社簡章等以及社會局的批文〉，BMA J002-003-00754 (May 1, 1938). 學員每天培訓兩小時，根據自己的作息時間和學校開放時間安排訓練。參加速成課程的學生將學習一個半月，每月學費十五元。普通班的學生則需學習兩個月，每月學費八元。

103. 〈北京市私立暨陽華文打字補習學校暫行停辦〉，BMA J002-003-00636 (January 1, 1939).

104. 〈關於創辦北平市私立廣德文打字補習學社的呈文及該社簡章等以及社會局的批文〉，BMA J002-003-00754 (May 1, 1938).

105. 見〈北京市私立東亞華文打字科職業補習學校常年經費預算表〉，《北京東亞華文打字職業學校關於創辦學校請立案的呈及市教育局的指令》，BMA J004-002-00559 (September 30, 1939).

106. 〈關於創辦北平市私立廣德文打字補習學社的呈文及該社簡章等以及社會局的批文〉，BMA J002-003-00754 (May 1, 1938).

107. 周雅儒在學校的同事，二十三歲的紹興人張孟鄰，也畢業於亞東日華文打字學校。張孟鄰在其他資料上被稱為張玉鄢。見〈北平市私立育才華文打字科職業補習學校職教員履歷表〉與〈北平市私立廣德補習學校學生名籍表〉，收錄於《北平市私立育才華文打字科職業補習學校職教員履歷表、學生名籍表》，BMA J004-002-00662 (July 31, 1939).

108. 相關材料中沒有提供該日語學校的名稱或地點。李友堂找來的這位同事有自己經營打字學校的經驗：位於天津的晨光打字學校。見〈北京市私立寶善、廣德華文打字補習學校〉，BMA J004-002-00579 (July 1, 1938).

109. 在私立亞東日華文打字補習學校裡，中文打字教學由盛練貞監督，她是一位三十八歲的婦女，奉天遼陽縣人，也是奉天日華打字學院的畢業生。見〈北京市私立亞東日華文打字補習學校關於第十六期普通速成各組學生成績表、課程預計及授課時數請鑒核給北京特別市教育局的呈以及教育局的指令〉，BMA J004-002-01022 (January 31, 1943).

110. Lori Watt, *When Empire Comes Home: Repatriates and Reintegration in Postwar Japan* (Cambridge, MA: Harvard University Asia Center, 2009). **譯註：本書中譯本為黃煜文譯，《當帝國回到家：戰後日本的遣返與重整》（新北：遠足文化，二〇一八）。**

111. 民生打字機製造廠編，《練習課本》（出版時地不詳，約一九四〇年代），封面。

112. 范繼舲，《范氏萬能式中文打字機實習範本》（漢口：范氏研究所，一九四九），扉頁。

113. 〈紅星打字機廠一九五二年基建計劃〉，TMA X77-1- 415 (1952), 13–17, 16. 另見〈天津市人民政府地方國營工業局紅星工廠〉、〈華文打字機字表改進報告〉，TMA J104-2-1639 (October 1953), 29–39.

114. 〈上海中文打字機製造廠聯營所產銷計劃〉，SMA S289-4-37 (December 1951), 65. 在第二次世界大戰、國共內戰和一九四九年的革命後，中國國內工業進一步面臨價格競爭和市場不穩定的挑戰。見中文打字機製造廠商聯發給上海文教用品同業公會的報告，〈為調整國產中文打字機售價問題〉, SMA B99-4- 124 (January 15, 1953), 52–90.

115. 中國國內的打字機製造和零售業分散成眾多公司，包括俞式打字機製造廠、精藝打字機製造廠、萬能打字機行、中國打字機製造廠和民生華文打字機製造廠等等。此外，在一九四九年至一九五一年間，至少還有五家新公司成立。其中包括一九四九年四月成立的新俞式打字機製造廠，該廠雇用五十五人，生產萬能式打字機；一九五〇年一月四日成立的自求工業廠，該廠雇用四十七人，同時生產中文打字機和金屬活字；文化華文打字機製造廠，成立於一九五〇年九月，共雇用四十二名工人，主要生產中文打字機；精藝打字機製造廠，成立於一九五一年十月一日，雇用十六人，生產中文打字機和辦公用品；以及萬靈科學機械廠，成立於一九五一年九月，雇用十二人，主要生產打字機。〈上海中文打字機製造廠聯營所組織章程草案〉，SMA S289-4-37 (December 1951).

116. 〈上海中文打字機製造廠聯營所組織章程草案〉，《上海中文打字機製造廠聯營所產銷計劃》，SMA S289-4-37 (December 1951);〈上海新開一家規模巨大的公私合營打字機店〉，新華社新聞稿二二九五（一九五六）。

117. 〈上海中文打字機製造廠聯營所組織章程草案〉，SMA S289-4-37 (December 1951).

118. 上海計算機打字機廠編，〈雙鴿牌ＤＨＹ型中文打字機鑒定報告〉，SMA B155-2-284 (April 24, 1964), 4; 上海計算機打字機廠編，〈雙鴿牌中文打字機改進試製技術總結〉，SMA B155-2-282 (March 22, 1964), 11–14; 上海計算機打字機廠編，《雙鴿牌中文打字機廠內鑒定報告》，SMA B155-2-282 (March 22, 1964), 9–10.

119. 上海計算機打字機廠編，〈雙鴿牌ＤＨＹ型中文打字機鑒定報告〉，SMA B155-2-284 (April 24, 1964), 4.

120. 同上。

121. 同上，頁一。

6 QWERTY鍵盤已死，QWERTY鍵盤萬歲！

1. Matthew Fuller, *Behind the Blip: Essays on the Culture of Software* (Sagebrush Education Resources, 2003).
2. 更重要的是，使用者可以通過各種方式設計出專屬自己的輸入方式，有效地增加了潛在輸入方案的數量。當我們考慮到在英語打字中，只有一種方法可以輸入T-Y-P-E-W-R-I-T-E-R短語時，那麼這個看似簡單的事實就變得更加耐人尋味。
3. "Front Views and Profiles: Miss Yin at the Console," *Chicago Daily Tribune* (October 10, 1945), 16.
4. 同上。
5. 做為比較：Olivetti MS25的尺寸約為十四點二英吋寬，十四點二英吋深。
6. "Chinese Project: The Lin Yutang Chinese Typewriter," Smithsonian, n.d., multiple dates encompassed (1950), 1.
7. Ann Blair, *Too Much to Know: Managing Scholarly Information before the Modern Age* (New Haven: Yale University Press, 2010); **譯註：本書中譯本為徐波譯，《工具書的誕生：近代以前的學術信息管理》（北京：商務印書館，2014）**。Mary Elizabeth Berry, *Japan in Print: Information and Nation in the Early Modern Period* (Berkeley: University of California Press, 2006).
8. 陳有勛，〈四角號碼檢字法與部首檢字法的比較實驗報告〉，《教育周刊》一七七期（一九三三），頁一四至二〇。
9. 黃漢樑（H.L. Huang）在一九一六年指出，「在中文的種種困難中，最大的問題之一可能是缺乏索引系統。大量的書籍如果不加以整理讓它們的內容和位置容易被找到，就幾乎無法發揮其價值。」John Wang (H.L. Huang), "Technical Education in China," *Chinese Students' Monthly* 11, no. 3 (January 1, 1916): 209–214.
10. 如果我們要在電影上重現這一幕，一個合適的技術可能是滑動／推軌**變焦**，攝影機從這個主體（中國）移開，但同時保持維持鏡頭聚焦於其面孔。這樣所產生的印象就是一個靜止的主體，其周圍空間會出現扭曲並形成縱深，從而傳達出一種突然意識到的疏離時刻。

11. J.J.L. Duyvendak, "Wong's System for Arranging Chinese Characters. The Revised Four-Corner Numeral System," *T'oung Pao* 28, no. 1/2 (1931): 71–74.
12. 蔡元培，〈介紹點直橫斜檢字法〉，《現代學生》（一九三一年四月一日），頁一至八。另見〈對於檢字法問題的辦法〉，《東方雜誌》第二十卷第二十三期（一九二三），頁九七至一〇〇。
13. 蔣一前，《中國檢字法沿革史略及七十七種新檢字法表》（出版地不詳：中國索引社，一九三三）。其中，基於筆畫的系統至少有二十六種。
14. 關於高夢旦的深入介紹，請參見Reed, *Gutenberg in Shanghai.*
15. 林語堂，〈漢字索引制說明〉，《新青年》第四卷第二十五期，頁一二八至一三五；林語堂，〈末筆檢字法〉，收錄於《語言學論叢》（臺北：文星書店股份有限公司，一九六七），頁二八四。
16. 林語堂，〈漢字索引制說明〉，頁一二八至一三五；林語堂，〈末筆檢字法〉，頁二八四。
17. 蔣一前，《中國檢字法沿革史》，頁一。
18. 針對進化論及其在現代中國思想中地位的精彩研究，見Andrew F. Jones, *Developmental Fairy Tales: Evolutionary Thinking and Modern Chinese Culture* (Cambridge, MA: Harvard University Press, 2011).
19. 蔣一前，《中國檢字法沿革史》，頁一。
20. Chen Lifu, *Storm Clouds Over China: The Memoirs of Ch'en Li-fu, 1900–1993*, ed. Sidney Chang and Ramon Myers (Stanford: Hoover Institute Press, 1994), 42.
21. 同上，頁七〇。
22. 同上，頁一九至二三、七一。
23. 陳立夫以玫瑰香皂為例來說明專門化產品的逐漸流行。
24. Chen Lifu, *Storm Clouds Over China*, 32.
25. 《五筆檢字法之原理效用》（上海：中華書局，一九二八）與《姓氏速檢字法》。在與友人離情依依的餞別並將機要科的職權移交給陳布雷（一八九〇—一九四八）之後，陳立夫投身改良和發展他的「五筆」檢字法。陳立夫發表了《五筆檢字法之原理效用》與《姓氏速檢字法》，運用這項方法編排了五百個中文姓氏。

26. 杜定友，〈民眾檢字心理論略〉，頁三四〇至三五〇，收錄於錢亞新、白國應編《杜定友圖書館學論文選集》（北京：書目文獻出版社，一九八八）。最初刊登於《教育與民眾》第六卷第九期（一九二五）。

27. 杜定友在這裡指的是編碼0033，在四角號碼系統中，指的是「戀」這個字。

28. 杜定友，〈民眾檢字心理論略〉，頁三四〇至三五〇。

29. 順帶一提，做為一位老練的企業家，杜定友聲稱他發明了這個頭銜的倒數第二個字：「圕」，用它來代表多音節的「圖書館」，這通常是用三個漢字來寫。

30. Lin Yutang, "Features of the Invention," Archives of John Day Co., Princeton University, box/folder 14416, call no. CO123 (c. October 14, 1931), 3.〈是是非非：漢文打字機〉，《南華文藝》第一卷第七、八期（一九三二），頁一〇三。

31. Lin Yutang, "Features of the Invention," 3.

32. 林語堂從中華教育文化基金會獲得一筆美金三千五百元的特別補助，用來支持他的打字機計畫。見 Edward Hunter, "Increasing Program of China Foundation," *China Weekly Review* (August 8, 1931), 379.

33. Lin Yutang, "Features of the Invention," 3.

34. 同上，頁五。

35. 同上。

36. Archives of the John Day Company, Princeton University, box 144, folder 6, no. C0123. 林語堂最初提出，他的機器內部將以哈蒙德打字機為基礎，這種打字機的特點是弧形的字體梭。林語堂建議在原先的機械字體梭中加入他的形旁、聲旁和整字，然後在紙面上將它們組合起來。他將這些部件排列在三十條字模棒上，每條有三十二欄，每欄有四個字模位置。「這根字模棒和字模欄可以顯示某個漢字所屬的組別。」如果是左右組合的漢字，進位架不會前移。他稱之為「機械設計」。同上，頁四至五。

37. 同上，頁二。的確，林語堂與瓊斯在這一特殊說法上的關係可能不僅僅是偶然的。當我們把林語堂一九三一年的信翻過來時，我們發現了五個非常模糊的字母：RMcKJ，羅伯特・麥基恩・瓊斯的簽名，出現在一張印有「雷明頓打字機公司」的郵票旁邊。這就是我們在第四章見過的雷明頓公司的「排字大師」，瓊斯在若干年前曾為自己失敗的中文打字機系統申請專利，該系統以中文注音符號為設計前提。

38. 同上，頁四。一九三七年和一九三八年冬天，林語堂寫給理查・華爾希（Richard J. Walsh）的三封信，進一步揭示了林語堂早期實驗中文打字的這段隱祕歷史之延續，以及他在明快打字機之前開發的機型。三封信中的第一封，日期為一九三七年十二月十六日，林語堂回憶道，洛克菲勒基金會的約翰・馬歇爾（John Marshall）曾表示，他相信實現這樣一個項目「需要一位具有強大發明頭腦的工程學教授」，並建議「或許麻省理工學院是合適的地方，再加上其他一些機構（國際商業機器公司，那兒有個能人發明了無線電電傳機）」。林語堂向塞爾斯卡・岡恩（Selskar Gunn）坦言，他「不知道建造第二台模型機需要花多少錢」，而且在完成他手頭的書稿（很可能是《京華煙雲》的書稿）之前，他無法回頭關注這個計畫。Letter from Lin Yutang to Richard Walsh and Pearl S. Buck dated December 16, 1937. Archives of John Day Co., box 144, folder 6, call no. C0123. 在約莫一年後，林語堂寫了兩封信給華爾希，再次提到打字機的問題。林語堂在尼科洛街五十九號的家中寫道，他概述了與岡恩和馬歇爾正在進行的對話，並計劃在第二天與他們會面，討論他所說的「我的方案」。第二封信，日期是一九三八年十二月二十一日，敘述了與岡恩談話的細節，信中提到了一個附件。可惜的是，這個附件沒有保存在檔案紀錄中：兩張林語堂稱之為「首個模型」的照片。「祕密就隱藏在這種鍵盤和這些語言學成果當中，你可以把所有這些材料展示給感興趣的對象。專利申請書是由紐約的一位律師，聖約翰大學的霍勒斯・曼（Horace Mann）的兄弟負責提交的，地點是上海，時間是一九三一年冬。」。Letter from Lin Yutang to Richard Walsh and Pearl S. Buck, December 13, 1938, sent from Paris. Letter from Lin Yutang to Richard Walsh and Pearl S. Buck, December 13, 1938, sent from Paris. Archives of John Day Co., Princeton University, box 144, folder 6, call no. C0123.

39. "Chinese Project: The Lin Yutang Chinese Typewriter," Mergenthaler Linotype Company Records, 1905–1993, Archives Center, National Museum of American History, Smithsonian Institution, box 3628, multiple dates in 1950 listed, 5.

40. 林太乙，《林語堂傳》，頁二三五。

41. 同上。

42. 同上。
43. 同上。
44. 其他報導還有：楊名時，〈林語堂式華文打字機的原理〉，《國文國際》第一卷第三期（一九四八），頁三。
45. 林太乙，《林語堂傳》，頁二三六。
46. 同上。
47. 也許唯一熟悉男性打字員理念的是麥根塔勒萊諾鑄排機公司的主管，因為萊諾鑄排機的操作一直以來都是男性專屬。然而，林語堂的明快打字機並不是萊諾鑄排機，而是文書型打字機，因此，這些主管無疑也會把明快打字機與他們辦公桌上的裝飾用機器等同視之，而不是像印刷廠內的萊諾鑄排機那般，以驚人的速度為全球報紙讀者進行排版。
48. 林太乙，《林語堂傳》，頁二三六至二三七。
49. 同上。
50. 我所閱讀過的任何資料中都沒有說明問題的確切原因。
51. 林太乙，《林語堂傳》，頁二三七至二三八。
52. Quoted in clipping from *Chinese Journal* (May 26, 1947), included in Archives of John Day Company, Princeton University, box 236, folder 14, number CO123.
53. "Lin Yutang Invents Chinese Typewriter: Will Do in an Hour What Now Takes a Day," *New York Herald Tribune* (August 22, 1947), 13.
54. 在這個令人歡欣鼓舞的消息之後，那位幫林語堂修理「明快」的義大利籍工程師開始聲稱這部打字機是他發明的，而不是林語堂。這位義大利工程師威脅要打官司，但《林語堂傳》沒有提到這個人的名字。正如林太乙所說，她和她的父親都目瞪口呆：這個一個漢字都不識的義大利人居然有這種異想天開的念頭！林語堂找了律師，但後來似乎無疾而終。在林太乙執筆的傳記以及筆者所寓目的其他資料中，都沒有進一步提到這位義大利籍工程師或他的主張。林太乙，《林語堂傳》，頁二三八。
55. "Chinese Put on Typewriter by Lin Yutang," *Los Angeles Times* (August 22, 1947), 2.
56. "Just How Smart Are We," *Daily News New York* (September 2, 1947), clipping included in Archives of John Day Company, Princeton

University, box 236, folder 14, number CO123; Harry Hansen, "How Can Lin Yutang Make His New Typewriter Sing?," *Chicago Daily Tribune* (August 24, 1947), C4; "Lin Yutang Invents Chinese Typewriter: Will Do in an Hour What Now Takes a Day," *New York Herald Tribune* (August 22, 1947), 13; "New Typewriter Will Aid Chinese: Invention of Dr. Lin Yutang Can Do a Secretary's Day's Work in an Hour," *New York Times* (August 22, 1947), 17.

57. Letter from Pearl S. Buck to Lin Yutang, May 4, 1947, Pearl S. Buck International Archive.
58. Martin W. Reed, "Lin Yutang Typewriter," Mergenthaler Linotype Company Records, 1905–1993, Archives Center, National Museum of American History, Smithsonian Institution.
59. 同上。
60. 同上。
61. 同上。
62. "Chinese Project: The Lin Yutang Chinese Typewriter," Mergenthaler Linotype Company Records, 1905–1993, Archives Center, National Museum of American History, Smithsonian Institution, box 3628, multiple dates in 1950 listed, 4.
63. 同上，頁四至五。
64. 同上，頁五。
65. "Psychological Warfare, EUSAK Compound, Seoul, Korea (1952)," National Archives and Records Group, ARC identifier 25967, local identifier 111-LC-31798.

7 打字之叛逆

1. Thomas S. Mullaney, *Coming to Terms with the Nation: Ethnic Classification in Modern China* (Berkeley: University of California Press, 2010).

2. 《哈爾濱市人民政府公安局政治保衛處》。特別感謝沈邁克（Michael Schoenhals）允許我查看部分檔案紀錄。
3. 如安東籬（Antonia Finnane）所揭示：北京市副食品商業局黨組。
4. 例如，一九五五年八月三十日題為〈請示國慶節抬像順序問題〉的打字報告，由中共河北省委機要處製作，收錄在丹尼爾・里斯（Daniel Leese）編纂的檔案集中。
5. 〈中共寶雞縣縣委關於農民思想情況的調查報告〉，一九五七年八月十七日。來自艾約博（Jacob Eyferth）的檔案收藏。
6. 如同魏本岩（Benno Wiener）的作品所提出的。
7. 宣傳畫〈任何勞動，都是完成五年計劃不可缺少的勞動，都是光榮的勞動！〉，周道悟繪，一九五六年三月，PC-1956-013，私人收藏，中國宣傳海報藝術網（chineseposters.net.）。
8. 《毛主席詩詞》，一九六八。自稱是紅衛兵的人員打印本，在國際工人節前後發行，作者個人收藏；《毛主席思想萬歲：一九五七年—一九五八年文集》（約一九五八年），雲南大學毛澤東思想炮兵團外語分團宣傳組成員的打印本，作者個人收藏。
9. Liansu Meng, “The Inferno Tango: Gender Politics and Modern Chinese Poetry, 1917–1980,” PhD dissertation, University of Michigan, 2010, 1, 233–234.
10. 〈打字新記錄〉，《人民日報》一九五六年十一月二十三日，頁二。
11. 同上。
12. Ingrid Richardson, “Mobile Technosoma: Some Phenomenological Reflections on Itinerant Media Devices,” *fiberculture* 6 (December 10, 2005); Ingrid Richardson, “Faces, Interfaces, Screens: Relational Ontologies of Framing, Attention and Distraction,” *Transformations* 18 (2010).
13. Pierre Bourdieu, *The Logic of Practice* (Stanford: Stanford University Press, 1992), 57.
14. 〈開封排字工人張繼英努力改進排字法創每小時三千餘字新紀錄〉，《人民日報》一九五一年十二月十六日。原載於《河南日報》報導文章。
15. 張繼英最初在鄭州新華印刷廠工作。

16. 張繼英，〈我的工作效率是怎樣提高的〉，收錄中南人民出版社編，《張繼英揀字法》（漢口：中南人民出版社，一九五二），頁二〇。

17. 李中原、劉兆蘭，〈開封排字工人張繼英的先進工作法〉，《人民日報》一九五二年三月十日，第二至四頁。

18. 感謝卡姆蘭・納依姆（Kamran Naim）提醒我注意這個詞的詞源。

19. Franz Schurmann, *Ideology and Organization in Communist China* (Berkeley: University of California Press, 1966), 59–68; Alan P.L. Liu, *Communications and National Integration in Communist China* (Berkeley: University of California Press, 1971), 139.

20. 李中原、劉兆蘭，〈開封排字工人張繼英的先進工作法〉，第二至四頁。

21. 張繼英，〈我的工作效率是怎樣提高的〉。

22. Sigrid Schmalzer, *The People's Peking Man: Popular Science and Human Identity in Twentieth-Century China* (Chicago: University of Chicago Press, 2008), 126–128.

23. 張繼英，〈我的工作效率是怎樣提高的〉，頁二一。

24. 〈各地來京參加「五一節」觀禮的勞動模範〉，《人民日報》一九五二年五月七日，第三頁；張繼英，〈我的工作效率是怎樣提高的〉，頁二一。

25. 何繼曾，《排字淺說》（上海：商務印書館，一九五九），頁四一。

26. 儘管井岡山印刷廠取得了一定成績，但最受民眾歡迎的張繼英仍然是最高紀錄保持者。根據報導，在大躍進時期，張繼英打破了一九五二年每小時排三千八百二十個字的紀錄，達到了每小時四千八百九十個、五千五百三十八個，然後是六千二百五十二個字。見王世庚，〈張繼英再創揀字新紀錄〉，《河南日報》一九五九年三月三十日，第一頁。

27. 中國人民大學新聞學研究所編，《報紙的排字和排版》（上海：商務印書館，一九五八）。

28. 當這四個字組合在一起時，就構成了「解決問題」這個短語。

29. 這些字組合在一起，就形成了「建設祖國」和「提高產量」的短語。

30. 當這些字透過共同的「社」字組合在一起時，就形成了「人民公社」和「社會主義」兩個短語。

31. 中國人民大學新聞學研究所編，《報紙的排字和排版》，頁二九。「頂針續線」通常被稱為「頂針續麻」，是一種中文文字遊戲，在這種遊戲中，一群玩家必須提出四個字的成語，每個人都要用前一個玩家所說成語的最後一個字，來說出以此開頭的下一個成語。這是一種至少可以追溯到《詩經》時代的遊戲，在宋元時期很流行。頂針連接法中與中世紀普羅旺斯吟遊詩人的「首尾疊韻」（coblas capfinidas）的技巧有某些共同之處，即在一首詩結尾出現的相同字符，在下一首詩的開頭重覆。這個遊戲很可能是從口頭詩歌傳統中演變出來的，是一種記憶輔助形式。Nicholas Morrow Williams, "A Conversation in Poems: Xie Lingyun, Xie Huilian, and Jiang Yan," *Journal of the American Oriental Society* 127, no. 4 (2007): 491–506.

32. Journalism Research Institute of the People's University of China, ed., *Typeset- ting for Newspapers*, 29.

33. 同上，頁三〇。

34. 《華文打字機文字排列表，附華文打字講義》（出版時地不詳：一九二八年前，約一九一七年）。

35. 「南」的排列也屬於同一套組織系統。這個字的正上方是「湖」，構成「湖南」。南字的左邊是「雲」，構成「雲南」。南的正下方是「河」，組成「河南」。也許最精心設計相互聯繫和定位的字是「西」：與這個字相鄰的是「藏」、「陝」、「廣」和「山」，構成了西藏、陝西、廣西和山西。

36. 陳光垚，《簡字論集》，（上海：商務印書館，一九三一），頁九一至九二。

37. 沈蘊芬，〈我熱愛黨分配給我的工作〉，《人民日報》一九五三年十一月三十日，第三頁。

38. 〈「新打字操作法」介紹〉，《人民日報》一九五三年十一月三十日，第三頁。

39. 同上。

40. 全國青年社會主義建設積極分子大會。胡耀邦在紀念五四運動三十五週年的講話中提到了沈蘊芬的名字——這段講話後來被重印在一九五四年五月四日的《人民日報》上。見胡耀邦，〈立志作社會主義的積極建設者和保衛者〉，《人民日報》一九五四年五月四日，第二頁。以下的資料也都提到了沈蘊芬：程養之編，《中文打字練習課本》（上海：商務印書館，一九五六）；鄧智秀，〈北京勞模沈蘊芬的事跡〉，北京：電力勞模網，二〇〇六年三月六日，www.sjlmw.com/html/beijing/20060306/2193.html（二〇一〇年一月二十三日檢索）。

41. Fa-ti Fan, "Redrawing the Map: Science in Twentieth-Century China," *Isis* 98 (2007): 524–538; Schmalzer, *The People's Peking Man*,

8; Joel Andreas, *Rise of the Red Engineers: The Cultural Revolution and the Origins of China's New Class* (Stanford: Stanford University Press, 2009). **譯註：本書中譯本為何大明譯，《紅色工程師的崛起：清華大學與中國技術官僚階級的起源》（香港：香港中文大學出版社，二〇一七）。**

42. Fan, "Redrawing the Map"; Schmalzer, *The People's Peking Man*.
43. Schmalzer, *The People's Peking Man*, 126.
44. Franz Schurmann, *Ideology and Organization in Communist China* (Berkeley: University of California Press, 1966), 59; Michael Schoenhals, *Doing Things with Words in Chinese Politics* (Berkeley: Institute of East Asian Studies, University of California, 1992).
45. Schurmann, *Ideology and Organization in Communist China*, 58.
46. 程養之編，《萬能式打字機適用中文打字手冊》，（上海：商務印書館，一九五六），頁一至二。
47. 同上。
48. 同上，頁二。
49. 天津市人民政府地方國營工業局紅星工廠，〈華文打字機字表改進報告〉，TMA J104-2-1639 (October 1953), 10.
50. 天津市人民政府地方國營工業局紅星工廠，〈華文打字機字表改進報告〉，頁二一。這裡所舉的例子是：如果「手」部首當中的兩個字在實際使用中傾向於一起出現，例如「打」、「拳」，它們在一起會形成二字詞「打拳」，意思是「戰鬥」或「拳擊」，那麼字盤設計師就應該讓它們彼此相鄰，即使這樣會破壞原先「手」部首中以筆畫數來編排其他字的原則。
51. 《萬能式中文打字機基本字盤表》，收錄於程養之編，《萬能式打字機適用中文打字手冊》的附錄。
52. 天津市人民政府地方國營工業局紅星工廠，〈華文打字機字表改進報告〉，頁一〇至一一。
53. 一九五六年「革新」中文打字機字盤。
54. Ronald Kline and Trevor Pinch, "Users as Agents of Technological Change: The Social Construction of the Automobile in the Rural United States," *Technology and Culture* 37 (1996): 763–795.
55. 此一舉措很可能也提供了一定程度的工作保障。雖然國家當局和製造商急於促進標準化，以及隨之而來的**可替換性**，但在將字盤重新編排成深具個人特色的配置後，操作人員就不容易被替換了。

56. 王桂華、林根生編，《中文打字技術》，（南京：江蘇人民出版社，一九六〇）。

57. 同上，頁一一。

58. 值得強調的是，大約在一九六〇年，預測性文本字盤的發展顯然已經達到了相當的通用性和複雜性，因此王桂華和林根生能夠展演的技巧不只一種，而是有五種技巧。

59. Wang Guihua and Lin Gensheng, *Chinese Typing Technology*, 8.

60. 在聯合國（日內瓦）被使用過的雙鴿牌中文打字機，一九七二年由上海計算器打字機廠製造；在聯合國教科文組織（巴黎）被使用過的雙鴿牌中文打字機，一九七一年由上海計算器打字機廠生產。兩者現藏於瑞士洛桑打字機博物館。

61. 關於「修補」，見Adele E. Clarke and Joan Fujimura, "What Tools? Which Jobs? Why Right?" in *The Right Tools for the Job: At Work in Twentieth Century Life Sciences*, ed. Adele E. Clarke and Joan Fujimira (Princeton: Princeton University Press, 1992), 7. 關於「重新配置」，見Lucy Suchman, *Human-Machine Reconfigurations: Plans and Situated Actions* (Cambridge: Cambridge University Press, 2006).

62. 一九四九年後的中文打字員將他們的白話分類法實驗推向了極致，甚至將標點符號和數字重新排列成具預測性的群組。就標點符號而言，聯合國教科文組織和聯合國的打字員都沒有像二十世紀上半葉的中文打字機字盤那樣，將逗號、句號、問號、分號等歸為一組，而是將它們放在那些經常或總是伴隨著出現的漢字旁邊。問號（？）的例子最能說明問題。由於中文是透過使用一組有限的助詞來表達疑問句，而這些助詞通常會加上一個問號，因此聯合國教科文組織的打字員決定將這些助詞和問號放在一起。具體來說，機器上的問號兩側是「嗎」，這是最常見的問句助詞，用於將語句轉化為問題而不改變詞序；「吧」用於話語的結尾，表示「怎麼樣？」的意思；以及「呢」，用於句子的結尾，表示反問、建議以及其他特定的語境意涵。此外，與前面「毛澤東」的例子一樣，聯合國教科文組織和聯合國打字機之間的差異也同樣揭示了這一點。即使這些打字員有著共同的分類本能，但這些本能運用在各種字盤上時，會出現相當明顯不同的配置。
Song Mei Lee-Wong, "Coherence, Focus and Structure: The Role of Discourse Particle *ne*," *Pragmatics* 11, no. 2 (2001): 139–153.
Geoffrey Bowker and Susan Leigh Star, *Sorting Things Out: Classification and Its Consequences* (Cambridge, MA: MIT Press, 1999).

63. 請注意，熱點圖是一種可視化數據，其中的數值會以一個矩陣圖中的顏色值來表示。

64. Geoffrey C. Bowker, *Memory Practices in the Sciences* (Cambridge, MA: MIT Press, 2005).

65. 《中文打字機字盤字綜合排列參考表》，收錄於朱世榮編，《中文打字員手冊》（重慶：重慶出版社，一九八八）的附錄。

66. 自然語言字盤在當時非常流行，事實上這種方法甚至流傳到了劍橋大學的辦公室。二〇一三年七月我訪問劍橋大學圖書館，當時劍橋大學中文系主任艾超世（Charles Alexander Aylmer）親切地向我展示了他自己幾十年前設計的自然語言中文打字機字盤。

結論 走向中文電腦運算歷史和輸入時代

1. Brian Rotman, *Becoming Beside Ourselves: The Alphabet, Ghosts, and Distributed Human Being* (Durham: Duke University Press, 2008).

2. Eric Singer, "Sonic Banana: A Novel Bend-Sensor-Based MIDI Controller," *Proceedings of the 2003 Conference on New Interfaces for Musical Expression,* Montreal, Canada, 2003.

3. 值得注意的是，當這些按鍵通過光纖電纜來回傳送時，從理論上講，它們很容易受到我們在最近的爆料之後越來越清楚認識到的那種監視——沒有什麼像愛德華・斯諾登（Edward Snowden）的洩密那樣激動人心與令人不安。然而，儘管公眾越發警惕對私人通信的監控，但我們卻集體忽視了技術的轉變已經使潛在更具侵略性的新監視形式成為可能：監視一個人使用微軟 Word 或 TextEdit 軟體的能力，也許和他發送短信或電子郵件一樣容易。參見Thomas S. Mullaney, "How to Spy on 600 Million People: The Hidden Vulnerabilities in Chinese Information Technology," *Foreign Affairs* (June 5, 2016), https://www.foreignaffairs.com/articles/china/ 2016-06-05/how-spy-600-million-people

4. David Bonavia, "Coming to Grips with a Chinese Typewriter," *Times* (London) (May 8, 1973), 8.

5. Philip Howard, "When Chinese Is a String of Two-Letter Words," *Times* (London) (January 16, 1978), 12.

6. 這台打字機的描述是這樣的：「一個特別的展覽，慶祝博物館藏品中的古怪和怪異。一個發條驅鳥器、一盒灰塵、一台中文打字機和一個破舊的手提箱，這些都是充滿故事的東西。」"Eccentricity: Unexpected Objects and Irregular Behavior," special exhibition, Museum of the History of Science, Oxford, England, 2011.

7. 王碩霖曾在烏普薩拉使用的雙鴿牌中文打字機，一九七〇年左右製造，現藏於斯德哥爾摩的國家科技博物館，編目為 TM44032 Klass 1417.

8. The original reads: "Hieroglyfer är bildtecken, picktogram ... Dagens trafikskyltar är en sorts piktogram. Även kinesisk skrift är piktografisk och har tiotusentals tecken ... Till skillnad från den piktografiska skriften har de alfabetiska ganska få tecken, 'bokstäver.' Det gor att det är mycket lättare att utveckla tryckteknik om man använ- der alfabetisk skrift." Visit by author, summer 2010.

9. *The Simpsons,* season 13, episode 1304, "A Hunka Hunka Burns in Love," December 2, 2001.

10. 一九九五年諾拉（Nora）（田納西州諾克斯維爾）和塞西爾（Cecil）在 straightdope.com 上的交流。

七、其他語言資料

Marakueff, Aleksandr Vladimirovitch. *Chinese Typewriter* (*Kitaisckaya pishutcaya mashina*). *Memoirs of the Far Eastern State University* (Vladivostok) 1 (1932).

1857.
Viguier, Septime Auguste. *Memoir on the Establishment of Telegraph Lines in China* (*Mémoire sur l'établissement de lignes télégraphiques en Chine*). Shanghai: Imprimerie Carvalho & Cie., 1875.

六、義大利文資料

"Diagramma per Tastiera M. 80: Hindi (Diagram for Keyboard M. 80: Hindi)." August 19, 1954. Simbolo 205-B (46 Tasti). Fase 220. Olivetti Historical Archives.
"Diagramma per Tastiera M. 80: Inglese per Shanghai (Diagram for Keyboard M. 80: English for Shanghai)." July 12, 1950. Simbolo -B. DCUS. Fase 220. Olivetti Historical Archives.
"Diagramma per Tastiera M. 80: Italia (Diagram for Keyboard M. 80: Italy)." Decem- ber 17, 1953. Simbolo 1-B. DCUS. Fase 220. Olivetti Historical Archives.
"Diagramma per Tastiera M. 80: Londra (Diagram for Keyboard M. 80: London)." October 13, 1948. Simbolo 118-B. DCUS. Fase 220. Olivetti Historical Archives.
"In India con l'Olivetti (In India with Olivetti)." *Giornale di fabbrica* 4–5 (August-September 1949): 8.
"La lexicon oltre il Circolo Polare." *Rivista Olivetti* 5 (November 1950): 16–17.
"Le macchine arabe scrivono a ritroso: A Beirut l'Olivetti vince in arabo e in fran- cese." *Rivista Olivetti* 5 (November 1950): 52–53.
"Le macchine Olivetti scrivono in tutte le lingue." *Notizie Olivetti* 55 (March 1958): 1–4.
"Notizie dall'estero (News from abroad)." *Notizie Olivetti* 36 (April 1956): 13–15. "Notizie dall'estero (News from abroad)." *Notizie Olivetti* 38 (June 1956): 14–16.
"La Olivetti nei mercati del Medio Oriente: Incontro con gli Arabi." *Notizie Olivetti*
11 (November 1953): 8–9.
"La Olivetti nel mondo." *Notizie Olivetti* 21 (November 1954): 3. "Radio Olivetti." *Rivista Olivetti* 4 (April 1950): 78–101.
"Un po' d'Europa nel cuore dell'Africa: il Congo (A Little Bit of Europe in the Heart of Africa: the Congo)." *Notizie Olivetti* 32 (December 1955): 6–8.

Escayrac de Lauture, Comte d'. *Grammaire du télégraphe: Histoire et lois du langage, hypothèse d'une langue analytique et méthodique, grammaire analytique universelle des signaux*. Paris: J. Best, 1862.

Imprimerie Nationale. *Catalogue des caractères chinois de l'Imprimerie Nationale, fondus sur le corps de 24 points*. Paris: Imprimerie Nationale, 1851.

Legrand, Marcellin. *Spécimen de caractères chinois gravés sur acier et fondus en types mobiles par Marcellin Legrand.* Paris: n.p., 1859.

Legrand, Marcellin. *Tableau des 214 clefs et de leurs variantes*. Paris: Plon frères, 1845.

"La Olivetti au Viet-Nam, au Cambodge et au Laos." *Rivista Olivetti* 5 (November 1950): 70–72.

Pauthier, Jean-Pierre Guillaume. *Chine ou Description historique, géographique et littéraire de ce vaste empire, d'après des documents chinois. Première partie.* Paris: Firmin Didot Frères, Fils, et Cie., 1838.

Pauthier, Jean-Pierre Guillaume. *Foe Koue Ki ou Relation des royaumes bouddhiques*. Paris: Imprimerie Royale, 1836.

Pauthier, Jean-Pierre Guillaume. *Sinico-Aegyptiaca. Essai sur l'origine et la formation des écritures chinoise et égyptienne*. Paris: F. Didot Frères, 1842.

Pauthier, Jean-Pierre Guillaume. *Le Ta-Hio ou la Grande Étude, ouvrage de Confucius et de ses disciples, en chinois, en latin et en français, avec le commentaire de Tchou-hi*. Paris: n.p., 1837.

Pauthier, Jean-Pierre Guillaume. *Le Tào-te-Kîng, ou le Livre de la Raison Suprême et de la Vertu, par Lao-Tseu, en chinois, en latin et en français, avec le commentaire de Sie-Hoèi, etc.* Paris: F. Didot Frères, Libraires, 1838.

Pauthier, Jean-Pierre Guillaume. *Ta thsîn Kîng-Kiao; l'Inscription Syro-chinoise de Singan-fou, monument nestorien élevé en Chine l'an 781 de notre ère et découvert en 1625. En chinois, en latin et en français, avec la prononciation figurée, etc.* Paris: Librairie de Firmin Didot Frères, Fils, et Cie, 1858.

Pelliot, Paul. *Les débuts de l'imprimerie en Chine.* Paris: Librairie d'Amérique et d'Orient Adrien-Maisonneuve, 1953.

"Règle 69, 'Cérémonies d'ouverture et de clôture,'" *Charte Olympique* (1991), n.p.

Rosny, L. Léon de. *Table des principales phonétiques chinoises.* Paris: Maisonneuve et Cie,

Convention télégraphique internationale de Paris, révisée à Vienne (1868) et Règlement de service international (1868)—Extraits de la publication: Documents de la conférence télé- graphique internationale de Vienne. Vienna: Imprimerie Impériale et Royale de la Cour et de l'Etat, 1868.

Convention télégraphique internationale de Saint-Pétersbourg et Règlement et tarifs y annexés (1875). Extraits de la publication—Documents de la Conférence télégraphique internationale de St-Pétersbourg: Publiés par le Bureau International des Administrations Télégraphiques. Bern: Imprimerie Rieder & Simmen, 1876.

Convention télégraphique internationale et règlement et tarifs y annexés révision de Londres (1903). London: The Electrician Printing and Publishing Co., 1903.

Convention télégraphique internationale et règlement y annexé—Révision de Paris (1925). Bern: Bureau International de l'Union Télégraphique, 1926.

Dictionnaire télégraphique officiel chinois en français (*Fawen yi Huayu dianma zihui*) [法文譯華語電碼字彙]. Shanghai: Dianhouzhai [點後齋], n.d. Rigsarkivet [Danish National Archives]. Copenhagen, Denmark.10619 GN Store Nord A/S. 1870–1969 Kode- og telegrafbøger. Kodebøger 1924–1969.

Documents de la conférence télégraphique internationale de Berlin: Bureau International des Administrations Télégraphiques. Bern: Imprimerie Rieder & Simmen, 1886.

Documents de la conférence télégraphique internationale de Lisbonne. Bern: Bureau Inter- national de l'Union Télégraphique, 1909.

Documents de la conférence télégraphique internationale de Madrid (1932). Vol. 1. Bern: Bureau International de l'Union Télégraphique, 1933.

Documents de la conférence télégraphique internationale de Paris. Bern: Imprimerie Rieder & Simmen, 1891.

Documents de la conférence télégraphique internationale de Paris (1925). Vol. 1. Bern: Bureau International de l'Union Télégraphique, 1925.

Documents de la conférence télégraphique internationale de Paris (1925). Vol. 2. Bern: Bureau International de l'Union Télégraphique, 1925.

Drège, Jean-Pierre. *La Commercial Press de Shanghai, 1897–1949.* Paris: Publications Orientalistes de France, 1979.

日本語タイピイングー卒業生の写真，《タイピスト》第17卷第3期（1941年3月），第31頁。
日本語タイピイングー卒業生の写真，《タイピスト》第17卷第10期（1941年10月），第27頁。
〈常用漢字遍覽推薦の言葉〉《タイピスト》第16卷第5期（1940年5月），第4頁。
〈水兵さんのタイプライター見学〉，《タイピスト》第16卷第7期（1940年7月），第16頁。
〈天津へ着いた" 愛国六女性"〉，《朝日新聞》1938年2月4日，第10頁。
〈上海支部春季大会〉，《タイピスト》第16卷第7期（1940年7月），第21頁。
〈電信字号〉，"Extension Selskabet—Japansk Telegrafnøgle," 1871. Arkiv nr. 10.619. In "Love og vedtægter med anordninger," GN Store Nord A/S SN China and Japan Extension Telegraf. Rigsarkivet [Danish National Archives], Copenhagen, Denmark.
渡部久子，《邦文タイプライター讀本》（東京：崇文堂，1929）。
湯地利市，〈満鉄のタイプ技に就て〉，《タイピスト》第18卷第10期（1942年10月），第2-3頁。

五、法文資料

Bembanaste, V. "Turquie d'hier ..." *Rivista Olivetti* 2 (July 1948): 56–58. "A Beyrouth la Olivetti." *Rivista Olivetti* 5 (November 1950): 54.
"Cérémonie d'ouverture des jeux olympiques" in "Règlements et Protocole de la Célébration des Olympiades Modernes et des Jeux Olympiques Quadriennaux" (1921), 10.
Châh Nameh, sous le titre: Le livre des rois par Aboul'kasim Firdousi, publié, traduit et commenté par M. Jules Mohl. 7 vols. Paris: Jean Maisonneuve, 1838–1878; "Le Clavier Arabe." *Rivista Olivetti* 2 (July 1948): 26–28.
Christian, Arthur. *Débuts de l'Imprimerie en France.* Paris: G. Roustan and H. Champion, 1905.
Convention télégraphique internationale de Berlin (1885): Publiée par le Bureau International des Administrations Télégraphiques. Bern: Imprimerie Rieder & Simmen, 1886.

四、日文資料

櫻田常久，《従軍タイピスト》（東京：赤門書房，1941）。

〈タイピストとして雄雄しく大陸へ〉，《タイピスト》第17巻第5期（1941年5月）。

〈タイピストとして南洋へ〉，《朝日新聞》1939年8月24日，第6頁。

《東京大阪両市に於ける職業婦人調査》（東京：出版社不明，1927）。

《タイピスト》第17巻第10期（1941年10月）。

黒澤澄子，〈南京の雪の夜〉，《タイピスト》第16巻第4期（1940年5月），第20-21頁。

牧正，〈南支駐軍記〉，《タイピスト》第17巻第1期（1941年2月），第16-25頁。

滿州能力研究會，《邦文タイプライターの能率》，1936年。

〈全満鉄淨書競技大會の成績〉，《タイピスト》第17巻第10期（1941年10月），第6-11頁。

森田虎雄，《邦文タイプライター教科書》（東京：東京女子外国語学校，1934）。

〈最新発明漢文タイプライター〉，《新青年》（1927年6月）。

日本タイプライター株式会社編輯部編，《邦文タイプライター用文字の索引》（東京：日本タイプライター，1917）。

〈日本タイプライター株式会社〉，《タイピスト》第17巻第10期（1941年10月），第54頁。

西田正秋，〈今日の日本的女性美〉，《タイピスト》第17巻第7期（1941年7月），第2-5頁。

小見博信，〈日本文化と邦文タイプライターの使命〉，《タイピスト》第17巻第11期（1941年11月）

《東洋タイプライター文字便覽：弐号機用》（東京：東洋タイプライター，1923）

日本語タイピイングー卒業生の写真，《タイピスト》第17巻第1期（1941年2月），第27頁。

Seamans & Benedict (Remington Typewriter Co.), 1897.

Yamada, Hisao. "A Historical Study of Typewriters and Typing Methods; from the Position of Planning Japanese Parallels." *Journal of Information Processing* 2, no. 4 (February 1980): 175–202.

Yamada, Hisao, and Jiro Tanaka. "A Human Factors Study of Input Keyboard for Japanese Text." *Proceedings of the International Computer Symposium* [Taipei] (1977), 47–64.

Yanagiwara, Sukeshige. "Type-writing Machine." United States Patent no. 1206072. Filed February 1, 1915; patented November 28, 1916.

Yang, Daqing. *Technology of Empire: Telecommunications and Japanese Expansion in Asia, 1883–1945*. Cambridge, MA: Harvard University Asia Center, 2011.

Yang, Daqing. "Telecommunication and the Japanese Empire: A Preliminary Analy- sis of Telegraphic Traffic." *Historical Social Research* 35, no. 1 (2010): 66–89.

Ye, Weili. *Seeking Modernity in China's Name: Chinese Students in the United States, 1900–1927*. Stanford: Stanford University Press, 2001.

Yee, James. Email communication, July 6, 2009.

Yen, Tisheng. "Typewriter for Writing the Chinese Language." United States Patent no. 2471807. Filed August 2, 1945; patented May 31, 1949.

Yu, Pauline, Peter Bol, Stephen Owen, and Willard Peterson, eds. *Ways with Words: Writing about Reading Texts from Early China*. Berkeley: University of California Press, 2000.

Zacharias, Yvonne. "Longest Olympic Torch Relay Ends in Vancouver." *Vancouver Sun* (February 12, 2010).

Zhang Longxi. *The Dao and the Logos*. Durham: Duke University Press, 1992.

Zheng, Xiaowei. "The Making of Modern Chinese Politics: Political Culture, Protest Repertoires, and Nationalism in the Sichuan Railway Protection Movement in China." PhD diss. University of California, San Diego, 2009.

Zhou Houkun [Chow, Houkun]. "The Problem of a Typewriter for the Chinese Language." *Chinese Students' Monthly* (April 1, 1915), 435–443.

Zhu Jiahua [Chu Chia-hua]. *China's Postal and Other Communications Services*. Shanghai: China United Press, 1937.

Watt, Lori. *When Empire Comes Home: Repatriates and Reintegration in Postwar Japan*. Cambridge, MA: Harvard University Asia Center, 2009.

Wershler-Henry, Darren. *The Iron Whim: A Fragmented History of Typewriting*. Ithaca: Cornell University Press, 2007.

Weston, Timothy B. "Minding the Newspaper Business: The Theory and Practice of Journalism in 1920s China." *Twentieth-Century China* 31, no. 2 (April 2006): 4–31.

Wilkinson, Endymion. *Chinese History: A New Manual*. Cambridge, MA: Harvard University Asia Center, 2012.

"William P. Fenn, 90, Protestant Missionary." *New York Times* (April 25, 1993), A52.

Williams, R. John. "The Technê-Whim: Lin Yutang and the Invention of the Chi- nese Typewriter. " *American Literature* 82, no. 2 (2010): 389–419.

Williams, Samuel Wells. "Draft of General Article on the Chinese Language." Samuel Wells Williams Family Papers, box 13, folder 38. Yale University Library, n.d.

Williams, Samuel Wells. *The Middle Kingdom: A Survey of the Chinese Empire and Its Inhabitants*. New York: Wiley & Putnam, 1848.

Williams, Samuel Wells. "Movable Types for Printing Chinese." *Chinese Recorder and Missionary Journal* 6 (1875): 22–30.

Williams, Samuel Wells, family papers. Yale University Library Manuscripts and Archives. MS 547 Location LSF, series II, box 13.

"Will Typewrite Chinese." *Atchison Daily Globe* (June 1, 1897), 3.

Wilson, Mary Badger. "Fleet-Fingered Typist." *New York Times* (December 2, 1923), SM2.

World War I Draft Registration Card. United States, Selective Service System. World War I Selective Service System Draft Registration Cards, 1917–1918. National Archives and Records Administration, Washington, DC, M1509.

World War II Draft Registration Card. United States, Selective Service System. Selec- tive Service Registration Cards, World War II: Fourth Registration. National Archives and Records Administration Branch locations: National Archives and Records Administration Region Branches.

Wu, K.T. "The Development of Typography in China During the Nineteenth Cen- tury." *Library Quarterly* 22, no. 3 (July 1952): 288–301.

Wyckoff, Seamans & Benedict. *The Remington Standard Typewriter*. Boston: Wyckoff,

Unger, J. Marshall. "The Very Idea: The Notion of Ideogram in China and Japan." *Monumenta Nipponica* 45, no 4 (Winter 1990): 391–411.

University of Illinois Urbana-Champaign, ed. *University of Illinois Directory: Listing the 35,000 Persons Who Have Ever Been Connected with the Urbana-Champaign Depart- ments, Including Officers of Instruction and Administration and 1397 Deceased*. Urbana- Champaign, 1916.

Vella, Walter Francis. *Chaiyo! King Vajiravudh and the Development of Thai Nationalism*. Honolulu: University Press of Hawai'i, 1978.

Wager, Franz X. "Type-Writing Machine." United States Patent no. 829494. Filed November 9, 1905; patented August 28, 1906.

Wagner, Rudolph G. "The Early Chinese Newspapers and the Chinese Public Sphere." *European Journal of East Asian Studies* 1, no. 1 (2001): 1–33.

Wang, Chih-ming. "Writing Across the Pacific: Chinese Student Writing, Reflexive Poetics, and Transpacific Modernity." *Amerasia Journal* 38, no. 2 (2012): 136–154.

Wang, Chin-chun [王景春]. "The New Phonetic System of Writing Chinese Charac- ters." *Chinese Social and Political Science Review* 13 (1929): 144–160.

Wang Hui. "Discursive Community and the Genealogy of Scientific Categories." In *Everyday Modernity in China*, edited by Madeleine Yue Dong and Joshua L. Goldstein. Seattle: University of Washington Press, 2006, 80–120.

Wang, John [H. L. Huang]. "Technical Education in China." *Chinese Students' Monthly* 11, no. 3 (January 1, 1916): 209–214.

Wang Kuoyee. "Chinese Typewriter." United States Patent no. 2534330. Filed March 26, 1948; patented December 19, 1950.

Wang Zheng. *Women in the Chinese Enlightenment: Oral and Textual Histories*. Berkeley: University of California Press, 1999.

Wang Zuoyue. "Saving China through Science: The Science Society of China, Scientific Nationalism, and Civil Society in Republican China." *Osiris* 17 (2002): 291–322.

Wasserstrom, Jeffrey N. *Student Protests in Twentieth-Century China: The View from Shanghai*. Stanford: Stanford University Press, 1997.

Waterman, T.T., and W.H. Mitchell, Jr. "An Alphabet for China." *Mid-Pacific Maga- zine* 43, no. 4 (April 1932): 343–352.

bridge: Cambridge University Press, 2006.

Su Tow, Julius. *The Real Chinese in America*. New York: Academy Press, 1923. Tai, Evelyn. Interview. July 11, 2010. London, United Kingdom.

Tao, Wen Tsing. "Mr. H. Chi's New Contribution." *Chinese Students' Monthly* 12 (1916): 101–105.

Tcherkassov, Baron Paul, and Robert Erwin Hill. "Type for Type-Writing or Print- ing." United States Patent no. 714621. Filed November 21, 1900; patented Novem- ber 25, 1902.

"Telegraphy of the Chinese." *San Francisco Chronicle* (July 5, 1896), 14.

Temporary Catalogue of the Department of Fine Arts Panama-Pacific International Exposi- tion: Official Catalogue of Exhibitors. Rev. ed. San Francisco: The Wahlgreen Co., 1915.

Tsu, Jing. *Sound and Script in Chinese Diaspora*. Cambridge, MA: Harvard University Press, 2011.

Turkle, Sherry, ed. *Evocative Objects: Things We Think With*. Cambridge, MA: MIT Press, 2007.

Turkle, Sherry. "Inner History." In *The Inner History of Devices*, edited by Sherry Turkle, pp. 2–31. Cambridge, MA: MIT Press, 2008.

Twelfth Annual Report of the American Tract Society. Boston: Perkins and Marvin, 1837. "Typewriter in Chinese." *Denver Evening Post* (May 29, 1897), 1.

"Typewriter Made for Chinese After 20 Years of Toil." *Washington Post* (April 18, 1937), F2.

"Typewriter Notes." *Phonographic Magazine and National Shorthand Reporter* 18 (1904): 322.

"Typewriters Built to Correspond with Merchants of China, Servia [*sic*], Armenia, Russia and Other Countries." *Washington Post* (November 17, 1912), M2.

"Typewriters to Orient: Remington Rand Sends Consignment of 500 in the Mongo- lian Language." *Wall Street Journal* (April 26, 1930), 3.

"Typewrites in Chinese; Oriental Student at New York Invents Machine." *Washing- ton Post* (March 28, 1915), B2.

"Typewriting in Chinese. Machine Developed upon Which Forty Words a Minute May Be Written by an Expert Operator." *Washington Post* (May 23, 1915), III, 17.

Theodore Dreiser, 1930." *Genre* 34 (2006): 1–21.

So, Richard Jean. "Collaboration and Translation: Lin Yutang and the Archive of Asian American Literature." *Modern Fiction Studies* 56, no. 1 (2010): 40–62.

Soothill, William Edward. *Student's Four Thousand 字 and General Pocket Dictionary*. Shanghai: American Presbyterian Mission Press, 1908.

Specimen of Cuts and Types in the Printing Office of the Shanghai Mission of the Board of Foreign Missions of the Presbyterian Church in the United States. Shanghai: n.p., 1865. Library of Congress. G/C175.6/P92S2.

Spurgin, Richard A. "Type Writer." United States Patent no. 1055679. Filed August 11, 1911; patented March 11, 1913.

Standage, Tom. *The Victorian Internet: The Remarkable Story of the Telegraph and the Nineteenth Century's On-line Pioneers*. New York: Berkeley Books, 1999.

Star, Susan Leigh. "Introduction: The Sociology of Science and Technology." *Social Problems* 35, no. 3 (June 1988): 197–205.

Staunton, George Thomas. *Ta Tsing Leu Lee: Being the Fundamental Laws, and a Selection from the Supplementary Statutes, of the Penal Code of China.* London: Printed for T. Cadell and W. Davies, in the Strand, 1810.

Steele, H.H. "Arabic Typewriter." United States Patent no. 1044285. Filed October 24, 1910; patented November 12, 1912.

Stellman, Louis John. *Said the Observer.* San Francisco: The Whitaker & Ray Co., 1903.

"Stenographer Has a Tough Job." *Ludington Daily News* (April 8, 1937), 5. Steward, J. *The Stranger's Guide to Paris*. Paris: Baudry's European Library, 1837.

Stewart, Neil. "China at the Leipzig Fair." *Eastern World* 7, no. 10 (October 1953): 42–44.

Stickney, Burnham. "Typewriting Machine." United States Patent no. 1549622. Filed February 9, 1923; patented August 11, 1925.

Strom, Sharon Hartman. *Beyond the Typewriter: Gender, Class, and the Origins of Modern American Office Work, 1900–1930*. Chicago: University of Illinois Press, 1992.

Su, Ching. "The Printing Presses of the London Missionary Society among the Chi- nese." PhD diss., University College London, 1996.

Suchman, Lucy. *Human-Machine Reconfigurations: Plans and Situated Actions.* Cam-

Shay, Frank. *Cipher Book for the Use of Merchants, Stock Operators, Stock Brokers, Miners, Mining Men, Railroad Men, Real Estate Dealers, and Business Men Generally.* Chicago: Rand McNally and Co., 1922.

Sheehan, Brett. *Trust in Troubled Times: Money, Banks, and State-Society Relations in Republican Tianjin.* Cambridge, MA: Harvard University Press, 2003.

Sheffield, Devello Z. "The Chinese Type-writer, Its Practicability and Value." In *Actes du onzième Congrès International des Orientalistes*, vol. 2. Paris: Imprimerie Nationale, 1898.

Sheffield, Devello Z. *Selected Lists of Chinese Characters, Arranged According of Frequency of their Recurrence.* Shanghai: American Presbyterian Mission Press, 1903.

Sheridan, Dave. Memo to Sales Staff regarding Remington Japanese Typewriter. Hagley Museum and Library. Accession no. 1825. Remington Rand Corporation. Records of the Advertising and Sales Promotion Department. Series I Typewriter Div. Subseries B, Remington Typewriter Company, box 3, folder 6 "Keyboards and Type- styles–Correspondence, 1906."

"The Shrewd Buyer Investigates." *New Metropolitan* 21, no. 5 (1905): 662.

"A Siamese Typewriter." *School Journal* (July 3, 1897), 12.

"Siam's Future King Guest in Syracuse." *Syracuse Post-Standard* (November 4, 1902), 5.

Siegert, Bernard. *Cultural Techniques: Grids, Filters, Doors, and Other Articulations of the Real.* Translated by Geoffrey Winthrop-Young. New York: Fordham University Press, 2015.

"Simplified Chinese." *The Far Eastern Republic* 1, no. 6 (March 1920): 47.

The Simpsons. Season 13, episode 1304. "A Hunka Hunka Burns in Love." December 2, 2001.

Sinensis, Typographus. "Initial Notes on Estimate of Proportionate Expense of Xylography, Lithography, and Typography." *Chinese Repository* 3 (May 1834–April 1835).

Slater, Robert. *Telegraphic Code to Ensure Secresy [sic] in the Transmission of Telegrams.* London: W.R. Gray, 1870.

Smith, A.H. "In Memoriam. Dr. Devello Z. Sheffield." *Chinese Recorder* (September 1913), 564–568.

So, Richard Jean. "Chinese Exclusion Fiction and Global Histories of Race: H.T. Tsiang and

Sakai, Yasudiro. "Vapor Electric Apparatus." United States Patent no. 1148628. Filed June 14, 1912; patented August 3, 1915.

Sakai, Yasudiro. "Vapor Electric Device." United States Patent no. 1101665. Filed December 30, 1910; patented June 30, 1914.

"Salmis Journalier." *Milwaukee Journal* (May 3, 1897), 4.

Sammons, Thomas. "Chinese Typewriter of Unique Design." Department of Com- merce Bureau of Foreign and Domestic Commerce. *Commerce Reports* 3, nos. 154–230 (May 24, 1916): 20.

Sampson, Geoffrey. *Writing Systems*. Stanford: Stanford University Press, 1985.

Schleicher, August. "Darwinism Tested by the Science of Language." Translated by Max Müller. *Nature* 1, no. 10 (1870): 256–259.

Schmalzer, Sigrid. *The People's Peking Man: Popular Science and Human Identity in Twentieth-Century China*. Chicago: University of Chicago Press, 2008.

Schmid, Andre. *Korea between Empires, 1895–1919*. New York: Columbia University Press, 2002.

Schoenhals, Michael. *Doing Things with Words in Chinese Politics*. Berkeley: Institute of East Asian Studies, University of California, Berkeley, 1992.

Schurmann, Franz. *Ideology and Organization in Communist China*. Berkeley: Univer- sity of California Press, 1966.

Schwarcz, Vera. "A Curse on the Great Wall: The Problem of Enlightenment in Modern China." *Theory and Society* 13, no. 3 (May 1984): 455–470.

"Science and Industry." *Arkansas Democrat* (October 10, 1898), 7.

Scott, Edward Benjamin. *Sixpenny Telegrams. Scott's Concise Commercial Code of General Business Phrases*. London: n.p., 1885.

"Secretariat Purchase of Japanese Typewriter." Memo from "S. Ozawa Secretary" to "The Treasurer." SMA U1-4-3582 (February 15, 1943), 3.

Seeley, Christopher. *A History of Writing in Japan*. Leiden: Brill, 1991.

Seybolt, Peter J., and Gregory Kuei-ke Chiang. *Language Reform in China: Documents and Commentary*. White Plains, NY: M.E. Sharpe, 1979.

Shah, Pan Francis. "Type-Writing Machine." United States Patent no. 1247585. Filed October 20, 1916; patented November 20, 1917.

Take Place of Twelve Men." *New York Times* (March 2, 1923), X3.

Reed, Christopher A. *Gutenberg in Shanghai: Chinese Print Capitalism, 1876–1937*. Honolulu: University of Hawai'i Press, 2004.

Reed, Martin W. "Lin Yutang Typewriter." Mergenthaler Linotype Company Records, 1905–1993, Archives Center, National Museum of American History, Smithsonian Institution.

Reich, Donald. "Freezing Assets of Nationalistic China." June 3, 1949. Mergenthaler Linotype Company Records, 1905–1993, Archives Center, National Museum of American History, Smithsonian Institution, box 3628.

Reid, Robert A. *The Panama-Pacific International Exposition*. San Francisco: Panama-Pacific International Exposition Co., 1915.

Reply to Tore Hellstrom. January 20, 1944. Mergenthaler Linotype Company Records, 1905–1993, Archives Center, National Museum of American History, Smithsonian Institution, box 3628.

Review of *Dianbao xinshu*. *Chinese Recorder and Missionary Journal* 5 (February 1874): 53–55.

Richards, G. Tilghman. *The History and Development of Typewriters: Handbook of the Collection Illustrating Typewriters*. London: His Majesty's Stationery Office, 1938.

Richardson, Ingrid. "Faces, Interfaces, Screens: Relational Ontologies of Framing, Attention and Distraction." *Transformations* 18 (2010).

Richardson, Ingrid. "Mobile Technosoma: Some Phenomenological Reflections on Itinerant Media Devices." *fibreculture* 6 (December 10, 2005).

Robbins, Bruce. "Commodity Histories." *PMLA* 120, no. 2 (2005): 454–463. Rogers, Everett M. *Diffusion of Innovations*. New York: Free Press, 2003 [1962].

Rotman, Brian. *Becoming Beside Ourselves: The Alphabet, Ghosts, and Distributed Human Being*. Durham: Duke University Press, 2008.

Said, Edward W. *Orientalism*. New York: Vintage Books, 1979.

Sakai, Yasudiro. "Armature Winding." United States Patent no. 1156711. Filed Feb- ruary 3, 1910; patented October 12, 1915.

Sakai, Yasudiro. "Electrical Terminal." United States Patent no. 1049404. Filed Janu- ary 7, 1911; patented January 7, 1913.

(January 7, 1921). Mergenthaler Linotype Collection. Museum of Printing, North Andover, Massachusetts.

Photograph of Fong Sec. *Asia: Journal of the American Asiatic Association* 19, no. 11 (November 1919): front matter.

Photograph of Lin Yutang and Lin Taiyi. From “Inventor Shows His Chinese Type- writer.” Acme News Pictures—New York Bureau (August 21, 1947).

Photograph of Woman Using Chinese Typewriter at Trade Fair in Munich. Novem- ber 25, 1953. Author’s personal collection.

Photographs. George Bradley McFarland Papers, box 3, folder 15, October 23, 1938. Bancroft Library. University of California, Berkeley.

Poletti, Pietro. *A Chinese and English Dictionary Arranged According to Radicals and Sub- Radicals*. Shanghai: American Presbyterian Mission Press, 1896.

Price Quotes from Typewriter Companies to the General Office, First District of the Shanghai Government. SMA R22-2-776 (circa December 21, 1943), 1–28.

“Psychological Warfare, EUSAK Compound, Seoul, Korea (1952).” National Archives and Records Administration, Washington, DC, ARC Identifier 25967, Local Identi- fier 111-LC-31798.

“Public Works Department—Chinese Typewriters.” Memo from Treasurer to Secre- tary General. SMA U1-4-3582 (August 12, 1943), 9.

Qi Xuan [Heuen Chi]. “The Principle of My Chinese Typewriter.” *Chinese Students’ Monthly* 10, no. 8 (May 1, 1915): 513–514.

Rankin, Mary Backus. “Nationalistic Contestation and Mobilization Politics: Practice and Rhetoric of Railway-Rights Recovery at the End of the Qing.” *Modern China* 28, no. 3 (July 2002): 315–361.

Rawski, Evelyn. *Education and Popular Literacy in Ch’ing China*. Ann Arbor: University of Michigan Press, 1979.

“A Reason Why the Chinese Business Man May Soon Be Tired.” *Life* 68 (1916): 272.

Receipt from C.Y. Chao for Cleaning Services Sent to Secretariat Office. SMA U1-4- 3582 (October 12, 1943), 5.

“Reducing Chinese Letters from 40,000 Symbols to 40: New Typesetting Machine Expected Greatly to Facilitate Elimination of Illiteracy in China—American Inven- tion Will

Official Congressional Directory. Washington, DC: United States Congress, 1916 (December).

Ogasawara, Yuko. *Office Ladies and Salaried Men: Power, Gender, and Work in Japanese Companies*. Berkeley: University of California Press, 1998.

Olwell, Victoria. "The Body Types: Corporeal Documents and Body Politics Circa 1900." In *Literary Secretaries/Secretarial Culture*, edited by Leah Price and Pamela Thurschwell. Aldershot: Ashgate, 2005.

Ong, Walter J. *Orality and Literacy*. New York: Routledge, 2013 [1982].

Oudshoorn, Nelly, and Trevor Pinch, eds. *How Users Matter: The Co-Construction of Users and Technology*. Cambridge, MA: MIT Press, 2005 [2003].

"Our Benevolent Causes." *Southwestern Christian Advocate* (July 8, 1897), 6.

Passenger and Crew Lists of Vessels Arriving at Seattle, Washington, 1890–1957. National Archives and Records Administration, Washington, DC, Record Group 85, NARA microfilm publication M1383_109.

"Passenger Lists of Vessels Arriving or Departing at Honolulu, Hawaii, 1900–1954." National Archives and Records Administration, Washington, DC, Records of the Immigration and Naturalization Service, Record Group 85. Series/roll no. m1412:6.

Passport Applications January 2, 1906–March 31, 1925. National Archives and Records Administration, Washington, DC, ARC Identifier 583830, MLR, Number A1534, NARA Series M1490, Roll 109.

Paterno, Roberto. "Devello Z. Sheffield and the Founding of the North China Col- lege." In *American Missionaries in China,* edited by Kwang-ching Liu. Cambridge, MA: Harvard East Asian Monographs, 1966, 42–92.

Payment Slip for Chung-yuan Chang. Mergenthaler Linotype Company Records, 1905–1993, Archives Center, National Museum of American History, Smithsonian Institution, box 3628, January 17, 1950.

Peeters, Henry. "Typewriter." United States Patent no. 1528846. Filed February 20, 1924; patented March 20, 1925.

Peeters, Henry. "Typewriter." United States Patent no. 1634042. Filed February 20, 1924; patented June 28, 1927.

"Phonetic Chinese." Letter from R. Hoare (Foreign Department) to Chauncey Griffith

Mullaney, Thomas S. "Semiotic Sovereignty: The 1871 Chinese Telegraph Code in Historical Perspective." In *Science and Technology in Modern China, 1880s–1940s*, edited by Jing Tsu and Benjamin Elman. Leiden: Brill, 2014, 153–184.

Mullaney, Thomas S. "'Ten Characters per Minute': The Discourse of the Chinese Typewriter and the Persistence of Orientalist Thought." Association for Asian Stud- ies Annual Meeting 2010.

Müller, Friedrich Wilhelm. "Typewriter." United States Patent no. 1686627. Filed January 22, 1925; patented October 9, 1928.

Needham, Joseph. "Poverties and Triumphs of the Chinese Scientific Tradition." In *Scientific Change (Report of History of Science Symposium, Oxford, 1961)*, edited by A.C. Crombie. London: Heinemann, 1963.

Needham, Joseph. *Science and Civilisation in China.* Vol. 2. Cambridge: Cambridge University Press, 1956.

Needham, Joseph. *Science and Civilisation in China*. Vol. 5, part 1. Cambridge: Cambridge University Press, 1985.

"New Chinese Typewriter." *China Trade News* (July 1946), 5. Mergenthaler Linotype Company Records, 1905–1993, Archives Center, National Museum of American History, Smithsonian Institution, box 3628.

"New Chinese Typewriter Triumphs over Language of 43,000 Symbols." *New York Times* (October 18, 1952), 26, 30.

Newcomb, Henry C. "Letter to the Editor: That Chinese Type-writer." *Chinese Times*
[Tianjin] (March 17, 1888), 171–172

"The Newest Inventions." *Washington Post* (March 21, 1917), 6.

"New Typewriter Will Aid Chinese. Invention of Dr. Lin Yutang Can Do a Secretary's Day's Work in an Hour." *New York Times* (August 22, 1947), 17.

Nineteenth Annual Report of the American Tract Society. Boston: Perkins and Marvin, May 29, 1833.

"No Chinese Typewriters." *Gregg Writer* 15 (1912): 382.

"Nothing Serious." *Utica Observer* (April 10, 1900), 1.

"Obituary: Robert McKean Jones. Inventor of Chinese Typewriter Was Able Lin- guist." *New York Times* (June 21, 1933), 18.

Mergenthaler Linotype Co., April 1922. Smithsonian National Museum of American History Archives Center. Collection no. 666, box LIZ0589 ("History—Non-Roman Faces"), folder "Chinese," subfolder "Chinese Typwriter."

Meyer-Fong, Tobie. "The Printed World: Books, Publishing Culture, and Society in Late Imperial China." *Journal of Asian Studies* 66, no. 3 (August 2007): 787–817.

Milne, W. *A Retrospect of the First Ten Years of the Protestant Mission to China*. Malacca: Anglo-Chinese Press, 1820.

"Missionaries of the American Board." *Congregationalist* (September 26, 1872), 3.

Mittler, Barbara. *A Newspaper for China? Power, Identity, and Change in Shanghai's Mass Media, 1872–1912*. Cambridge, MA: Harvard University Asia Center, 2004.

Mizuno, Hiromi. *Science for the Empire: Scientific Nationalism in Modern Japan*. Stanford: Stanford University Press, 2009.

"Monarch Arabic Keyboard—Haddad System—Keyboard no. 724." (October 16, 1913.) Hagley Museum and Library. Accession no. 1825. Remington Rand Corpora- tion. Records of the Advertising and Sales Promotion Department. Series I Type- writer Div. Subseries B, Remington Typewriter Company, box 3, vol. 2.

Morrison, E. *Memoirs of the Life and Labours of Robert Morrison, D.C.* 2 vols. London: Orme, Brown, Green and Longmans, 1839.

Morrison, Robert, comp. *A Dictionary of the Chinese Language, in Three Parts*. 6 vols. Macao: East India Co., 1815–1823.

Mullaney, Thomas S. *Coming to Terms with the Nation: Ethnic Classification in Modern China*. Berkeley: University of California Press, 2010.

Mullaney, Thomas S. "Controlling the Kanjisphere: The Rise of the Sino-Japanese Typewriter and the Birth of CJK." *Journal of Asian Studies* 75, no. 3 (August 2016): 725–753.

Mullaney, Thomas S. "How to Spy on 600 Million People: The Hidden Vulnerabili- ties in Chinese Information Technology." *Foreign Affairs* (June 5, 2016), https:// www.foreignaffairs.com/articles/china/2016-06-05/how-spy-600-million-people

Mullaney, Thomas S. "The Movable Typewriter: How Chinese Typists Developed Predictive Text during the Height of Maoism." *Technology and Culture* 53, no. 4 (October 2012): 777–814.

Marshman, Joshua. *Elements of Chinese Grammar, with a Preliminary Dissertation on the Characters and the Colloquial Medium of the Chinese*. Serampore: Mission Press, 1814.

Martin, W.A. *The History of the Art of Writing*. New York: Macmillan, 1920.

Marvin, Carolyn. *When Old Technologies Were New: Thinking about Electric Communication in the Late Nineteenth Century*. Oxford: Oxford University Press, 1998.

Massachusetts Institute of Technology Alumni Association, ed. *Technology Review* 18, nos. 7–12 (1916). Cambridge: Association of Alumni and Alumnae of the Massachu- setts Institute of Technology, 1916.

Mathews, Jay. "The Chinese Language: Sounds and Fury." *Washington Post* (Decem- ber 28, 1980), C1.

Mathias, Jim, and Thomas L. Kennedy, eds. *Computers, Language Reform, and Lexicography in China. A Report by the CETA Delegation*. Pullman, WA: Washington State University Press, 1980.

Matsusaka, Y. Tak. "Managing Occupied Manchuria." In *Japan's Wartime Empire*, edited by Peter Duus, Ramon H. Myers, and Mark R. Peattie. Princeton: Princeton University Press, 1996, 112–120.

McDermott, Joseph P. *A Social History of the Chinese Book: Books and Literati Culture in Late Imperial China*. Hong Kong: Hong Kong University Press, 2006.

McFarland, George B. *Reminiscences of Twelve Decades of Service to Siam, 1860–1936*. Bancroft Library. BANCMSS 2007/104, box 4, folder 14, George Bradley McFarland 1866–1942.

McNair, Amy. "Engraved Calligraphy in China: Recension and Reception." *Art Bul- letin* 77, no. 1 (March 1995): 106–114.

Medhurst, Walter Henry. *China: Its State and Prospects, with Especial Reference to the Spread of the Gospel*. London: John Snow, 1842.

Memo from N. Inagaki, Commissioner, Commodity Control Department to "The Secretary, Shanghai Municipal Council." SMA U1-4-3796 (February 4, 1943), 43.

Meng, Liansu. "The Inferno Tango: Gender Politics and Modern Chinese Poetry, 1917–1980." PhD diss., University of Michigan, 2010.

Mergenthaler Linotype Company. *China's Phonetic Script and the Linotype*. Brooklyn:

Presbyterian Church in the United States." Shanghai: n.p., 1862.
"List of Vendors Who Submitted Quotations." February 2, 1949. Found within File Marked "Lin Yutang Typewriter." Mergenthaler Linotype Company Records, 1905–1993, Archives Center, National Museum of American History, Smithsonian Institu- tion, box 3628.
Littell, John Stockton. *Some Great Christian Jews*. 2nd ed. N.p., 1913.
Liu, Alan P.L. *Communications and National Integration in Communist China*. Berkeley: University of California Press, 1971.
Liu, James T.C. "The Classical Chinese Primer: Its Three-Character Style and Author- ship." *Journal of the American Oriental Society* 105, no. 2 (April–June 1985): 191–196.
Liu, Lydia. *The Clash of Empires: The Invention of China in Modern World Making*. Cambridge, MA: Harvard University Press, 2004.
Liu, Lydia. *Translingual Practice: Literature, National Culture, and Translated Modernity—China, 1900–1937*. Stanford: Stanford University Press, 1995.
Logan, Robert K. *The Alphabet Effect: The Impact of the Phonetic Alphabet on the Development of Western Civilization*. New York: William Morrow & Co., Inc., 1986.
Lovett, R. *History of the London Missionary Society, 1795–1895*. 2 vols. London: Henry Frowde, 1899.
Ma, Sheng-mei. *Immigrant Subjectivities in Asian American and Asian Diaspora Literatures*. Albany: State University of New York Press, 1998.
Maclachlan, Patricia L. *The People's Post Office: The History and Politics of the Japanese Postal System, 1871–2010*. Cambridge, MA: Harvard Asia Center, 2012.
Maddox, Brenda. "Women and the Switchboard." In *The Social History of the Tele- phone*, edited by Ithiel de Sola Pool. Cambridge, MA: MIT Press, 1977, 262–280.
Maher, John Peter. "More on the History of the Comparative Methods: The Tradi- tion of Darwinism in August Schleicher's Work." *Anthropological Linguistics* 8 (1966): 1–12.
Markwyn, Abigail. "Economic Partner and Exotic Other: China and Japan at San Francisco's Panama-Pacific International Exposition." *Western Historical Quarterly* 39, no. 4 (2008): 439–465.
Marshall, John. Email communication, October 21, 2011.

Li Yu. "Learning to Read in Late Imperial China." *Studies on Asia: Series II* 1, no. 1 (2004): 7–29.

Lichtentag, Alexander. *Lichtentag Paragon Shorthand. A Vast Improvement in the Art of Shorthand.* New York: Paragon Institute Home Study Department, 1918.

Lin Yutang. "At Last: A Chinese Typewriter." Reprint from *New York Post,* n.d. ("May 24, 1946 Received" stamped on top). Mergenthaler Linotype Company Records, 1905–1993, Archives Center, National Museum of American History, Smithsonian Institution, box 3628.

Lin Yutang. "Chinese Typewriter." United States Patent no. 2613795. Filed April 17, 1946; patented October 14, 1952.

Lin Yutang. "Features of the Invention." Archives of John Day Co. Princeton Univer- sity. Box/folder 14416, call no. CO123 (circa October 14, 1931).

Lin Yutang. *My Country and My People.* New York: Reynal and Hitchcock, 1935.

Lin Yutang. "Newly Invented Chinese Typewriter Has Sixty-Four Keys." *Washington Post* (December 5, 1945), C1.

"A Line O'Type or Two." *Chicago Daily Tribune* (August 31, 1949), 16.

"The Lin Yutang Chinese Typewriter." N.d. Mergenthaler Linotype Company Records, 1905–1993, Archives Center, National Museum of American History, Smithsonian Institution, box 3628.

"Lin Yutang Invents Chinese Typewriter: Will Do in an Hour What Now Takes a Day." *New York Herald Tribune* (August 22, 1947), 13.

"Lin Yutang Solves an Oriental Puzzle: Newly Invented Chinese Typewriter Has Sixty-Four Keys." *Washington Post* (December 5, 1945), C1.

"Lin Yutang Typewriter." Mergenthaler Linotype Company Records, 1905–1993, Archives Center, National Museum of American History, Smithsonian Institution, box 3628. Dates include January 14, 1949; January 19, 1949.

"List of Awards-General, n.d." City of Philadelphia, Department of Records. Record Group 232 (Sesquicentennial Exhibition Records), 232-4-6.4 (Jury of Awards-Files), box a-1472, folder 17, series folder 1.

"List of Chinese Characters Formed by the Combination of the Divisible Type of the Berlin Font Used at the Shanghai Mission Press of the Board of Foreign Missions of the

Letter from Lin Yutang to M.M. Reed, n.d. (Precedes/Prompts March 10, 1949 Response—Likely Date of February 23, 1949). Found within file marked "Lin Yutang Typewriter." Mergenthaler Linotype Company Records, 1905–1993, Archives Center, National Museum of American History, Smithsonian Institution, box 3628.

Letter from Lin Yutang to Richard Walsh and Pearl S. Buck, December 16, 1937. Archives of John Day Co. Princeton University. Box 144, folder 6, call no. C0123.

Letter from Lin Yutang to Richard Walsh and Pearl S. Buck, December 13, 1938, sent from Paris. Archives of John Day Co. Princeton University. Box 144, folder 6, call no. C0123.

Letter from Mirovitch to Chung-yuan Chang. August 12, 1949. Mergenthaler Lino- type Company Records, 1905–1993, Archives Center, National Museum of American History, Smithsonian Institution, box 3628.

Letter from Mirovitch to Chung-yuan Chang. October 1, 1949. Mergenthaler Lino- type Company Records, 1905–1993, Archives Center, National Museum of American History, Smithsonian Institution, box 3628.

Letter from Mirovitch to G.B. Welch. March 8, 1949. Mergenthaler Linotype Com- pany Records, 1905–1993, Archives Center, National Museum of American History, Smithsonian Institution, box 3628.

Letter from M.M. Reed to Lin Yu-tang [Yutang]. March 10, 1949. Found within File Marked "Lin Yutang Typewriter." Mergenthaler Linotype Company Records, 1905–1993, Archives Center, National Museum of American History, Smithsonian Institution, box 3628.

Letter from Pearl S. Buck to Lin Yutang. May 4, 1947. Pearl S. Buck International Archive, record group 6, box 3, folder 29, item 10.

Letter from Tao Minzhi to author, February 11, 2010.

Letter from Yu's Chinese Typewriter Mfg. Co. to the Shanghai Municipal Police Administration (*Shanghai shi jingchaju*) [上海市警察局]. SMA Q131-7-1368 (Decem- ber 13, 1945), 4.

Levering, Gilbert. "Chinese Language Typewriter." *Life* 2311 (February 17, 1927): 4.

Li Yu. "Character Recognition: A New Method of Learning to Read in Late Imperial China." *Late Imperial China* 33, no. 2 (December 2012): 1–39.

Century China. Stanford: Stanford University Press, 2004.

Kraus, Richard Kurt. *Brushes with Power: Modern Politics and the Chinese Art of Calligra- phy*. Berkeley: University of California Press, 1991.

"Kurita, Shunjiro." *Who's Who in Japan* 13–14 (1930): 8.

Labor and Cost Estimates Associated with Lin Yutang Typewriter, n.d. (circa late 1948/early 1949). Located within File Marked "Lin Yutang Typewriter." Mergen- thaler Linotype Company Records, 1905–1993, Archives Center, National Museum of American History, Smithsonian Institution, box 3628.

Latour, Bruno. *Reassembling the Social: An Introduction to Actor-Network-Theory*. Oxford: Oxford University Press, 2007 [2005].

Latour, Bruno. *Science in Action: How to Follow Scientists and Engineers through Society*. Cambridge, MA: Harvard University Press, 1987.

Latour, Bruno, and Steve Woolgar. *Laboratory Life: The Construction of Scientific Facts*. Princeton: Princeton University Press, 1986 [1979].

Law, John. "Technology and Heterogeneous Engineering: The Case of Portuguese Expansion." In *The Social Construction of Technological Systems: New Directions in the Sociology and History of Technology*, edited by Wiebe E. Bijker, Thomas P. Hughes, and Trevor Pinch. Cambridge, MA: MIT Press, 1989 [1987]: 111–134.

Lee, En-han. "China's Response to Foreign Investment in Her Mining Industry." *Journal of Asian Studies* 28, no. 1 (November 1968): 55–76.

Lee, Leo Ou-fan. *Shanghai Modern: The Flowering of a New Urban Culture in China 1930–1945*. Cambridge, MA: Harvard University Press, 1999.

Lee-Wong, Song Mei. "Coherence, Focus and Structure: The Role of Discourse Parti- cle ne." *Pragmatics* 11, no. 2 (2001): 139–153.

Lent, John A., and Ying Xu. "Chinese Animation Film: From Experimentation to Digitalization." In *Art, Politics, and Commerce in Chinese Cinema*, edited by Ying Zhu and Stanley Rosen. Hong Kong: Hong Kong University Press, 2010.

Leslie, Stuart. "Exporting MIT." *Osiris* 21 (2006): 110–130.

Letter from Lin Yutang to M.M. Reed, circa February 23, 1949. Mergenthaler Lino- type Company Records, 1905–1993, Archives Center, National Museum of American History, Smithsonian Institution, box 3628.

(1913): 154.
"Just How Smart Are We?" *Daily News New York* (September 2, 1947). Clipping included in Archives of John Day Co. Princeton University. Box 236, folder 14, call no. CO123.
Kadry, Vassaf. "Type Writing Machine." United States Patent no. 1212880. Filed January 15, 1914; patented January 30, 1917.
"Kamani Eng. Corporation Ltd. Agent of the Olivetti in India." *Rivista Olivetti* 6 (December 1951): 12–13.
Kara, György. "Aramaic Scripts for Altaic Languages." In *The World's Writing Systems*, edited by Peter T. Daniels and William Bright. New York: Oxford University Press, 1994, 536–558.
Kaske, Elisabeth. *The Politics of Language in Chinese Education, 1895–1919*. Leiden: Brill, 2008.
Keenan, Barry C. *Imperial China's Last Classical Academies: Social Change in the Lower Yangzi, 1864–1911*. Berkeley: China Research Monographs, University of California, 1994.
Keep, Christopher. "The Cultural Work of the Type-Writer Girl." *Victorian Studies* 40, no. 3 (Spring 1997): 401–426.
Kennedy, George A., ed. *Minimum Vocabularies of Written Chinese*. New Haven: Far Eastern Publications, 1966.
Khalil, Seyed. "Typewriting Machine." United States Patent no. 1403329. Filed April 14, 1917; patented January 10, 1922.
Kittler, Friedrich A. *Gramophone, Film, Typewriter*. Translated by Geoffrey Winthrop-Young and Michael Wautz. Stanford: Stanford University Press, 1999.
Kline, Ronald. *Consumers in the Country: Technology and Social Change in Rural America*. Baltimore: Johns Hopkins University Press, 2000.
Kline, Ronald, and Trevor Pinch. "Users as Agents of Technological Change: The Social Construction of the Automobile in the Rural United States." *Technology and Culture* 37 (1996): 763–795.
Knorr-Cetina, Karin. *Epistemic Cultures: How the Sciences Make Knowledge*. Cambridge, MA: Harvard University Press, 1999.
Ko, Dorothy. *Teachers of the Inner Chambers: Women and Culture in Seventeenth-*

Tariffs (1885). London: Blackfriars Printing and Publishing Co., 1885.
"Invents Typewriter for Chinese Language; First Machine of the Kind Ever Built Is Announced by the Underwood Company." *New York Times* (May 16, 1926), 5.
Ip, Manying. *Life and Times of Zhang Yuanji, 1867–1959*. Beijing: Commercial Press, 1985.
Ishii, Kae. "The Gendering of Workplace Culture: An Example from Japanese Tele- graph Operators." *Bulletin of the Health Science University* (*Kenkō kagaku daigaku kiyō*) [健康科學大學紀要] 2 (2005): 37–48.
Ismail, Ibrahim bin. "Samuel Dyer and His Contributions to Chinese Typography." *Library Quarterly* 54, no. 2 (April 1984): 157–169.
"It Takes Four Thousand Characters to Typewrite in Chinese." *Popular Science Monthly* 90, no. 4 (April 1917): 599.
Jacobowitz, Seth. *Writing Technology in Meiji Japan: A Media History of Modern Japanese Literature and Visual Culture*. Cambridge, MA: Harvard Asia Center, 2015.
Jacobsen, Kurt. "A Danish Watchmaker Created the Chinese Morse System." *NIAS- nytt (Nordic Institute of Asian Studies) Nordic Newsletter* 2 (July 2001): 17–21.
"Japanese Typewriters Cleaning and Repair Service." Memo from Sanwa Shoji Com- pany. SMA U1-4-3789 (February 12, 1943), 6.
Jin Jian. *A Chinese Printing Manual*. Translated by Richard C. Rudolph. Los Angeles: Ward Ritchie Press, 1954 [1776].
Johns, Adrian. *The Nature of the Book: Print and Knowledge in the Making*. Chicago: University of Chicago Press, 1998.
Jones, Robert McKean. "Typewriting Machine." United States Patent no. 1687939. Filed May 19, 1927; patented October 16, 1928.
Jones, Robert McKean. "Urdu—Keyboard no. 1130—No. 4 Monarch." (March 13, 1918) Hagley Museum and Library. Accession no. 1825.
Jones, Stacy V. "Telegraph Printer in Japanese with 2,300 Symbols Patented." *New York Times* (December 31, 1955), 19.
Judge, Joan. *Print and Politics: Shibao and the Culture of Reform in Late Qing China*. Stanford: Stanford University Press, 1996.
"Judging Eastern Things from Western Point of View." *Chinese Students' Monthly* 8, no. 3

Administration, Washington, DC, Series A3422, Roll 49.

"How Can the Chinese Use Computers Since Their Language Contains So Many Characters?" *Straight Dope* (December 8, 1995), http://www.straightdope.com/columns/read/1138/how-can-the-chinese-use-computers-since-their-language-contains-so-many-characters (accessed January 7, 2010).

Howland, Douglas. *Borders of Chinese Civilization: Geography and History at Empire's End*. Durham: Duke University Press, 1996.

H.R.H. The Crown Prince of Siam. *The War of the Polish Succession.* Oxford: Black- well, 1901.

Hughes, Thomas P. "The Evolution of Large Technical Systems." In *The Social Construction of Technical Systems: New Directions in the Sociology and History of Technology,* edited by Wiebe E. Bijker, Thomas P. Hughes, and Trevor Pinch, 51–82. Cambridge, MA: MIT Press, 1989.

Hull, Matthew. *Government of Paper: The Materiality of Bureaucracy in Urban Pakistan*. Berkeley: University of California, 2012.

Humphrey, Henry Noel. *The Origin and Progress of the Art of Writing: A Connected Narrative of the Development of the Art, its Primeval Phases in Egypt, China, Mexico, etc*. London: Ingram, Cooke, and Co., 1853.

Hunter, Edward. "Increasing Program of China Foundation." *China Weekly Review*
(August 8, 1931), 379.

Hunter, Janet. "Technology Transfer and the Gendering of Communications Work: Meiji Japan in Comparative Historical Perspective." *Social Science Japan Journal* 14, no. 1 (Winter 2011): 1–20.

Huters, Theodore. *Bringing the World Home: Appropriating the West in Late Qing and Early Republican China*. Honolulu: University of Hawai'i Press, 2005.

Innis, Harold. *Empire and Communications.* Toronto: University of Toronto Press, 1972.

Inoue, Miyako. "Stenography and Ventriloquism in Late Nineteenth-Century Japan." *Language and Communication* 31 (2011): 181–190.

International Telegraph Convention of Saint-Petersburg and Service Regulations Annexed (1925). London: His Majesty's Stationery Office, 1926.

International Telegraph Convention with Berlin Revision of Service Regulations and

Conflict." *Bulletin of the Institute of Modern History, Academia Sinica* (*Zhongyang yanjiuyuan jindaishi yanjiusuo jikan*) [中央研究院近代史研究所集刊] 6 (1977): 353–407.

Hegel, Georg Wilhelm Friedrich. *The Philosophy of History*. Translated by John Sibree. New York: Wiley Book Co., 1900.

Heijdra, Martin J. "The Development of Modern Typography in East Asia, 1850– 2000." *East Asia Library Journal* 11, no. 2 (Autumn 2004): 100–168.

Hernisz, Stanislas. *A Guide to Conversation in the English and Chinese Languages for the Use of Americans and Chinese in California and Elsewhere.* Boston: John P. Jewett and Co., 1854.

"Highlights of Syracuse Decade by Decade." *Syracuse Journal* (March 20, 1939), E2.

Hill, Michael G. "National Classicism: Lin Shu as Textbook Writer and Anthologist, 1908–1924." *Twentieth-Century China* 33, no. 1 (November 2007): 27–52.

"Hiring Telegraphers for China." *New York Times* (September 30, 1887), 1.

Hirth, Friedrich. "Western Appliances in the Chinese Printing Industry." *Journal of the China Branch of the Royal Asiatic Society* (Shanghai) 20 (1885): 163–177.

"The History of the Typewriter Recited by Michael Winslow," http://www.filmjunk.com/2010/06/20/the-history-of-the-typewriter-recited-by-michael-winslow/ (accessed September 5, 2010).

Hoare, R. "Keyboard Diagram for Chinese Phonetic." Mergenthaler Linotype Collec- tion. Museum of Printing, North Andover, Massachusetts, February 4, 1921.

Hoare, R. "Keyboard Diagram for Chinese Phonetic Amended." Mergenthaler Lino- type Collection. Museum of Printing, North Andover, Massachusetts, March 3, 1921.

H.O. Fuchs Engineering Case Program: Case Files. Department of Special Collec- tions, Stanford University Archives, SC 269, box 1—J.E. Arnold, A.T. Ling, MIT, "Chinese Typewriter."

Holcombe, Charles. *In the Shadow of the Han: Literati Thought and Society at the Beginning of the Southern Dynasties*. Honolulu: University of Hawai'i Press, 1995.

Hon, Tze-ki, and Robert Culp, eds. *The Politics of Historical Production in Late Qing and Republican China.* Leiden: Brill, 2007.

Honolulu, Hawaii Passenger and Crew Lists, 1900–1959. National Archives and Records

Tribune (August 24, 1947), C4.
Harrison, Samuel A. "Oriental Type-Writer." United States Patent no. 977448. Filed December 15, 1909; patented December 6, 1910.
Harrist, Robert E., and Wen Fong. *The Embodied Image: Chinese Calligraphy from the John B. Elliott Collection*. Princeton: Art Museum, Princeton University in association with Harry N. Abrams, 1999.
Havelock, Eric A. *The Literate Revolution in Greece and Its Cultural Consequences*. Princeton, NJ: Princeton University Press, 1981.
Havelock, Eric A. *The Muse Learns to Write: Reflections on Orality and Literacy from Antiquity to the Present*. New Haven: Yale University Press, 1986.
Havelock, Eric A. *Origins of Western Literacy*. Toronto: Ontario Institute for Studies in Education, 1976.
Hay, John. "The Human Body as a Microcosmic source of Macrocosmic Values in Calligraphy." In *Self as Body in Asian Theory and Practice,* edited by Thomas Kasulis, Roger Ames, and Wimal Dissanayake. Albany: State University of New York Press, 1993, 179–212.
Hayford, Charles W. *To the People: James Yen and Village China*. New York: Columbia University Press, 1990.
Hayles, N. Katherine. *How We Think: Digital Media and Contemporary Technogenesis*. Chicago: University of Chicago Press, 2012.
Headrick, Daniel. *The Invisible Weapon: Telecommunications and International Politics, 1851–1945*. Oxford: Oxford University Press, 1991.
Headrick, Daniel. *The Tentacles of Progress: Technology Transfer in the Age of Imperialism, 1850–1940*. Oxford: Oxford University Press, 1988.
Headrick, Daniel. *The Tools of Empire: Technology and European Imperialism in the Nineteenth Century*. Oxford: Oxford University Press, 1981.
Headrick, Daniel, and Pascal Griset. "Submarine Telegraph Cables: Business and Politics, 1838–1939." *Business History Review* 75, no. 3 (2001): 543–578.
Hearn, Maxwell, and Judith Smith. eds. *Arts of the Sung and Yuan*. New York: Metropolitan Museum of Art, 1996.
Hedtke, Charles H. "The Sichuanese Railway Protection Movement: Themes of Change and

Goodman, Nelson, Mary Douglas, and David L. Hull, eds. *How Classification Works: Nelson Goodman Among the Social Sciences*. Edinburgh: Edinburgh University Press, 1992.

Goody, Jack. *The Interface between the Written and the Oral.* Cambridge: Cambridge University Press, 1987.

Goody, Jack. "Technologies of the Intellect: Writing and the Written Word." In *The Power of the Written Tradition*. Washington: Smithsonian Institution Press, 2000: 133–138.

Gottlieb, Nanette. "The R maji Movement in Japan." *Journal of the Royal Asiatic Society* 20, no. 1 (2010): 75–88.

Grant, John Cameron, and Lucien Alphonse Legros. "A Method and Means for Adapting Certain Chinese Characters, Syllabaries or Alphabets for use in Type-cast- ing or Composing Machines, Typewriters and the Like." Great Britain Patent Appli- cation no. 2483. Filed January 30, 1913; patented October 30, 1913.

Greene, Stephen Lyon Wakeman. *Absolute Dreams. Thai Government Under Rama VI, 1910–1925*. Bangkok: White Lotus, 1999.

Grose, Thomas K. "London Admits It Can't Top Lavish Beijing Olympics When It Hosts 2012 Games." *U.S. News* (August 22, 2008), http://www.usnews.com/news/ world/articles/2008/08/22/london-admits-it-cant-top-lavish-beijing-olympics-when-it-hosts-2012-games

Gunn, Edward. *Rewriting Chinese: Style and Innovation in Twentieth-Century Chinese Prose*. Stanford: Stanford University Press, 1991.

Guy, R. Kent. *The Emperor's Four Treasuries: Scholars and the State in the Late Ch'ien-lung Era*. Cambridge, MA: Council on East Asian Studies, Harvard University, 1987.

Haddad, Selim S. "Types for Type-Writers or Printing-Presses." United States Patent no. 637109. Filed October 13, 1899; patented November 14, 1899.

"The Hall Typewriter." *Scientific American* (July 10, 1886), 24.

Hannas, William C. *Asia's Orthographic Dilemma.* Honolulu: University of Hawai'i Press, 1996.

Hannas, William C. *The Writing on the Wall: How Asian Orthography Curbs Creativity.* Philadelphia: University of Pennsylvania Press, 2003.

Hansen, Harry. "How Can Lin Yutang Make His New Typewriter Sing?" *Chicago Daily*

(March 23, 1915), 6.

Frazier, Mark W. *The Making of the Chinese Industrial Workplace: State, Revolution, and Labor Management*. Cambridge: Cambridge University Press, 2006.

"Front Views and Profiles: Miss Yin at the Console." *Chicago Daily Tribune* (October 10, 1945), 16.

Fu, Poshek. *Passivity, Resistance, and Collaboration: Intellectual Choices in Occupied Shanghai, 1937–1945*. Stanford: Stanford University Press, 1993.

Fuller, Matthew. *Behind the Blip: Essays on the Culture of Software*. Sagebrush Education Resources, 2003.

Furth, Charlotte. "Culture and Politics in Modern Chinese Conservatism." In *The Limits of Change: Essays on Conservative Alternatives in Republican China*, 22–56. Cambridge, MA: Harvard University Press, 1976.

Galison, Peter. *Einstein's Clocks, Poincaré's Maps: Empires of Time*. New York: W.W. Norton and Co., 2003.

Gamble, William. *List of Chinese Characters in the New Testament and Other Books*. N.p., 1861. Library of Congress. G/C175.1/G15.

Gamble, William. *1878 Chinese Characters in William Gamble's List which can be Formed by Divisible Type* (*Liangbian pin xiaozi*) [兩邊拼小字]. Manuscript. N.p., 1863. Library of Congress. G/C175.1/G18.

Gamble, William. *Two Lists of Selected Characters Containing All in the Bible*. Shanghai: n.p., 1861.

Gellner, Ernest. *Nations and Nationalism*. Ithaca: Cornell University Press, 1983.

Gerth, Karl. *China Made: Consumer Culture and the Creation of the Nation*. Cambridge, MA: Harvard Asia Center, 2003.

Gilbert, Paul T. "Putting Ideographs on Typewriter." *Nation's Business* 17, no. 2 (Feb- ruary 1929): 156.

Gitelman, Lisa. *Scripts, Grooves, and Writing Machines: Representing Technology in the Edison Era*. Stanford: Stanford University Press, 2000.

Goldman, Merle, and Leo Ou-fan Lee, eds. *An Intellectual History of Modern China*. Cambridge: Cambridge University Press, 2001.

Goodman, Nelson. *Ways of Worldmaking*. Indianapolis: Hackett Publishing, 1978.

University Press, 1980.

Engber, Daniel. "What Does a Chinese Keyboard Look Like?" *Slate* (February 21, 2006), http://www.slate.com/articles/news_and_politics/explainer/2006/02/what_ does_a_chinese_keyboard_look_like.html

Escayrac de Lauture, Comte d'. *On the Telegraphic Transmission of Chinese Characters.* Paris: E. Brière, 1862.

Esherick, Joseph. *Reform and Revolution in China: The 1911 Revolution in Hunan and Hubei*. Berkeley: University of California Press, 1976.

"Facsimile May Solve Chinese Telegram Problem." *New York Times* (August 8, 1957), 39.

Fan, Fa-ti. "Redrawing the Map: Science in Twentieth-Century China." *Isis* 98 (2007): 524–538.

Fan, Fa-ti. "Science, Earthquake Monitoring, and Everyday Knowledge in Commu- nist China." Paper delivered at Stanford University, History and Philosophy of Sci- ence and Technology program, April 22, 2010.

Febvre, Lucien, and Henri-Jean Martin. *The Coming of the Book: The Impact of Printing, 1450–1800.* London: Verso, 2010.

Fenn, Courtenay Hughes. *The Five Thousand Dictionary*. Cambridge, MA: Harvard University Press, 1940.

Ferrier, Claude-Marie, and Sir Hugh Owen. *Exhibition of the Works of Industry of All Nations: 1851 Report of the Juries*. London: William Clowes and Sons, 1852.

Fine, Lisa M. *The Souls of the Skyscraper: Female Clerical Workers in Chicago, 1870–1930*. Philadelphia: Temple University Press, 1990.

Flox, O.D. "That Chinese Type-Writer: An Open Letter to the Hon. Henry C. New- comb, Agent of the Faroe Islands' Syndicate for the Promotion of Useful Knowl- edge." *Chinese Times* (March 31, 1888), 199.

Fourteenth Census of the United States, 1920. National Archives and Records Administration, Washington, DC, Records of the Bureau of the Census, Record Group 29, NARA microfilm publication T625.

"4,200 Characters on New Typewriter; Chinese Machine Has Only Three Keys, but There Are 50,000 Combinations. 100 Words in TWO HOURS. Heuen Chi, New York University Student, Patents Device Called the First of Its Kind." *New York Times*

"Did NBC Alter the Olympics Opening Ceremony?" *Slashdot* (August 9, 2008) http://news.slashdot.org/story/08/08/09/2231231/did-nbc-alter-the-olympics-opening-ceremony (accessed March 1, 2012).

Dodd, George. *The Curiosities of Industry and the Applied Sciences.* London: George Routledge and Co., 1858.

Dodge, Elbert S. "Typewriting Machine." United States Patent no. 1411238. Filed August 19, 1921; patented March 28, 1922.

"Doings at the Philadelphia Commercial Museum." *Commercial America* 19 (April 1923): 51.

Dolezelová-Velingerová, Milena. "Understanding Chinese Fiction 1900–1949." In *A Selective Guide to Chinese Literature, 1900–1949*. Vol. 1, edited by Milena Dolezelová- Velingerová. Leiden: Brill, 1988.

Dong, Madeleine Yue, and Joshua L. Goldstein, eds. *Everyday Modernity in China.* Seattle: University of Washington Press, 2006.

Douglas, Mary. "Introduction." In *How Classification Works: Nelson Goodman Among the Social Sciences*, edited by Nelson Goodman and Mary Douglas. Edinburgh: Edin- burgh University Press, 1992.

Drucker, Johanna. *The Visible Word: Experimental Typography and Modern Art, 1909–1923*. Chicago: University of Chicago Press, 1997.

Du Ponceau, Peter S. "A Dissertation on the Nature and Character of the Chinese System of Writing." *Transactions of the Historical and Literary Committee of the Ameri- can Philosophical Society* 2 (1838).

"Du Ponceau on the Chinese System of Writing." *North American Review* 48 (January 1839): 271–310.

Duyvendak, J.J.L. "Wong's System for Arranging Chinese Characters. The Revised Four-Corner Numeral System." *T'oung Pao* 28, no. 1/2 (1931): 71–74.

Dyer, Samuel. *A Selection of Three Thousand Characters Being the Most Important in the Chinese Language for the Purpose of Facilitating the Cutting of Punches and Casting Metal Type in Chinese*. Malacca: Anglo-Chinese College, 1834.

Eisenstein, Elizabeth. *The Printing Press as an Agent of Change: Communications and Cultural Transformations in Early-Modern Europe*. Cambridge: Cambridge

Cost Estimates for Lin Yutang Typewriter. April 20, 1949. Located within File Marked "Lin Yutang Typewriter." Mergenthaler Linotype Company Records, 1905–1993, Archives Center, National Museum of American History, Smithsonian Institution, box 3628.

"Cost for a Japanese Typewriter." SMA U1-4-3789 (February 25, 1943), 9.

Cousin, A.J.C. "Typewriting Machine." United State Patent no. 1794152. Filed July 13, 1928; patented February 24, 1931.

Cowan, Ruth Schwartz. *A Social History of American Technology*. New York: Oxford University Press, 1997.

Creel, Herrlee Glessner. "On the Nature of Chinese Ideography." *T'oung Pao* 32 (second series), no. 2/3 (1936): 85–161.

Culp, Robert. "Teaching Baihua: Textbook Publishing and the Production of Ver- nacular Language and a New Literary Canon in Early Twentieth-Century China." *Twentieth-Century China* 34, no. 1 (November 2008): 4–41.

David, Paul A. "Clio and the Economics of QWERTY." *American Economic Review* 75, no. 2 (1985): 332–337.

Davies, E. *Memoir of the Rev. Samuel Dyer; Sixteen Years Missionary to the Chinese*. London: J. Snow, 1846

Davies, Margery W. *A Woman's Place Is at the Typewriter: Office Work and Office Workers 1870–1930*. Philadelphia: Temple University Press, 1982.

Davis, John Francis. *The Chinese: A General Description of the Empire of China and Its Inhabitants*. Vol. 2. London: Charles Knight, 1836.

DeFrancis, John. *Nationalism and Language Reform in China*. New Jersey: Princeton University Press, 1950.

DeFrancis, John. *Visible Speech.* Honolulu: University of Hawai'i Press, 1989. Derrida, Jacques. *Of Grammatology*. Baltimore: Johns Hopkins University Press, 1976.

"Descriptions of the Commercial Press Exhibit." Shanghai: Commercial Press, n.d. (c. 1926). City of Philadelphia, Department of Records. Record Group 232 (Sesqui- centennial Exhibition Records), 232-4-8.1 "Department of Foreign Participation," box A-1474, box folder 8, series folder 29 ("China, Commercial Press Exhibit").

Desnoyers, Charles. *A Journey to the East: Li Gui's A New Account of a Trip Around the Globe*. Ann Arbor: University of Michigan Press, 2004.

(2001): 69–74.

Chun, Wendy Hui Kyong. "Introduction: Race and/as Technology; or, How to Do Things to Race." *Camera Obscura* 24, no. 170 (2009): 7–35.

"Chu Yin Tzu-mu Keyboard—Keyboard no. 1400." (February 10, 1921.) Hagley Museum and Library. Accession no. 1825. Remington Rand Corporation. Records of the Advertising and Sales Promotion Department. Series I Typewriter Div. Subseries B, Remington Typewriter Company, box 3, vol. 3.

City of Philadelphia, Department of Records. Record Group 232 (Sesquicentennial Exhibition Records), 232-2.6 "Photographs." Photograph 2427.

Clark, Lauren, and Eric Feron. "Development of and Contribution to Aerospace Engineering at MIT." *40th AIAA Aerospace Sciences Meeting and Exhibit* (January 14–17, 2002), 2.

Clarke, Adele E., and Joan Fujimura, eds. *The Right Tools for the Job: At Work in Twentieth-Century Life Sciences*. Princeton: Princeton University Press, 1992.

Clarke, Adele E., and Joan Fujimura. "What Tools? Which Jobs? Why Right?" In *The Right Tools for the Job: At Work in Twentieth-Century Life Sciences,* edited by Adele E. Clarke and Joan Fujimura. Princeton: Princeton University Press, 1992, 3–47.

Clarke, Stephan P. "The Remarkable Sheffield Family of North Gainesville." N.p.: manuscript provided by author.

"Cleaning of Typewriters, Calculators, etc." Memo from Shanghai Municipal Coun- cil Secretary to "All Departments and Emergency Offices." SMA U1-4-3586 (April 2, 1943), 35.

Coble, Parks. *Chinese Capitalists in Japan's New Order: The Occupied Lower Yangzi, 1937–1945.* Berkeley: University of California Press, 2003.

Conn, Steven. "An Epistemology for Empire: The Philadelphia Commercial Museum, 1893–1926." *Diplomatic History* 22, no. 4 (1998): 533–563.

Conrad, Frank, and Yasudiro Sakai. "Impedance Device for Use with Current-Rectifi- ers." United States Patent no. 1075404. Filed January 10, 1912; patented October 14, 1913.

The Cornell University Register 1897–1898. 2nd ed. Ithaca: The University Press of Andrus and Church, 1897–1988, 18.

Materials on the Old Chinese Maritime Customs, 1859–1948. Vol. 134 (1939) (*Zhongguo jiu haiguan shiliao*) [中國舊海關史料]. Beijing: Jinghua Press [京華出版社], 2001.

Chinese Second Historical Archives (*Zhongguo di'er lishi dang'anguan*), ed. *Historical Materials on the Old Chinese Maritime Customs, 1859–1948.* Vol. 138 (1940) (*Zhongguo jiu haiguan shiliao*) [中國舊海關史料]. Beijing: Jinghua Press [京華出版社], 2001.

Chinese Second Historical Archives (*Zhongguo di'er lishi dang'anguan*), ed. *Historical Materials on the Old Chinese Maritime Customs, 1859–1948.* Vol. 142 (1941) (*Zhongguo jiu haiguan shiliao*) [中國舊海關史料]. Beijing: Jinghua Press [京華出版社], 2001.

Chinese Second Historical Archives (*Zhongguo di'er lishi dang'anguan*), ed. *Historical Materials on the Old Chinese Maritime Customs, 1859–1948.* Vol. 144 (1942) (*Zhongguo jiu haiguan shiliao*) [中國舊海關史料]. Beijing: Jinghua Press [京華出版社], 2001.

"A Chinese Type-Writer." *Chinese Times* (March 1888), 143. "A Chinese Typewriter." *Peking Gazette* (November 1, 1915), 3.

"A Chinese Typewriter." *San Francisco Examiner* (January 22, 1900). "A Chinese Type-Writer." *Scientific American* (March 6, 1899), 359.

"A Chinese Typewriter." *Semi-Weekly Tribute* (June 22, 1897), 16.

"A Chinese Typewriter." *Shanghai Times* (November 19, 1915), 1.

The Chinese Typewriter. Written by Stephen J. Cannell. Directed by Lou Antonio. Starring Tom Selleck and James Whitmore, Jr. 78 mins. 1979. Universal City Studios.

"Chinese Typewriter Printing 4,000 Characters." *Chicago Daily Tribune* (June 7, 1899), 6.

"Chinese Typewriters." Memo from "The Secretary's Office, Municipal Council" to "The Director." SMA U1-4-3582 (July 13, 1943): 6–8.

"Chinese Typewriter, Shown to Engineers, Prints 5,400 Characters with Only 36 Keys." *New York Times* (July 1, 1946), 26.

Chow, Kai-wing. *Publishing, Culture, and Power in Early Modern China*. Stanford: Stanford University Press, 2004.

Chow, Rey. "How (the) Inscrutable Chinese Led to Globalized Theory." *PMLA* 116, no. 1

Smithsonian Institution, box 3628. Multiple Dates in 1950 Listed.
"Chinese Put on Typewriter by Lin Yutang." *Los Angeles Times* (August 22, 1947), 2.
"Chinese Romanized—Keyboard no. 141." Hagley Museum and Library. Accession no. 1825. Remington Rand Corporation. Records of the Advertising and Sales Promotion Department. Series I Typewriter Div. Subseries B, Remington Typewriter Company, box 3, vol. 1.
Chinese Second Historical Archives (*Zhongguo di'er lishi dang'anguan*), ed. *Historical Materials on the Old Chinese Maritime Customs, 1859–1948.* Vol. 112 (1932) (*Zhongguo jiu haiguan shiliao*) [中國舊海關史料]. Beijing: Jinghua Press [京華出版社], 2001.
Chinese Second Historical Archives (*Zhongguo di'er lishi dang'anguan*), ed. *Historical Materials on the Old Chinese Maritime Customs, 1859–1948.* Vol. 114 (1933) (*Zhongguo jiu haiguan shiliao*) [中國舊海關史料]. Beijing: Jinghua Press [京華出版社], 2001.
Chinese Second Historical Archives (*Zhongguo di'er lishi dang'anguan*), ed. *Historical Materials on the Old Chinese Maritime Customs, 1859–1948.* Vol. 118 (1935) (*Zhongguo jiu haiguan shiliao*) [中國舊海關史料]. Beijing: Jinghua Press [京華出版社], 2001.
Chinese Second Historical Archives (*Zhongguo di'er lishi dang'anguan*), ed. *Historical Materials on the Old Chinese Maritime Customs, 1859–1948.* Vol. 122 (1936) (*Zhongguo jiu haiguan shiliao*) [中國舊海關史料]. Beijing: Jinghua Press [京華出版社], 2001.
Chinese Second Historical Archives (*Zhongguo di'er lishi dang'anguan*), ed. *Historical Materials on the Old Chinese Maritime Customs, 1859–1948.* Vol. 126 (1937) (*Zhongguo jiu haiguan shiliao*) [中國舊海關史料]. Beijing: Jinghua Press [京華出版社], 2001.
Chinese Second Historical Archives (*Zhongguo di'er lishi dang'anguan*), ed. *Historical Materials on the Old Chinese Maritime Customs, 1859–1948.* Vol. 130 (1938) (*Zhongguo jiu haiguan shiliao*) [中國舊海關史料]. Beijing: Jinghua Press [京華出版社], 2001.
Chinese Second Historical Archives (*Zhongguo di'er lishi dang'anguan*), ed. *Historical*

by Sidney Chang and Ramon Myers. Stanford: Hoover Institute Press, 1994.

Cheng, Linsun. *Banking in Modern China: Entrepreneurs, Professional Managers, and the Development of Chinese Banks, 1897–1937*. Cambridge: Cambridge University Press, 2007.

Chi, Heuen [Qi Xuan]. Chinese Exclusion Act File. National Archives and Records Administration, Washington, DC.

Chi, Heuen [Qi Xuan]. "Apparatus for Writing Chinese." United States Patent no. 1260753. Filed April 17, 1915; patented March 26, 1918.

Chia, Lucille. *Printing for Profit. The Commercial Publishers of Jianyang, Fujian*. Cambridge, MA: Harvard University Asia Center, 2003.

Chiang, Yee. *Chinese Calligraphy: An Introduction to Its Aesthetics and Techniques*. Cambridge, MA: Harvard University Press, 1973 [1938].

"Child of the Quarantine: One More Passenger on the Nippon Maru List—Baby Born During Angel Island Stay." *San Francisco Chronicle* (July 11, 1899), 12.

"China." *Atchison Daily Globe* (April 11, 1898), 1.

China as It Really Is. London: Eveleigh Nash, 1912.

"China, Commercial Press Exhibit." City of Philadelphia, Department of Records. Record Group 232 (Sesquicentennial Exhibition Records), 232-4-8.1 "Department of Foreign Participation," box A-1474, folder 8, series folder 29.

"Chinaman Invents Chinese Typewriter Using 4,000 Characters." *New York Times* (July 23, 1916), SM15.

"China Oct 1926." City of Philadelphia, Department of Records. Record Group 232 (Sesquicentennial Exhibition Records), 232-4-8.1 "Department of Foreign Participation," box A-1474, folder 7, series folder 28.

"Chinese Characters Sent by Telegraph Machine." *Los Angeles Times* (November 22, 1936), 5.

"Chinese Divisible Type." *Chinese Repository* 14 (March 1845): 124–129. "Chinese Language and Dialects." *Missionary Herald* 31 (May 1835): 197–201.

"Chinese Phonetic on a Typewriter." *Popular Science* 97, no. 2 (August 1920): 116.

"Chinese Project: The Lin Yutang Chinese Typewriter." Mergenthaler Linotype Company Records, 1905–1993, Archives Center, National Museum of American His- tory,

2009.

Carter, John. "The New World Market." *New World Review* 21, no. 9 (October 1953): 38–43.

Carter, Thomas Francis. *The Invention of Printing in China and Its Spread Westward*. New York: Ronald Press Co., 1955.

Cartoon of Chinese Typewriter. *St. Louis Globe-Democrat* (January 11, 1901), 2–3.

Chan, Hok-lam. *Control of Publishing in China, Past and Present*. Canberra: Australian National University Press, 1983.

Chang, C.C. "Heun Chi Invents a Chinese Typewriter." *Chinese Students' Monthly* 10, no. 7 (April 1, 1915): 459.

Chang, Kang-i Sun, Haun Saussy, and Charles Yim-tze Kwong, eds. *Women Writers of Traditional China: An Anthology of Poetry and Criticism*. Stanford: Stanford University Press, 1999.

Characters Formed by the Divisible Type Belonging to the Chinese Mission of the Board of Foreign Missions of the Presbyterian Church in the United States of America. Macao: Pres- byterian Press, 1844.

Chartier, Roger. *The Cultural Uses of Print in Early Modern France*. Translated by Lydia G. Cochrane. Princeton: Princeton University Press, 1987.

Chartier, Roger. *Forms and Meanings: Texts, Performances, and Audiences from Codex to Computer*. Philadelphia: University of Philadelphia Press, 1985.

Chartier, Roger. "Gutenberg Revisited from the East." Translated by Jill A. Friedman. *Late Imperial China* 17, no. 1 (1996): 1–9.

Chartier, Roger. "Texts, Printing, Readings." In *The New Cultural History*, edited by Lynn Hunt, 154–175. Berkeley: University of California Press, 1989.

Chen, Jianhua. "Canon Formation and Linguistic Turn: Literary Debates in Republi- can China, 1919–1949." In *Beyond the May Fourth Paradigm: In Search of Chinese Modernity*, edited by Kai-wing Chow, Tze-ki Hon, Hung-yok Ip, and Don C. Price. Lanham, MD: Lexington Books, 2008, 51–67.

Chen, Li. *Chinese Law in Imperial Eyes: Sovereignty, Justice, and Transcultural Politics*. New York: Columbia University Press, 2015.

Chen Lifu. *Storm Clouds Over China: The Memoirs of Ch'en Li-fu, 1900–1993*. Edited

Brokaw, Cynthia. "Book History in Premodern China: The State of the Discipline." *Book History* 10 (2007): 253–290.

Brokaw, Cynthia J. "Reading the Best-Sellers of the Nineteenth Century: Commer- cial Publishers in Sibao." In *Printing and Book Culture in Late Imperial China*, edited by Cynthia Brokaw and Kai-wing Chow. Berkeley: University of California Press, 2005.

Brokaw, Cynthia, and Kai-wing Chow, eds. *Printing and Book Culture in Late Imperial China*. Berkeley: University of California Press, 2005.

Brokaw, Cynthia, and Christopher Reed, eds. *From Woodblocks to the Internet: Chinese Publishing and Print Culture in Transition, Circa 1800 to 2008*. Boston and Leiden: Brill, 2010.

Brook, Timothy. *Collaboration: Japanese Agents and Local Elites in Wartime China*. Cambridge, MA: Harvard University Press, 2007.

Brown, Alexander T. "Type-Writing Machine." United States Patent no. 855832. Filed June 29, 1904/reapplied August 8, 1905; patented June 4, 1907.

Brown, Alexander T. "Type-Writing Machine." United States Patent no. 911198. Filed June 29, 1904; patented February 2, 1909.

Brown, William Norman. "Report on the Chinese Typewriter." May 16, 1948. Uni- versity of Pennsylvania Archives—W. Norman Brown Papers (UPT 50 B879), box 10, folder 5.

Brumbaugh, Robert S. "Chinese Typewriter." United States Patent no. 2526633. Filed September 25, 1946; patented October 24, 1950.

Bryson, Bill. *Mother Tongue: The English Language*. New York: Penguin, 1999.

Bull, W. "A Short History of the Shanghai Station." Shanghai: n.p., 1893. [Handwrit- ten Manuscript] Cable and Wireless Archive DOC/EEACTC/12/10.

Bunnag, Tej. *The Provincial Administration of Siam, 1892–1915: The Ministry of the Interior under Prince Damrong Rajanubhab*. Kuala Lumpur: Oxford University Press, 1977.

Burgess, Anthony. "Minding the Ps and Qs of our ABCs." *Observer* (April 7, 1991), 63.

Buschmann, Theodor Eugen. "Letter-Width-Spacing Mechanism in Typewriters." United States Patent no. 1472825. Filed March 23, 1921; patented November 6, 1923.

Canales, Jimena. *A Tenth of a Second. A History.* Chicago: University of Chicago Press,

199–232.

Bektas, Yakup. "The Sultan's Messenger: Cultural Constructions of Ottoman Telegra- phy, 1847–1880." *Technology and Culture* 41 (2000): 669–696.

Bellovin, Steve. "Compression, Correction, Confidentiality, and Comprehension: A Modern Look at Commercial Telegraph Codes." Paper presented at the Cryptologic History Symposium (Laurel, MD), 2009.

Benjamin, Walter. *The Work of Art in the Age of Mechanical Reproduction*. In *Illuminations*. Translated by Harry Zohn. New York: Schocken Books, 1968, 217–252.

Bijker, Wiebe E. "Do Not Despair: There Is Life after Constructivism." *Science, Technology and Human Values* 18, no. 1 (Winter 1993): 113–138.

Bijker, Wiebe E. *Of Bicycles, Bakelites, and Bulbs: Toward a Theory of Sociotechnical Change*. Cambridge, MA: MIT Press, 1997 [1995].

Bijker, Wiebe E., and John Law, eds. *Constructing Stable Technologies: Towards a Theory of Sociotechnical Change*. Cambridge, MA: MIT Press, 1992.

Bloom, Alfred H. "The Impact of Chinese Linguistic Structure on Cognitive Style." *Current Anthropology* 20, no. 3 (1979): 585–601.

Bloom, Alfred H. *The Linguistic Shaping of Thought: A Study in the Impact of Language on Thinking in China and the West*. Hillsdale, NJ: L. Erlbaum, 1981.

Bodde, Derk. *Chinese Thought, Society, and Science: The Intellectual and Social Background of Science and Technology in Pre-Modern China*. Honolulu: University of Hawai'i Press, 1991.

Boltz, William G. "Logic, Language, and Grammar in Early China." *Journal of the American Oriental Society* 120, no. 2 (April–June 2000): 218–229.

Bonavia, David. "Coming to Grips with a Chinese Typewriter." *Times* (London) (May 8, 1973), 8.

Borgman, Christine L. *From Gutenberg to the Global Information Infrastructure: Access to Information in the Networked World*. Cambridge, MA: MIT Press, 2003 [2000].

Bourdieu, Pierre. *The Logic of Practice*. Stanford: Stanford University Press, 1992.

Bowker, Geoffrey C. *Memory Practices in the Sciences*. Cambridge, MA: MIT Press, 2005.

Bowker, Geoffrey C., and Susan Leigh Star. *Sorting Things Out: Classification and Its Consequences*. Cambridge, MA: MIT Press, 1999.

Nationalism. Rev. ed. New York: Verso, 1991.

Andreas, Joel. *Rise of the Red Engineers: The Cultural Revolution and the Origins of China's New Class*. Stanford: Stanford University Press, 2009.

"Annual Report of the Philadelphia Museums, Commercial Museum." Philadelphia: Commercial Museum, 1923.

Arbisser, Micah Efram. "Lin Yutang and his Chinese Typewriter." Princeton Univer- sity Senior Thesis no. 13048 (2001).

Arnold, David. *Everyday Technology: Machines and the Making of India's Modernity*. Chicago: University of Chicago, 2013.

"At Last—A Chinese Typewriter—A Remington." *Remington Export Review,* n.d., 7. Hagley Museum and Library. Accession no. 1825. Remington Rand Corporation. Records of the Advertising and Sales Promotion Department. Series I Typewriter Div. Subseries B, Remington Typewriter Company, box 3, vol. 3. [No date appears on the copy housed in the Hagley Museum collection, although the drawing of a Chinese keyboard diagram included within the article is dated February 10, 1921.]

Baark, Erik. *Lightning Wires: The Telegraph and China's Technological Modernization, 1860–1890.* Westport, CT: Greenwood Press, 1997.

Bachrach, Susan. *Dames Employées: The Feminization of Postal Work in Nineteenth-Century France*. London: Routledge, 1984.

Bailey, Paul J. *Reform the People: Changing Attitudes towards Popular Education in Early Twentieth-Century China.* Edinburgh: Edinburgh University Press, 1990.

Barr, John H., and Arthur W. Smith. "Type-Writing Machine." United States Patent no. 1250416. Filed August 4, 1917; patented December 18, 1917.

Bayly, Christopher. *Empire and Information: Intelligence Gathering and Social Communication in India, 1780–1870*. Cambridge: Cambridge University Press, 1999 [1996].

Beeching, Wilfred A. *Century of the Typewriter*. New York: St. Martin's Press, 1974.

Behr, Wolfgang. "Early Medieval Philosophical Crabs." Presentation at the "Literary Forms of Argument in Pre-Modern China" Workshop, Queen's College, University of Oxford, September 16–18, 2009.

Bektas, Yakup. "Displaying the American Genius: The Electromagnetic Telegraph in the Wider World." *British Journal for the History of Science* 34, no. 2 (June 2001):

《中國舊海關史料：1859-1948》（京華出版社，2001）。

三、英文資料

"Accuracy: The First Requirement of a Typewriter." *Dun's Review* 5 (1905): 119.

Adal, Raja. "The Flower of the Office: The Social Life of the Japanese Typewriter in its First Decade." Presentation at the Association for Asian Studies Annual Meeting, March 31–April 3, 2011.

Adas, Michael. *Machines as the Measure of Men: Science, Technology, and Ideologies of Western Dominance*. Ithaca: Cornell University Press, 1989.

"Additional Japanese Typewriters and the Engagement of Typists." Memo from Shanghai Municipal Council Secretary to the Co-ordinating Committee. SMA U1-4- 3796 (February 15, 1943), 36.

Adler, Michael H. *The Writing Machine: A History of the Typewriter*. London: Allen and Unwin, 1973.

"An Agreement entered into the 10th day of August, 1887 between the Imperial Chinese Telegraph Company and Great Northern Telegraph Company of Copenha- gen and the Eastern Extension, Australasia and China Telegraph Company, Lim- ited." Cable and Wireless Archive DOC/EEACTC/1/304 E.Ex.A&C.T. Co. Ltd Agreements with China and Great Northern Telegraph Co. etc. (August 10, 1887), 185–195.

Ahvenainen, Jorma. *The European Cable Companies in South America before the First World War*. Helsinki: Finnish Academy of Sciences and Letters, 2004.

Allard, J. Frank. "Type-Writing Machine." United States Patent no. 1188875. Filed January 13, 1913; patented June 27, 1916.

Allard, J. Frank. "Typewriting Machine." United States Patent no. 1454613. Filed June 8, 1921; patented May 8, 1923.

Allen, Joseph R. "I Will Speak, Therefore, of a Graph: A Chinese Metalanguage." *Language in Society* 21, no. 2 (June 1992): 189–206.

"An American View of the Chinese Typewriter." *Shanghai Puck* 1, no. 1 (September 1, 1918): 28.

Anderson, Benedict. *Imagined Communities: Reflections on the Origin and Spread of*

〈俞斌祺向抗日會伸辯〉，《申報》1931年11月9日，第11頁。
〈俞斌祺發明鋼質鑄字〉，《中國實業》第1卷第5期（1935），第939頁。
莢君，〈中國之打字機：周厚坤創造〉，《青聲周刊》第4期（1917），第2-3頁。
俞碩霖，〈俞式打字機的誕生〉，老小孩社區，2010年6月3日。
俞碩霖，〈最後的俞式打字機〉，老小孩社區，2010年6月9日。
俞碩霖，〈兩種中文打字機〉，老小孩社區，2010年2月8日。
俞碩霖，〈俞式打字機的專利〉，老小孩社區，2010年6月3日。
俞碩霖，〈俞式打字機無限公司〉，老小孩社區，2010年6月7日。
俞碩霖，〈俞式打字機製造廠〉，老小孩社區，2010年6月6日。
〈俞式中文打字機　提成充水災義振〉，《申報》1935年12月22日，第12頁。
《俞式打字機字匯》（俞式中文打字機發行所，1951）。
張風，〈筆順檢字法〉，《一般》第1卷第4期（1927）。
張繼英，〈我的工作效率是怎樣提高的〉，收錄中南人民出版社編，《張繼英揀字法》（漢口：中南人民出版社，1952），第20頁。
張繼英，〈我要把我的揀字法教給大家〉，《人民日報》1952年6月3日，第2頁。
張繼英，〈準備向全國揀字工人提出友誼挑戰〉，《人民日報》1952年6月9日，第2頁。
張秀民，《中國印刷史》（上海人民出版社，1989）。
張元濟，《張元濟全集》（商務印書館，2009）。
〈張邦永先生國音邦永速記術〉，《新世界》第50期（1934），第57頁。
《中國電報新編》（上海電報局，1881）。
周厚坤，〈創制中國打字機圖說〉，王汝鼎譯，《東方雜誌》第12卷第10期（1915年10月），第28-31頁。
周厚坤，〈通俗打字盤商榷書〉，《教育雜誌》第9卷第3期（1917年3月），第12-14頁。
周厚坤、陳霆銳，〈新發明中國字之打字機〉，《中華學生界》第1卷第9期（1915年9月25日），第1-11頁。
〈周王兩君之絕學〉，《申報》1916年7月24日，第10頁。

〈天津市立第八社教區民眾教育館第八期華文打字速成班畢業學生名冊〉，TMA J110-3-740 (November 25, 1948), 1-2.
天津市人民政府地方國營工業局紅星工廠，〈華文打字機字表改進報告〉，TMA J104-2-1639 (October 1953), 29-39.
〈中文打字機兩起新發明〉，《科學月刊》第15期（1947），第23-24頁。
〈打字班開課〉，《金陵光》第6卷第2期（1914年4月），第33頁。
《平國民通用詞表》，哥倫比亞大學善本與手稿圖書館。
《上海印書館製造華文打字機説明書》（商務印書館，1917）。
〈捷成打字傳習所〉，SMA Q235-1-1848 (1933), 50-70.
《電報書籍》（上海，1871）。
威基謁，《電報新書》（1871）。
《電信匯字》（電機信局，1870）。
萬國鼎，〈漢字母筆排列法〉，《東方雜誌》第2期（1926），第75-90頁。
綰章，〈漢文打字機之新發明〉，《進步》第6卷第1期（1914），第5頁。
王桂華、林根生，《中文打字技術》（江蘇人民出版社，1960）。
汪怡，〈速記在商業上的價值〉，《讀書季刊》第2卷第1期（1936），第1-10頁。
汪怡，《中國新式速記術》（新式速記傳習所，1919）。
吳啟中、曾昭掄，〈國人新發明〉，《時事月報》第11卷第3期（1934），第18頁。
吳躍、管洪林，《中文打字》（高等教育出版社，1989）（附錄包括：〈中文打字機革新字盤表〉）。
〈武昌檢廳咨查漢冶萍解款〉，《申報》1922年8月26日，第15頁。
徐冰，《從天書到地書》（廣西師範大學出版社，2020）。
薛振東，上海市《南匯縣志》（上海市南匯縣縣志編纂委員會，1992）。
楊明時，〈林語堂式華文打字機的原理〉，《華文國際》第1卷第3期（1948），第3頁。
〈俞斌祺等組織中國發明人協會〉，《圖書展望》第1卷第8期（1936年4月28日），第83頁。
〈俞斌祺中文打字機字表〉，上海，1930年代（早於1928年）。作者私人收藏。

(March 22, 1964), 9-10.
〈上海中文打字機製造廠聯營所產銷計劃〉，SMA S289-4-37 (December 1951), 65.
上海市私營企業財產重估評審委員會，〈重估財產報表：富勝華文打字機製造廠〉，SMA S1-4-436(December 31, 1950), 22-33.
謝衛樓，〈第八章太子斷定良民叛的報應〉，《小孩月報》第5卷第2期（1879），第2-3頁。
謝衛樓，〈第二章民受誘惑違背皇帝〉，《小孩月報》第4卷第3期（1878），第5頁。
謝衛樓，〈神道要論〉，《通州文魁其刊印》，1894。
謝衛樓，〈賞罰喻言第六章良民勸人放瞻悔改〉，《小孩月報》第4卷第10期（1879），第5頁。
謝衛樓，〈賞罰喻言第三章民受誘惑犯罪更甚〉，《小孩月報》第4卷第4期（1878），第6-7頁。
謝衛樓，〈賞罰喻言第一章島民受霸王轄制〉，《小孩月報》第4卷第2期（1878），第3頁。
沈蘊芬，〈我熱愛黨分配給我的工作〉，《人民日報》1953年11月30日，第3頁。
沈禹鐘，〈排字人〉，《紅雜誌》第2卷第16期（1923），第1-11頁。
舒震東，〈中國打字機〉，《同濟》第2期（1918），第73-82頁。
舒震東，〈研究中國打字機時之感想〉，《同濟》第2期（1918），第153-156頁。
〈既有打字技術可到社會服務處登記〉，《人民日報》1949年3月30日，第4頁。
宋明德，〈華文打字機〉，《同舟》第3卷第1期（1934），第11-12頁。
〈中華鐵路學校暑假〉，《申報》1916年7月5日，第10頁。
孫禮乾，《萬能式中文打字機修理法》（上海科學技術出版社，1954）。
〈游泳專家俞斌祺男士〉，《男朋友》第1卷第10期（1932）。
《華文打字講義》，約1917年。
天津中華打字機公司，《中華打字機實習課本上冊》（東華齊印書局，1943）。
天津中華打字機公司，《中華打字機實習課本下冊》（東華齊印書局，1943）。

《五筆檢字法之原理效用》（中華書局，1928）。
〈北京市私立樹成打字科職業補習學校學生名籍表〉，BMA J004-002-01091 (March 23, 1942).
〈北京市私立亞東日華文打字補習學校學生名籍表〉，BMA J004-002-01022 (November 7, 1942).
〈北京私立燕京華文打字補習學校學生名籍表〉，BMA J004-001-00805 (November 1, 1946); SMA R48-1-287.
錢玄同，〈中國今後之文字問題〉，《新青年》第4卷第4期（1918），第70-77頁。
錢玄同，〈為什麼要提倡國語羅馬字？〉，《新生》第1卷第2期（1926年12月），收於《錢玄同文集》第3卷（北京：中國人民大學出版社，1999），第385-391頁。
〈南洋大學工程會近訊〉，《申報》1922年11月10日，第14頁。
〈關於創辦北平市私立廣德文打字補習學社的呈文及該社簡章等以及社會局的批文〉，BMA J002-003-00754 (May 1, 1938).
〈關於謄寫打字社〉，SMA Q235-3-503, n.d.
〈為調整國產中文打字機售價問題〉，SMA B99-4- 124 (January 15, 1953), 52-90.
〈商業打字速記傳習所簡章〉，SMA Q235-1-1844 (June 1932), 49-56.
〈中國排字法之研究〉，《東北文化月報》第6卷第2期（1927），第40-49頁。
〈抗日救國運動〉，《申報》1931年11月8日，第13-14頁。
〈抗日會常務會議紀　第十七次〉，《申報》1931年11月12日，第13-14頁。
〈對人民日報讀者批評建議的反映〉，《人民日報》1952年8月27日，第6頁。
〈第二回天津邦文煉成競技大會〉，TMA J128-3-9615 (October 9, 1943).
上海計算機打字機廠，《中文打字機字盤字表》。
上海計算機打字機廠編，〈雙鴿牌 DHY 型中文打字機鑒定報告〉，SMA B155-2-284 (April 24, 1964), 4.
上海計算機打字機廠編，〈雙鴿牌中文打字機改進試製技術總結〉，SMA B155-2-282 (March 22, 1964), 11-14.
上海計算機打字機廠編，《雙鴿牌中文打字機廠內鑒定報告》，SMA B155-2-282

《博物通書》（真神堂，1851）。
〈對於檢字法問題的辦法〉，《東方雜誌》第20卷第23期（1923），第97-100頁。
交通部，《交通部規定國音電報法式》，1928。
交通部，《明密電碼新編》（南京印書館，1933）。
交通部，《明密電碼新編》（交通部刊行，1946）。
交通部，《明密碼電報新編》（上海，1916）。
〈美國麻省理工學校中國學生畢業紀〉，《申報》1915年7月19日，第6頁。
〈各地來京參加「五一節」觀禮的勞動模範〉，《人民日報》1952年5月7日，第3頁。
〈惠氏華英打字專校〉，SMA Q235-1-1847 (1932), 26-49.
〈取定遊美學生名單〉，《申報》1910年8月9日，第5頁。
中華平民教育促進會，《農民千字課》，1933。
南京打字機行，《最新中文打字字彙》。
〈新發明〉，《國防月刊》第2卷第1期（1947），第2頁。
〈中國打字機之新發明〉，《申報》1915年8月16日，第10頁。
〈中國打字機器新發明〉，《通問報》第656期（1915），第8頁。
〈中國物產貿易公司消息〉，《申報》1931年8月29日，第20頁。
〈打字新紀錄〉，《人民日報》1956年11月23日，第2頁。
〈實業部核准俞制中文打字機專利〉，《申報》1934年8月1日，第16頁。
彭玉雯，《十三經集字摹本》，1849。
民生打字機製造廠編，《練習課本》（出版時地不詳，約1940年代）。
〈北京市私立亞東日華文打字補習學校關於第十六期普通速成各組學生成績表、課程預計及授課時數請鑒核給北京特別市教育局的呈以及教育局的指令〉，BMA J004-002-01022 (January 31, 1943).
屏周，〈參觀商務印書館製造華文打字機記〉，《商業雜誌》第2卷第12期，第1-4頁。
〈俞氏中文打字機之好評〉，《中國實業》第1卷第6期（1935），第1158頁。
〈籌辦華文打字機訓練班〉，《河南教育》第1卷第6期（19278），第4頁。

〈中文打字機的發明〉，《小朋友》第859期（1947），第22頁。
〈一個排字工人的苦話〉，《上海伙友》第3期（1920年10月10日），第2-3頁。
蔣一前，《中國檢字法沿革史略及七十七種新檢字法表》（出版地不詳：中國索引社，1933）。
〈蘇實業廳聘周厚坤為顧問〉，《申報》1923年10月21日，第15頁。
中國人民大學新聞學研究所，《報紙的排字和排版》（上海：商務印書館，1958）。
〈高產喜報〉，《人民日報》1958年8月11日，第3頁。
〈開封排字工人張繼英努力改進排字法創每小時三千餘字新紀錄〉，《人民日報》1951年12月16日。
〈上海新開一家規模巨大的公私合營打字機店〉，新華社新聞稿2295（1956）。
李圭，《環遊地球新錄》（湖南人民出版社，1980）。
李獻廷編，《最新公文程式》（新京：奉天打字專門學校，1932）。
李中原、劉兆蘭，〈開封排字工人張繼英的先進工作法〉，《人民日報》1952年3月10日，第2-4頁。
〈教育文化基金會與圖事業〉，《中華圖書館協會會報》第7期（1931年8月），第10頁。
林太乙，《林語堂傳》（臺北：聯經出版，1989）。
林語堂，〈中文打字機〉，林太乙譯，《西風》第85期（1946），第36-39頁。
林語堂，〈漢字索引制說明〉，《新青年》第2期（1918），第128-135頁。
林語堂、陳厚士，〈中文打字機之發明〉，《世界與中國》第1卷第6期（1946），第32-34頁。
〈林語堂發明新中文打字機〉，《文理學報》第1卷第1期（1946），第102頁。
〈林語堂新發明中文打字機〉，《申報》1947年8月23日，第3頁。
〈林語堂發明中文打字機　高仲芹發明電動打字機〉，《申報》1947年9月19日，第6頁。
〈林語堂氏的檢字新法〉，《北新》第8期（1926），第3-9頁。
潞河鄉村服務部，《日常應用基礎二千字》，1938。

卷第3期（1916年9月15日），第1-2頁。
〈是是非非：漢文打字機〉，《南華文藝》第1卷第7/8期（1923），第103頁。
范繼舲，《范氏萬能式中文打字機實習範本》（漢口：范氏研究所印行，1949）。
〈編製中文書籍目錄的幾個方法〉，《東方雜誌》第20卷第23期（1923），第86-103頁。
《新編易電碼》，1912。
甘純權、徐怡芝編，《華文打字文書要訣》（又名《書記服務必備》）（上海：上海職業指導所，1935）
戈一夫，〈每小時揀字五千多〉，《人民日報》1958年6月27日，第4頁。
禾村，〈華北軍區政治部印刷廠黨支部是怎樣領導推廣先進排字法的〉，《人民日報》1952年7月18日，第3頁。
何公敢，〈單體檢字法〉，《東方雜誌》第25卷第4期（1928），第59-72頁。
何躬行，〈我國之鑄字工人〉，《時兆月報》第29卷第4期（1934），第16-17頁。
何繼曾，《排字淺說》（上海：商務印書館，1959）
洪秉淵，〈合理的排字方法之研究〉，《浙江省建設月刊》第4卷第8/9期（1931），第22-45頁。
〈宏業公司經理俞氏中文打字機暢銷〉，《申報》1934年12月8日，第14頁。
胡適，〈藏暉室札記（續前號）〉，《新青年》第3卷第1期（1917年3月），第1-5頁。
胡適，〈中文打字機——波士頓記〉，《胡適學術文集・語言文字研究》（中華書局，1993）
胡耀邦，〈立志做社會主義的積極建設者與保衛者〉，《人民日報》1954年5月4日，第2頁。
華生，〈市商會主辦的國貨展覽會巡禮〉，《申報》1936年10月5日。
《改良舒式華文打字機說明書》（上海：商務印書館，1938）。
〈水利電力部上海電力設計部打字女工小組事蹟介紹〉，SMA A55-2-326.
〈新打字操作法介紹〉，《人民日報》1953年11月30日，第3頁。
〈發明電力中文打字機〉，《首都電光月刊》第61期（1936），第9頁。

（重慶：重慶出版社，1988）。
周厚坤，"Speccificatios for Asphalt Cement"，《中國工程學會會刊》第5卷第4期（1930），第517-521頁。
《商務印書館九十五年——我和商務印書館》（商務印書館，1992）。
〈商務印書館商設華文打字機練習科〉，《教育與職業》第10期（1918），第8頁。
天津市政府教育局與峻德華文打字職業補習學校之間的通信，TMA J110-1-808 (March 5, 1948), 1-12.
天津市政府教育局與國際打字傳習所之間的通信，TMA J110-1-838 (July 6, 1946), 1-15.
〈領事館置漢文打字機〉，《大漢公報》1925年5月18日，第3頁。
〈北平市私立育才華文打字科職業補習學校職教員履歷表、學生名籍表〉，BMA J004-002-00662 (July 31, 1939).
〈建議改進中文打字機字盤排列方法〉，《人民日報》1952年7月23日，第6頁。
鄧智秀，〈北京勞模沈蘊芬的事跡〉，北京：電力勞模網，2006年3月6日。
〈創制中國打字機圖說〉，《國貨月報》第2期（1915），第1-12頁。
〈創制中國打字機圖說〉，《中華工程學會會刊》第2卷第10期（1915），第15-29頁。
〈打字機廉價即將截止〉，《申報》1927年4月24日，第15頁。
〈考試留美學生草案〉，《申報》1910年8月8日，第5-6頁。
杜定友，〈民眾檢字心理論略〉，第340-350頁，收錄於錢亞新、白國應編《杜定友圖書館學論文選集》（北京：書目文獻出版社，1988）。最初刊登於《教育與民眾》第6卷第9期（1925）。
中華書局編輯部，《我與中華書局》（中華書局，2002）。
〈電氣中文打字機成功〉，《首都電光月刊》第74期（1937年4月1日），第10頁。
〈國人新發明事物展覽會之經過〉，《浙江民眾教育》第4卷第1期（1936），第15-16頁。
周厚坤、邢契莘，〈中國打字機之說明與二十世紀之戰爭利器〉，《環球》第1

〈中共寶雞縣縣委關於農民思想情況的調查報告〉，1957年8月17日。
〈北京市私立寶善、廣德華文打字補習學校關於學校天辦啟用鈐記報送立案表教職員履歷表和學生名籍成績表呈文及市教育局的指令（附：該校簡章、招生簡章和學生成績表）〉，BMA J004-002-00579 (July 1, 1938).
〈北京市私立暨陽華文打字補習學校暫行停辦〉，BMA J002-003-00636 (January 1, 1939).
《標準正楷明密電碼新編》（大北電報公司－大東電報公司，1937）。
〈俞斌祺生平〉，《上海市名人錄》，1943。
〈商科添設中文打字機課程〉，《浙江省立杭州高級中學校刊》，第119期（1935）
〈商場消息〉，《申報》1926年10月27日，第19-20頁。
陳光垚，《簡字論集》（上海：商務印書館，1931）。
陳望道，《陳望道語文論集》（上海教育出版社，1980）。
陳有勛，〈四角號碼檢字法與部首檢字法的比較實驗報告〉，《教育周刊》177期（1933），第14-20頁。
程養之編，《萬能式打字機適用中文打字手冊》，（上海：商務印書館，1956）。
〈中國標準打字機公司〉，SMA U1-4-3582 (August 7, 1943), 11–13.
〈中國發明人協會昨開籌備會〉，《申報》1908年7月3日，第21頁。
〈華文打字機器〉，《半星期報》第18期（1908年7月3日），第39頁。
〈中國打字機器之新發明〉，《通問報》第656期（1915），第8頁。
《華文打字機文字排列表，附華文打字講義》（出版時地不詳：1928年前，約1917年）。
〈華文打字機續免出口稅〉，《工商半月刊》第2卷第17期（1930），第12頁。
〈中文打字機：林語堂改良成功，需時與英文相等〉，《大眾文化》第3期（1946），第21頁。
〈華文打字機推銷南洋〉，《申報》1924年5月2日，第21頁。
〈抗日聲中之中文打字機〉，《申報》1932年1月26日，第12頁。
《中文打字機字盤字綜合排列參考表》，收錄於朱世榮編，《中文打字員手冊》

Schreibmaschinenmuseum/Museo delle Macchine da Scrivere, Partschins (Parcines), Italy.

Remington 2. Manufactured circa 1878 (United States). Peter Mitterhofer Schreibmaschinenmuseum/Museo delle Macchine da Scrivere, Partschins (Parcines), Italy.

Remington 10 Hebrew Typewriter. Manufactured circa 1910 (United States). Peter Mitterhofer Schreibmaschinenmuseum/Museo delle Macchine da Scrivere, Par- tschins (Parcines), Italy.

Remington Siamese Typewriter. Manufactured circa 1925 (United States). Peter Mitterhofer Schreibmaschinenmuseum/Museo delle Macchine da Scrivere, Partschins (Parcines), Italy.

Simplex Typewriter. Manufactured circa 1901 (United States). Peter Mitterhofer Schreibmaschinenmuseum/Museo delle Macchine da Scrivere, Partschins (Parcines), Italy.

Tastaturen-Verzeichnis für die Mignon-Schreibmaschine. AEG-Deutsche Werke, Berlin, Germany. Peter Mitterhofer Schreibmaschinenmuseum/Museo delle Mac- chine da Scrivere, Partschins (Parcines), Italy.

Toshiba Japanese Typewriter. Manufactured circa 1935. Peter Mitterhofer Schreibmaschinenmuseum/Museo delle Macchine da Scrivere, Partschins (Parcines), Italy.

Underwood 5 Russian Typewriter. Manufactured circa 1900 (United States). Peter Mitterhofer Schreibmaschinenmuseum/Museo delle Macchine da Scrivere, Par- tschins (Parcines), Italy.

Yost 2. Manufactured circa 1882 (United States/George Washington Newton Yost). Peter Mitterhofer Schreibmaschinenmuseum/Museo delle Macchine da Scrivere, Partschins (Parcines), Italy.

Yost 10. Manufactured circa 1887 (United States). Musée de la Machine à Écrire, Lausanne, Switzerland.

二、中文資料

〈山西學生祁暄所發明打字機品准予專利五年〉，《中華全國商會聯合會會報》第3卷第1期（1916），第8頁。

at the Musée des Arts et Métiers, Paris, cataloged as "Machine à écrire asi- atique," inventory no. 43582-0000, location code ZAB35TRE E02.

Chinese Typewriter Formerly Employed by Wang Shou-ling in Uppsala. Double Pigeon style, manufactured circa 1970, housed at the Tekniska Museet, Stockholm, cataloged as "Skrivmaskin/Chinese Typewriter," inventory no. TM44032 Klass 1417.

Chinese Typewriter Formerly Owned by Georges Charpak. Double Pigeon style, manufactured in 1992 by the Shanghai Calculator and Typewriter Factory (*Shanghai jisuanji daziji chang*), housed at the Musée des Arts et Métiers, Paris, cataloged as "Machine à écrire à caractères chinois," inventory no. 44566-0001, location code ZAB35TRE E02.

Hall Typewriter. Manufactured circa 1880 (United States). Peter Mitterhofer Schreibmaschinenmuseum/Museo delle Macchine da Scrivere, Partschins (Parcines), Italy.

Heady Index Typewriter. Manufactured 1924. Peter Mitterhofer Schreibmaschinenmuseum/Museo delle Macchine da Scrivere, Partschins (Parcines), Italy.

Ideal Polyglott German-Russian Typewriter. Manufactured circa 1904 (Germany). Peter Mitterhofer Schreibmaschinenmuseum/Museo delle Macchine da Scrivere, Partschins (Parcines), Italy.

Improved Shu Zhendong-Style Chinese Typewriter (*Gailiang Shu shi Huawen daziji*) [改良舒式華文打字機]. Manufactured circa 1935, housed at the Huntington Library, San Marino, California.

Japanese Typewriter Formerly Owned by H.S. Watanabe. Manufactured in the 1930s by the Nippon Typewriter Company (Tokyo). Author's personal collection.

Malling Hansen Typewriter. Manufactured circa 1867 (Denmark?/ Hans Rasmus Johan Malling-Hansen). Peter Mitterhofer Schreibmaschinenmuseum/Museo delle Macchine da Scrivere, Partschins (Parcines), Italy.

Mignon Schreibmaschine Model 2. Manufactured 1905 (Germany). Peter Mitter- hofer Schreibmaschinenmuseum/Museo delle Macchine da Scrivere, Partschins (Parcines), Italy.

Olivetti M1. Manufactured circa 1911 (Italy). Peter Mitterhofer Schreibmaschinenmuseum/Museo delle Macchine da Scrivere, Partschins (Parcines), Italy.

Orga Privat Greek Typewriter. Manufactured circa 1923 (Germany). Peter Mitter- hofer

參考資料

一、機器

Adji Saka Pallava Typewriter. Manufactured circa 1911 (Germany/Meteor Co.). Peter Mitterhofer Schreibmaschinenmuseum/Museo delle Macchine da Scrivere, Par- tschins (Parcines), Italy.

Blickensderfer Oriental Hebrew Typewriter. Manufactured circa 1900 (United States). Peter Mitterhofer Schreibmaschinenmuseum/Museo delle Macchine da Scri- vere, Partschins (Parcines), Italy.

Caligraph Typewriter. Manufactured 1892 (United States). Peter Mitterhofer Schreibmaschinenmuseum/Museo delle Macchine da Scrivere, Partschins (Parcines), Italy.

Chinese Typewriter Formerly Employed at Chinese Church in London. Superwriter style, manufactured in 1971 by the Chinese Typewriter Company Limited Stock Corporation (*Zhongguo daziji zhizaochang*) [中國打字機製造廠], a subsidiary of Japanese Business Machines Limited (*Nippon keieiki kabushikigaisha*) [日本經營機株式會社]. Author's personal collection.

Chinese Typewriter Formerly Employed at the First Chinese Baptist Church in San Francisco, California. Double Pigeon style, manufactured in 1971. Author's personal collection.

Chinese Typewriter Formerly Employed at the United Nations (Geneva). Double Pigeon style, manufactured in 1972 by the Shanghai Calculator and Typewriter Factory (*Shanghai jisuanji daziji chang*), housed at the Musée de la Machine à Écrire, Lausanne, Switzerland.

Chinese Typewriter Formerly Employed at UNESCO (Paris). Double Pigeon style, manufactured in 1971 by the Shanghai Calculator and Typewriter Factory (*Shanghai jisuanji daziji chang*), housed at the Musée de la Machine à Écrire, Lausanne, Switzerland.

Chinese Typewriter Formerly Employed by Translator Philippe Kantor at l'École des Mines and Other Institutions in Paris. Double Pigeon style, manufactured in 1972 by the Shanghai Calculator and Typewriter Factory (*Shanghai jisuanji daziji chang*), housed

國家圖書館出版品預行編目 (CIP) 資料

中文打字機：機械書寫時代的漢字輸入進化史／墨磊寧（Thomas S. Mullaney）作；賴皇良、陳建守譯——初版——新北市：臺灣商務印書館股份有限公司，2023.12　面；公分（歷史・中國史）
譯自：The Chinese Typewriter: A History

ISBN　978-957-05-3534-1（平裝）

1. 打字機　2. 漢字　3. 輸入法　4. 歷史

446.96　　112016343

歷史・中國史

中文打字機

機械書寫時代的漢字輸入進化史

原著書名　The Chinese Typewriter: A History
作　　者　墨磊寧（Thomas S. Mullaney）
譯　　者　賴皇良、陳建守
發 行 人　王春申
選書顧問　陳建守
總 編 輯　張曉蕊
責任編輯　洪偉傑
封面設計　康學恩
內文排版　菩薩蠻電腦科技有限公司
版　　權　翁靜如
業　　務　王建棠
資訊行銷　劉艾琳、謝宜華
出版發行　臺灣商務印書館股份有限公司
　　　　　23141 新北市新店區民權路 108-3 號 5 樓（同門市地址）
電話：（02）8667-3712　傳真：（02）8667-3709
讀者服務專線：0800-056193　郵撥：0000165-1
E-mail：ecptw@cptw.com.tw　網路書店網址：www.cptw.com.tw
Facebook：facebook.com.tw/ecptw

局版北市業字第 993 號
2023 年 12 月初版 1 刷
印刷　鴻霖印刷傳媒股份有限公司
定價　新台幣 630 元

法律顧問　何一芃律師事務所